UG 软件应用基础教程

主 编 马党生 王元平 张立场

·广州·

图书在版编目（CIP）数据

UG 软件应用基础教程 / 马党生，王元平，张立场主编 .—广州：华南理工大学出版社，2022.8

ISBN 978-7-5623-7082-6

Ⅰ . ① U… Ⅱ . ①马… ②王… ③张… Ⅲ . ①计算机辅助设计 – 应用软件 – 教材 Ⅳ . ① TP391.72

中国版本图书馆 CIP 数据核字（2022）第 103218 号

UG RUANJIAN YINGYONG JICHU JIAOCHENG

UG 软件应用基础教程

马党生　王元平　张立场　主编

出 版 人：柯　宁

出版发行：华南理工大学出版社

（广州五山华南理工大学 17 号楼，邮编 510640）

http://hg.cb.scut.edu.cn　E-mail:scutc13@scut.edu.cn

营销部电话：020-87113487　87111048（传真）

责任编辑：毛润政

特邀编辑：龙　辉

责任校对：盛美珍

印 刷 者：内蒙古惠明印刷包装有限公司

开　　本：787mm × 960mm　1/16　**印张：**16　**字数：**443 千

版　　次：2022 年 8 月第 1 版　2022 年 8 月第 1 次印刷

定　　价：49.80 元

编委会

主　编

马党生　王元平　张立场

副主编

刘伟荣　黄小芳　吴　鹏

李云峰　姜　聪　覃　聪

庞钧文　李　峰　肖勋琪

吕　斌　李　坤

前言

编者在2015年编写了“十三五”职业教育规划教材《UG NX9.0项目教程》一书。这本《UG软件应用基础教程》是在《UG NX9.0项目教程》的编写基础上以及软件版本升级后重新改编的。其教材的内容也是根据职业院校机械类、电气类、工业类、信息类等教学领域及职业教育专业课程教学特点编写的。版本升级后的使用界面、菜单选项、部分功能等与UG NX9.0有些不同。

本书编写思想：体现“工学结合，理实一体”的宗旨，以工作过程为导向引领工作对象、工作工具、工作方法、工作要求，使学习对象能够在真正意义上实现“学中做”和“做中学”。所涉及的教学任务紧扣学生未来实际工作需要，体现了知识技能岗位化、岗位问题化、问题教学化、教学任务化、任务行业标准化，增强教材的实用性。

本书编写特点：实例紧扣机械设计与制造相关专业，把UG软件应用的基础功能融贯其中。基础教学体现由简单到较难循序渐进的教学理念，比较整体化、系统化地介绍了UG软件的应用。图文并茂地讲解，更具直观视觉效果，让读者易于理解接受并掌握，同时配备相应教学案例、课件等资料以供参考。

本书以职业院校为教育对象，以重点培养技能人才为目标，紧密结合企业对人才的需求，注重企业技术发展方向。通过实例引导学生进一步拓展视野，弄清与工作任务有关的探究性问题，从理论角度提升学生的知识水平和认识水平。

本书由马党生、王元平和张立场担任主编，并负责全书的统稿工作，在编写过程中参照了相关文献资料，在此对其作者一并表示衷心的感谢。由于编者水平有限，书中难免存在错误和疏漏之处，敬请读者不吝赐教。

本书可作为职业院校相关专业（机械、电气、船舶、航海航空、工业等）的教材及相关专业人员的参考辅导书，还可以作为各类培训学校的教材。

编　者

2022年3月

目录

单元一 UG NX10.0软件的基本认知

1

单元提示

本单元重点介绍 UG NX10.0 软件的基础知识，用户可以通过本单元的任务学习，对该软件的设计环境、界面、菜单、典型应用、设置等有一个基本的认识。

UG NX10.0 软件在以前的版本基础上集成、优化了部分功能，现在的版本更具有灵活性，便捷性的菜单、非单一模式切换等方便学生快速掌握该软件。因此用户在建模中可以利用软件提供的各个模板中的应用功能，对所要设计的模型进行更深层次的分析和操作。特别是在参数化建模中，用户可以大大改进相关数据的编辑，达到设定的建模数据，实用性和使用性强。

任务一 UG NX10.0设计环境和操作

任务描述

启动UG NX10.0软件；熟悉该软件的界面、环境局域、工具菜单等；认识一些常用的菜单命令、工具栏、立即菜单、快捷菜单等；了解各类菜单的功能，为具体操作打好基础。另外，要求用户通过查找功能得到相关的菜单命令。

任务目标

1. 熟知UG NX10.0软件的环境
2. 掌握UG NX10.0软件的基本操作
3. 了解UG NX10.0软件的菜单调整和用户设置

任务过程

一、UG NX10.0的设计环境

UG NX10.0以前的版本如果没有进行环境变量设置，是不支持中文的存盘目录设置的，UG NX10.0版本对此进行了优化，支持中文的命名。UG NX10.0菜单在简化后依然可以省略很多操作步骤，在各行各业中的使用效率大大提高。

1. 启动UG NX10.0软件。

（1）通过桌面快捷方式启动，用户可以用鼠标左键连续点击两次（通常指左键双击）；或者点击右键，在立即菜单中选择打开。

（2）用户还可以在系统的开始程序菜单中选择Siemens NX 10.0文件下的NX 10.0，按照图1–1所示启动UG NX10.0软件。

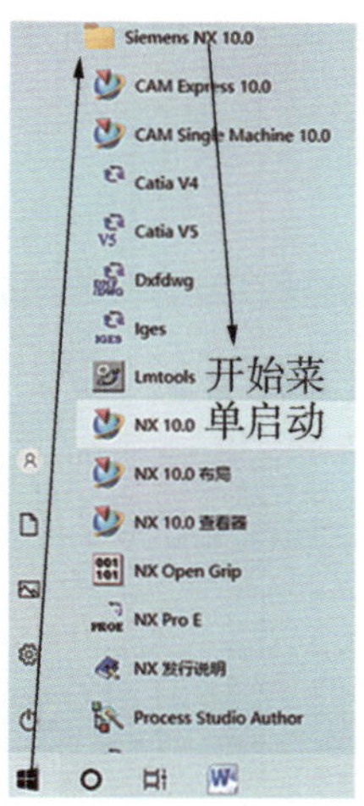

图1-1　启动UG NX10.0软件

2. 开启之后则显示软件的启动画，面如图1-2所示。UG NX10.0软件的启动界面右下角则会显示Version 10.0等版本信息。

图1-2　软件的启动画面

3. 如图1-3所示为软件运行后进入的用户界面，用户界面分为七个块区。可以在该界面的资源工具条区访问各种资源，新用户则可在基本功能介绍区认识软件的基本功能。系统进入用户界面，在资源导航器默认显示的是历史记录的文件信息，即用户最近使用的文件，方便用户查找与管理。用户可以通过资源工具条区进行切换选择web浏览和查找相关文件，也可以在联网状态下访问网上的资源信息。

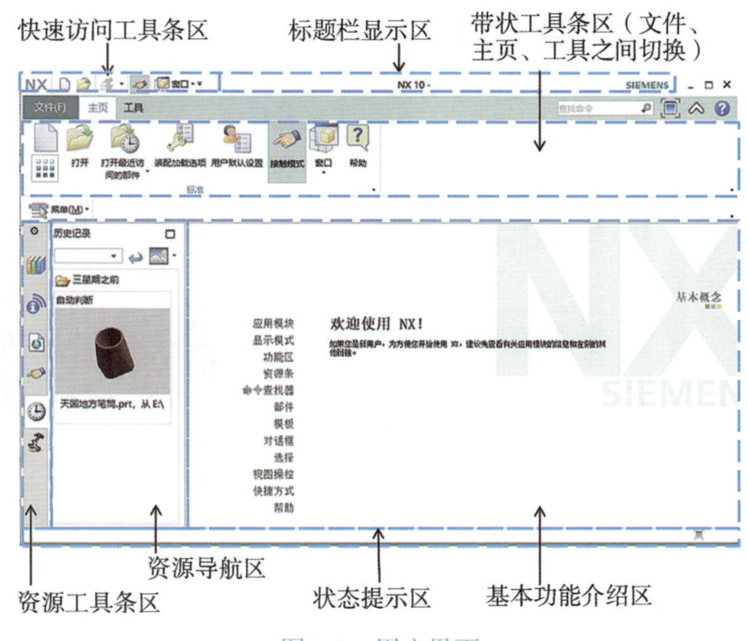

图1-3　用户界面

4. 进入用户界面后，点击新建按钮 ，系统会弹出“新建”对话框，在对话框中点击“模型”，此时用户可以命名工作文件的名称，同时可以设置工作文件保存路径，如图1–4所示，然后点击“确定”进入建模工作界面。

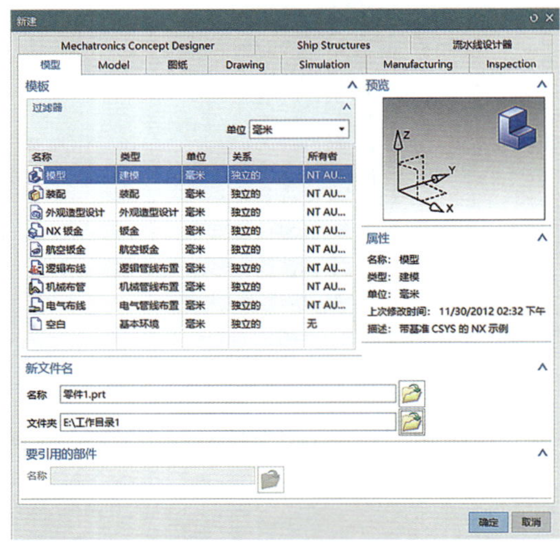

图1–4　新建对话框

特别提示

用户还可以选择文件下拉菜单中的“新建”，此方式也会弹出该对话框；版本升级后，系统可以直接使用中文命名。

5. 建模工作界面分为12个块区和2个特别按钮，如图1–5所示是UG NX10.0软件版本升级后的新的工作环境界面。

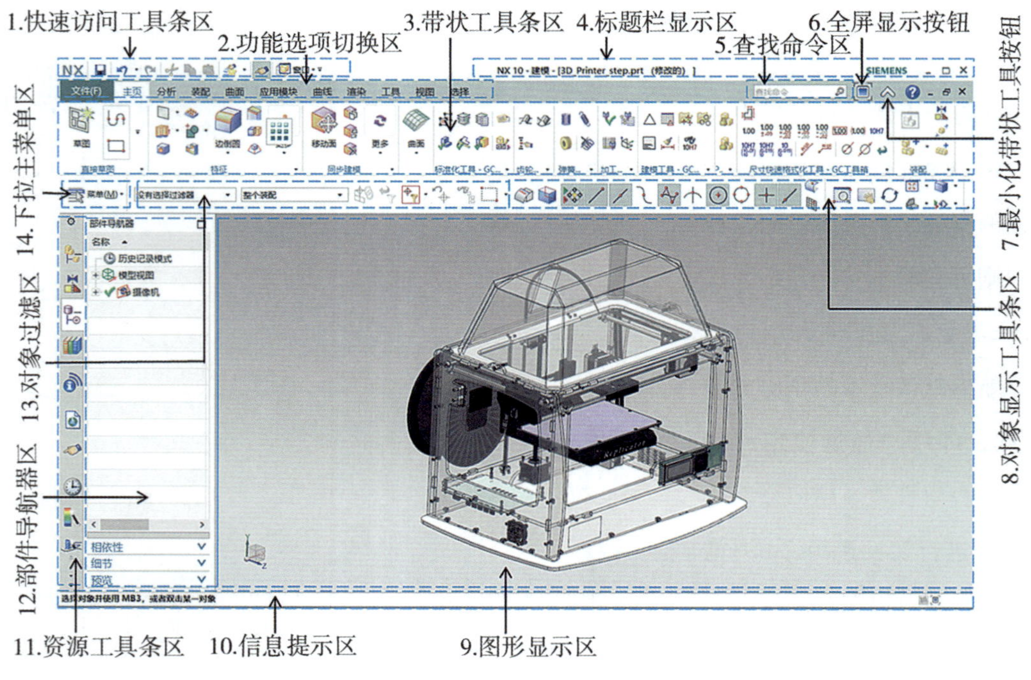

图1–5　工作环境界面

特别提示

部件导航器区的大小与图形显示区的大小调整方法：可以把鼠标放在两个块区的交接处，按住鼠标左键拖动调整区域大小。一般系统默认的大小比例为最佳，用户可以在首选项中进行定制设置以便使用。

（1）快速访问工具条区：在工作环境界面顶部的视窗最左端，此工具栏中可调取文件的新建、打开、保存、另存为、复制、粘贴、返回等。

（2）功能选项切换区：可以进行文件、主页、分析、视图、渲染、工具、应用模块、曲线等功能的选择切换。

（3）带状工具条区：根据功能选项卡切换不同，显示的工具不同，用户可按照自己的工作情况切换。边框条以及快速访问工具条中显示或隐藏命令，鼠标右键单击带状工具条的空白区域，可以勾选调出需要的工具。具体使用时根据切换的功能模块不同，工具条中显示的菜单命令也不一样，系统默认带状工具区显示的是三维实体建模功能的工具条。

（4）标题栏显示区：在工作环境界面顶部的视窗最右端，此工具栏区中显示当前操作打开的文件名称。可以打开多个文件，既可以最大化当前界面，也可以最小化当前界面，还可以实现当前界面的关闭操作。

（5）查找命令区：在命令查找器对话框中输入要搜索的命令和其他相关命令，如果正在从其他CAD程序过渡到NX，可输入之前程序中的命令名称以查找对应的NX命令。命令查找器中，输入要查询的命令，系统通过搜索会弹出命令查找的对话框，要启动命令则单击该命令即可；要将命令添加到首选项位置，右键单击该命令并选择一个添加选项；用户也可自行设置。

（6）全屏显示按钮 ▣ ：此操作按钮用于实现全屏显示和退出全屏显示，在具体操作中，用户可以结合实际情况确定是否全屏显示。

（7）最小化带状工具按钮 ︿ ：此操作按钮用于隐藏和显示带状工具条，具体可以根据用户实际操作来确定。

（8）对象显示工具条区：即在操作过程快捷选择的常用区域，包含了对象捕捉、特征显示等常用的操作按钮。

（9）图形显示区：该区域是图形的显示区和操作区，也是用户的主要工作区域，建模、绘制前后的零件图形、组装图形、分析结果和模拟仿真过程等都在这个区域内显示。可以直接在图形区中选取相关对象进行操作。

在这个区域还可以选择多种视图操作：点击鼠标左键则会弹出如图1–6所示的视图编辑快捷工具条，按住右键则会弹出如图1–7所示的视图显示快捷工具条，点击鼠标右键则会弹出如图1–8所示的立即快捷菜单。

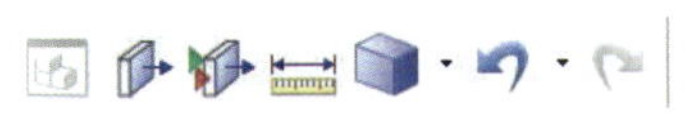

图1–6　视图编辑快捷工具条

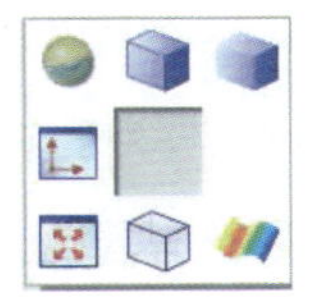

图1–7　视图显示快捷工具条

图1-8　立即快捷菜单

（10）信息提示区：是用户和该软件系统进行信息交流的区域，在这个区域中间有一个可见的边线，其左侧是提示栏，用来提示用户如何操作，其右侧是状态栏，用来显示系统或者图形当前的状态，比如显示选取结果信息等。在设计过程中系统通过信息区提示当前正在进行的操作以及需要用户继续执行下一步的操作。这些信息可以帮助用户结合提示做出合理快捷的选择，也使设计者在设计时养成随时浏览系统信息的习惯。

（11）资源工具条区：包括装配导航器、约束导航器、部件导航器、系统材料、重用库、HD3D工具、触控手势教程、web浏览等导航工具、历史记录等，可以显示在左边，也可以选择放在右边。用户可以通过此区域对每一种导航器直接在其相应的项目上右击快速操作使用。

（12）部件导航器区：分为模型历史记录、模型视图、摄像机，是系统处于建模环境下对图形区所显示的图形建模的操作过程显示。用户在此可以对模型的操作进行编辑和修改等。

（13）对象过滤器区：有两个下拉式过滤器，每个都有选择的下拉列表，左侧过滤器列出了模型上常见的图形元素类型，比如边、面、特征等，选中某一种类型可以过滤掉其他类型。右侧过滤器列出了整个装配、工作部件和组件等。当使用选择工具在模型上选择对象时，配合过滤器的使用可以方便地实现选择操作。

（14）下拉主菜单区：点击菜单命令按钮 菜单(M)▾ ，弹出如图1-9所示的主下拉菜单，其中包含了文件、编辑、视图、插入、格式、工具、装配、信息、分析、首选项、窗口、GC工具箱、帮助。在每个下拉菜单后面都有隐藏的菜单工具，用户可以根据需要调出使用。

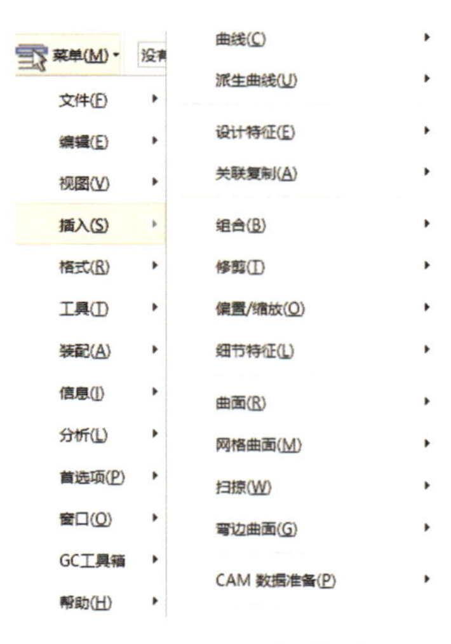

图1-9　主下拉菜单

二、UG NX10.0的文件操作与管理

“文件”菜单是用户进行文件的操作与管理的菜单。用户直接选择“文件”菜单按钮 文件(F) ，则弹出如图1–10所示的UG NX10.0文件菜单，其中提供了常用的“新建”“打开”“关闭”“保存”“首选项”“导入”“导出”“实用工具”“执行”“属性”“帮助”“退出”等操作工具。

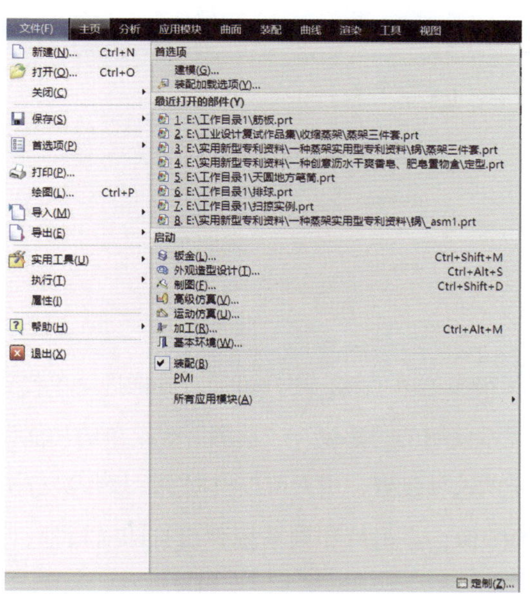

图1–10　文件下拉菜单

1. 新建。点击“新建”菜单可弹出新建对话框，用户可以选择不同的任务类型进行设计。从图1–4中可以看出包含了模型、图纸、仿真、加工、检测、机电概念设计、流水线设计器等几大模块。每个模块所对应的类型也不同，模型模块是系统默认的，其中又包含了建模、装配、造型等类型，用户可以根据设计情况选择。

2. 打开。点击“打开”菜单可弹出打开对话框，UG软件系统默认的文件目录是在UGII文件路径下。用户可以设置自己的工作目录，也可以切换到指定的目录下。

3. 关闭。在关闭工具中又隐藏了推进的工具，如图1–11所示为关闭菜单隐藏的工具。用户可以选择关闭选定的部件、所有部件等。

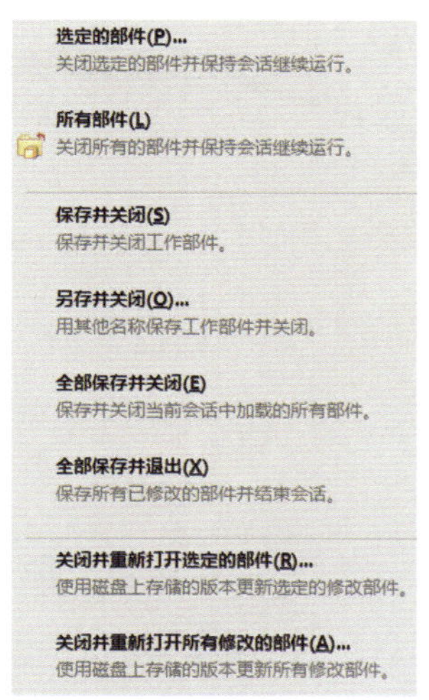

图1–11　关闭菜单隐藏的工具

4. 保存。在保存工具中又隐藏了推进的工具，如图1–12所示为保存菜单隐藏的工具。点击“保存”时系统则会弹出来“命名部件”对话框，这时用户需要确认或者更改将要保存文件的名称或者文件路径，用户可以根据实际操作等进行其他保存。

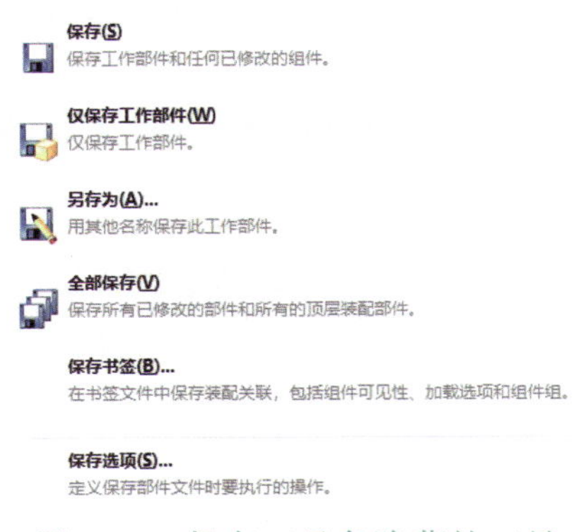

图1–12　保存工具条隐藏的工具

5. 首选项。工具菜单中隐藏了很多菜单工具，用户可通过此推进菜单找到“建模”“草图”“装配”“制图”“用户界面”等相关设置。经常使用的“建模”“草图”等菜单的功能设置都可以在“首选项”里面设置完成，其中每个选项菜单都有对应的选项设置，用户可以根据实际操作进行访问设置。

6. 打印。打印图形窗口中的图像，点击打印则系统弹出打印对话框，用户可以根据打印提示进行打印设置。

7. 绘图。创建常规绘图数据文件，并进行绘图，点击绘图工具后弹出对话框，在对话框中设置绘图类型与绘图仪等。

8. 导入。在导入工具中又隐藏了推进菜单的工具，用户可以将有关文件资料导入系统中使用。

9. 导出。在导出工具中又隐藏了推进菜单的工具，用户可以将有关文件资料导出到其他软件系统中使用。

10. 实用工具。在实用工具中又隐藏了推进菜单的工具，用户可以对其中一个选定的项目进行设置修改。

11. 执行。在执行工具中又隐藏了推进菜单的工具，用户可以执行或者修改加载的程序。

12. 属性。是列出有关显示部件的信息。选择建模的零部件后点击属性工具，则系统弹出如图1–13所示的“显示部件属性”对话框，包括“属性”“显示部件”“权值”“部件文件”“预览”五个类别属性。

图1–13　显示部件属性

13. 帮助。在帮助工具中又隐藏了推进菜单的工具，用户可以在系统提供的帮助工具中选择相关帮助。

14. 最近打开的部件，是用户近期打开部件的记录，按照先后顺序进行排序以便用户查看打开的部件所在计算机的地址。用户在记不清楚文件保存的路径时，还可以直接在此记录中切换近期查看的部件。

15. 退出。点击“退出”菜单，系统会弹出退出时是否保存所改动的部件，用户根据提示进行选择后则关闭该软件。

知识链接

用户在选择“另存为”时，可以在文件类型列表中选取不同的输出文件格式，这是UG系统提供的与其他CAD软件系统的一个文件格式接口，可以方便地进行文件格式转换，如图1-14所示为UG NX10.0系统提供的“另存为”时保存类型文件格式。

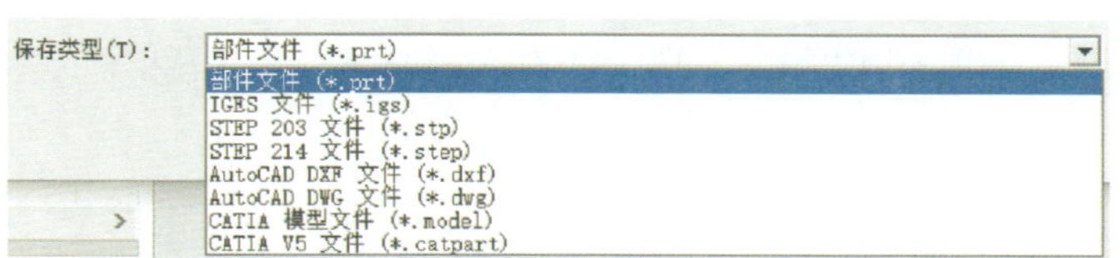

图1-14　保存类型文件格式

知识延伸

UG软件在操作中的鼠标按键功能如表1-1所示。

表1-1　鼠标按键各功能介绍

<table>
<tr><th colspan="2">使用类型</th><th>鼠标左键</th><th>鼠标中键</th><th>鼠标右键</th></tr>
<tr><td colspan="2">二维草绘模式
鼠标按键单独使用</td><td>1.绘制连续直线（样条曲线）；
2.绘制圆（圆弧）；
3.拾取或者选择线条</td><td>1.完成命令（确认）；
2.完成一条轮廓线（样条曲线），开始画下一条轮廓线（样条曲线）</td><td>弹出快捷菜单</td></tr>
<tr><td rowspan="3">三维模式</td><td>鼠标按键单独使用</td><td>选取模型</td><td>旋转模型（按下滚轮）；
缩放模型（滚动滚轮）</td><td>在部件导航器区域工具条中单击，将弹出快捷菜单</td></tr>
<tr><td>与Ctrl键或者
Shift键配合使用</td><td>无</td><td>与Ctrl键配合并且上下移动鼠标，缩放模型；
与Shift键配合并且移动鼠标，平移模型</td><td>无</td></tr>
<tr><td>鼠标按键非单独使用</td><td colspan="3">左键+中键同时按下，缩放模型；中键+右键同时按下，平移模型</td></tr>
</table>

任务二 实体造型与特征建模基础

任务描述

观察生活中的产品造型，会发现物体是由点、线、面构成的，最后形成体。我们要掌握实体建模的基本原理，了解实体建模用到哪些主要特征类型，可以在设计操作过程中建立起设计理念。本任务结合教学中的知识点，重点以实体特征、曲面特征、基准特征等完成实体造型，并展开讲述UG NX10.0软件是如何通过特征创建实体模型的，用户在设计过程中创建模型的简单步骤是通过哪些步骤完成的。

任务目标

1. 熟知UG NX10.0软件的实体造型原理
2. 掌握UG NX10.0软件主要的建模特征类型
3. 了解UG NX10.0软件造型的基本模型

任务过程

一、实体造型原理

点动成线，线动成面，面动成体即可实现完美造型。CAD软件中，模型的描述方式先后经历了从二维图形到三维模型，从直线和圆弧等简单的几何元素到曲线、曲面和实体等复杂的几何元素的发展。因此实体造型的基本原理就是进入绘图区中构造二维的曲线图形后得到曲面，然后再得到实体造型（点—线—面—体）。如图1-15所示为实体造型的一般原理示意

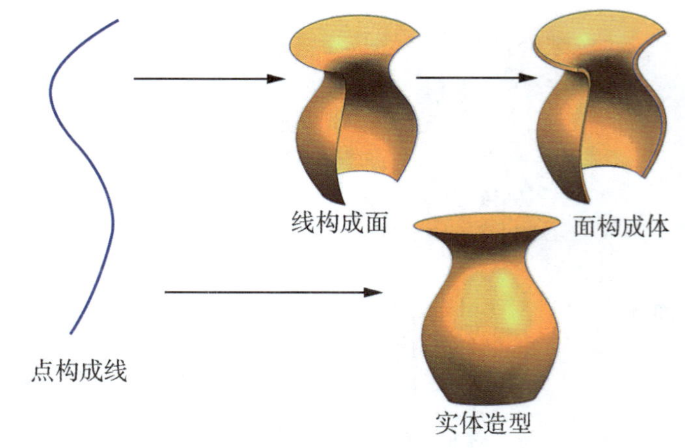

图1-15　实体造型的一般原理

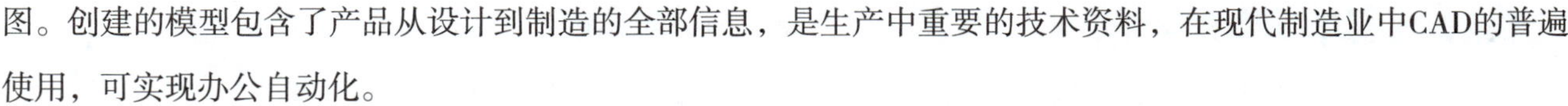

图。创建的模型包含了产品从设计到制造的全部信息，是生产中重要的技术资料，在现代制造业中CAD的普遍使用，可实现办公自动化。

二、特征分类

UG软件应用特征分为实体特征、曲面特征和基准特征三类，它们各有特点。

实体特征的特点可以归纳为三点：一是具有厚度和质量等物理属性；二是分为增加材料和减少材料两种类型（即布尔运算的求和、求差），前者在已有模型上添加新材料，后者在已有模型上切去材料；三是按照在模型中的地位不同，分为基础特征和工程特征，前者用于创建基础模型，比如拉伸特征和扫描特征等，后者用于在已有模型上创建各种具有一定形状的典型结构，如圆角特征和孔特征等。

曲面特征的特点可以归纳为四大点：一是没有厚度和质量，但是形状比较复杂；二是主要用于围成模型的外形或者通过如图1-16所示实体区域表面得到，将符合设计要求的曲面实体化后可以得到实体特征；三是曲面可以被裁剪以去掉多余部分，或者延伸至选定的部分，也可以合并，将两个曲面合并为一个曲面；四是曲面可以根据需要被隐藏，这时在模型上将不可见。软件中的“片体”就是常说的曲面。

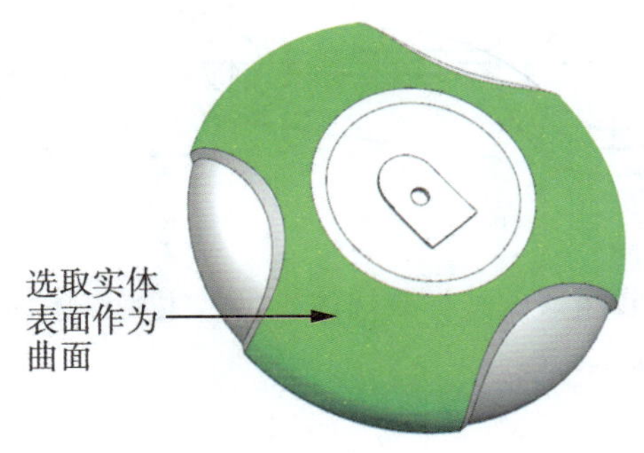

图1-16　实体表面

基准特征的特点可以归纳为三大点：一是主要用于设计中的各种参照使用；二是基准曲线，是具有规则形状的曲线；三是具有基准平面、基准轴线、基准点、基准坐标系。图1-17所示为常用的基准特征。

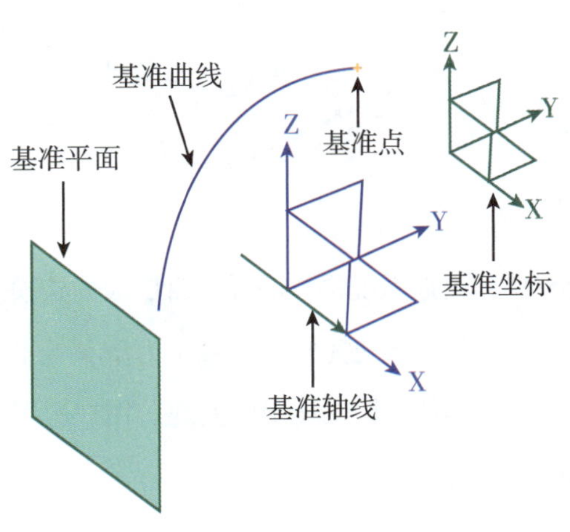

图1-17　常用的基准特征

三、造型的基本模型

UG软件造型的基本模型常用的有二维模型、三维线框模型、曲面模型、实体模型。

二维模型，就是使用平面图形来表达模型，模型的信息简单、单一，对模型的描述不全面，经常用于工程图的表达。用二维图形表达不但制作不便，识读也比较困难，如图1–18所示为某零部件的二维表达图形。

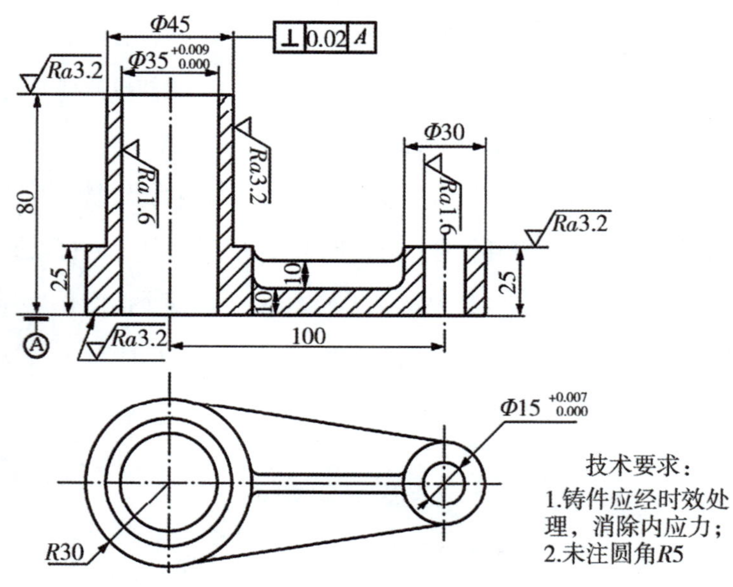

图1–18　某零部件的二维表达图形

三维线框模型，使用由空间曲线组成的线框来描述模型，主要描述物体的外形，表达基本的几何信息。图1–19所示为某零部件的三维线框模型。

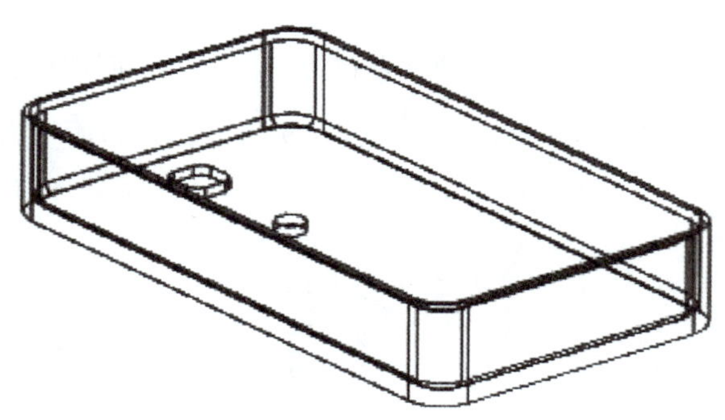

图1–19　某零部件的三维线框模型

曲面模型，是设计比较复杂的零件，根据系统提供的强大自由曲面建模及相应的编辑和操作功能来完成，用来表达物体模型。曲面模型对物体表面的描述更完整、精确，为CAM技术的开发奠定基础。正因为难以准确表达零件的质量、重心等物理特性，所以不便于CAE技术的实现。用户运用软件功能可以对曲面进行实体化操作，从而获得实体模型，如图1–20所示为天圆地方笔筒。

实体模型，采用与真实事物一致的模型结构——实体模型来表达物体，直观简洁，能够表达物体各种几何和物理属性，是实现CAD/CAM/CAE技术一体化不可缺少的模型形式，如图1–21所示为十字螺丝刀实体造型。

图1-20　天圆地方笔筒

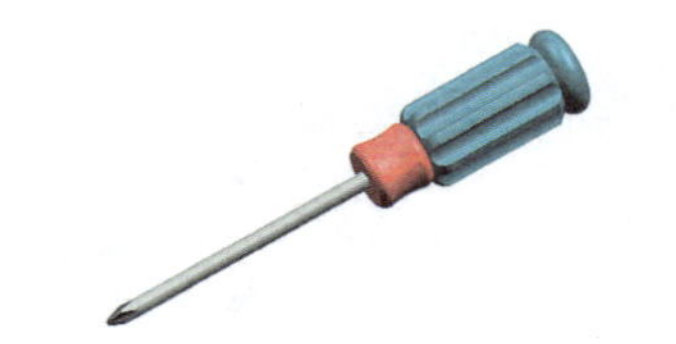

图1-21　十字螺丝刀实体造型

知识链接

UG NX10.0软件常用参数设置

一、对象首选项

在建模环境下选择下拉主菜单按钮 菜单(M)，如图1-22所示。在弹出的下拉菜单中，选择“首选项”菜单里面的“对象”工具，系统会弹出如图1-23所示的“对象首选项”对话框。对象首选项分为“常规”“分析”“线宽”三个选项内容，用户常用的就是“常规”选项卡的设置，在“常规”选项卡的设置中包含了最基本图层设置中的“工作图层”“类型”“颜色”“线型”“宽度”，还有“实体和片体”的“局部着色”“面分析”以及实体透明度的调整。

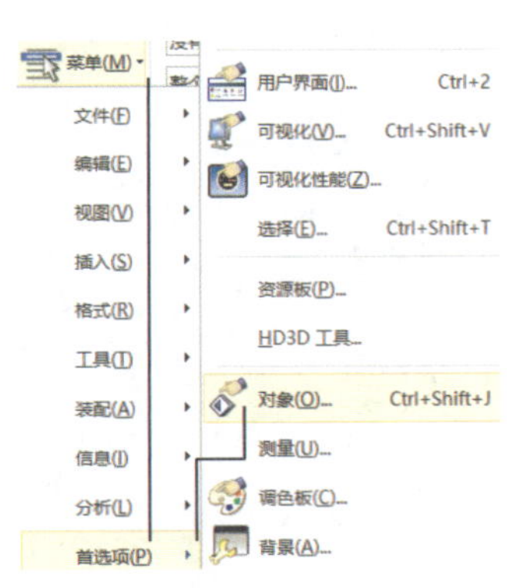

图1-22　选择对象工具

图1-23　对象首选项对话框

二、用户界面首选项

在建模环境下选择下拉主菜单按钮 菜单(M)，如图1-24所示。在弹出的下拉菜单中，选择“首选项”菜单里面的“用户界面”工具，系统会弹出如图1-25所示的“用户界面首选项”对话框。用户界面首选项中包含了“布局”“主题”“资源条”“接触”“角色”“选项”“工具”七个选项内容。用户可以在“布局”中根据使用情况设置“用户界面环境”“功能区选项”“提示行/状态行位置”“设置”等。还可以切换到“主题”选项卡中设置“NX主题”“透明度”等，特别是用户可以通过选定NX主题的“类型”之后，选择“经典”，用户界面环境就可以切换到经典界面。

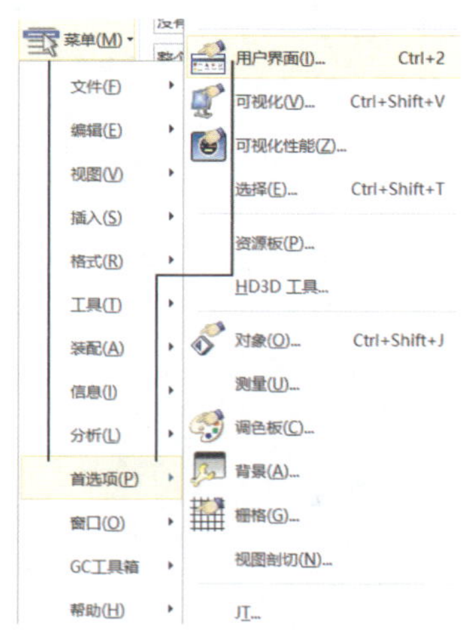

图1-24 用户界面工具

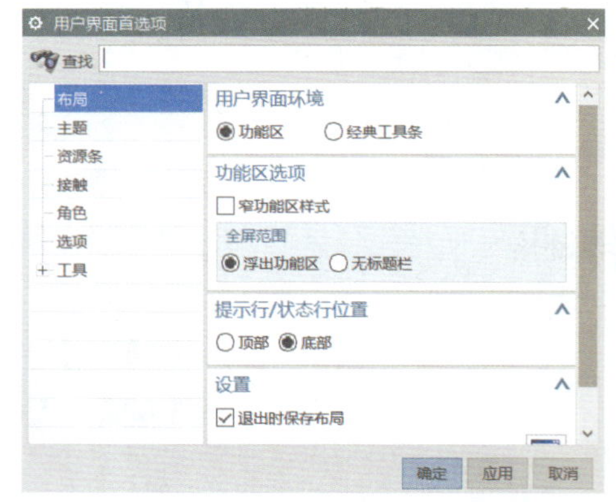

图1-25 用户界面首选项对话框

三、选择首选项

在建模环境下选择下拉主菜单按钮 菜单(M)▾ ，如图1-26所示。在弹出的下拉菜单中选择“首选项”菜单里面的“选择”工具，系统会弹出如图1-27所示的“选择首选项”对话框。用户可以在“选择首选项”对话框中根据使用情况在“多选”“高亮显示”“快速拾取”“光标”等选项中进行相关设置。

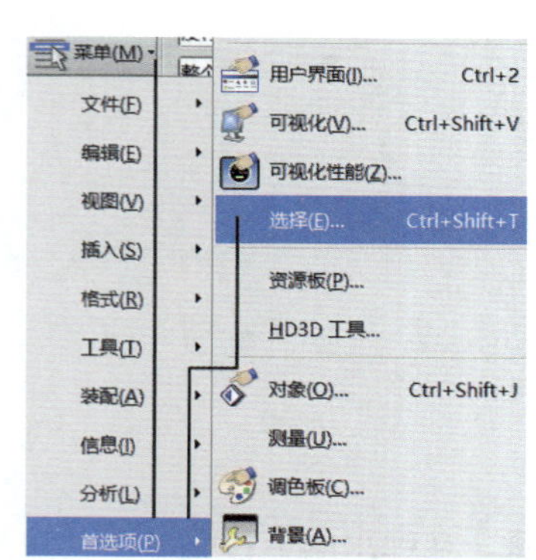

图1-26 选择工具

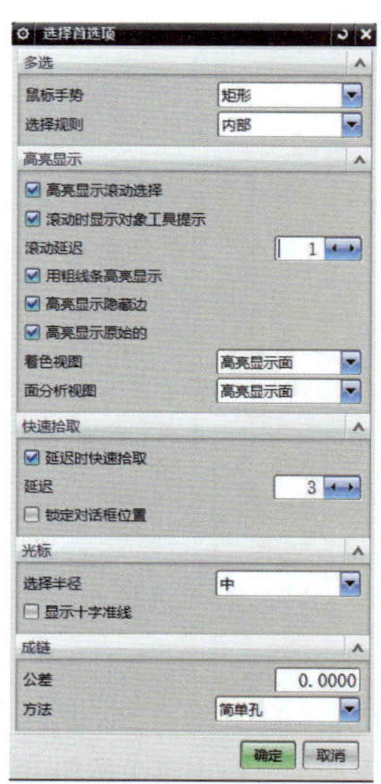

图1-27 选择首选项对话框

四、编辑背景

在建模环境下选择下拉主菜单按钮 菜单(M)▾ ，如图1-28所示。在弹出的下拉菜单中选择“首选项”菜单里面的“背景”工具，系统会弹出如图1-29所示的“编辑背景”对话框，用户可以在此对话框中进行背景颜色设置。

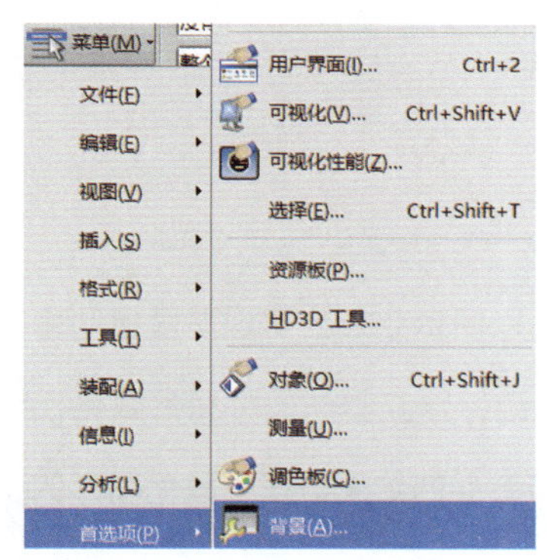

图1-28　背景工具

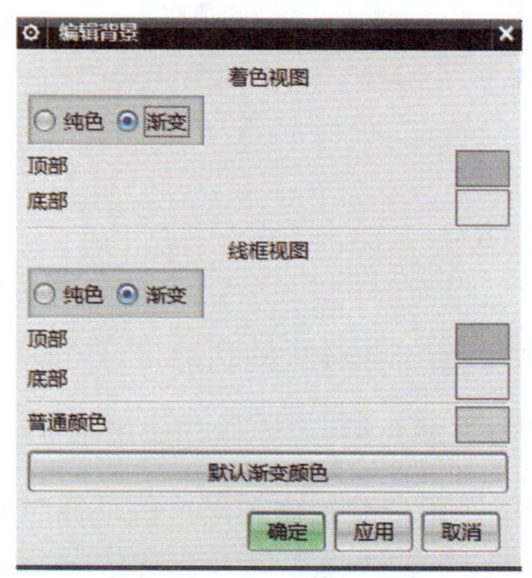

图1-29　编辑背景对话框

延伸

UG软件开发说明

UG（Unigraphics NX）是Siemens PLM Software公司出品的一个产品工程解决方案，它为用户的产品设计及加工过程提供了数字化造型和验证手段。Unigraphics NX针对用户的虚拟产品设计和工艺设计的需求，提供了经过实践验证的解决方案。UG同时也是用户指南（user guide）和普遍语法（universal grammer）的缩写。

UG是一个交互式CAD/CAM（计算机辅助设计与计算机辅助制造）系统，功能强大，可以轻松实现各种复杂实体及造型的建构。它在诞生之初主要基于工作站，但随着PC硬件的发展和个人用户量的迅速增长，在PC上的应用取得了迅猛的增长，已经成为模具行业三维设计的一个主流应用。

UG的开发始于1969年，它是基于C语言开发实现的。UG NX是一个在二维和三维空间无结构网格上使用自适应多重网格方法开发的一个灵活的数值求解偏微分方程的软件工具。

任务三 参数化设计及典型应用

任务描述

UG软件有着非常强大的功能，可实现参数化设计，统一数据，以便企业办公实现高度自动化、一体化管理。本任务中主要介绍UG软件在应用中如何使用设计参数、尺寸驱动，建立驱动尺寸和参数化模型的概念，以及草图约束，用户又怎样利用这些工具对图元与图元位置进行细节方面的约束。在参数化图形的定形与定位过程中，用参数化建立模型，用户能很快建立起参数化设计的理念。

通过几个典型的操作例子，使用户明白UG NX10.0软件的典型应用。

任务目标

1. 理解软件的参数化概念及意义
2. 掌握草图约束功能、建模中GC工具箱
3. 了解UG软件典型应用

任务过程

一、参数化设计的概念及意义

UG NX10.0软件参数化设计的概念是用户在设计时不必准确地定形和定位组成模型的图元，在绘制出图形的大致轮廓后修改各图元的定形和定位的尺寸数据，系统根据尺寸再生模型即可获得理想的模型形状。通过此参数化设计可以快速得到设计的图形尺寸，快速实现图形的定形、定位、约束等。

二、尺寸驱动与约束

1. “尺寸驱动”。系统通过图元的尺寸参数来确定模型形状的设计过程称为尺寸驱动，只需修改模型某一尺寸参数的数值，即可改变模型的形状和大小。驱动尺寸时，常用的方法是：对着要修改的尺寸双击鼠标左键，然后在立即对话框中输入相应尺寸后按确认键即可。尺寸的驱动即完成设计的理想尺寸，如图1-30所示为尺寸驱动前后的对比图形。

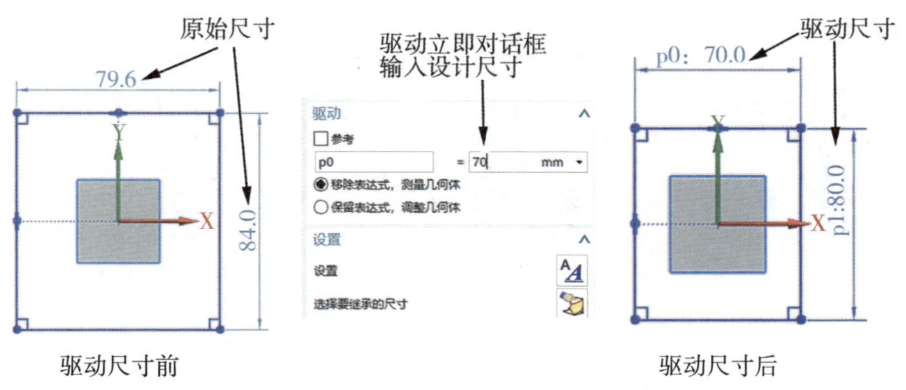

图1-30　尺寸驱动前后对比

2. “约束”工具。系统在参数化设计中还提供了多种约束工具，用户可以利用这些工具比较容易和方便地创建图元与图元之间的位置关系，比如平行、垂直、对称等。在驱动尺寸的设计方法下，设计者完全不必再考虑线条的长短、角度的大小等问题。利用软件系统提供的功能，计算机细致、精确地工作，实现人性化的设计。约束的建立是图元位置之间的关系，如图1-31所示为约束前后的对比图形。

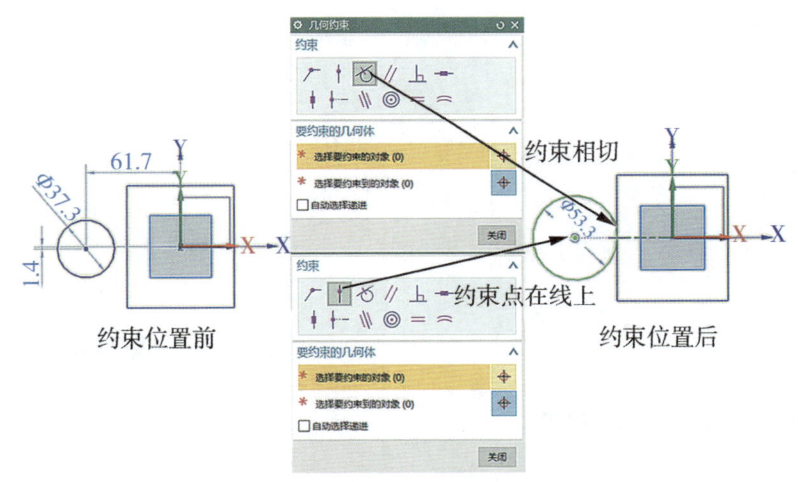

图1-31　约束前后的对比图形

三、参数化建模

用户在对参数化设计有一定的概念也有一定的基础后，那么在建模中使用参数化，会使模型更具有设计的灵活性和可变性。建立起参数化设计的概念，今后在参数化设计思想的指引下，模型的创建和修改都会变得非常简单和轻松。

下面以UG中参数化建模之GC工具箱应用实例来说明参数化建模的含义，使用户对UG NX10.0软件提供的快速参数化建模有一个了解过程。如图1-32所示为运用弹簧工具——GC工具箱进行参数化设置后得到的圆柱压缩弹簧。

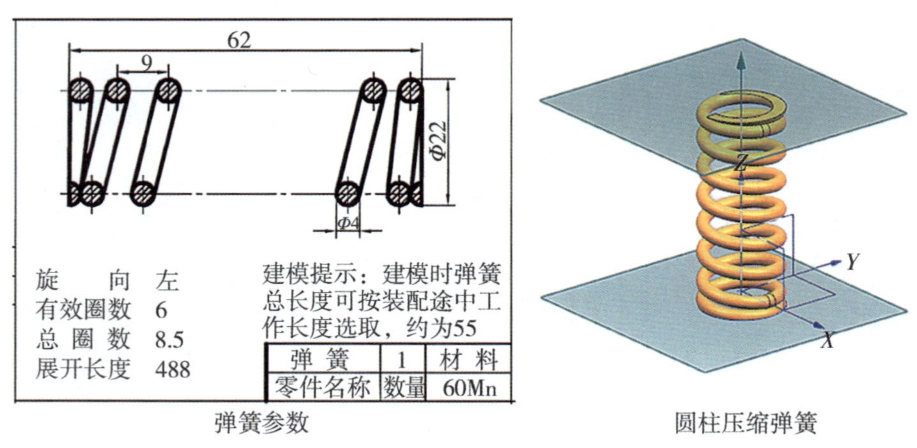

弹簧参数　　　　圆柱压缩弹簧

图1-32　圆锥齿轮轴

操作步骤：

1. 启动UG NX10.0软件。

2. 在文件下拉菜单中选择“新建”或者点击新建按钮，在弹出的对话框中选择建模，选择文件路径并给零件命名为“圆柱弹簧”，进入绘图界面。

3. 在主页功能工具中，点击圆柱压缩弹簧按钮，弹出“圆柱压缩弹簧”对话框，如图1-33所示。在“类型”设置中以默认方式给弹簧输入名称“1”，接着点击“下一步”。

4. 在弹出来的“输入参数”中选择旋向为“左旋”，如图1-34所示。端部结构为“并紧磨平”，按照工程图中参数在“圆锥压缩弹簧”对话框中输入相应参数。中间直径：22；钢丝直径：4；自由高度：62；有效圈数：6；支撑圈数：2.5。之后在默认方式下点击“下一步”。

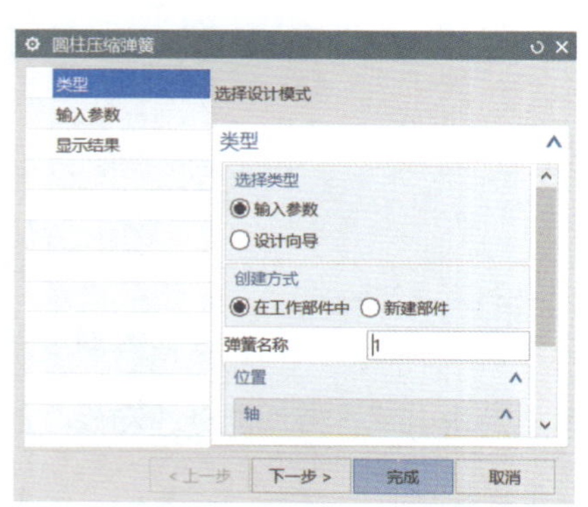

图1-33　“圆柱压缩弹簧”对话框

图1-34　输入参数

5. 在弹出来的“显示验算结果”中，用户可以查看“显示结果”，在默认的方式下点击“确定”，通过参数设置完成了圆柱压缩弹簧，如图1-32所示。

四、软件的几个典型应用

1. 实现CAD二维图形、三维实体模型。UG软件系统提供的草绘有两种模式：一种草绘指的是在当前应用模块中创建草图，使用直接草图工具添加曲线、尺寸、约束等；另一种是在任务环境中绘制草图，指的是创建草图并进入草图任务环境。

建模时首先绘制二维图形，绘制二维图形是创建三维建模的基础，在创建基准特征和三维特征时，通常都需要绘制二维图形，这时系统会自动切换至草绘环境。在三维设计环境下也可以直接读取在草绘环境下绘制存储的二维图形文件并继续设计。用户在二维绘制模式下创建二维图形截面，然后使用软件提供的特征建模方法来建立三维模型。如图1–35所示是将二维截面图形通过拉伸之后得到的三维实体模型。

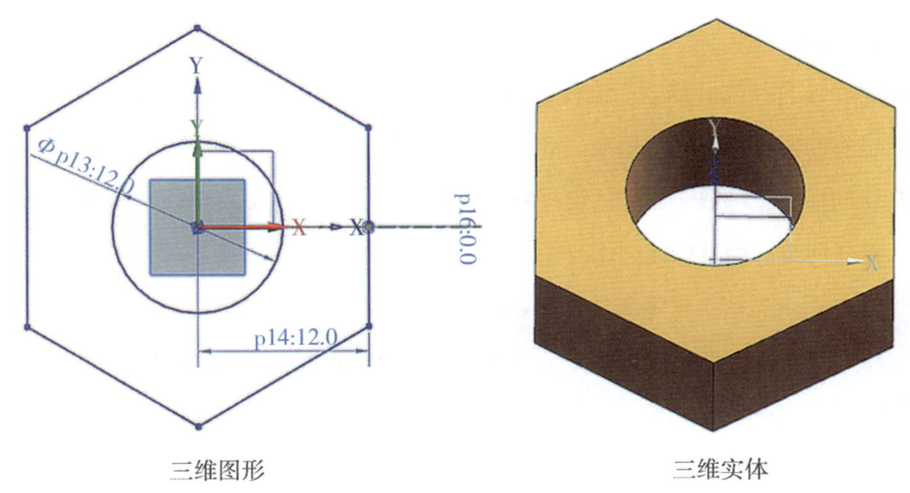

图1–35　二维图形和三维图形

2. 模型的创建。模型创建既是UG软件进行产品设计和开发的主要目的，又是零件模块参数化实体造型的核心功能模块。使用UG NX10.0软件创建模型的过程实际上就是在建模环境下运用系统提供的建模特征依次完成建模操作的过程。

实体建模：支持二维和三维的非参数化模型或参数化模型的创建、布尔运算以及基本的相关编辑，也是最基本的建模模块，是“特征建模”和“自由形状建模”的基础。

特征建模：基于特征建模的应用模块，支持孔、槽等标准特征的创建和相关编辑，允许抽空实体模型并创建薄壁对象，允许一个特征相对于任何其他特征定位，且对象可以被实例引用建立相关的特征集。

自由形状建模：主要用于创建复杂形状的三维模型，该模块中包含一些实用的技术，比如：曲线的一般扫描；使用1轨、2轨、3轨方式按比例展开形状；使用标准的二次曲线方式的放样形状等。

钣金特征建模：该模块是基于特征建模的应用模块，它支持专门的钣金特征，如弯边、轮廓弯边、肋板、剪裁等创建。这些特征可以在应用模块NX钣金中被进一步操作，如钣金件成型和展开等，该模块允许用户在设计阶段将加工信息整合到所设计的部件中。

用户自定义特征：允许利用已有的实体模型，通过建立参数间的关系、定义特征变量、设置默认值等工具和方法来构建用户自己常用的特征。而且此特征可以通过特征建模应用模块被任何用户访问。

用户在建模时主要综合利用到实体建模和曲面建模的方法比较多，曲面建模又要基于曲线的创建，比较复杂而且灵活多变，二者交互使用可以发挥各自优势，设计者可以寻找更好的设计方案，如图1–36所示为风扇叶片模型，经过空间曲线生成曲面，并在此基础上创建拉伸实体，最后阵列完成风扇叶片的创建。

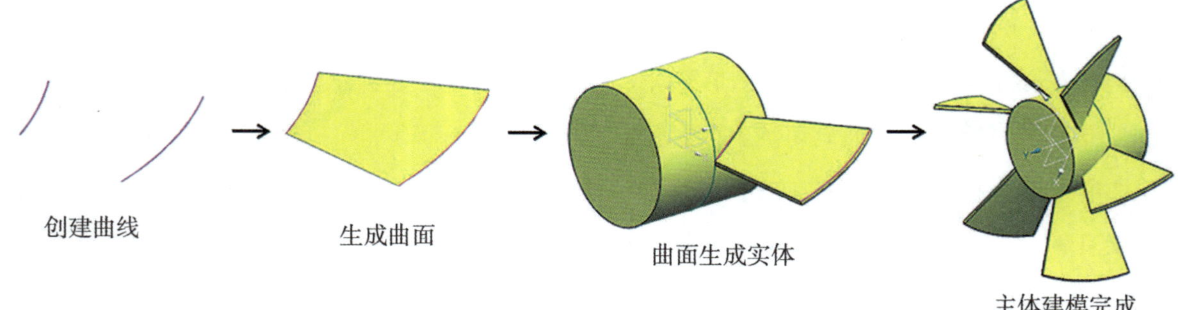

图1-36　风扇主体模型

3. 装配，是将多个零件按实际的生产流程组装成一个部件或者完整的产品的过程，装配过程中，用户可以添加新零件或者对已有的零件进行编辑修改。此应用模块中提供了装配结构的约束，可实现零部件之间的位置移动。并允许直接访问任何组件或子装配的设计模型，还支持“在上下文中设计”的方法，即当工作在装配的上下文中时，可以对任何组件的设计模型作改变。

根据设计的概念，用户先依次将零部件按照名字编号保存在同一文件目录下，然后按照机械设备的工作原理和结构特点依次将其组装为一个整体。如图1-37所示为某机器箱体上排风扇的装配图。

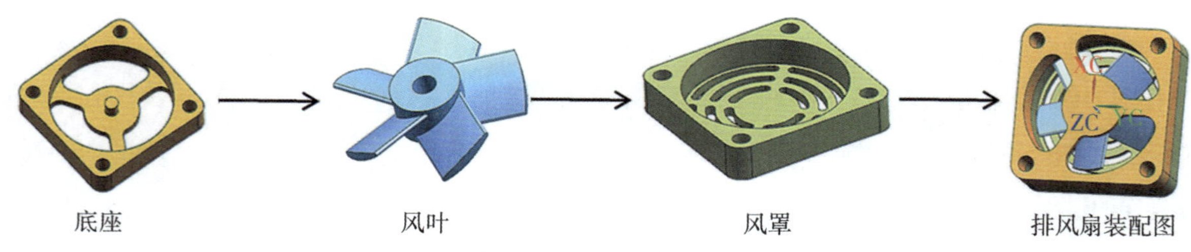

图1-37　排风扇装配图

4. 工程图的创建。工程图模块可以从已经创建的三维模型中自动生成工程图图样，用户也可以使用内置的曲线或者草图工具手动绘制工程图。“制图”功能支持自动生成图纸布局，包括正交视图投影、剖视图、辅助视图、局部放大图以及轴侧图等，也支持视图的相关编辑和隐藏线编辑等。用户可以根据零件的设计表达需要灵活选取需要的视图类型，如图1-38所示为某机械零件的工程图。

5. 加工。UG NX10.0软件提供的数控加工模块可以方便地完成典型零件的数控加工，使用实体模型作为技术文件，可以便捷地创建刀具路径并对加工过程进行动态模拟。UG NX10.0软件的加工可以进行一般的2轴、2.5轴铣削，也可以进行3轴到5轴的加工、支持线切割等加工操作。最后创建可供数控设备直接使用的NC程序，NC程序仿真能直观安全地模拟、效验、分析切削过程，免去了以往零件生产的材料损耗、刀具磨损、机床磨损、机床清理等，从而缩短生产准备周期，降低成本。还可根据加工机床控制器的不同来制定后处理程序，因而生成的指令文件可直接应用于用户的待定数控机床，不需要修改指令，便可进行加工。如图1-39所示为模拟仿真的工件加工刀路轨迹图。

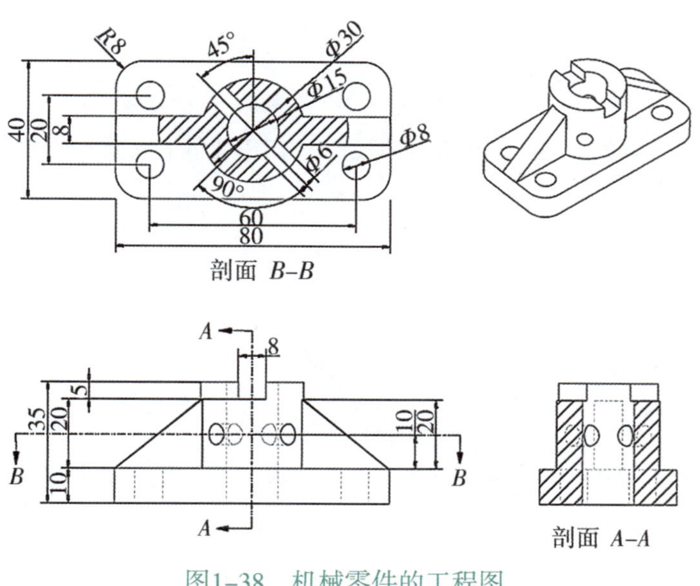

图1–38　机械零件的工程图

图1–39　工件加工刀路轨迹图

6. 模具设计。UG NX10.0软件具有强大的模具设计功能，使用模具设计模块设计模具简单方便，如图1–40所示为一个典型零件创建的模具模块元件。在UG NX10.0软件应用模块中，系统提供了很多模具设计的功能菜单，使用起来选择非常丰富，而且更具专业性和实用性，用户可以在设计中根据需要进行选择。

图1–40　模具模块元件

7. 分析。模流分析（moldflow）：该模块用于在注塑模中分析熔融塑料的流动，在部件上构造有限元网络并描述模具的条件与塑料的特征，利用分析包反复运行以决定最佳条件，并可以产生表格和图形文件两种结果，减少试模的次数，节省模具设计与制造的成本。

Motion应用模块：该模块提供了精密、灵活的综合运动分析，具有几个特点：提供了机构链接设计的所有方面，从概念到仿真原型；它的设计和编辑能力允许用户开发任一N—连杆机构，完成运动学分析，且提供了多种格式的分析结果，同时可将该结果提供给第三方运动学分析软件作进一步分析。

8. 智能建模（ICAD）。该模块可在ICAD和NX之间启用线框和实体几何体的双向转换。ICAD是一种基于知识的工程系统，它允许描述产品模型的信息（物理属性比如几何体、材料类型以及函数约束）并进行相关处理。

9. 电子表格。电子表格程序提供了在Xess或Excel电子表格与UG NX之间的智能界面，可以使用电子表格来执行以下操作：从标准表格布局中构建部件主题或族；使用电子表格计算优化几何体；将商议议题整合到部件设计中；编辑UG NX10.0符合建模的表达式——提供UG NX10.0和Xess电子表格之间概念模型数据的无缝转换。

10. 编程语言。图形交互编程（GRIP）：是一种在很多方面与Fortran类似的编程语言，使用类似于英语的词汇，GRIP可以在NX及其相关应用模块中完成大多数的操作。在某些情况下，GRIP可用于执行高级的定制操作，这比在交互的NX中执行更高效。NX Open C和C++ API编程：是使程序开发能够与NX组件、文件和对象数据交互操作的编程界面。

11. 质量控制。VALISYS：利用该应用模块可以将内部的Open C和C++ API集成到NX中，该模块也提供单个加工部件的QA（审查、检查和跟踪等）。DMIS：该应用模块允许用户使用坐标测量机（CMM）对NX几何体编制检查路径，并从测量数据中生成新的NX几何体。

12. 机械布管。又叫机械管线布置，此模块可以对UG NX装配体进行管路布线，比如液压与气压传动、泵体、机床控制箱管道等。

13.电气布线。又叫电气管线布置，使电气系统设计者能够在用于描述产品机械装配的相同3D空间内创建电气配线。此应用模块将所有相关电气元件定位于机械装配内，并生成建议的电气线路中心线，然后将全部相关的电气元件从一端发送到另一端，而且允许在相同的环境中生成并维护封装设计和电气线路安装图。

14. 钣金（sheet metal）。该模块提供了优于参数、特征方式的钣金零件建模功能，并提供对模型的编辑功能和零件的制造过程，还提供了对钣金模型展开和重叠的校拟操作。

15. 运动仿真。就是模拟真实事物的特点和状态。在机械仿真中，主要根据零件的物理特性模拟其运动过程并进行动力学分析等，从而获得运动动画及分析结果。如图1–41所示为机械运动仿真。运动仿真可以观察机构在运动时是否具有干涉现象，各个部件是否达到了预期的运动效果，同时为零件的设计和修改提供直接参考依据。运动仿真模块是UG NX重要的组成部分，内容丰富、功能强大。

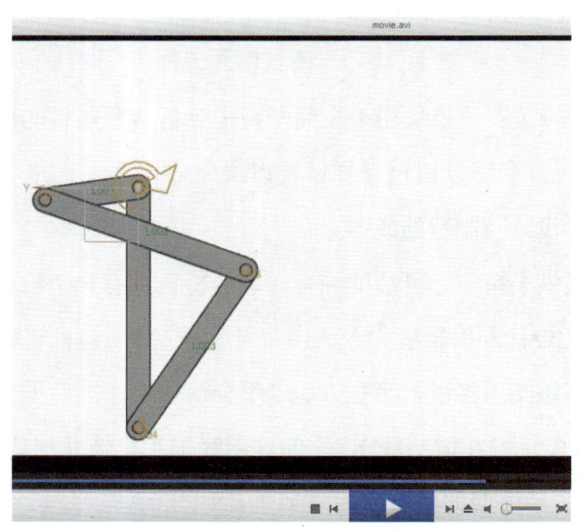

图1–41　机械运动仿真

知识链接

用户界面的定制：

UG NX10.0软件环境界面跟以前的版本相比较变化较大，用户可以根据自己的需求进行用户界面的定制，设置成用户习惯的熟悉的工作环境。

在建模环境下选择下拉主菜单按钮 菜单(M)▾ ，如图1–42所示。在弹出的下拉菜单中选择“工具”菜单里面的“定制”工具，系统会弹出如图1–43所示的“定制”对话框。在系统弹出来的定制对话框中，用户可以看到系统提供了“命令”“选项卡/条”“快捷方式”“图标/工具提示”4个选项卡的选项内容。

图1–42　定制工具

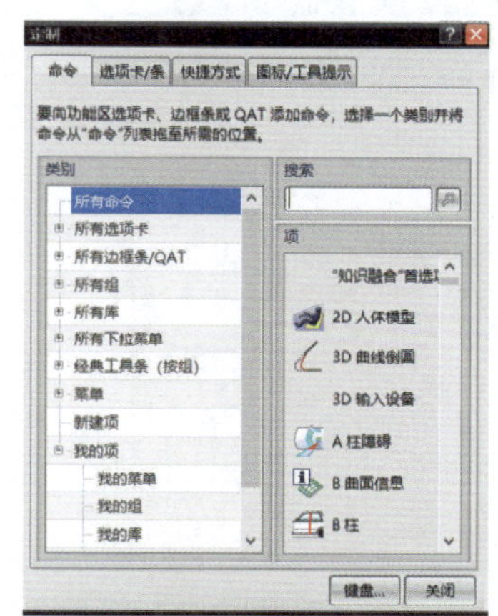

图1–43　定制对话框设置

特别提示

系统自带的默认功能菜单是最佳状态下也是常用的功能菜单，用户一般不需做更多的更改。

一、命令选项卡的设置

在定制对话框中，用户可以切换到命令选项卡，在此选项卡中用户可实现添加命令到工具条：如图1–44所示选定一个类别并将该命令从对话框拖到工具条中，或者如图1–45所示点击鼠标右键选择添加到工具条中。在选定的类别中，用户可实现对其进行添加或删除等管理。

二、快捷方式选项卡的设置

在定制对话框中，用户可以切换到快捷方式选项卡，在此选项卡中，用户可根据需要在图形窗口或者导航器中选择对象以定制其快捷工具条或推断式工具条，如图1–46所示。用户还可点击对话框下方的键盘按钮进入如图1–47所示的“定制键盘”对话框中，选定一个类别，设定其所对应的快捷键。

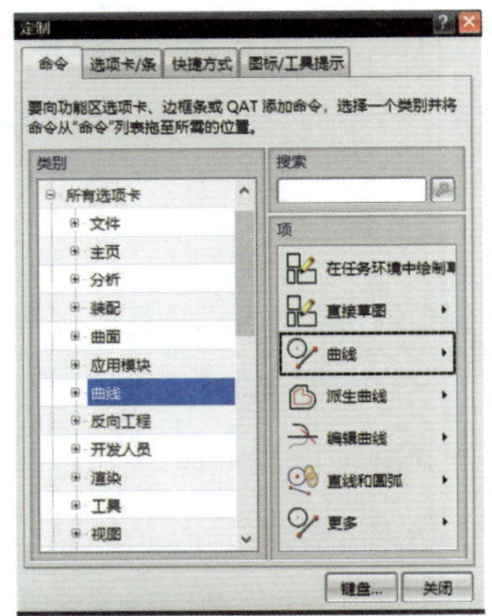

图1–44　选定命令类别

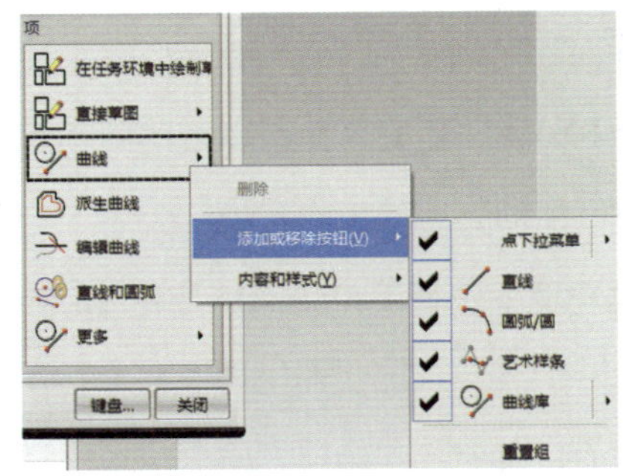

图1–45　右击添加或者移除所选项

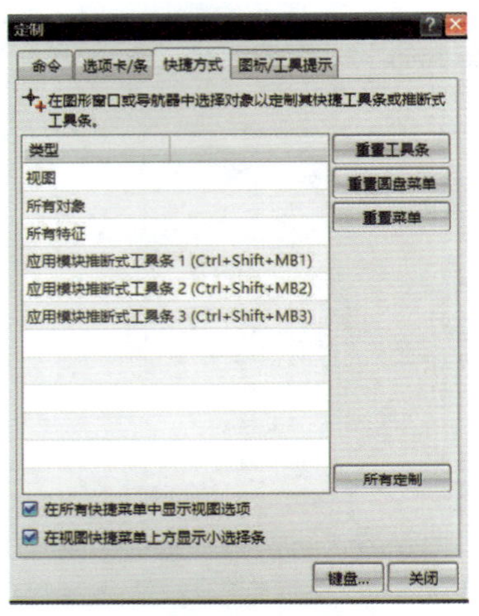

图1–46　选择定制快捷方式

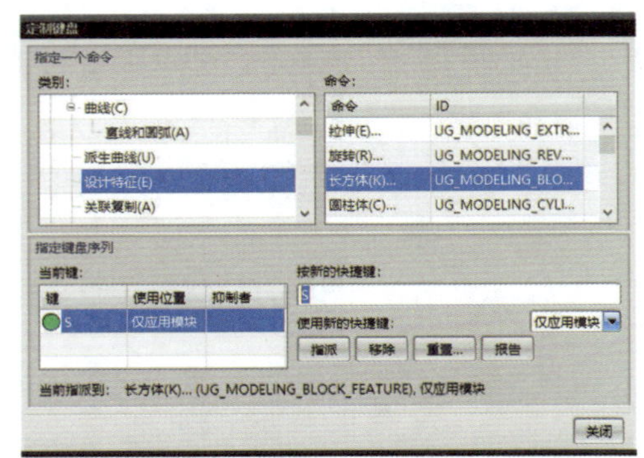

图1–47　定制键盘快捷方式

知识延伸

计算机辅助设计、计算机辅助制造、计算机辅助分析等引领市场不断更新，从早期的二维模型到当今的实体模型乃至产品模型，CAD技术历经了多次技术革命，其中以特征的造型、参数化设计思想最引人注目。UG作为参数化设计软件的典型代表，其功能强大，应用广泛。UG NX10.0软件与之前的版本相比，在强化了设计功能的同时，进一步改善了用户界面，使之更加友好，更加人性化和智能化。读者应该重点领会UG软件的典型设计思想，特别要理解实体建模、特征造型及参数化设计等先进设计理念的基本原理，为今后的深入学习打下必要的理论基础。UG软件是一个功能强大的集成软件系统，由于书中介绍的内容不能全面展开，在学习和使用过程中难免会遇到困难，这时应该多向有经验的用户请教。UG软件的实用性和使用性很强，只有在设计实践中才能熟练掌握软件的使用。一些重要操作及高级功能还需要读者在实践中逐渐体会和探索。唯有反复实践，才能熟练地使用该软件。

单元二

UG NX10.0二维图形绘制应用

单元提示

本单元中重点介绍 UG NX10.0 的二维草图绘制的环境、二维设计的思想、二维制图的基本编辑方法、二维图形的尺寸修改以及二维图元之间的草图约束等。软件的草绘图形绘制中，系统提供了很多灵活方便的工具和命令，特别是二维的尺寸驱动、关系约束、样条曲线、参数曲线等，使用户能对 UG NX10.0 软件的草绘环境和二维设计等建立一个全新的概念。

二维平面设计与三维空间的设计相辅相成、密不可分，用户必须熟练掌握二维草绘设计工具的使用方法，才能在三维造型设计中操作自如。现代设计中的三维早已广泛应用，但是平面二维绘图设计功能依然突出。现在的二维绘图很多功能经改进后，性能比较稳定，使用时更为快捷方便。

2

任务一 二维绘制环境及二维设计思想

任务描述

本任务主要介绍UG NX10.0二维草图绘制的环境、二维草图绘制常用的菜单、二维草图绘制的命令以及参数设置，使用户建立二维绘制的设计思想。二维草图工具栏里面的工具应用是经常使用的，需要熟练掌握，为在今后的作图操作中能灵活使用工具打好基础。

在绘制草图时系统提供的两种绘制草图的环境有什么区别，用户如何设置草图的参数，这些都是用户在认识和熟悉环境的过程中所要掌握的。

任务目标

1. 熟悉UG NX10.0二维绘制环境
2. 掌握二维绘图的命令使用和功能相关设置
3. 掌握绘图工具调用、建立二维绘制思想

任务过程

UG NX10.0二维草图绘制环境

UG NX10.0软件是在以前版本基础上经过优化的，设计过程中体现出比较简便的功能，用户要能够熟练使用系统提供的设计工具来创建图形，同时还能够灵活使用各种辅助工具来优化设计环境。与之前的UG版本一样，NX10.0软件的草绘环境有两种草绘模式：一种是直接绘制草图，一种是在任务环境中绘制草图。

1. 进入直接绘制草图的方法。用户在创建好工作目录路径和命名好文件名称之后，在“模型”模板的方式下进入作图界面。进入后点击主菜单按钮 菜单(M)，在弹出来的下拉菜单中（如图2–1所示），选择“插入”菜单下的“草图”，系统会弹出如图2–2所示的对话框。选择XY平面为草图平面，点击“确定”按钮，进入草绘绘图操作环境。或者直接在工具条中选择草绘快捷按钮 ，系统会弹出如图2–2所示的“创建草图”对话

框，用户可以选择一个草绘平面进入草绘绘图界面。进入草绘界面后，用户可以在带状工具条区找到如图2-3所示的草绘工具条（点开隐藏符号），然后根据用户的设计需要绘制相应图形，点击完成草图按钮 即可退出草绘绘图界面。

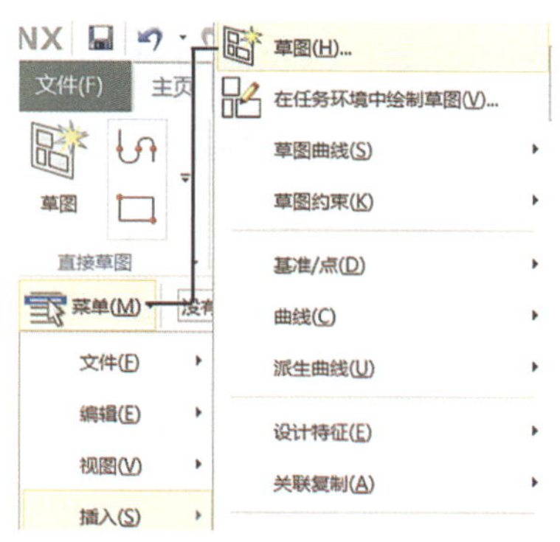

图2-1　选择“草图”

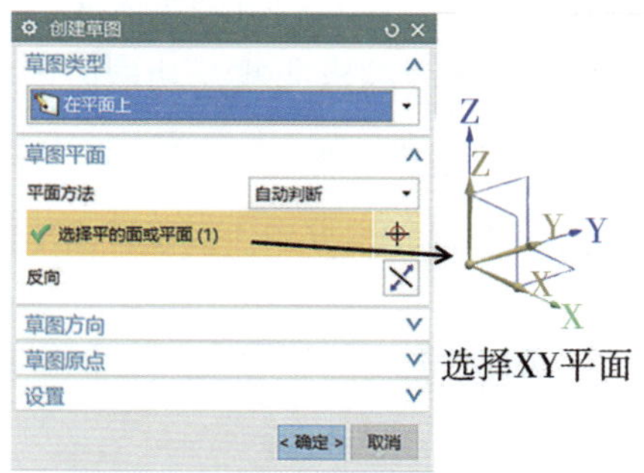

图2-2　选择XY平面

图2-3　草绘工具条

2. 进入任务环境中绘制草图的方法。用户在创建好工作目录路径和命名好文件名称之后，在“模型”模板的方式下进入作图界面。进入后点击主菜单按钮 菜单(M) 。在弹出来的下拉菜单中（如图2-4所示），选择“插入”菜单下的“在任务环境中绘制草图”，系统会弹出如图2-2所示的对话框。选择XY平面为草图平面，点击“确定”按钮，进入草绘绘图操作环境。进入草绘界面后，用户可以在带状工具条区，找到如图2-5所示的任务环境中草绘工具条（有的在隐藏符号中），然后根据用户的设计需要绘制相应图形，点击完成草图按钮 即可退出任务环境草绘绘图界面。在本书中没有特殊强调，所有的草图都是按照“在任务环境中绘制草图”创建的。

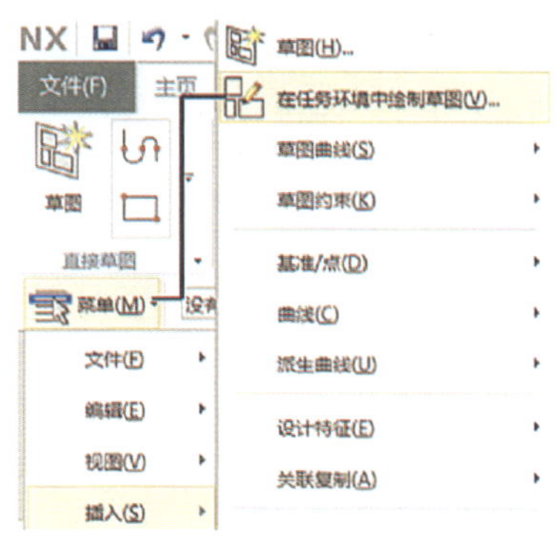

图2-4　在任务环境中绘制草图

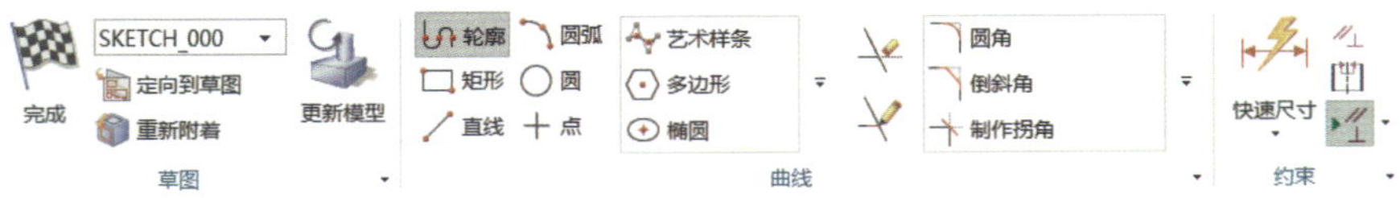

图2-5　任务环境中草绘工具条

在“模型”模板环境下，用户在快捷工具条中点击“曲线”工具，则系统会切换到“直接草图”“曲线”“派生曲线”和“编辑曲线”功能区的带状工具，如图2-6所示。选择带状工具条中的草绘快捷按钮 ，系统会弹出“创建草图”对话框。用户可以选择一个草绘平面进入草绘绘图界面。进入草绘界面后，用户可以在带状工具条区，根据用户的设计需要绘制相应图形，点击完成草图按钮即可退出草绘绘图界面。

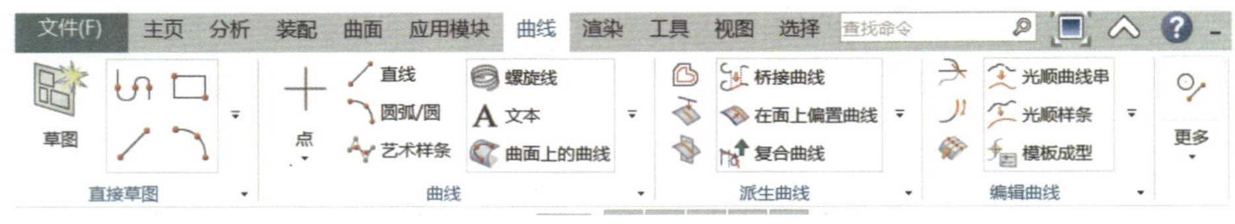

图2-6　“曲线”带状工具

3. 在UG软件中进入草图工作环境之前，系统会弹出一个对话框，要求用户为草绘绘图选择一个平面，从而确定新的草图在三维空间的放置位置。草图平面是草图所在的某个空间平面，既可以是基准平面，也可以是实体的某个表面。

4. 用户想要绘制草图，需先进入“创建草图”对话框，如图2-7所示。对这个对话框中的部分选项进行如下说明。

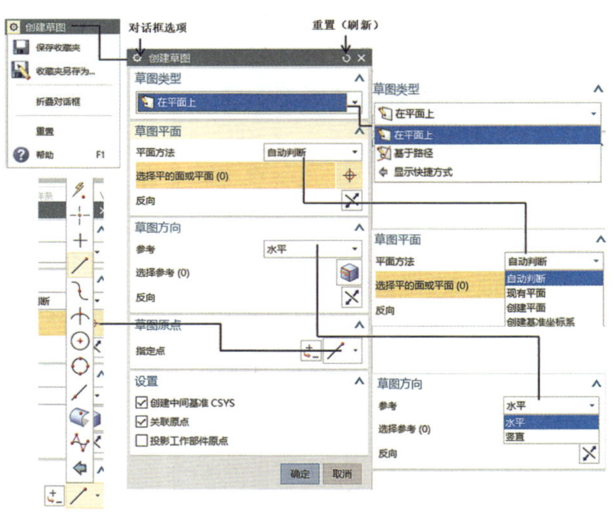

图2-7　“创建草图”对话框

（1）“草图类型”选项中的“在平面上”：用户选择此选项后，可以在绘图区选择任意平面为草图平面（此选项为系统默认选项）。

（2）“草图类型”选项中的“基于路径”：用户选择此选项后，系统在用户指定的曲线上建立一个与该曲线垂直的平面，作为草图平面。

（3）“草图平面”选项中的“现有平面”：用户选择此选项后，可以选择基准面或者图形中现有的平面作为草图平面。进入草图环境后，系统默认的“自动判断”一般为XY平面，单击“确定”按钮后，则进入草

图绘制界面。

（4）“草图平面”选项中的“创建平面”：用户选择此选项后，可通过“平面”按钮 创建一个基准面作为草图平面。

（5）“草图平面”选项中的“创建基准坐标系”：用户选择该按钮后，可通过“创建基准坐标系”按钮 创建一个坐标系，用户可以选取该坐标系中的基准面作为草图平面。

（6）“草图平面”选项中的“反向”：用户选择此选项后，可通过“反向”按钮 点击可以切换基准轴法线的方向。

（7）“草图方位”选项中的“水平”：用户选择此选项后，可以定义参考平面与草图平面的位置关系为水平。

（8）“草图方位”选项中的“竖直”：用户选择此选项后，可以定义参考平面与草图平面的位置关系为竖直。

5. 二维图形的构成。从二维图形上我们可以看到一幅完整的二维图形，包括几何图素、尺寸、约束3种图形元素，如图2–8所示。在设计过程中用户在绘制图形时可根据命令弹出的立即工具条提示的内容对图元上的图素进行编辑修改。

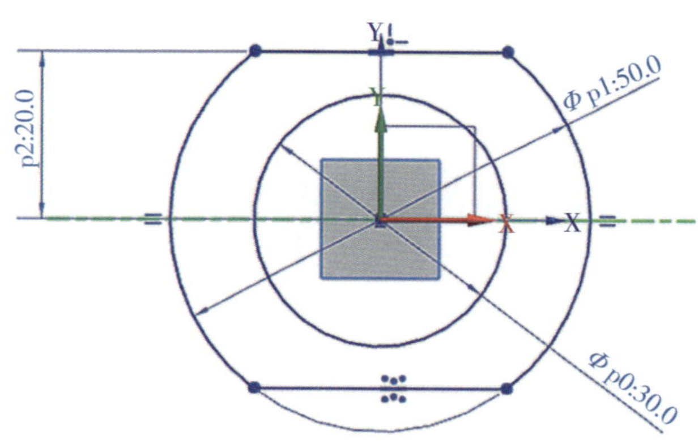

图2–8　完整的二维图形

（1）几何图素：几何图素是组成图形的基本单元（由带状工具条区草绘绘图工具中调出绘制而成），主要类型包括直线、圆、圆弧、矩形、连续线等。当由二维图形创建三维模型时，二维图形的几何图素直接决定了三维模型的形状和轮廓。

（2）约束：约束是一个或者一组图元之间的一种制约关系，从而在这些图元之间建立关联，以便达到在修改图形时因为一个尺寸的修改而影响其他尺寸的联动设计效果。

（3）尺寸：尺寸是对图形的定量标注，通过尺寸可以明确图形的形状、大小及图元之间的相互位置关系。

6. 二维图形与三维图形的关系：在产品设计过程中，三维图形的“截面图形”常用二维绘图的方法创建，这个过程就是我们经常所说的“二维草绘”。

（1）截面图形：截面图形是指模型被与其轴线正交的平面剖切后所得到的平面图形。根据三维实体建模原理，三维模型一般都是由具有确定形状的二维图形沿着轨迹运动而产生或者将一组截面依次相连而产生的。

（2）三维建模原理：三维建模基础工作就是绘制符合设计要求的截面图，然后使用各种建模方法来创建模型。如图2–9所示的截面图形，将其沿着与截面垂直的方向拉伸即可创建三维实体模型。

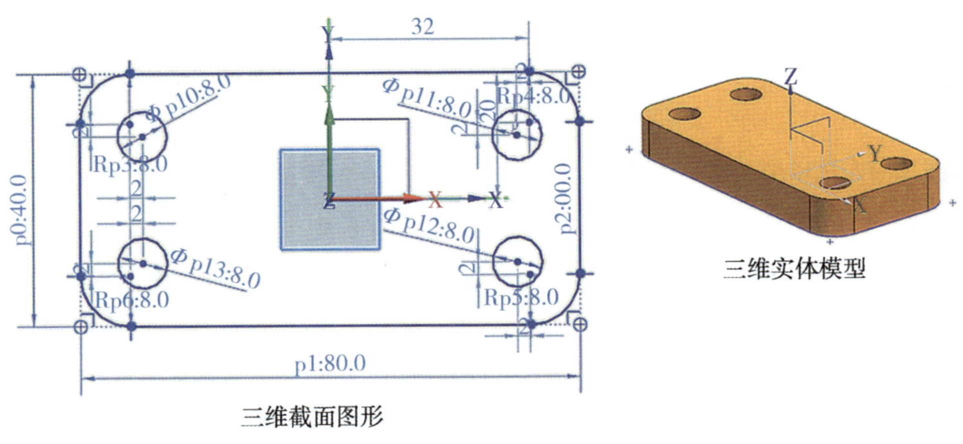

图2-9 三维建模

7. 草图曲线和曲线的区别：在插入菜单中有“草图曲线”和“曲线”，如图2-10、图2-11所示。两者的区别是：草图曲线是用户在一个平面上绘制的，限于二维草图，只能在这个平面上绘制直线、矩形、圆弧圆、样条曲线等线条，并且可以修改以及添加它们之间的几何关系，因此在绘制草图曲线时必须有一个作图平面，这个平面可以是实体的表面，也可以是基准平面；曲线是指直接在三维空间中绘制直线、圆弧、圆、矩形等线条，并且可以对他们进行修剪、偏移、复制、打断等编辑，因此作图时不限于平面，可以是三维空间的，可以在任意空间内绘制。

图2-10 草图曲线

图2-11 曲线

知识链接

关于UG NX10.0软件的直接草图应用说明

1. 如图2-12所示，“直接草图”工具创建的草图，在部件导航器中同样会显示为一个独立的特征，也能作为特征的截面草图使用。与“在任务环境中绘制草图”相比，在本质上没有区别，只是实现方式较为“直接”。

2. 在“直接草图”创建环境中，系统不会自动将草图平面与屏幕对齐，需要将草图平面旋转到大致与屏幕对齐的位置，然后使用快捷键F8对齐草图平面。

3. 在“直接草图”环境中的带状工具条显示“更多”（如图2-13所示），选择“在草图任务环境中打开”，系统即可进入“在草图任务环境中打开活动草图”环境中。

图2-12　直接草图工具

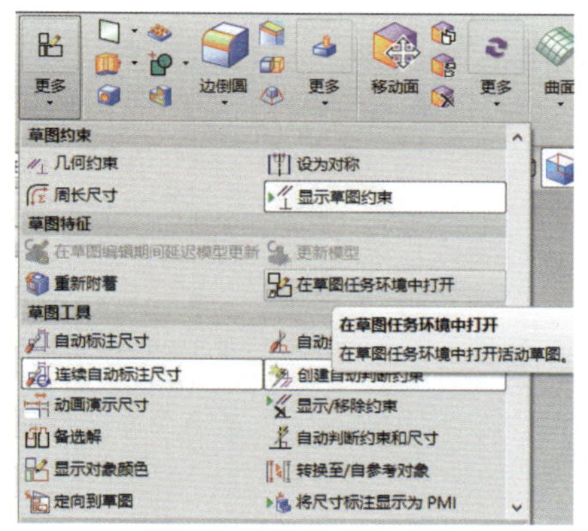

图2-13　在任务环境中绘制草图

4. 在三维建模环境下，双击已绘制的草图也能进入直接草图环境。在本书中，如果没有特殊强调，所有的草图都是按照“在任务环境中绘制草图”创建的。

知识延伸

进入任务环境中绘制草图曲线的方法：在建模模板环境下选择所要绘制的截面，选择下拉主菜单 菜单(M)▾ 按钮，在弹出的下拉菜单中选择“插入”菜单里面的“草图曲线”工具（如图2-14所示），显示出草图曲线工具菜单，其中大部分的命令都以快捷按钮的方式出现在带状工具条区，用户直接使用即可。

图2-14　草图曲线工具

进入任务环境中绘制草图约束的方法：在建模模板环境下选择所要绘制的截面，选择下拉主菜单 菜单(M) 按钮，在弹出的下拉菜单中选择“插入”菜单里面的“草图约束”工具（如图2–15所示），显示出草图约束工具菜单，包含了“尺寸”“几何约束”“设为对称”，在显示的尺寸菜单中又包含了“快速”“线性”“径向”“角度”“周长”五个工具命令。其中大部分命令都以快捷按钮的方式出现在带状工具条区，用户直接使用即可。

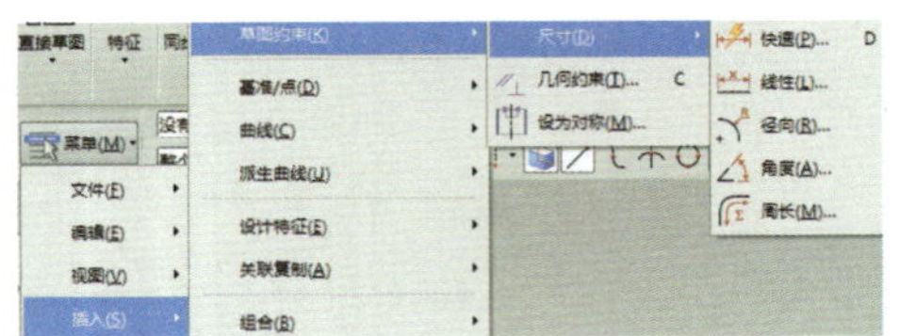

图2–15　草图约束工具

任务二 二维绘图方法及图形编辑

任务描述

要掌握二维绘图方法，就得熟悉基本的二维绘图工具；要熟练运用图形编辑，还得先熟悉图形的编辑工具。完整的二维图形是由一组直线、圆弧、圆、矩形、样条等基本图元组成的。本任务介绍了二维绘图的方法及图形编辑。绘制二维图时，工具的调用、绘图的几何画法以及图形的删除、修剪、延伸、编辑等是用户熟练掌握该软件的基础入门工具。

用户在绘图时还得掌握常用坐标系的设置以及绘制草图参数的设置。坐标系是绘图时放置图形的基准，绘制的草图参数的设置可以提高绘图效率和技巧。

任务目标

1.掌握UG NX10.0的二维绘图方法及图形编辑

2.熟悉UG NX10.0绘图工具的应用

3.了解UG NX10.0草图参数的设置和坐标的设置

过程

一、UG NX10.0绘图工具的操作

前面任务中用户已经熟悉了二维绘图的操作环境，接下来学习二维环境的草图工具应用。点击“在任务环境中绘制草图”，选择一个绘图平面放置草绘图形，用户可以按下鼠标中键选择系统默认的XY平面为草图平面，即可进入草绘绘图。如图2-16所示为“草图工具”工具条，点击隐藏 ▾ 符号即可看到。

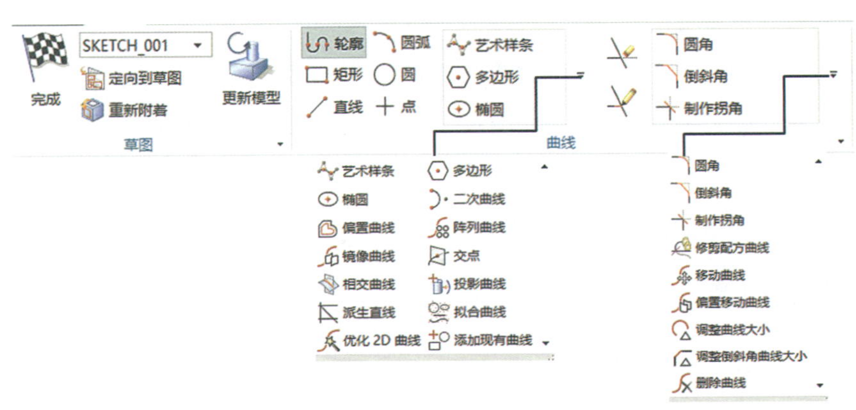

图2-16　“草图工具”工具条

以下介绍绘制曲线工具和曲线编辑工具。

· 轮廓：点击该按钮，可以创建一系列相连的直线或者线串模式的圆弧，即上一条曲线的终点作为下一条曲线的起点。

· 矩形：绘制矩形。

· 直线：绘制直线。

· 圆弧：绘制圆弧。

· 圆：绘制圆。

· 点：绘制点。

· 艺术样条：通过定义点或者极点来创建样条曲线。

· 多边形：绘制多边形。

· 椭圆：根据中心点和尺寸创建椭圆。

· 偏置曲线：偏置位于草图平面上的曲线链。

· 镜像曲线：通过现有的草图，创建草图几何的副本。

· 相交曲线：在面和草图平面之间创建相交曲线。

· 派生直线：单击该按钮，则可以从已存在的直线复制得到新的直线。

· 优化2D曲线：优化2D线框几何体。

· 二次曲线：创建二次曲线。

· 阵列曲线：阵列现有草图，创建草图副本。

· 交点：在曲线和草图平面之间创建一个点。

· 投影曲线：沿草图平面的法向将曲线、边或者点（草图外部）投影到草图上。

· 拟合曲线：创建样条、线、圆或椭圆，方法是将其拟合到指定的数据点。

· 添加现有曲线：将现有的共面曲线和点添加到草图中。

· 圆角：在两条或者三条曲线之间创建圆角。

· 倒斜角：对两条曲线形成的尖角倒斜角。

· 制作拐角：延伸或者修剪两条曲线以制作拐角。

· 修剪配方曲线：相关地修剪配方（投影/相交）曲线到选定的边。

· 移动曲线：移动一组曲线并调整相邻曲线使之相适应。

· 偏置移动曲线：按指定偏置距离移动一组曲线，并调整相邻曲线使之相适应。

· 调整曲线大小：通过更改半径或者直径来调整一组曲线的大小，并调整相邻曲线使之相适应。

· 调整倾斜角曲线大小：通过更改偏置，调整一个或多个同步倾斜角的大小。

· 删除曲线：删除一组曲线，并调整相邻曲线使之相适应。

二、UG NX10.0软件二维绘图的常用方法

用户选择草图平面进到绘图环境后，系统默认的绘图工具是“轮廓线”绘图工具，下文重点介绍绘图工具的使用。

1. 轮廓线工具的使用。系统提供的轮廓线绘制的对象类型有两种，即“直线”和“圆弧”（如图2–17所示）。在绘制过程中可以相互切换使用，一般系统默认的是直线命令，绘制过程的线条都是连续的。输入模式分为“坐标模式”和“参数模式”两种，XY（坐标模式），也是系统默认的。系统弹出如图2–18所示的动态输入框，可以通过输入XC和YC的坐标值来精确绘制直线，坐标值以工作坐标系（WCS）为参照。可按“Tab键”在动态输入框的选项之间进行切换。要输入值，可在文本框内输入值，然后按Enter键。选中 （参数模式）按钮，系统弹出如图2–19所示的动态输入框，可以通过输入长度值和角度值来绘制直线。

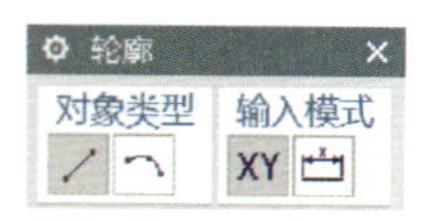

图2–17　轮廓线工具

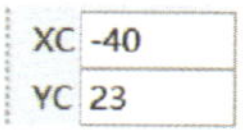

XC -40
YC 23

图2–18　动态输入框（一）

长度 25
角度 60

图2–19　动态输入框（二）

特别提示

用户选择制图工具后，请注意系统界面的底部信息提示区，按照左边小区域的信息提示操作下一步。

在使用轮廓线绘制“直线”和“圆弧”时，可以绘制连续的对象。绘制时，按下鼠标左键拖动然后释放左键，则直线模式变为圆弧模式，继续点击“绘制”又切回直线模式。如图2–20所示是轮廓线绘制时直线和圆弧的模式切换过程。

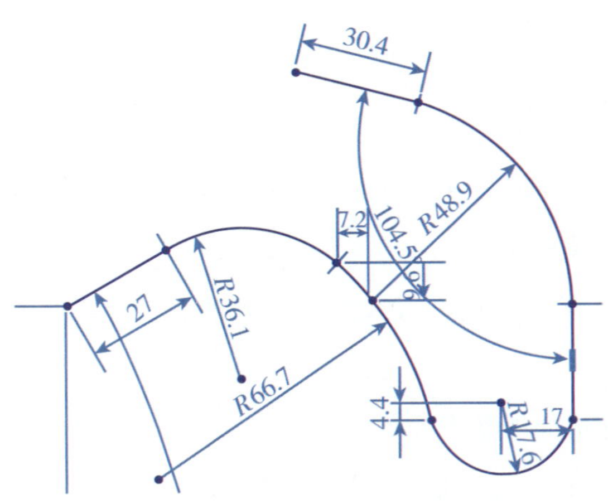

图2–20　轮廓线绘制的直线和圆弧

2. 直线工具的使用。系统提供的直线绘制模式分为“坐标模式”和“参数模式”两种，如图2–21所示。直线工具两种模式操作和轮廓线两种模式操作一样，可以参考轮廓线操作模式，今后与此相同的模式就不再赘述。

定义直线的起点：在系统信息区的提示下，在图形区中的任意位置单击，以确定直线的起始点，此时系统信息区提示指定直线的终止点，用户在图形区的另一个位置单击，以确定直线的终止点，即可完成两点之间创建一条直线（在终点处再次单击，则继续直线的操作；点击鼠标中键，结束直线的创建）。

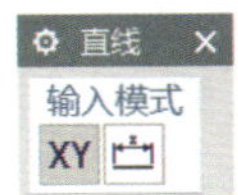

图2–21　直线工具

特别提示

1. 直线的精确绘制可以利用动态输入框实现，其他曲线的精确绘制也是一样的画法。

2. 在绘制后编辑草图时，单击快捷工具区的“撤销”按钮，可撤销上一个操作，单击快捷工具区的“重做”按钮（或者选择下拉主菜单按钮 菜单(M)▾，点击菜单的“编辑”下拉菜单中的“重做”命令），可以重新执行被撤销的操作。

3. 矩形工具的使用。如图2-22所示为矩形工具。系统提供的矩形绘制方法有三种，如图2-23所示。输入模式有两种，使用该命令可以直接绘制出四个首位封闭的矩形（用户在操作时可以选择矩形放置的角度）。

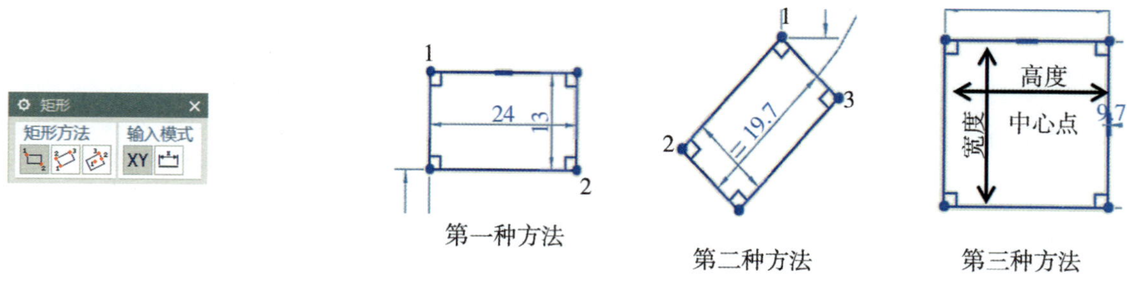

图2-22　矩形工具　　图2-23　矩形绘制的三种方法

第一种方法：两对角点矩形法，即通过矩形的两个对角点来创建一个矩形，操作如下：

（1）选中“两对角点矩形”按钮。

（2）在系统的提示下选择在图形区定义矩形的第一个对角点，接着在系统的提示下选择放置矩形的第二个对角点。

（3）点击鼠标中键，结束矩形的创建。

第二种方法：三顶点矩形法，即通过矩形的三个顶点来创建一个矩形，操作如下：

（1）选中“三顶点矩形”的按钮。

（2）在系统的提示下选择在图形区定义矩形的第一个顶点，接着在系统的提示下选择放置矩形的第二个顶点，最后在系统的提示下放置矩形的第三个顶点。

（3）点击鼠标中键，结束矩形的创建。

第三种方法：中心点、边中点、顶点矩形法（中心点、高度、宽度方法），即通过矩形的中心点、一条边的中点、矩形的顶点来创建一个矩形。操作如下：

（1）选中“中心点、中点、顶点矩形”按钮。

（2）在系统的提示下选择在图形区定义矩形的中心点，接着在系统的提示下选择放置矩形的一条边的中点，最后在系统的提示下放置矩形的一个顶点。

（3）点击鼠标中键，结束矩形的创建。

4. 圆工具的使用。系统提供的圆绘制的方法有两种（如图2-24所示）。

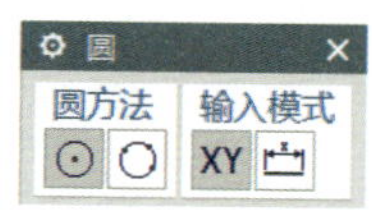

图2-24　圆工具

第一种方法：中心直径画圆法，即通过选取中心点和圆上一点来创建圆。操作如下：

（1）选中“中心直径画圆”按钮。

（2）在系统的提示下选择在图形区定义圆心的位置并放置圆的中心点。

（3）定义圆的直径：在系统的提示下，动态输入圆的直径（或者拖动鼠标至另一个位置，单击确定圆的大小）。

第二种方法：三点画圆法，即通过选取圆上的三个点创建圆。操作如下：

（1）选中“三点画圆”按钮。

（2）在系统的提示下选择在图形区定义圆的第一点，接着在系统提示下选择放置圆上的第二点，最后在系统的提示下选择放置圆上的第三点。

（3）点击鼠标中键，结束圆的创建。

5. 圆弧工具的使用。系统提供的圆弧绘制的方法有两种（如图2–25所示）。

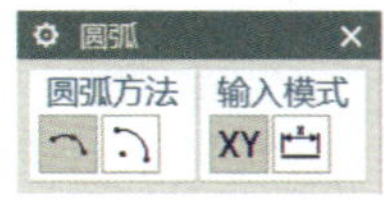

图2–25　圆弧工具

第一种方法：三点画圆弧法，即通过圆弧的两个端点和弧上的一个附加点来创建一个三点圆弧。操作如下：

（1）选中“三点画圆弧”按钮。

（2）在系统的提示下选择在图形区定义圆弧的起点，接着在系统的提示下选择放置圆弧的终点，最后在系统的提示下选择放置圆弧上的第三点（第三点的放置可以确定此圆弧成优弧或者劣弧）。

（3）点击鼠标中键，结束圆弧的创建。

第二种方法：中心、端点圆弧法，即通过圆弧的圆心和弧上的两个端点来创建圆弧。操作如下：

（1）选中“中心、端点圆弧”按钮。

（2）在系统的提示下选择在图形区定义圆弧的中心点，接着在系统的提示下选择放置圆弧的起点，最后在系统的提示下选择放置圆弧上的终点。

（3）点击鼠标中键，结束圆弧的创建。

6. 点工具的使用。点击“点”命令 ＋ 按钮，则会弹出草图对话框，用户在对话框中点击“指定点”的按钮，在弹出的“点”对话框中选择不同类型的点。如图2–26所示为草图点的类型。点的类型具体使用说明如下：

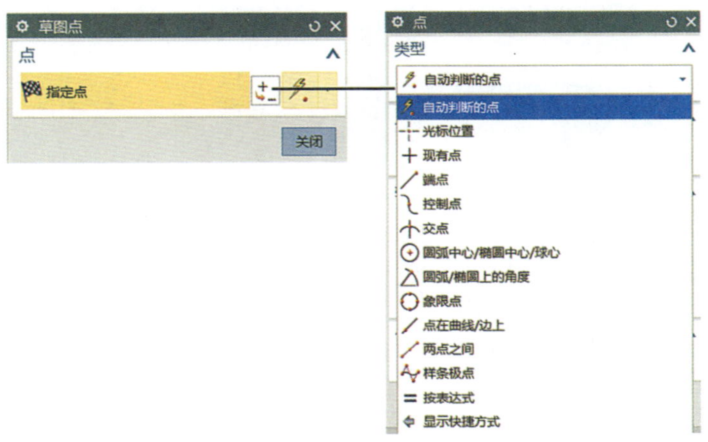

图2–26　点工具

· “自动判断的点”：根据光标的位置自动判断所选的点。它包含了下面介绍的所有点的选择方式。

· “光标位置”：将光标移至图形区某位置并单击，系统则在单击的位置处创建一个点。如果创建点是在一个草图中进行，则创建的点位于当前草图平面上。

· “现有点”：在图形区选择已经存在的点。

· “端点”：通过选取已存在的曲线（如线段、圆弧、二次曲线及其他曲线）的端点创建一个点。在选择端点时，光标的位置对端点的选取有很大影响，一般系统会选取曲线上离光标最近的端点。

· “控制点”：通过选取曲线的控制点创建一个点。控制点与曲线类型有关，可以是存在点、线段中点或者端点，可以是开口圆弧的端点、终点或者中心点，也可以是二次曲线的端点和样条曲线的定义点或者控制点。

· “交点”：通过选取两条曲线的交点、一条曲线和一曲面或者一平面的交点创建一个点。在选取交点时，若两对象的交点有多余的一个，系统会在靠近第二个对象的交点处创建一个交点；若两段曲线并未实际相交，则系统会选取两者延长线上的相交点；若选取的两段空间曲线并未实际相交，则系统会选取最靠近第一个对象处创建一个点或者规定新点的位置。

· “圆弧中心/椭圆中心/球心”：通过选取圆或圆弧、椭圆或球的中心点创建一个点。

· “圆弧/椭圆上的角度”：沿圆弧或椭圆的一个角度（与坐标轴XC正向所成的角度）位置创建一个点。

· “象限点”：通过选取圆弧或椭圆弧的象限点（即四分点）创建一个点。创建的象限点是离光标最近的那个四分点。

· “点在曲线/边上”：通过选取曲线或物体边缘上的点创建一个点。

· “两点之间”：在两点之间指定一个位置。

· “样条极点”：指定样条曲线上的点。

· “按表达式”：通过点类型的表达式来指定点。

7. 艺术样条工具的使用。通过拖放定义点或极点并在定义点指派斜率或者曲率约束，动态创建和编辑样条。艺术样条可以很好地满足工程需求，因此得到较为广泛的应用。创建艺术样条的方式有“通过点”和“根据极点”两种方式（如图2-27所示）。操作如下：

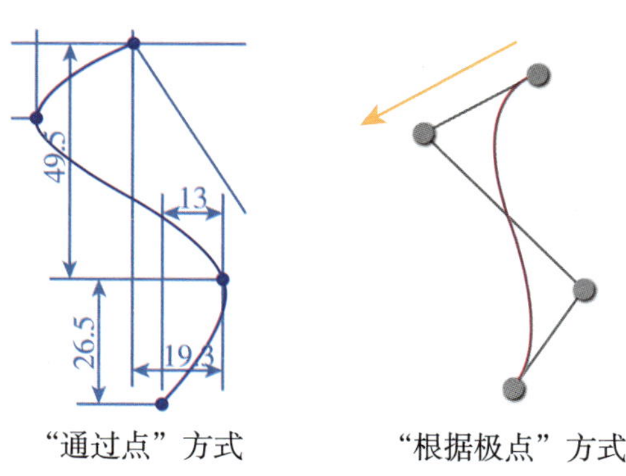

图2-27　创建艺术样条的两种方式

（1）选中“通过点”方式的按钮。

（2）在系统的提示下选择在图形区定义第一个点，接着在系统的提示下选择放置的第二个点，用户可以多插入几个不同位置连续的点。

（3）点击对话框中的“确定”，结束艺术样条的创建。

8. 多边形工具使用。创建具有指定数量的边的多边形，通过中线点、边数以及大小确定多边形。操作时首先指定多边形的中心点，然后输入“边数”，接着选择“内切圆、外接圆或者边长”来确定多边形。

9. 椭圆工具使用。根据中心点和尺寸创建椭圆，首先要指定椭圆的中心点，然后输入椭圆的大半径和小半径，在“限制”中可以选择“封闭/不封闭”，最后输入椭圆“旋转”角度，即可绘制出椭圆。

三、UG NX10.0软件的图形编辑常用方法

当用户在使用绘图工具的同时也会结合图形编辑工具一起操作，那么经常会有哪些图形编辑的工具呢？下文将简单介绍实际中常用的图形编辑工具。

1. 删除草图对象。删除对象的方法非常多，常用的就是在图形区单击或者框选要删除的对象（框选的对象要全部在范围内），然后按键盘上的Delete键，即可删除所选对象。另外还有以下方法：在图形区中选中对象后，在弹出的立即工具条中选择 × 来删除；选择“插入”下拉主菜单里面的“编辑”菜单中的 × 删除(D)... 命令；选择右键快捷菜单中 × 删除(D)... 命令；用快捷组合键：Ctrl+D。

2. 基本曲线的操纵。此处以直线、圆、圆弧以及艺术样条为例介绍，这些曲线都是在UG草图绘制时经常使用到的，因此用户熟悉这些曲线的编辑操纵方法将为今后作图带来很大方便。

（1）直线的操纵：在图形区中把鼠标指针移到直线端点上，按下左键不放，同时移动鼠标，此时直线以远离鼠标指针的那个端点为圆心转动，达到绘制意图后松开左键。在图形区中把鼠标移动至直线上，按下鼠标左键同时移动鼠标，此时看到直线随着鼠标移动，达到绘制意图后松开左键。如图2-28所示为直线的两种操纵。

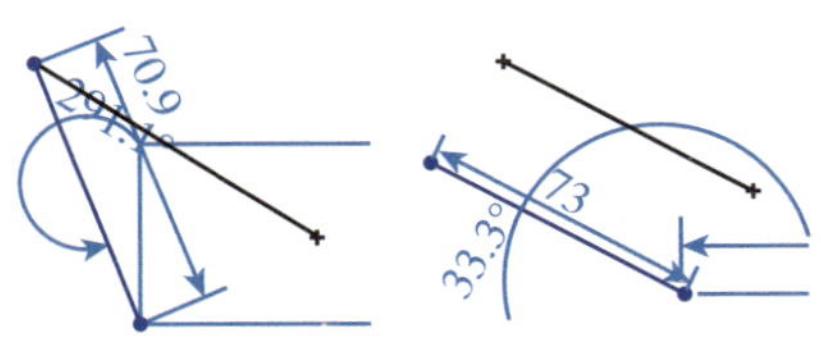

图2-28　直线的两种操纵

（2）圆的操纵：把鼠标指针移到圆的边线上，按下左键不放，同时移动鼠标，此时会看到圆在变大或者变小，达到绘制意图后松开鼠标左键。在图形区中把鼠标指针移动到圆心上，按下左键不放，同时移动鼠标，此时会看到圆随着指针一起移动，达到绘制意图后松开鼠标左键。如图2-29所示为圆的两种操纵。

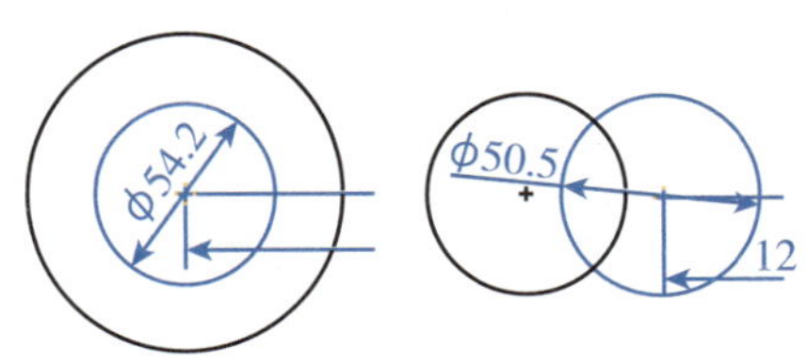

图2-29　圆的两种操纵

（3）圆弧的操纵：把鼠标指针移到圆弧上，按下左键不放，同时移动鼠标，此时会看到圆弧在变大或变小，达到绘制意图后松开鼠标左键。在图形区中把鼠标指针移动到圆弧的某个端点上，按下左键不放，同时移动鼠标，此时会看到圆弧以另一端点为固定点旋转，并且圆弧的包角也在变化，达到绘制意图后松开鼠标左键。在图形区中把鼠标指针移动到圆弧的圆心上，按下左键不放，同时移动鼠标，此时会看到圆弧随着指针一起移动，达到绘制意图后松开鼠标左键。如图2–30所示为圆弧的三种操作。

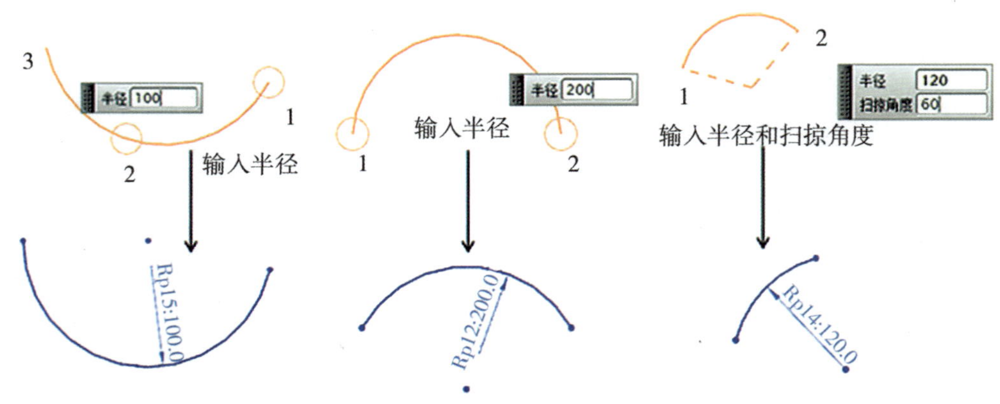

图2–30　圆弧的三种操作

（4）艺术样条的操作：把鼠标指针移到艺术样条的某个端点或者定位点上，按下左键不放，同时移动鼠标，此时会看到艺术样条线拓扑形状（曲率）不断变化，达到绘制意图后松开鼠标左键。把鼠标指针移到艺术样条曲线上，按下左键不放，同时移动鼠标，此时会看到艺术样条曲线随着鼠标移动也在移动，达到绘制意图后松开鼠标左键。如图2–31所示为艺术样条的两种操作。

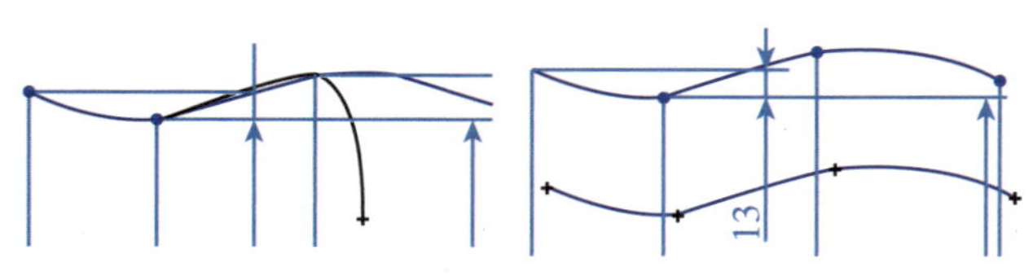

图2–31　艺术样条的两种操作

3. 派生直线工具的使用。派生直线的绘制是将现有的参考直线偏置生成另外一条直线，或者通过选择两条参考直线，在此两条直线之间创建角平分线。派生直线的两种派生方式操作如下：

第一种：对参考直线进行偏置。

（1）选中“派生直线”按钮。

（2）选定参考直线，在动态输入框 偏置 25 中输入偏置距离数据。这个创建的是如图2–32所示的完成直线的偏置（如需偏置多条，则可以继续在图形区的合适位置单击，按鼠标中键则完成偏置）。

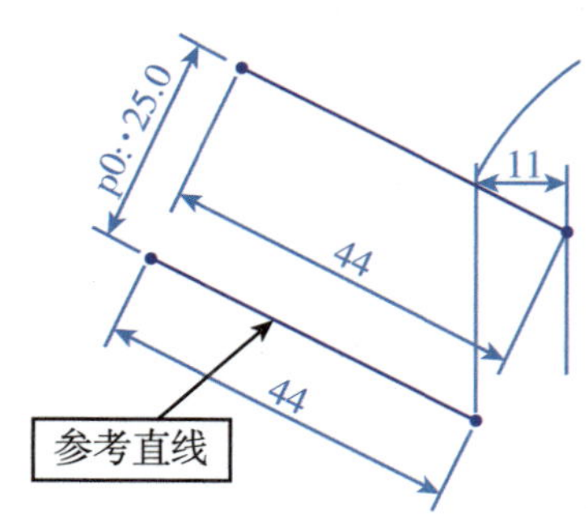

图2–32　完成直线的偏置

（3）点击鼠标中键，结束派生直线的创建。

第二种：做两条参考直线的中间平行线或者派生角平分线。

（1）选中“派生直线”按钮。

（2）选定两条参考直线，在动态输入框 长度 95 中输入派生直线长度数据。这个创建的是完成两条参考直线的中间平行线或者派生角平分线（派生出的直线可以通过鼠标拖动长度），如图2-33所示。

（3）点击鼠标中键，结束派生直线的创建。

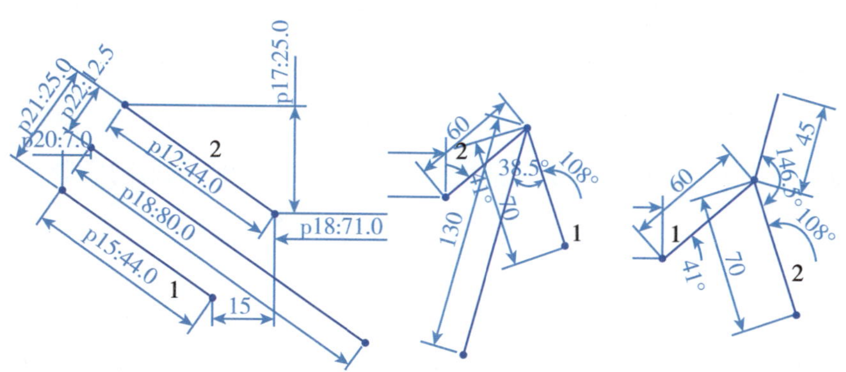

图中的1和2均为参考直线，其余的线是通过它们派生出的直线

图2-33　直线的中间平行线或者派生角平分线

4. 偏置曲线。用户点击曲线工具条中的“偏置曲线”命令按钮 偏置曲线 。偏置曲线是指对当前草图中的曲线进行偏移（如图2-34所示），从而产生与源曲线相关联、形状相似的新曲线。在偏置曲线对话框中可以输入偏置距离，设置是否对称偏置、偏置方向，选择副本数以及修改“端盖选项”。可以偏移的曲线包括基本绘制的曲线、投影曲线、边缘曲线等。

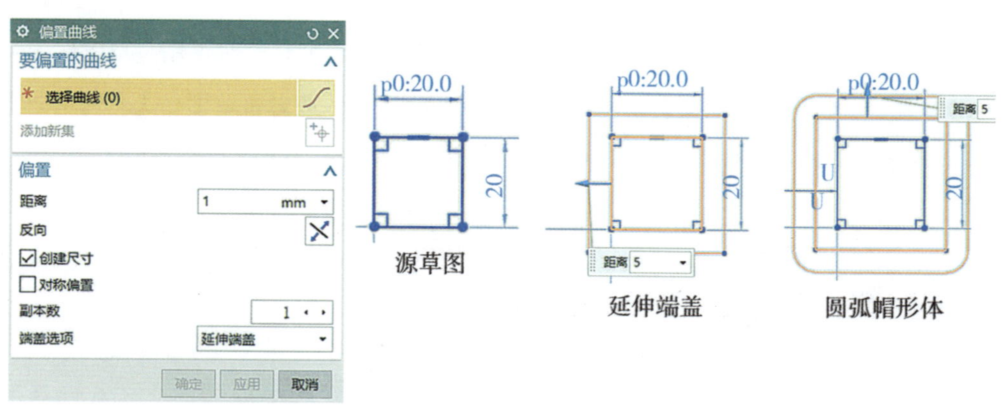

图2-34　偏置曲线

5. 对象的复制与粘贴。在图形区单击或者框选要复制的对象（框选的对象要全部在范围内），然后选择快捷菜单区的“粘贴”按钮 ，完成对象的粘贴。或者选择下拉主菜单下面的“编辑”工具中的“粘贴”命令。用户还可以使用快捷键Ctrl+C（复制）和Ctrl+V（粘贴）。

6. 快速修剪草图对象。在工具条菜单里面直接点击“快速修剪”按钮 ，然后选择要修剪的对象，按鼠标中键即可完成对象的修剪。或者选择下拉主菜单下面的“编辑”工具里面的“曲线”菜单里面的“快速修剪”，然后选择要修剪对象的部分，按鼠标中键即可完成图形的修剪（用户可以按住左键快速划过要修剪的对象，这样便可快速修剪）。

7. 延伸草图对象。在工具条菜单里面直接点击“快速延伸”按钮，然后选择要延伸的曲线，按鼠标中键即可完成曲线延伸到下一个边界（在延伸时系统自动选择最近的曲线作为延伸边界）。

8. 制作拐角。指通过两条曲线延伸或修剪到公共交点来创建拐角。此命令适用于直线、圆弧、开放式二次曲线和开放式艺术样条等，其中开放式样条仅限修剪。用户在工具菜单中直接点击“制作拐角”命令按钮 **制作拐角**，选择要制作拐角的两条曲线，按鼠标中键，即可完成“制作拐角”的创建。

9. 镜像曲线。用户点击“曲线”工具条中的“镜像曲线”命令按钮 镜像曲线 。镜像曲线是将草图对象以一条直线为对称中心，将所选取的对象以这条对称中心为轴线进行复制，生成新的草图对象，如图2–35所示。镜像复制的对象与原对象形成一个整体，并且保持相关性，在绘制对称图形时起到了非常大的作用。

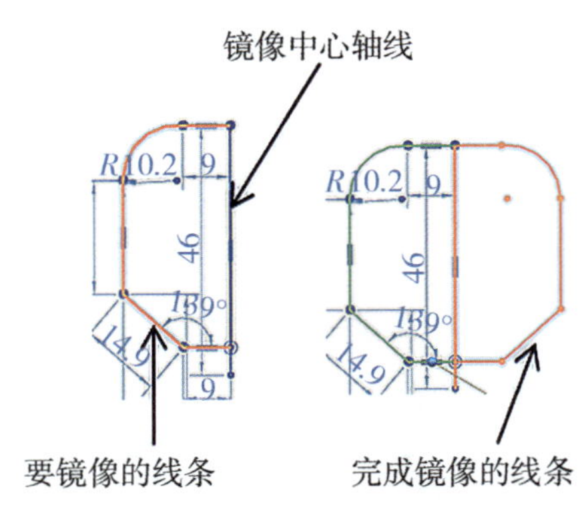

图2–35 镜像曲线

10. 将草图对象转化为参考线。在为草图对象添加几何约束和尺寸约束的过程中，有些草图对象是作为基准、定位来使用的，或者有些草图对象在创建尺寸时可能引起约束冲突，此时可用“草图约束”工具条中的“转换至/自参考对象”，将选择的对象转换为参考，如图2–36所示。或者将草图作为参考的对象，将其激活即从参考转化为草图对象，在尺寸约束时会经常使用。

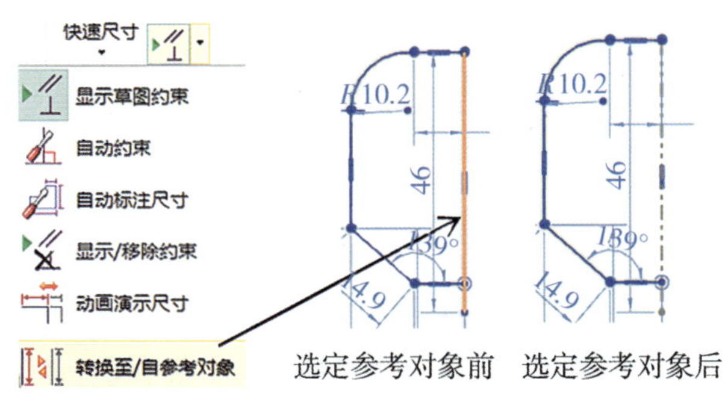

图2–36 将草图对象转化为参考

11. 相交曲线。用户点击“曲线”工具条中的“相交曲线”命令按钮 相交曲线 ，也可在下拉主菜单中选择“插入”下拉菜单中的“处方曲线”，调出“相交曲线”命令。“相交曲线”是可以通过用户指定的面与草图基准平面相交，从而产生一条曲线。

相交曲线操作步骤：用户调出“相交曲线”命令后，系统弹出“相交曲线”对话框，如图2–37所示。根

据提示，选择两个相交的面，如图2–38所示。其他选项为系统默认的，点击“确定”按钮，则完成了“相交曲线”的创建。

特别提示

用户在选择面时，可以在显示功能区工具条中，找到面选项 单个面 ，然后选择“单个面”，这样可以选择指定的面。

图2–37　相交曲线对话框

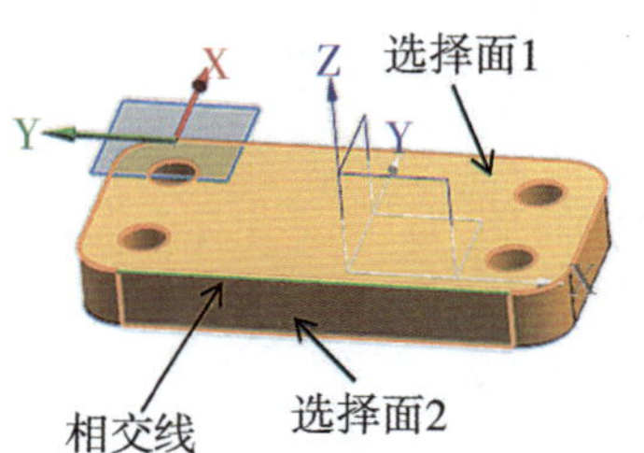

图2–38　创建的相交曲线

特别提示

相交曲线对话框的功能介绍：“选择面”，是用于选择草图相交的面。 忽略孔 “忽略孔”，当选取的“要相交的面”上有特征孔时，勾选此复选框后，系统会在曲线遇到的第一个孔处停止相交曲线。“连结曲线” 连结曲线 用于多个“相交曲线”之间的连结，勾选此复选框，系统会自动将多个相交曲线连结成一个整体。

12. 投影曲线。用户可在“曲线”工具条中选择“投影曲线”命令按钮 投影曲线 ，也可在下拉主菜单中选择“插入”下拉菜单中的“处方曲线”调出“投影曲线”命令。“投影曲线”是指将选取的对象按垂直于草图工作平面的方向投影到草图中，使之成为草图对象。

投影曲线操作步骤：用户调出“投影曲线”命令后系统弹出如图2–39所示的“投影曲线”对话框，根据提示选择要投影的曲线，其他选项为系统默认的，点击“确定”按钮，则完成了如图2–40所示的“投影曲线”的创建。

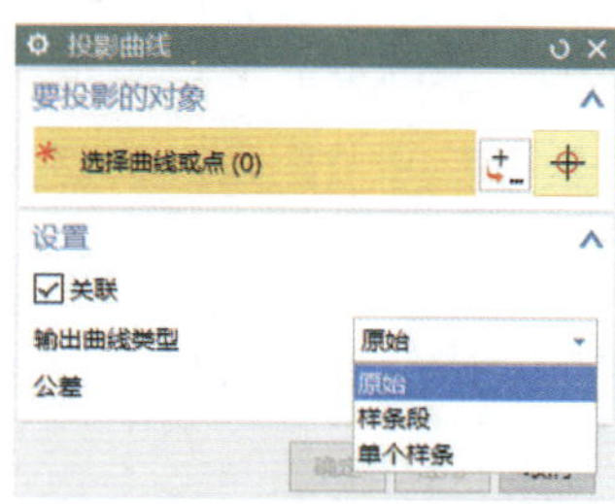

图2–39　投影曲线对话框

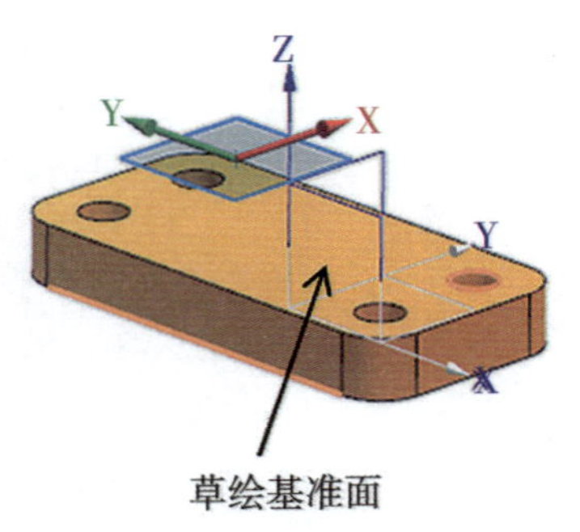

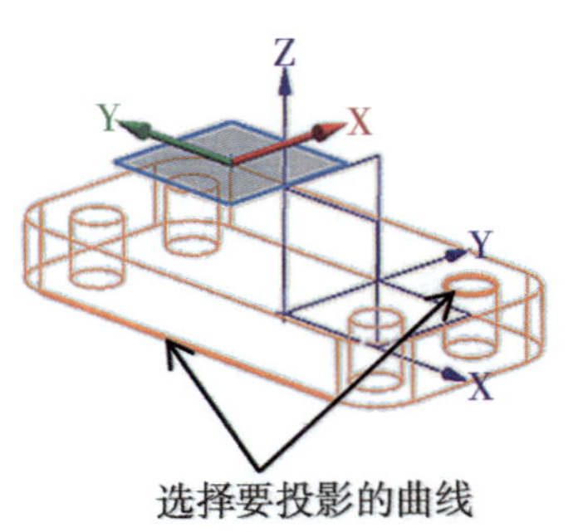

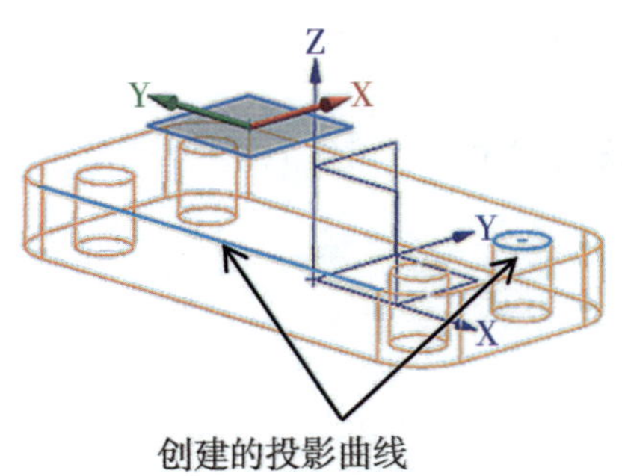

图2-40 投影曲线的创建

13. 圆角。用户直接点击“圆角”工具按钮 圆角，则弹出如图2-41所示的圆角对话框。“圆角方法”分为修剪和取消修剪两种，用户可根据作图情况选择，然后输入半径即可实现曲线之间形成圆角。

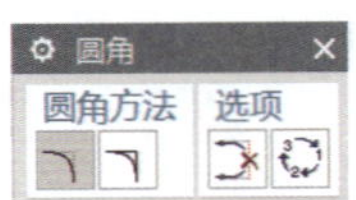

图2-41 圆角对话框

14. 倒斜角。用户直接点击“倒斜角”工具按钮，则弹出如图2-42所示的倒斜角对话框，在“偏置”选项中提供了三种倒斜角的偏置类型：对称、非对称、偏置和角度，用户可根据作图情况选择，然后输入偏置的“距离”即可完成倒斜角的设置。

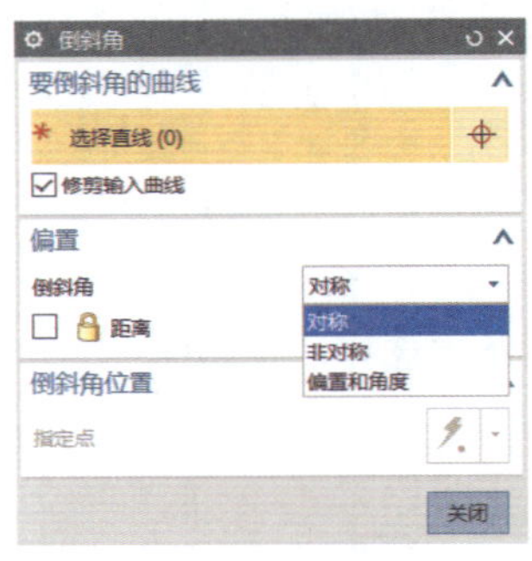

图2-42 倒斜角对话框

15. 阵列曲线。阵列曲线也是图形编辑中常用的命令，用户直接点击“曲线”工具条中“阵列曲线”命令按钮 阵列曲线，也可在下拉主菜单中选择“插入”下拉菜单中的“来自曲线集的曲线”，调出“阵列曲线”命令，如图2-43所示为“阵列曲线”的对话框。

阵列曲线对话框中“布局”有三种情况，即圆形、线性、常规，其中圆形和线性比较常用。在对话框中“角度方向”有三个选项：“间距”“数量”“节距角”，要根据用户图形情况进行相关参数设置，如图2-44所示是圆形阵列布局、如图2-45所示是线性阵列布局、如图2-46所示是常规阵列布局。

（1）圆形，指定一个旋转轴或者中心点，也可选径向间距参照来布局图元。

（2）线性，指定一个方向或者两个方向来布局图元。

（3）常规，使用指定的一个或者多个目标点或者坐标系定义的位置来布局图元。

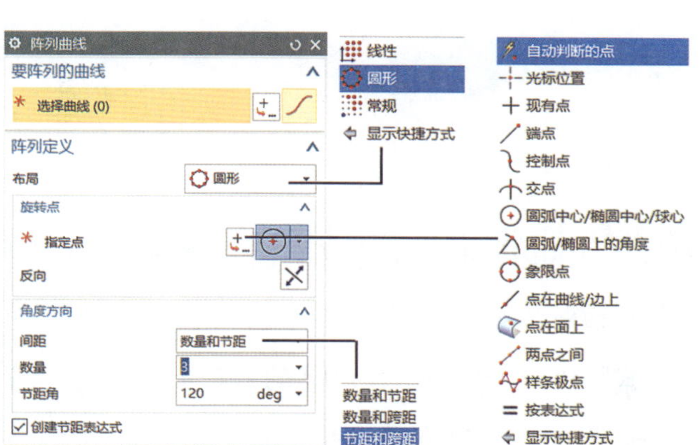

图2-43　阵列曲线对话框

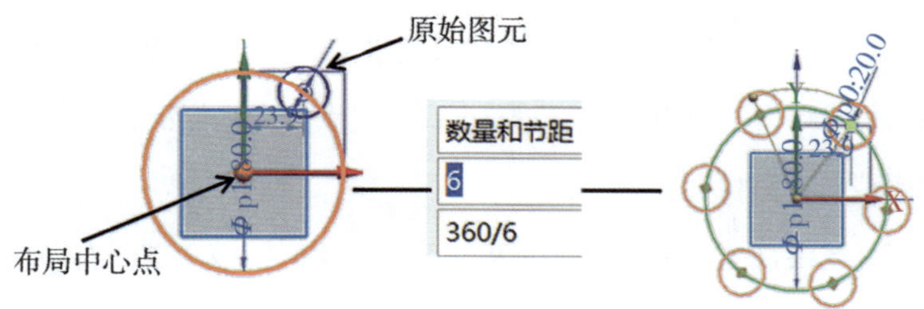

图2-44　圆形阵列布局

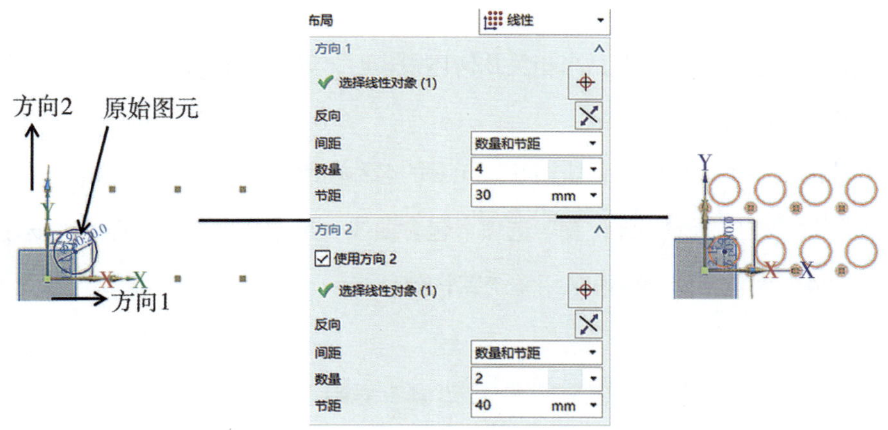

图2-45　线性阵列布局

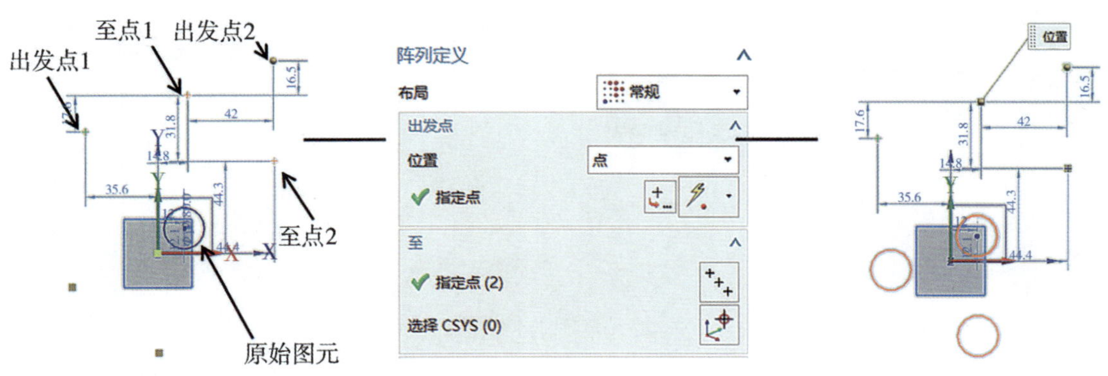

图2-46　常规阵列布局

知识链接

设置草图参数：用户在进入草图环境后选择下拉主菜单下的“首选项”菜单中的“草图”，则系统会弹出如图2–47所示的“草图首选项”对话框，在该对话框中可以设置草图的显示参数和默认名称前缀等参数。“草图首选项”对话框中的“草图样式”和“合适设置”选项卡的主要选项及其功能介绍如下：

· 尺寸标签：下拉列表，控制草图标注文本的显示方式。

· 文本高度：控制草图尺寸数值的文本高度。在标注尺寸时，可以根据图形大小适当地在该文本框中输入数值来调整文本高度，以便用户观察。

· 捕捉角：绘制直线时，如果起点与光标位置连线接近水平或垂直，捕捉功能会自动捕捉到水平或者垂直位置，捕捉角是自动捕捉的最大角度。例如捕捉角为3度，当起点与光标位置的连线与XC轴或YC轴的夹角小于3度时，会自动捕捉到水平或者垂直位置。

· 保持图层状态：如果选中该复选框，当进入某一草图对象时，该草图所在图层自动设置为当前工作图层，退出时恢复原图层为当前工作图层；否则，退出时保持草图所在图层为当前工作图层。

· 显示自由度箭头：如果选中该复选框，当进行尺寸标注时，在草图曲线端点处用箭头显示自由度，否则不显示。

· 动态约束显示：如果选中该复选框，当相关几何体很小时，则不会显示约束符号。如果要忽略相关几何体的尺寸查看约束，则可以取消该复选框。

· 名称前缀：在此区域中可以指定多种草图几何元素的名称前缀、默认前缀及其相应的几何体元素类型。

· “草图首选项”对话框中的“部件设置”选项卡包含曲线、尺寸和参考曲线等颜色设置，这些设置与用户默认设置中的草图生成器颜色相同，一般采用系统默认颜色。

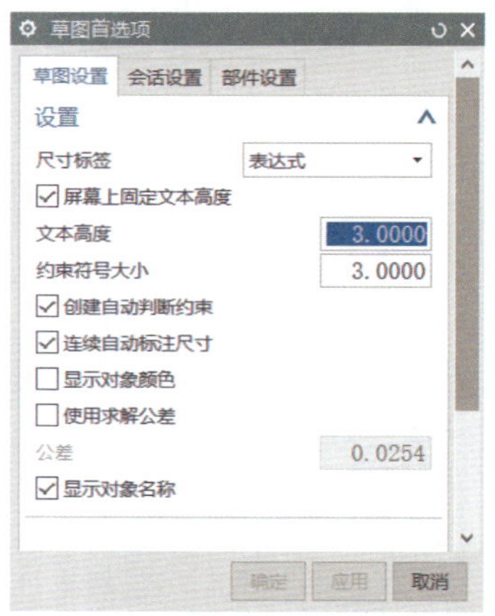

图2–47　草图首选项对话框

知识延伸

坐标系简介：UG NX10.0软件有三种坐标系，即绝对坐标系、工作坐标系和基准坐标系。

（1）绝对坐标系（ACS）是指原点在（0,0,0）的坐标系，是固定不变的。

（2）工作坐标系（WCS）包含了坐标原点和坐标轴，如图2–48所示。它的轴通常是正交的（即相互间垂直），并遵守右手定则。

图2–48 工作坐标系（WCS）

（3）基准坐标系（CSYS）由单独的可选组件组成，如图2–49所示，它包含三个基准平面、三个基准轴、原点和整个基准（CSYS）。

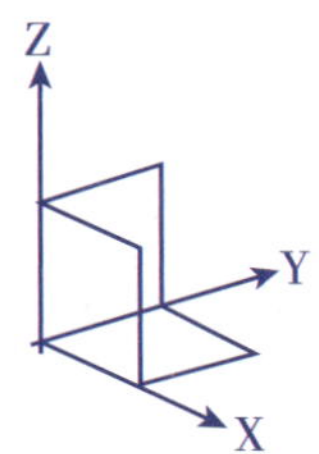

图2–49 基准坐标系（CSYS）

特别提示

1. 工作坐标系不受修改操作（删除、平移）的影响，允许非修改操作（隐藏、分组）。

2. 在UG NX10.0软件的部件文件可以包含多个坐标系，但只有一个是WCS。

3. 用户可以随时选择一个坐标系为“工作坐标系”，系统用XC、YC和ZC表示工作坐标系的坐标，工作坐标系的XC–YC平面称为XY工作平面。

二维图形的约束

任务描述

用户熟练掌握了二维图形的约束工具后，可在二维绘图时迅速修改图元尺寸和关系，可以提高绘图效率和技巧。约束工具用于按照特定的要求规范一个或多个图元的形状和相互关系，从而建立图元之间的内在联系。“草图约束”主要包括“几何约束”和“尺寸约束”两种类型。用户可以根据实际情况在工作过程中学会草图约束的管理，做到如何显示和移除约束，以及操作约束的备选解等。

任务目标

1. 会调用UG NX10.0软件约束工具
2. 掌握UG NX10.0软件约束的应用
3. 掌握UG NX10.0软件图形约束显示与移除

任务过程

一、UG NX10.0草图约束工具的介绍

在UG中“草图约束”主要包括“几何约束”和“尺寸约束”两种类型。“几何约束”用来定位草图对象和确定草图对象之间的相互关系，而“尺寸约束”是用来驱动、限制和约束草图几何对象的大小和形状的。

用户在进入草图绘制环境后，“曲线”工具条区右边部分为“约束工具”菜单中显示出来的都是经常使用的工具。用户可以在隐藏箭头 符号下点击鼠标左键，会出现“尺寸约束菜单”“约束工具下拉菜单”；在“约束工具下拉菜单”中可以看到“约束下拉菜单”（如图2-50所示），用户勾选则会出现在带状工具条区。

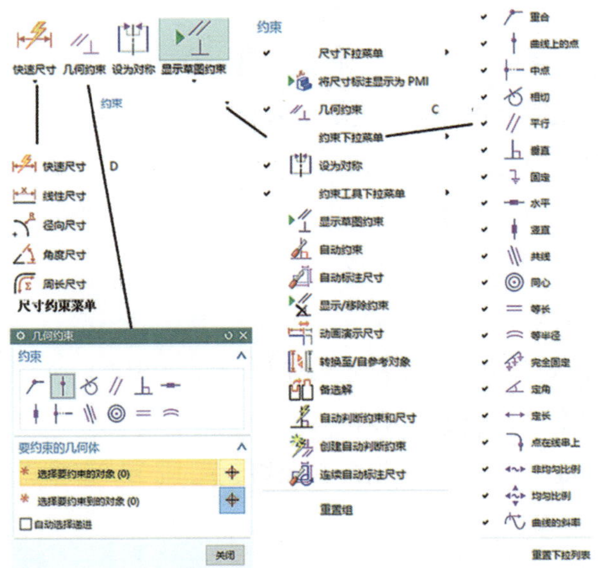

几何约束对话框　　约束工具下拉菜单　　约束下拉菜单

图2-50　约束工具菜单

以下是“约束工具”菜单中部分工具命令介绍，点击“几何约束”按钮，则会弹出“几何约束”对话框，如图2-50所示。以下是符号说明。

- 快速尺寸：通过基于选定的对象和光标位置自动判断尺寸类型来创建尺寸约束。
- 线性尺寸：在两个对象或者点位置之间创建线性距离约束。
- 径向尺寸：创建圆形对象的半径或者直径约束。
- 角度尺寸：在两条不平行的直线之间创建角度约束。
- 周长尺寸：创建周长约束以控制选定直线和圆弧的集体长度。
- 重合：约束两个或多个顶点或点，使之重合。
- 点在曲线上：将顶点或点约束到一条曲线上。
- 相切：约束两条曲线，使之相切。
- 平行：约束两条或多条曲线，使之平行。
- 垂直：约束两条曲线，使之垂直。
- 水平：约束一条或多条曲线，使之水平放置。
- 竖直：约束一条或多条曲线，使之竖直放置。
- 中点：约束顶点或点，使之与某条线的中点对齐。
- 共线：约束两条或多条线，使之共线。
- 同心：约束两条或多条线，使之同心。
- 等长：约束两条或多条线，使之同心。
- 等半径：约束两个或多个圆弧，使之具有等半径。
- 设为对称：将两个点或者曲线约束为相对于草图上的对称线对称。
- 显示草图约束：显示活动草图的几何约束。

·自动约束：设置自动施加于草图的几何约束类型。

·自动标注尺寸：根据设置的规则在曲线上自动创建尺寸。

·显示/移除约束：显示与选定的草图几何图形关联的几何约束，并移除所有这些约束或列出信息。

·动画演示尺寸：在指定的范围内更改给出的尺寸，并动态显示动画对草图的影响。

·转换至/自参考对象：将草图曲线或草图尺寸从活动转换为参考，或者反过来。下游命令（比如拉伸）不使用参考曲线，并且参考尺寸不控制草图几何图形。

·备选解：备选尺寸或几何约束解算方案。

·自动判断约束和尺寸：控制哪些约束或者尺寸在曲线构造过程中被自动判断。

·创建自动判断约束：在曲线构造过程中启用自动判断约束。

·连续自动标注尺寸：在曲线构造过程中启用自动标注尺寸。

特别提示

用户对每个工具命令的用法：可以将鼠标指针移动到该命令按钮上，当按钮显示为亮色，则弹出一个“气泡”，用来对用户选择的命令进行解释说明。因此，以上没有介绍到的“约束工具”命令的用法，用户在实际操作中可以根据“气泡”解释后使用。

在一般的绘图过程中，习惯先绘制出对象的大概形状，然后通过添加“几何约束”来定位草图对象和确定草图对象之间的互相关系，再添加“尺寸约束”来驱动、限制和约束草图几何对象的大小和形状。

二、UG NX10.0草图尺寸约束操作

尺寸约束是指在草图上标注尺寸，并设置尺寸标注线的形式与尺寸大小，以驱动、限制和约束草图几何对象。

用户可以在“曲线”工具条中选择“快速尺寸”以及隐藏的工具，或者在下拉主菜单中选择“插入”下拉菜单的“尺寸”子下拉菜单。其中提供的尺寸约束有五种，即“快速”“线性”“径向”“角度”“周长”尺寸约束。其中“快速”尺寸约束是比较快速的也是常用的尺寸约束命令，可以约束水平、垂直等方向的尺寸，可以在“快速尺寸”对话框中测量选项区的“方法”下拉列表中选择尺寸约束的具体测量方法，如图2-51所示。

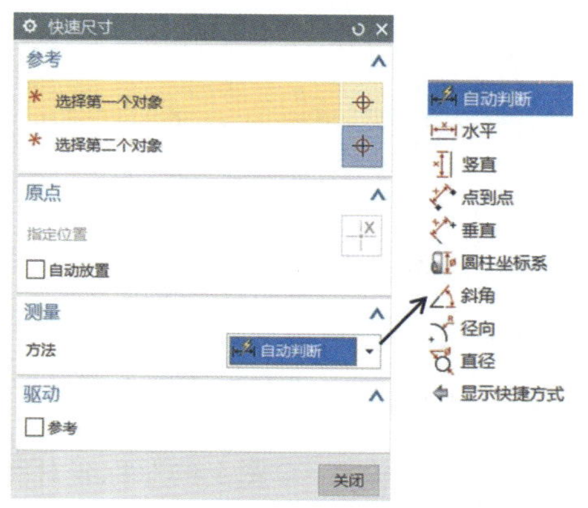

图2-51 快速尺寸对话框

在约束过程中，用户根据实际需要定义尺寸大小，选择图形中尺寸边界，标注尺寸后修改尺寸数值即得到约束尺寸，如图2-52所示为草图中的尺寸约束。尺寸约束贯穿在整个UG软件绘制图形过程，用户熟练掌握尺寸约束后，操作更方便。

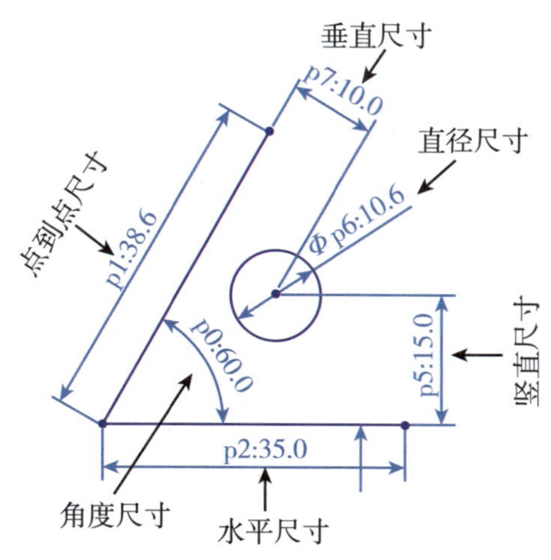

图2-52　草图中的尺寸约束

三、UG NX10.0草图几何约束的典型操作

在二维绘制图形中，添加几何约束主要有两种方法：手工添加几何约束和自动产生几何约束。在添加几何约束之前先选择“显示草图约束”命令，则二维草图中存在的所有约束都显示在图中。

1. 手动添加约束。指对所选对象由用户自己来指定某种约束。根据所选对象的几何关系，在几何约束类型中选择一个或者多个约束类型，则系统会添加指定类型的几何约束到所选草图对象上，这些草图对象会因为所添加的约束而不能随意移动或旋转。

典型应用操作举例：通过添加“相切”约束来说明创建约束的一般操作步骤：

（1）进入草图工作环境后，用户在“约束工具”工具条中选择“几何约束”工具按钮 ，系统弹出“几何约束”工具对话框。

（2）点击“相切”约束命令按钮 ，表示添加“相切”约束。

（3）根据系统提示选择“选择要约束的对象”，接着选择圆和直线作为约束对象。

（4）点击“关闭”对话框，如图2-53所示，完成添加“相切”约束的操作，图中会自动添加约束符号。

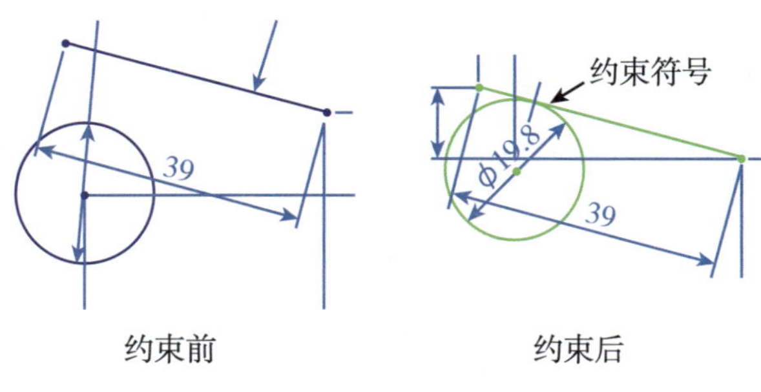

图2-53　添加“相切”约束

典型应用操作举例：通过相切添加“平行”和“等长”约束来说明创建多个约束的一般操作步骤：

（1）进入草图工作环境后，用户在“约束工具”工具条中选择“几何约束”工具按钮 ，系统弹出“几何约束”工具对话框。

（2）点击“平行”约束命令按钮 //，表示添加“平行”约束，根据系统提示选择“选择要约束的对象”，选择两条直线作为约束对象，则“平行”约束添加成功。点击“等长”约束命令按钮 =，表示添加“等长”约束，继续选择两条直线作为约束对象，则“等长”约束添加成功。

（3）点击“关闭”对话框，如图2-54所示，完成添加“平行”和“等长”约束的操作，图中会自动添加约束符号。

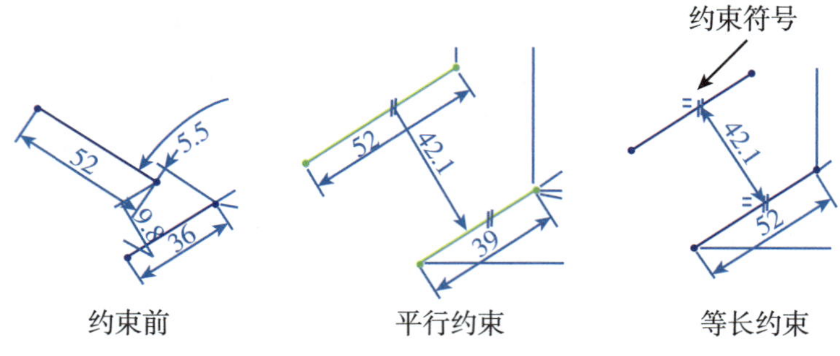

图2-54　添加多个约束

特别提示

其他类型的约束创建方法与以上介绍的一样，用户可以根据实际操作调出使用，所有的约束图形结束后可以将鼠标放在约束符号附近，则会弹出如图2-55所示的“约束符号”提示。

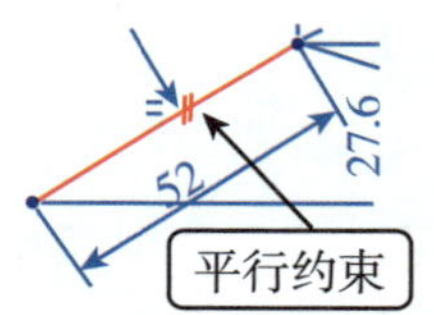

图2-55　约束符号提示

2. 自动产生几何约束。指系统根据选择的几何约束类型以及草图对象间的关系，自动添加相应约束到草图对象上。一般都用“自动约束”命令按钮 自动约束，使系统自动添加约束。其操作是：在“自动约束”对话框中单击要自动创建的约束命令按钮，然后单击“确定”按钮。用户通常选择自动创建所有的约束，这样只需在对话框中单击“全部设置”按钮，则对话框中的约束复选框被选中，单击“确定”按钮完成自动创建约束设置。这样，在草图中画任意曲线，系统会自动添加相应的约束，而系统没有自动添加的约束就需要用户利用手工添加约束的方法自行添加。

四、UG NX10.0的显示/移除约束

“显示/移除约束”主要是用来查看现有的几何约束，设置查看范围、查看类型和列表方式以及移除不需要

的几何约束。用户可以单击“约束工具”工具条，从隐藏工具中调出“显示/移除约束”命令按钮 显示/移除约束，弹出“显示/移除约束”对话框，如图2–56所示。各选项用法的说明如下：

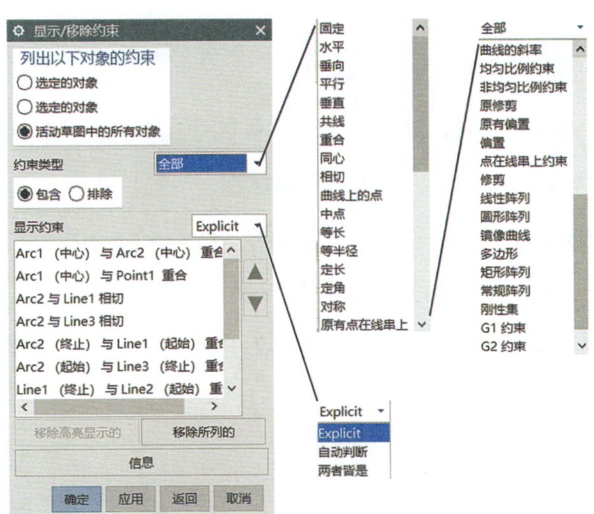

图2–56　“显示/移除约束”对话框

· 列出以下对象的约束：此区域控制在显示的约束列表窗口中要列出的约束。它包含3个单选按钮：

“选定的对象”：每次仅允许选择一个对象，选择其他对象将自动取消选择以前选定的对象。“显示约束”列表中显示与选定对象相关的约束，这是系统默认的设置。

“选定的对象”：可选择多个对象，选择其他对象不会取消选择以前选定的对象，它允许用户选取多个草图对象，“显示约束”列表中显示所有选定对象包含的全部几何约束。

“活动草图中的所有对象”：在“显示约束”列表中列出当前草图对象中所有的约束。

· 约束类型：此下拉列表中用户可以选择需要显示的约束类型。当选择此下拉列表时，系统会列出可选的约束类型，用户从中选择要显示的约束类型名称即可。在“约束类型”的“包含”和“排除”两个单选按钮中只能选一个，通常都选中“包含”单选按钮。

· 显示约束：此下拉列表控制“显示约束”列表中显示指定类型的约束还是显示指定类型以外的所有其他约束。列表的三个选项介绍如下：

“Explicit”：显示所有由用户显示或非显示创建的约束，包括所有非自动判断的重合约束，但不包括所有系统在曲线创建期间自动判断的重合约束。

“自动判断”：显示所有自动判断的重合约束，它们是在曲线创建期间由系统自动创建的。

“两者皆是”：显示包括“显示”和“自动判断”两种类型的约束。

“显示约束”这个空白列表区用于显示当前选定的草图几何对象的几何约束。当在该列表中选择某约束时，约束对应的草图对象在图形区中会呈高亮显示，并显示出草图对象的名称，列表右侧的上下箭头用于按顺序选择约束。

移除高亮显示的：此按钮用于移除一个或者多个约束，方法是在“显示约束”列表中选择需要移除的约束，然后单击此按钮表示移除。

移除所列的：此按钮用于移除在“显示约束”列表中的所有约束。

信息：此按钮指在“信息”窗口中显示有关活动草图的所有几何约束信息，如果要保存或者打印约束信息，该按钮比较有用（用户可以选择打开软件信息窗口以便查找）。

五、UG NX10.0的备选解和动画尺寸操作

1. 当用户对一个草图对象进行约束时，同一约束条件可能存在多种满足约束的情况，“备选解”就是针对这样的情况操作的，它可以将约束的一种解法转为另一种解法。

单击“约束工具”，从隐藏工具中调出“备选解”命令 备选解 （如图2-57所示），弹出“备选解”对话框。在系统的提示下选择对象，系统会将所选对象直接转换为同一约束的另一种约束表现形式（如图2-58所示）。通过约束“备选解”，将圆的约束由“内切”转换为“外切”。点击选择所选对象，可以继续实现约束方式的“备选解”，完成则点击“关闭”按钮。

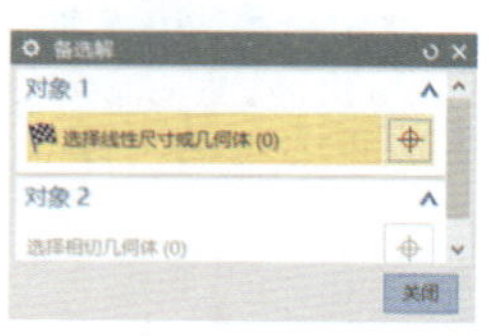

图2-57 “备选解”对话框

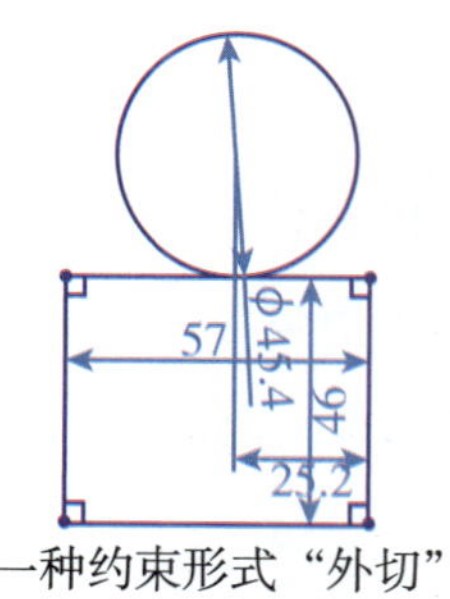

一种约束形式“内切”　另一种约束形式“外切”

图2-58 备选解操作结果

2. 动画演示尺寸。动画演示尺寸是指使草图中指定的尺寸在规定的范围内变化，从而观察其他相应的几何约束变化情况，判断草图设计的合理性，并及时发现错误。但必须注意：在进行动画模拟操作之前，要在草图对象上进行尺寸标注和添加必要的几何约束。

典型操作举例：用户进入草绘环境绘制一个如图2-59所示的二维图形。可以单击“约束工具”工具条，从隐藏工具里面调出“动画演示尺寸”命令 动画演示尺寸 ，如图2-60所示弹出“动画演示尺寸”对话框。

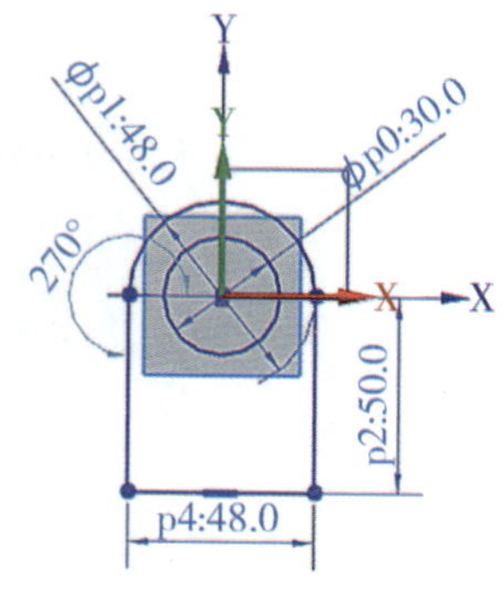

图2-59 二维草图

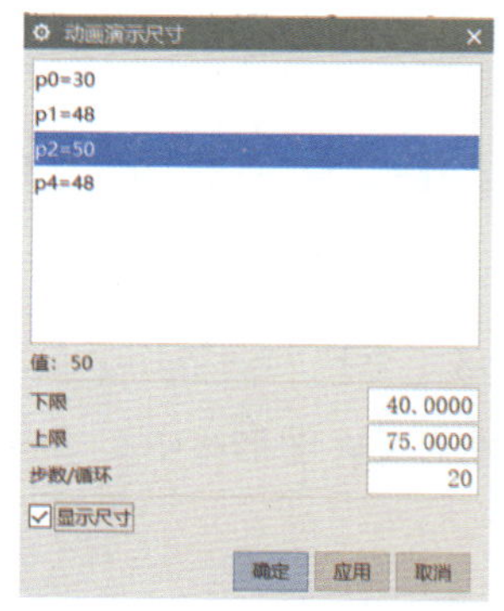

图2-60 动画演示尺寸对话框

在系统的提示下“选择动画尺寸”，选择如图2–59所示的图形的高“50”为动画尺寸，并在“下限”和“上限”文本框中输入尺寸浮动的变化值为40和75，在“步数/循环”输入数值为20，并勾选“显示尺寸”复选框，单击“应用”后弹出如图2–61所示的“动画”对话框，这时可以在图形区看到所选尺寸的动画模拟效果。单击“动画”对话框中的“停止”按钮，草图恢复到原来的状态，然后单击“取消”按钮。

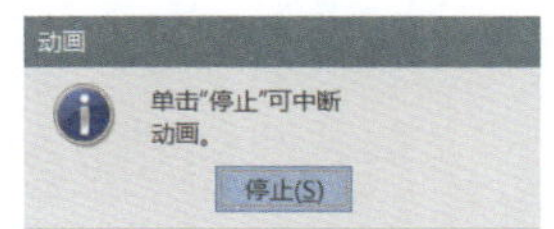

图2–61　停止动画演示尺寸

特别提示

1.“步数/循环”复选框中输入的数值越大，动画模拟时尺寸变化得越慢，反之则越快。

2.草图动画模拟尺寸显示并不改变草图对象的尺寸，当动画模拟显示结束时，草图又回到原来的显示状态。

知识链接

草图中被添加的约束对象中约束符号的显示方式如表2–1所示。

表2–1　约束符号的显示方式

约束名称	约束显示符号	约束名称	约束显示符号
重合		定长	
点在曲线上		点在线串上	
相切		非均匀比例	
平行		均匀比例	
垂直		曲线的斜率	
水平			
竖直			
中点			
共线			
同心			
等长			

续表

约束名称	约束显示符号	约束名称	约束显示符号
等半径			
固定			
完全固定			
定角			

知识延伸

动画演示尺寸实例：用户进入草绘环境绘制一个如图2-62所示的等腰三角形。可以单击“约束工具”工具条，从隐藏工具中调出“动画尺寸”命令后点击 按钮，弹出“动画尺寸”对话框，如图2-63所示。

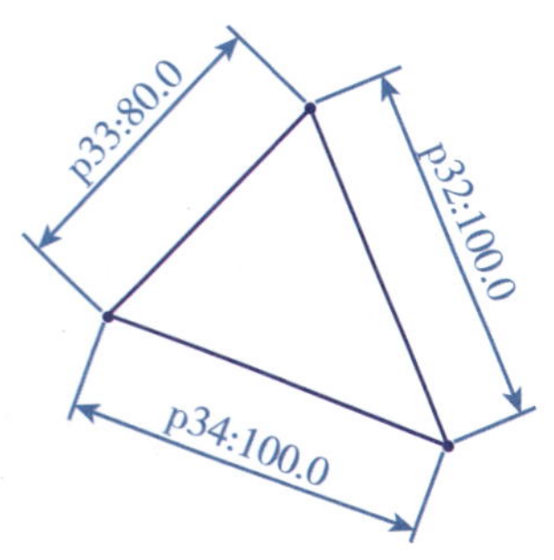

图2-62　等腰三角形

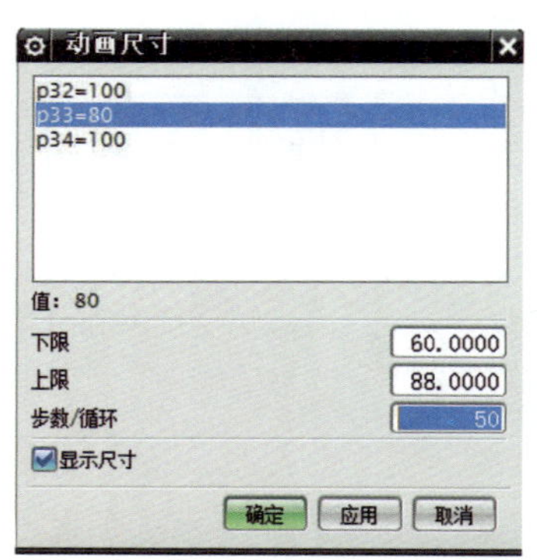

图2-63　“动画尺寸”对话框

在系统的提示下选择“动画尺寸”，选择等腰三角形的底边“80”为动画尺寸，并在“下限”和“上限”文本框中输入尺寸浮动的变化值为60和88，在“步数/循环”输入数值为50，并勾选“显示尺寸”复选框，单击“应用”后弹出如图2-64所示的“动画”对话框，这时可以在图形区看到所选尺寸的动画模拟效果。

单击“动画”对话框中的“停止”按钮，草图恢复到原来的状态，然后单击“取消”按钮。

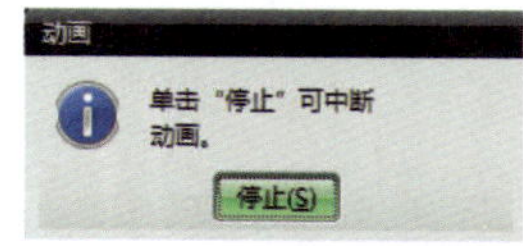

图2-64　“动画”对话框

任务四　二维草图的管理和绘制基础

任务描述

对于二维图形的管理，主要了解草图环境中如何定向视图到草图、定向视图到模型、重新附着，如何创建定位尺寸等。用户完成基本的图形绘制后可对图形进行尺寸标注、图元之间的约束，并根据设计需要编辑修改尺寸，达到再生图形。尺寸用于准确确定图形形状和大小，用户在进行尺寸修改或者“驱动”时会遇到“强尺寸”和“弱尺寸”之间的关系，则可在提示的情况下进行合理设置。

用户在工作过程中要学会草图保存，可以在实体建模过程中导入并使用已保存好的草图，这样可以进行资源匹配利用。在本任务中可以通过典型实例来掌握这些基本操作。

任务目标

1. 熟悉UG NX10.0的二维图形管理
2. 掌握二维图形绘制技巧
3. 了解二维图形的简单导入

任务过程

一、UG NX10.0二维图形管理

进入草图作图环境后，在“草图”带状工具条中选择隐藏的菜单工具，则可以调出“草图”工具，如图2–65所示。以下是常用的几个草图菜单的操作说明。

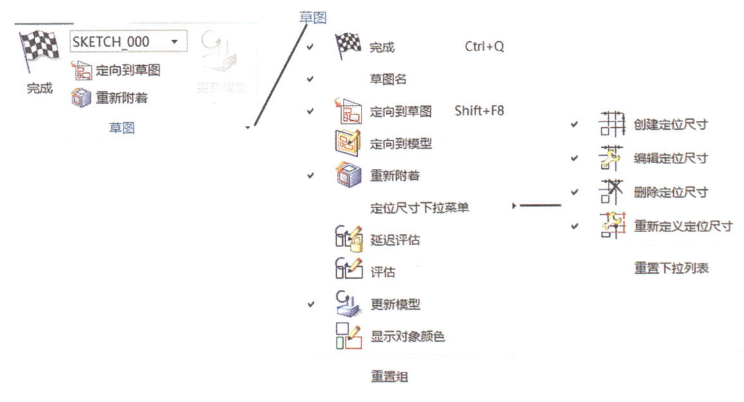

图2-65 草图工具菜单

1. 点击“定向视图到草图”命令 定向到草图 Shift+F8 ，使草图平面与屏幕平行，方便草图的绘制（或者用快捷键：Shift+F8）。

2. 点击“定向视图到模型”命令 定向到模型 ，用于将视图定向到当前的建模视图，即在进入草图环境之前显示的视图。

3. 点击“重新附着” 重新附着 命令，则有三种功能：移动草图到不同的平面、基准平面或路径；切换原位上的草图到路径上的草图，反之亦然；沿着所附着到的路径，更改路径上的草图位置。目标平面、面或者路径必须有比草图更早的时间戳记（即在草图前创建）。对于原位上的草图，重新附着也会显示任意的定位尺寸，并重新定义它们参考的几何体。

4. 点击“定位尺寸下拉菜单”隐藏的菜单工具，则会出现如图2-65所示的四个定位尺寸，选择形式有“创建定位尺寸”“编辑定位尺寸”“删除定位尺寸”“重新定义定位尺寸”。四种选择介绍如下：

（1）创建定位尺寸：相对于现有几何体定位草图（作为刚体）。

（2）编辑定位尺寸：通过编辑定位尺寸移动草图。

（3）删除定位尺寸：删除草图定位尺寸。

（4）重新定义定位尺寸：更改定位尺寸引用的几何体。

5. 点击“延迟评估”命令 延迟评估 ，系统将延迟草图约束的评估（即创建曲线时，系统不显示约束；指定约束时，系统不会更新几何体），直到点击“评估”命令 评估 后，才可查看草图自动更新的情况。

6. 点击“更新模型”命令 更新模型 ，用于模型的更新，以反映对草图所做的更改。如果存在要进行的更新，退出了草图环境，则系统会自动更新模型。

二、UG NX10.0二维图形绘制基础

通过应用实例如图2-66所示的典型二维草图的绘制、编辑、标注、约束和修剪等操作过程，用户能提高对UG NX10.0草图绘制、编辑等工具命令的综合应用能力，从而达到循序渐进的学习效果。

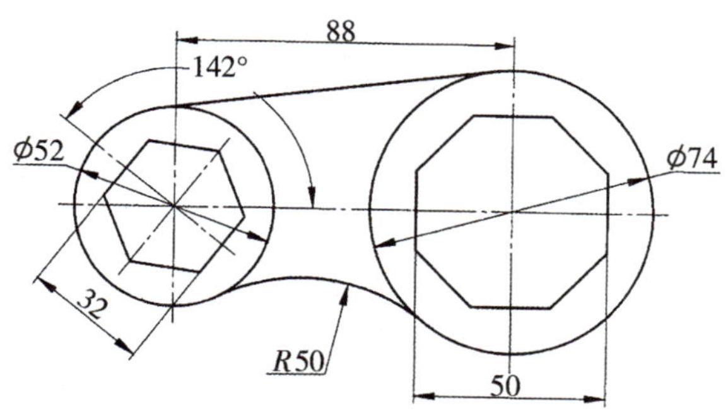

图2-66 二维图形实例

1. 选择“新建”，在系统弹出来的对话框中选择“模型”模板，如图2-67所示。用户创建一个工作目录，此处为E盘“工作目录1”，并给绘制的草图取一个名字（此处用“零件图1”来命名），完成新建的作图文档。

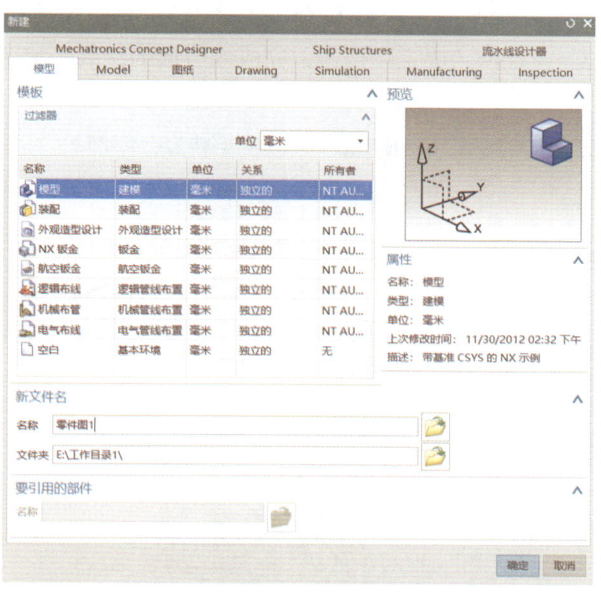

图2-67 新建作图文档

2. 选择主菜单下的“插入”下拉菜单里面的“在任务环境中绘制草图”命令 在任务环境中绘制草图(V)... ，在弹出来的“创建草图”对话框中选择“XY平面”为草图平面，其他选择为默认，单击“确定”按钮（如图2-68所示），系统则进入草图绘图环境。

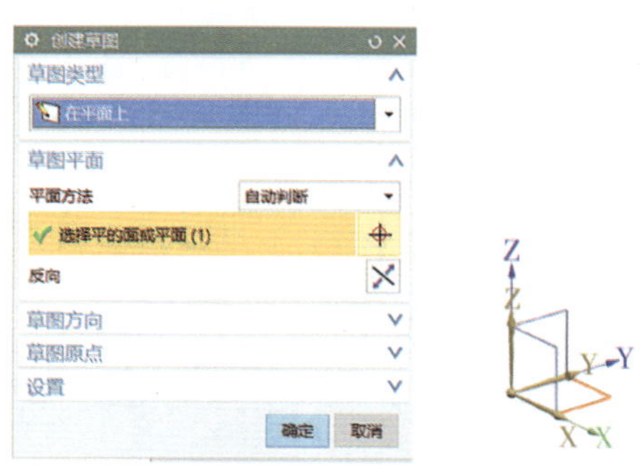

图2-68 选择XY平面

3. 选择“圆”命令按钮 ◯圆 ，在弹出的“圆方法”中选择“圆心和直径”方式，在动态对话框中输入XY的坐标都是0，即坐标系的中心点为圆心，接着在动态对话框中输入圆的直径为“52”，绘制如图2–69所示的圆。

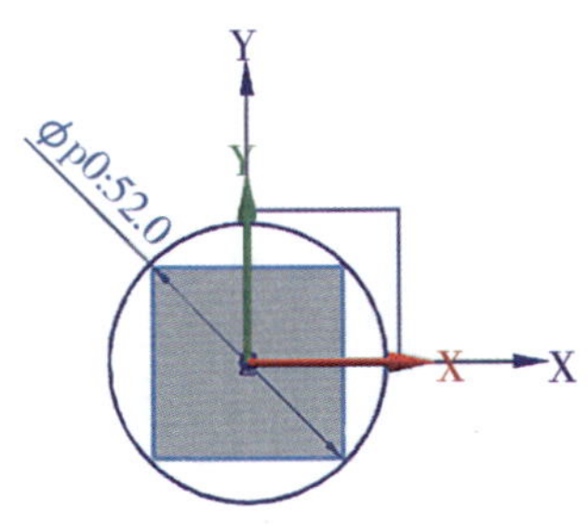

图2–69　直径为“52”的圆

4. 选择“多边形”命令按钮 ⬡多边形 ，在弹出的“多边形”对话框中指定刚才的圆心（即坐标系的中心）为“多边形的中心点”，输入边数为“6”，在大小下拉选项中选择“内切圆半径”，接着输入半径为“16”，“旋转角度”为“142”，点击“确定”按钮，完成六边形的绘制，如图2–70所示。

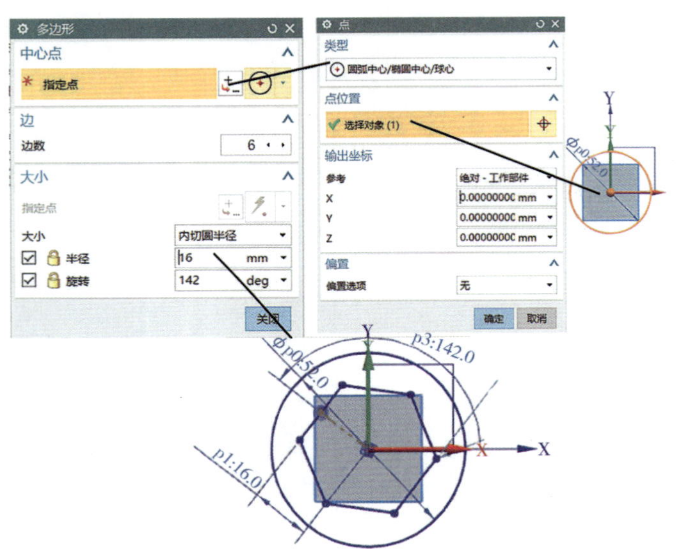

图2–70　六边形的绘制

5. 继续选择“圆”命令按钮 ◯圆 ，在弹出的“圆方法”中选择“圆心和直径”方式，接着在右边空白区绘制任意一个圆（大小可以参考刚才圆大小），右边圆绘制完成（如图2–71所示）。

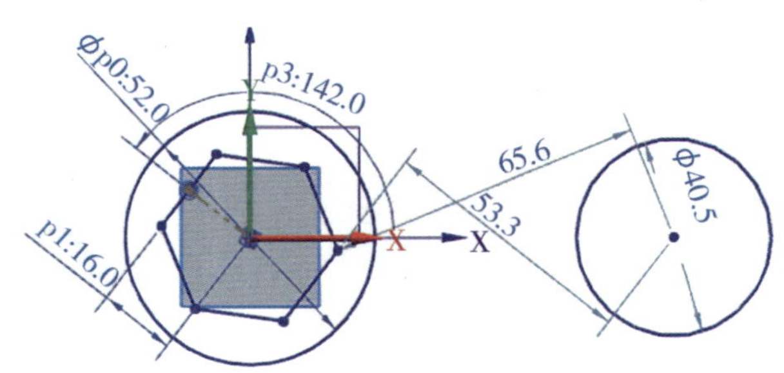

图2–71　绘制任意一个圆

6. 选择“几何约束”，选择“点在曲线上”命令，将此圆心同X轴约束在同一条线上（如图2–72所示），完成了使右边圆心与X轴在同一条线上。

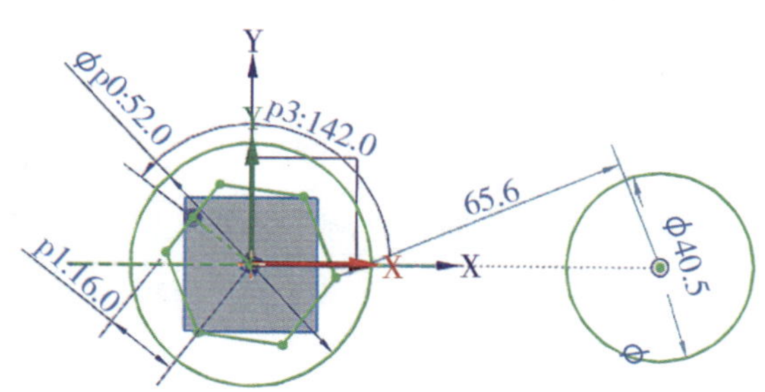

图2–72 圆心同X轴约束在同一条线上

7. 对着右边圆的直径的尺寸数字连续双击鼠标左键，则会弹出尺寸编辑对话框，修改圆的直径为“74”并且按回车键（如图2–73所示），则可修改右边圆的直径尺寸。

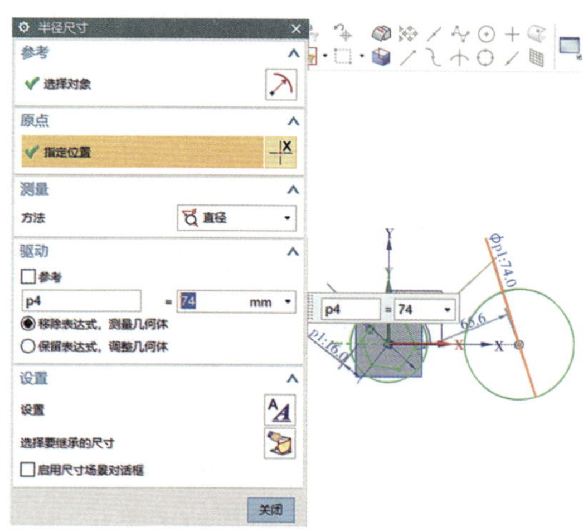

图2–73 修改圆的直径为“74”

8. 在“尺寸约束”工具选择“快速尺寸”命令 ，在弹出对话框中测量方法的下拉选项中选择“自动判断”，分别选择两个圆的圆心为第一参考对象和第二参考对象，修改两个圆的距离为“88”（如图2–74所示），即完成约束两个圆心之间的距离为88。

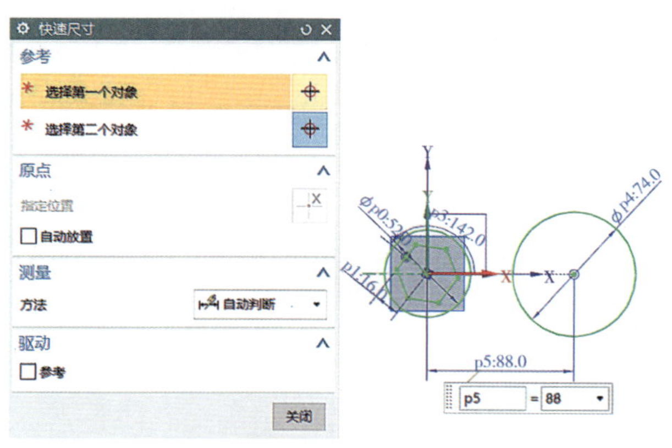

图2–74 约束两圆心距离

特别提示

1. 本实例主要目的是在介绍绘制过程中把以前的基本操作都综合运用起来，等用户操作熟练了或者掌握了更好的作图技巧，在绘制图形时方法就可以灵活多变，能根据绘制经验选择适合自己的方式方法。

9. 选择“直线”绘图命令 直线 ，通过相切连接两个圆，在左边第一个圆捕捉到相切点时，点击左键作为直线的第一个点，在右边第二个圆捕捉到相切点时，点击左键作为直线的第二个点，然后完成相切直线的绘制，如图2–75所示。

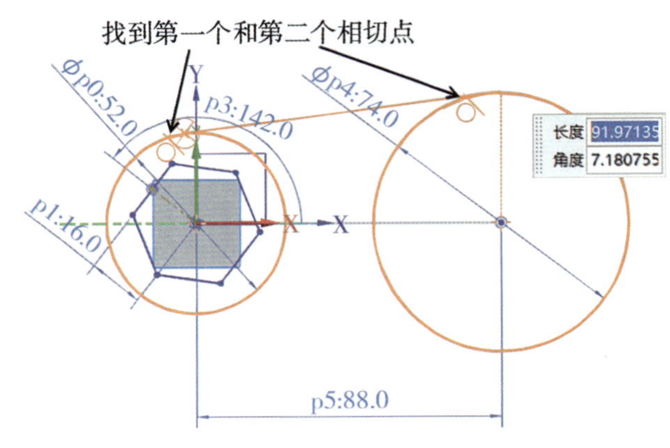

图2–75　绘制相切直线

10. 绘制八边形，选择“多边形”命令按钮 多边形 ，在弹出的“多边形”对话框中指定右边的圆心为“多边形的中心点”，输入边数为“8”，在大小下拉选项中选择“内切圆半径”，接着输入半径为“25”，“旋转角度”为“0”，点击“确定”按钮，完成八边形的绘制，如图2–76所示。

11. 选择“圆弧”命令按钮 圆弧 ，在弹出的“圆弧”对话框中选择“三点定圆弧” 方式，接着在左边圆的下方线上选择作为放置圆弧的第一点，在右边圆的下方线上选择作为放置圆弧的第二点，在跟随鼠标选择绘图区上方放置圆弧的第三点，点击“确定”按钮，结束绘制圆弧，如图2–77所示。

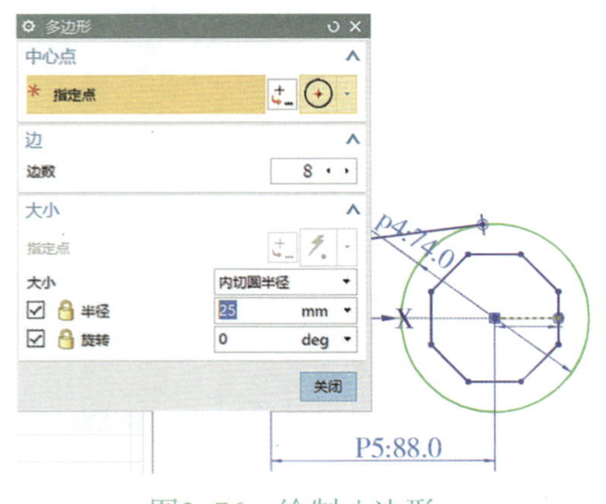

图2–76　绘制八边形

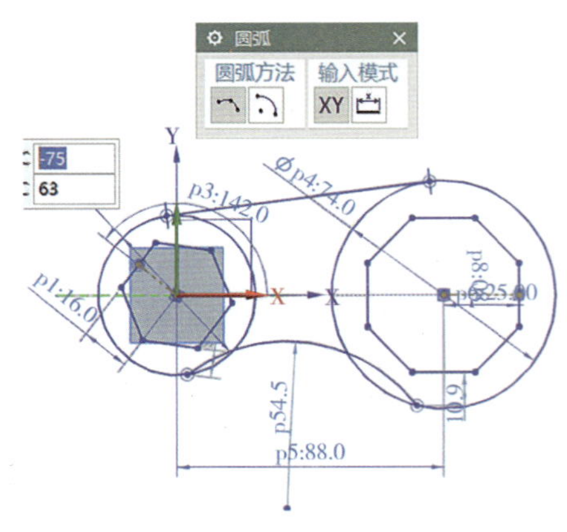

图2–77　绘制圆弧

12. 要使圆弧与刚才的两个圆相切，在“尺寸约束”中选择“径向尺寸”命令 径向尺寸，修改圆弧的半径为“50”，或者对着圆弧的尺寸数字连续双击鼠标左键两次，在立即对话框修改为“50”，即可将圆弧的半径约束为图形上的“50”；选择“几何约束”中的“相切”命令，接着分别选择左边圆的下方曲线与圆弧的左边曲线相切。完成同样的操作使右边的圆和圆弧相切，如图2-78所示，完成圆弧与两个圆的约束相切，整个图形就操作完成。

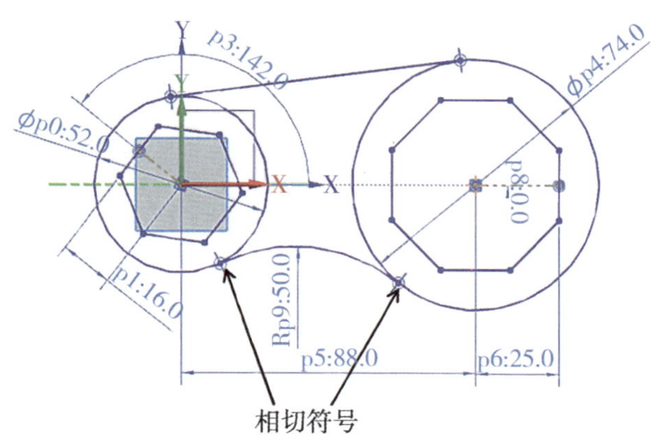

图2-78　约束圆与圆弧相切

知识链接

尺寸值修改的几种方法：

1. 对着尺寸数字双击鼠标左键，则可以对该尺寸的值进行修改。

2. 点击要修改的尺寸，这时会弹出一个动态对话框，可以在动态对话框中输入新尺寸值，并按下鼠标中键，表示尺寸修改成功。

3. 将鼠标移至要修改的尺寸旁边，点击鼠标右键，在弹出的快捷菜单中选择“编辑”命令，则系统会弹出相应的对话框，这时可以输入新的尺寸数值，按下鼠标中键则完成尺寸的修改。

知识延伸

草图设置：在草图环境下，选择下拉主菜单中“任务”下拉菜单中的“草图设置”命令，则系统会弹出“草图设置”对话框，如图2-79所示。在这个对话框中，用户可以对草图进行“文本高度”“约束符号大小”等相关设置。

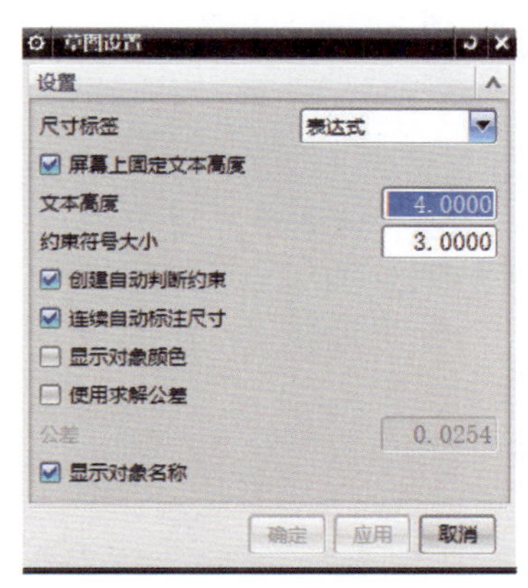

图2-79　草图设置对话框

单元三 三维基础建模操作

3

单元提示

本单元介绍 UG NX10.0 软件三维实体建模的环境、常用功能以及三维建模设计的思想。三维建模系统提供了很多灵活方便的工具和命令，它是在二维基础上建立起来的，因此相关的尺寸驱动、关系约束、参数曲线等在设计中占据非常重要的地位。

三维实体模型结构清晰、简明直观，可以多视角变换，直观地获得模型的构成和特点。UG 软件的三维建模常用的有拉伸、旋转、扫掠等基本特征，在设计过程中掌握创建的基本特征和关联特征，可使操作变得更加便捷。

本单元通过介绍工作中具体的实例，使用户熟练运用和掌握三维建模过程中用到的基本功能，不断提高作图基础水平。

任务一 建模基本环境和常用功能

任务描述

本任务介绍了实体建模的基本环境和常用功能，用户在工作中学会图层设置和管理、实体建模基本设置、布尔运算、文件模型的操作与管理等，可给设计带来极大方便。在本任务中，用户应熟悉基本环境中特征菜单的调用和基本设置，会进行“对象操作”的设置和使用，掌握基本体的使用，并熟悉如何在基本体上添加其他体素。

任务目标

1. 掌握UG NX10.0的图层设置和管理
2. 熟悉UG NX10.0的模型文件操作与管理
3. 掌握软件的布尔运算和对象操作设置
4. 掌握UG NX10.0的基本体使用

任务过程

一、UG NX10.0软件的图层设置和管理

一个图层就像在一张透明图纸上绘制不同特征的图素（即作图对象），最后再将这些透明图纸叠加起来，从而得到最终的复杂图形。UG NX10.0图层中所有图层最多可以含有256个，系统已经把默认的基准存放到第61层，每个图层上可以含有任意数量的对象，即在一个图层上可以含有部件中的所有对象，而部件中的对象也可以分布在任意一个或多个图层中。一个部件的所有图层中，只有一个图层是当前工作图层，所有操作只能在工作图层上进行，其他图层则可以对它们的可见性、可选择性等进行设置和辅助工作。用户想在图层中创建对象，则应该在创建对象前使其成为当前工作图层。

用户在下拉主菜单 菜单(M)· 的菜单中选择“格式”下拉子菜单的“图层设置”命令 图层设置(S)... Ctrl+L ，则会弹出来如图3-1所示的“图层设置”对话框。

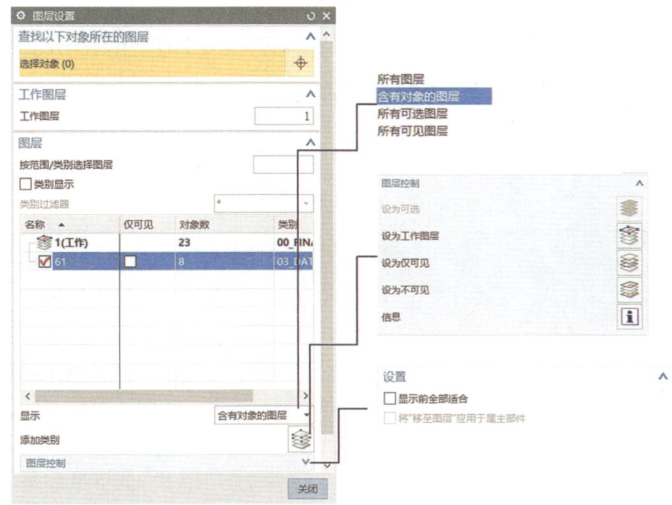

图3–1　图层设置对话框

图层的应用对于建模工作有很大的帮助，用户可以根据需要设置图层的名称、分类、属性和状态等，还可以查询图层的信息以及有关图层的一些编辑操作。下面介绍图层设置对话框中部分选项的主要功能：

· “选择对象”：用户可以选择一个对象，查询该对象相关图层情况。

· “工作图层”：在该文本框中输入某图层号并按回车键后，系统自动将该图层设置为当前的工作层。

· “按范围/类别选择图层”，在该文本框中输入图层的种类名称后，系统会自动选取所有属于该种类的图层。

· “类别显示”：勾选此复选框，图层列表中将按对象的类别进行显示。

· “类别过滤器”：主要用于输入已存在的图层种类名称来进行筛选，该文本框中系统默认为“*”，此符号表示所有的图层种类。

· “显示”：在此用于控制图层列表中图层显示情况。

“所有图层”：图层状态列表中显示所有图层（0～256层）。

“含有对象的图层”：图层状态列表中仅显示含有对象的图层。

“所有可选图层”：图层状态列表中仅显示可选择的图层。

“所有可见图层”：图层状态列表中仅显示可见的图层。

（当前的工作图层在以上的情况下，都会在图层列表中显示）

· “添加类别”：点击此按钮可以添加新的类别层。

· “设为可选”：点击此按钮将被隐藏的图层设为可选层。

· “设为工作图层”：点击此按钮可将选中的图层设为工作层。

· “设为仅可见”：点击此按钮可将选中的图层设为可见层。

· “设为不可见”：点击此按钮可将选中的图层设为不可见层。

· “信息”：点击此按钮，系统弹出“信息”窗口，就能够显示此零件模型中所有图层的相关信息，比如图层编号、状态和图层种类等。

· “显示前全部适合”：勾选此复选框，模型将充满整个图形区。

对UG NX10.0软件图层进行合理管理，可以提高操作效率，其中图层组MODELING包括第1～20层，图层组DRAFTING包括第21～40层，图层组ASSEMBLY包括第41～60层。常用的图层列表如表3-1所示，用户可以根据设计习惯来进行图层组种类的设置，从而通过层组实现对其中各图层对象的选择。

表3-1　常用的图层列表

图层号	图层内容
1	实体建模图层
21	三维草绘图层
41	曲线（非草绘）图层
61	基本坐标系
101	工程图：轮廓实线
102	工程图：细线
103	工程图：中心线
104	工程图：标注

图层组通过“格式”下拉菜单选择“图层类别”命令 图层类别(C)... ，则会弹出如图3-2所示的“图层类别”对话框。

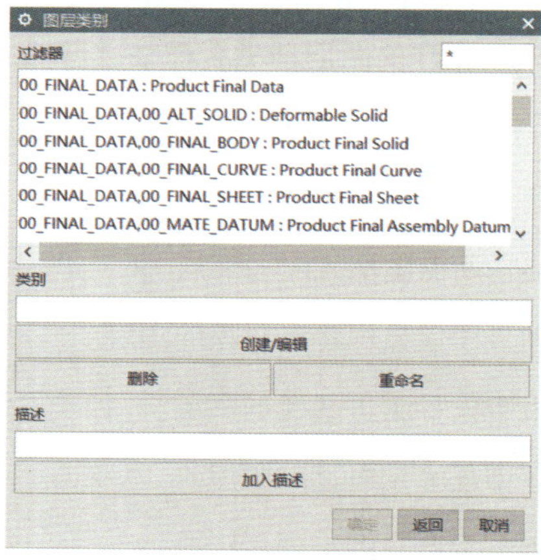

图3-2　图层类别对话框

图层类别对话框中部分选项的主要功能介绍如下：

· “过滤器”：用于输入已存在的图层种类名称来进行筛选，该文本框下方的列表用于显示已存在的图层组种类或筛选后的图层种类，可在该列表中直接选取需要进行编辑的图层组种类。

· “类别”：用于输入图层组种类的名称，可输入新的种类名称来建立新的图层组种类，或输入已存在的名称进行该图层组的编辑操作。

· “创建/编辑”：用于创建新的图层组或编辑现有的图层组。单击该按钮前，必须要在“类别”文本框中输入名称。如果输入的名称已经存在，则可对该图层组进行编辑操作；如果输入的名称不存在，则创建新的

图层组。

·“删除”按钮和“重命名”按钮：主要用于图层组种类的编辑操作，实现对选中的图层进行“删除”和“重命名”的操作。

·“描述”：此文本框用于输入某图层相应的描述文字，解释该图层的含义。输入的文字长度超出文本框的规定长度时，系统会自动进行延长匹配，所以在使用中也可以输入比较长的描述语句。

用户在进行图层种类的建立、编辑、更改等操作时可以参照以下方式进行。

（一）建立一个新图层

点击“图层类别”，在“类别”文本框中输入新图层的名称（比如“图层01”），还可在“描述”文本框中输入相应的描述信息（比如“实体建模”），单击“创建/编辑”按钮，在系统继续弹出的“图层类别”中，从“图层”列表中选取该种类需要包括的层，先单击“添加”按钮，然后点击“确定”，继续点击“确定”，从而创建一个新的图层。具体操作如图3-3所示。

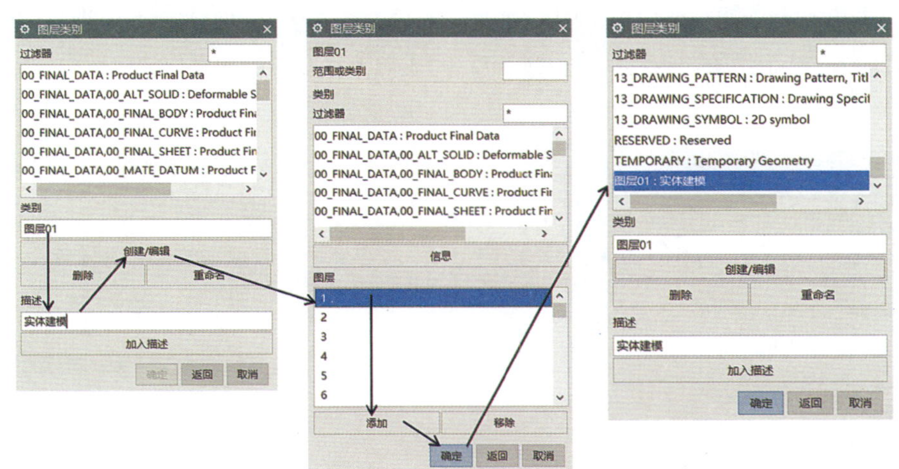

图3-3　创建一个新的图层

（二）修改所选图层组的描述信息

在“图层类别”中选择需要修改描述信息的图层组，在“描述”文本框中输入相应的描述信息，然后单击“确定”按钮，系统便可以修改所选图层组的描述信息。

（三）编辑一个存在的图层种类

在“图层类别”的“类别”文本框中输入图层名称，或者直接在图层组种类列表中选择要编辑的图层，即可对其进行编辑操作。

用户在下拉主菜单的下拉菜单中选择“格式”下拉子菜单的“视图中可见图层”命令，则会弹出来如图3-4所示的“视图中可见图层”对话框。在该对话框中选取某个视图，单击“确定”按钮，系统则会继续弹出如图3-5所示的“视图中可见图层”对话框。用户可以在图层列表中选定图层，单击“可见”按钮或者“不可见”按钮，从而设置该图层的可见性。

图3-4　视图中可见图层

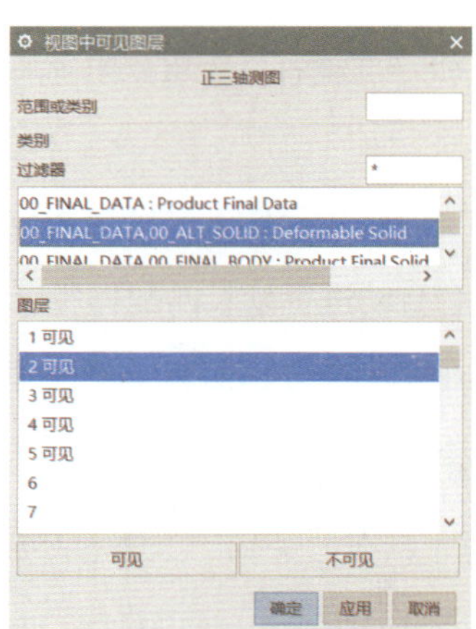

图3-5　选定图层“可见”

“移动至图层”：选择此命令可以把对象从一个图层移出并放置到另一个图层。用户在下拉主菜单中选择“格式”下拉子菜单的“移动至图层”命令 移动至图层(M)... ，则会弹出来如图3-6所示的“类选择”对话框。先选取目标特征，然后单击“类选择”对话框中的“确定”按钮，系统弹出如图3-7所示的“图层移动”对话框。选择目标图层或者输入目标图层的编号，单击“确定”完成对象移至图层的操作。

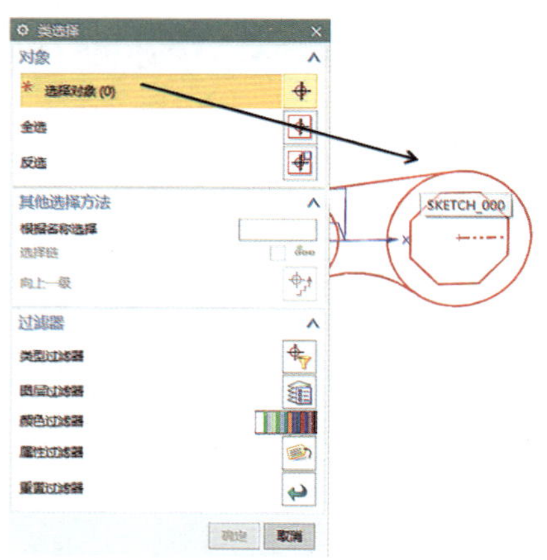

图3-6　类选择中选择对象

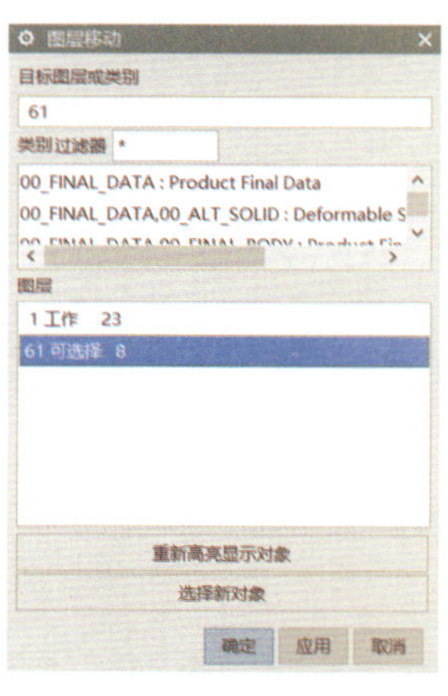

图3-7　图层移动对话框

“复制至图层”：选择此命令可以把对象从一个图层复制到另一个图层，且源对象依然保留在原来图层上。用户在下拉主菜单的下拉菜单中选择“格式”下拉子菜单的“复制至图层”命令 复制至图层(O)... ，则会弹出“类选项”对话框，先选择目标特征，然后单击“类选项”对话框中的“确定”按钮，系统则会弹出“图层复制”对话框。从图层列表中选择一个目标图层或者在数据输入字段中输入一个图层编号，单击“确定”完成图层的复制（此操作跟上面的“移动至图层”的操作方法类似，如果是组件、基准轴和基准平面类型，则不能在图层之间复制，只能移动）。

二、UG NX10.0的模型文件操作与管理

UG NX10.0软件的文件类型非常多，可以支持很多相关软件的导入和导出，因此操作者需要熟练使用基本的文件操作与管理。软件启动后运行过程中，首先“新建”文件，新建文件可以采用以下几个步骤：

1. 在快捷工具条点击“新建”命令按钮，或在文件下拉菜单点击“新建”。

2. 在弹出的对话框中选择模板类型为“模型”模板，默认的过滤器单位选项为“毫米”。在名称和文件夹路径中，输入建模的零件名称（比如“零件图2.prt”），设置文件夹路径（比如“E:\工作目录1\”），如图3-8所示。

3. 单击“确定”按钮，完成新建文件的创建。

图3-8　新建文件的创建

如果用户要打开一个零件模型，可以采用以下步骤：

1. 在快捷工具条点击“打开”命令按钮，或在文件下拉菜单点击“打开”。

2. 在弹出的对话框中选择“查找范围”为“E:\ 工作目录1”，在“文件名”文本框中输入部件名称（比如“天圆地方笔筒.prt”），“文件类型”下拉列表框中保持系统默认选项“部件文件类型默认为.prt”。

3. 单击“OK”按钮，即可打开文件，如图3-9所示打开对话框，其中主要选项的说明如下：

· “预览”复选框：选中该复选框，将显示选择部件文件的预览图像。利用此功能观看文件就不必直接在UG NX10.0软件中一一打开，这样可以快速找到所需要的文件部件。“预览”功能仅支持存储在UG NX10.0中的部件（也支持NX10.0以下版本），在Windows平台上有效，如果不想预览，则取消选中该复选框的勾选即可。

· “文件名”文本框：显示选择的部件文件，NX10.0是支持中文文件名称。

· “文件类型”下拉列表框：用于选择文件的类型。选择某类型后，在“打开”对话框列表中仅显示该类型的文件，系统也自动使用显示在此区域中的扩展名存储部件文件。

· “选项”：点击此按钮，系统弹出“装配加载选项”对话框，利用该对话框可以对加载方式、加载组件和搜索路径等进行设置。

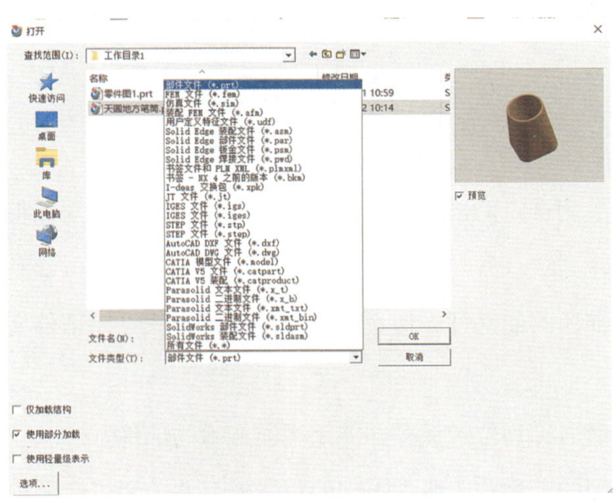

图3-9　打开对话框

在UG NX10.0中可以打开多个零件模型的文件，方便用户在几个文件中不断切换，同时创建彼此有关系的零件。用户可以在“文件”下拉菜单中打开好几个文件，然后在“窗口”下拉菜单中选择不同文件切换，或者点击“更多”命令，在弹出来的对话框中选择所需要的部件。

零件模型在“保存”时会出现如图3-10所示的多种保存形式，用户可以根据操作的实际情况选择性地保存。同样，在文件“关闭”时，在弹出的菜单中也可以根据操作的实际情况选择性地关闭“天圆地方笔筒”部件，点击“确定”即可进行关闭相应的文件，如图3-11所示。“关闭”子菜单中相关命令如图3-12所示。

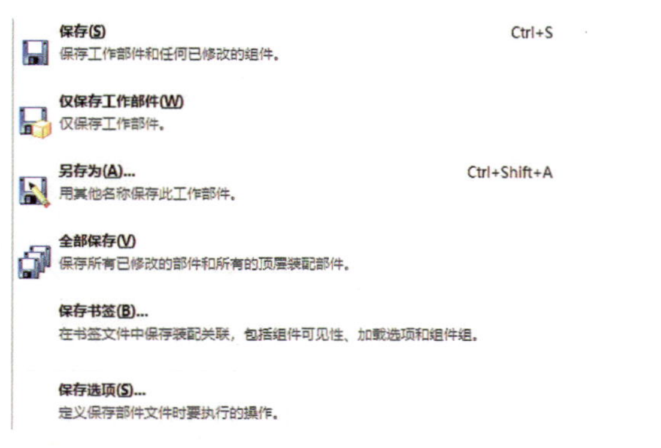

图3-10　多种保存形式

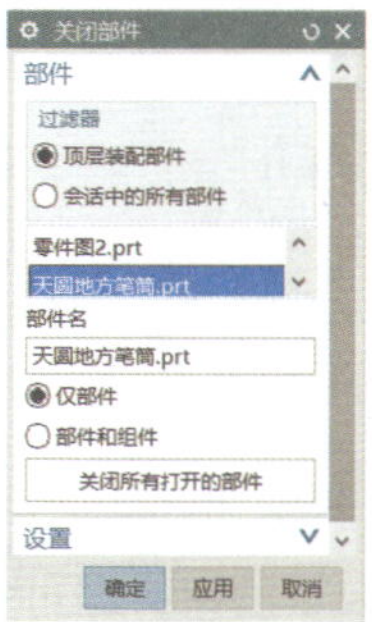

图3-11　关闭部件

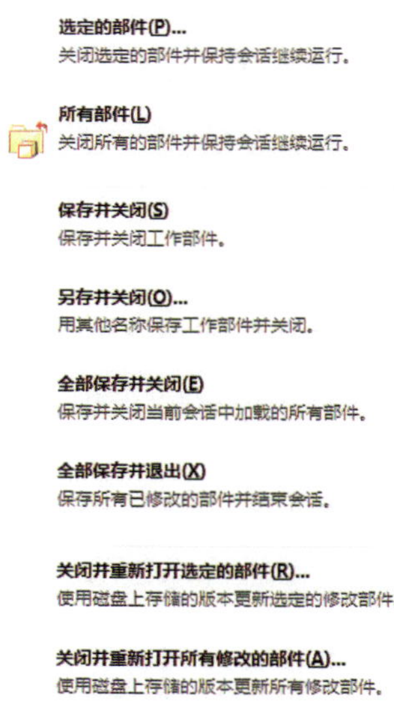

图3-12　关闭子菜单

· “选定的部件”：表示关闭选定的部件，点击会弹出图3-12所示的对话框，可以通过此对话框关闭选定的一个或者多个打开的部件文件。

· “所有部件”：关闭当前所有的部件，但会话仍继续，此方式关闭部件文件时不存储部件，它仅从工作站的内存中清除部件文件。

· “保存并关闭”：以当前名称和位置保存并关闭当前显示的部件。

· “另存并关闭”：以不同的名称和（或）不同的位置保存并关闭当前显示的部件。

· “全部保存并关闭”：以当前名称和位置保存并关闭所有打开的部件。

· “全部保存并退出”：保存所有修改过的已经打开的部件（不包括部分加载的部件），然后退出软件。

三、UG NX10.0的布尔运算和对象操作设置

（一）UG软件的布尔运算

可以实现对两个或者两个以上已经存在的实体进行合并、减去以及相交运算，从而产生新的实体。进行布尔运算时，首先选择目标体（即被执行布尔运算的实体，只能选择一个），然后选择工具体（即在目标体上执行操作的实体，可以多选），运算完成后，工具体成为目标体的一部分，而且如果目标体和工具体具有不同的图层、颜色、线型等特性，得到的新实体具有与目标体相同的特性。如果部件文件中已存在实体，当建立新特征时，新特征可以作为工具体，已经存在的实体作为目标体。布尔运算的操作主要内容即合并、减去、相交。

1. 布尔运算的求和操作。用于将工具体和目标体合并成一体。如图3-13所示为布尔合并运算，将两个实体求和为一体（合并的内部关系可以从显示的线框中辨别）。选择下拉主菜单里面的“插入”，然后选择“组合”子菜单中的“合并”命令  ，则弹出“合并”对话框如图3-14所示。目标体选择“长方体”，工具体选择“圆柱”，用户可以通过勾选“预览”点击“显示结果”，则可以看到求和的结果，不需修改则单击“确定”按钮，完成图3-14所示两个实体的求和运算。

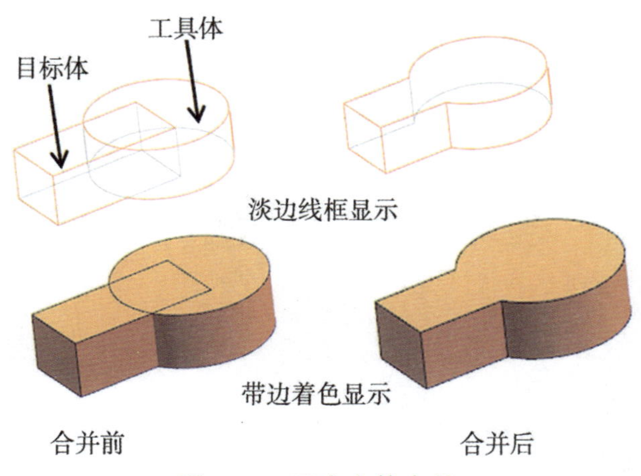

图3-13　两个实体合并

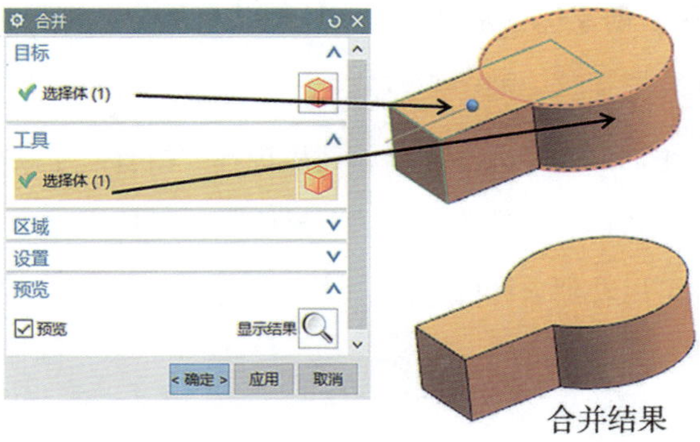

图3-14　合并对话框

特别提示

1. 布尔运算求和操作要求工具体和刀具体必须在空间上接触才能进行运算，否则提示出错。

2. 在对拉伸特征、回转特征、扫描特征进行操作，在对话框选项设置时，用户可根据实际情况设置布尔运算的操作，后文将会提到。

布尔运算求和对话框中的各复选框说明：

· “保存目标”：勾选此复选框，是为求和操作保存目标体，如果需要在未修改的状态下保存所选目标体的副本时，选中该复选框。

· “保存工具”：勾选此复选框，是为求和操作保存工具体，如果需要在一个未修改的状态下保存所选工具体的副本时，选中该复选框。在编辑“求和”特征时，取消选中该复选框。

2. 布尔运算的减去操作。用于将工具体从目标体中移除。如图3–15所示为布尔减去运算，一个实体通过另外一个实体求差所得到新的实体（减去的内部关系可以从显示的线框中辨别）。选择下拉主菜单里面的“插入”，然后选择“组合”子菜单中的“减去”命令，弹出来如图3–16所示的“减去”对话框。目标体选择“直径大的圆柱体”，工具体选择“直径小的圆柱体”，用户可以通过勾选“预览”点击“显示结果”，则可以看到减去的结果，没有问题则单击“确定”按钮，完成图3–16所示两个实体的求差运算。

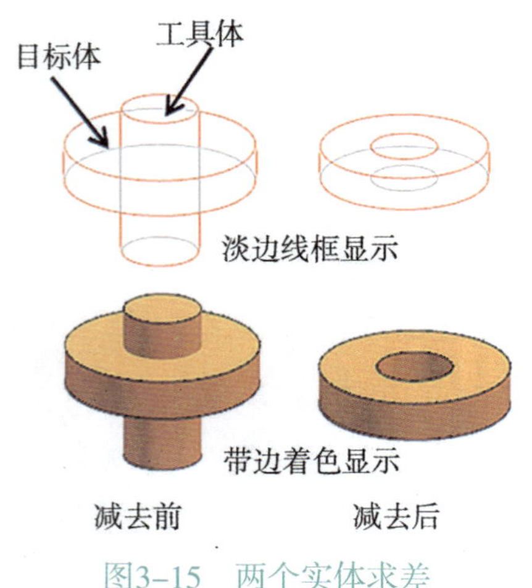

图3–15　两个实体求差

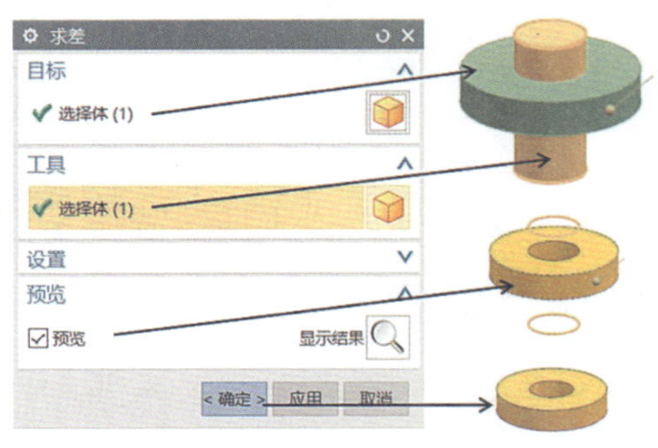

图3–16　减去对话框

3. 布尔运算的相交操作。用于创建包含两个不同实体的共有部分，进行布尔相交运算时工具体与目标体必须相交。如图3–17所示为布尔相交运算，两个实体的共同部分即为新的实体（相交的内部关系可以从显示的线框中辨别）。选择下拉主菜单里面的“插入”菜单，然后选择“组合”子菜单中的“相交”命令 相交(I)... ，则弹出如图3–18所示的“相交”对话框。目标体选择“三棱柱”，工具体选择“圆柱体”，用户可以通过勾选“预览”点击“显示结果”，则可以看到求和的结果，没有问题则单击“确定”按钮，完成图3–18所示两个实体的相交运算。

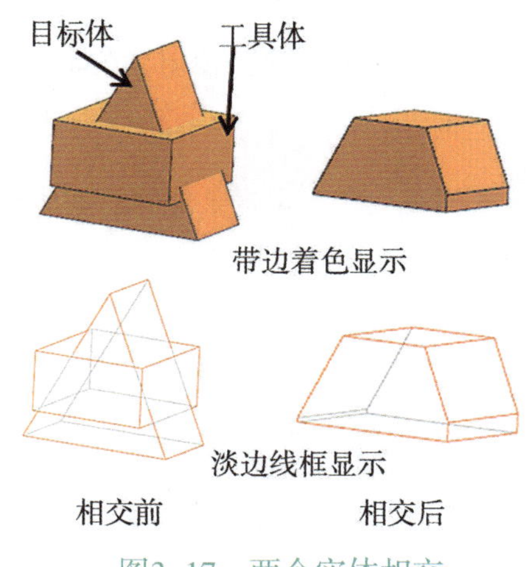

图3-17　两个实体相交

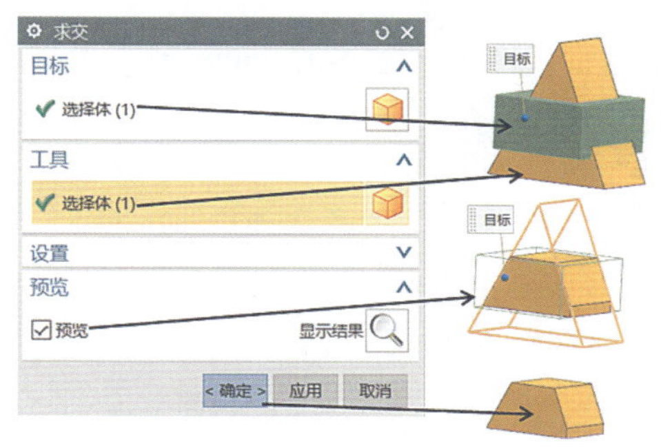

图3-18　相交对话框

4. 如果布尔运算的使用不正确，可能出现错误信息分析一。

在进行实体求差和求交运算时，所选工具体必须与目标体相交，否则系统会发布警告信息：“工具体完全在目标体外”。

如果刀具横断目标体，将目标体一分为二，则系统会发布警告信息：“操作使产生的实体非参数化”。

在进行操作时，如果没有使用复制目标，且没有创建一个或者多个特征，则系统会发布警告信息：“仅为选定的（数量）刀具创建了（数量）特征”。

在进行操作时，如果使用复制目标，且没有创建一个或多个特征，则系统会发布警告：“不能创建任何特征”。

在进行操作时，如果不能创建任何特征，则系统会发布警告信息：“不能创建任何特征”。

如果在执行一个片体与另一个片体求差操作时，则系统会发布警告信息：“非歧义实体”。

如果在执行一个片体与另一个片体求交操作时，则系统会发布警告信息：“无法执行布尔运算”。

（二）UG软件的对象操作

设计者在进行模型特征操作时，需要对目标对象进行显示、隐藏、分类和删除等操作。

1. 对象与模型的显示。用户直接通过点击快捷菜单“视图”命令按钮，则在带状工具条中显示如图3-19所示“视图”工具条工具。里面所有的工具也可以在下拉主菜单的“视图”子菜单中直接调出使用。

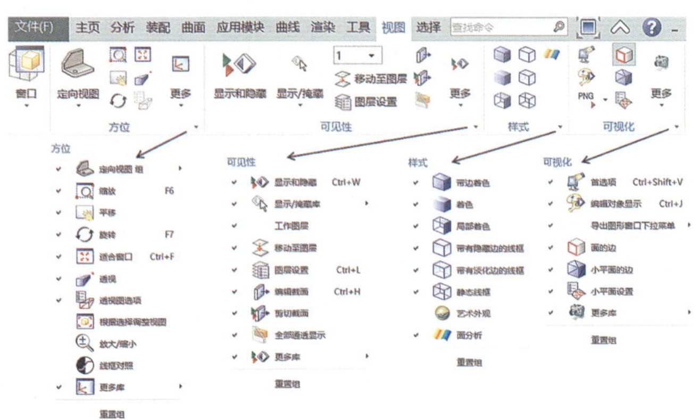

图3-19　“视图”工具条工具

用户可以把鼠标放置在工具按钮上，则会弹出一个“气泡”，气泡”是对此按钮工具的解释说明，由于此工具条涉及的功能按钮比较多，书中未提到的功能按钮，用户可以通过此解释说明理解使用。在此就常用部分按钮简单介绍如下：

· “定向视图组”命令 定向视图组：进行不同视图的转换以显示对象，系统提供了如图3-20所示的定向对象的8种方位视图。

图3-20 定向方位的视图

· “缩放”“平移”“旋转”：这三个工具指的是在操作中可以对做好的图形在绘图区进行缩放、平移、旋转，以便观察不同角度的图形。

· “适合窗口”命令 适合窗口 Ctrl+F：用于调整工作视图的中心和比例，以显示所有对象。

· “视图显示样式”：系统提供了如图3-21所示的几种样式显示。其中“艺术外观”在此显示模式下，选择“视图”子下拉菜单“可视化”菜单里面的“材料/纹理”命令，可以给它们指定的材料和纹理特性进行实际渲染。没有指定材料或纹理特性的对象，看起来与“着色”渲染样式下所进行的着色相同。在“面分析”渲染样式下，选定的曲面对象由小平面几何体表示并渲染小平面以指示曲面分析数据，剩余的曲面对象由几何体表示。在“局部着色”渲染样式下，选定的曲面对象由小平面几何体表示，这些几何体通过着色和渲染来显示，剩余的曲面对象由边缘几何体显示。

图3-21 视图样式显示

· “全部通透显示”命令 全部通透显示：用于对象的全部通透显示。

· “视图截面”：在主菜单下选择“视图”菜单下的“截面”则可以看到，如图3-22所示的视图截面包括“编辑截面”“剪切截面”和“新建截面”三种显示。

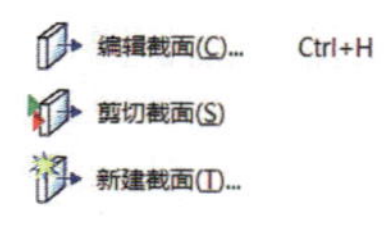

图3-22　视图截面

2. 删除、隐藏、显示对象的操作。用户在下拉主菜单中选择“编辑”下拉菜单中的“删除”命令，则会弹出来一个“类选择”对话框，指定要删除的对象后，点击“确定”按钮就可以删除一个或者多个对象。

对象的隐藏是通过一些操作，使该对象在零件模型中不显示。用户在下拉主菜单中选择“编辑”下拉菜单中的“显示和隐藏”的子菜单下的“隐藏”命令，则会弹出来一个“类选择”对话框，指定要隐藏的对象后，点击“确定”按钮就可以隐藏一个或者多个对象。

对象的显示与隐藏操作方法一样，用户在下拉主菜单中选择“编辑”下拉菜单中的“显示和隐藏”子菜单下的“显示”命令，则会弹出来一个“类选择”对话框，指定要显示的对象后，点击“确定”按钮就可以显示一个或者多个对象（隐藏和显示是相对应的，用户可以通过快捷键进行操作：隐藏Ctrl+B，显示Ctrl+Shift+U）。

3. 编辑对象的显示。指的是修改对象的层、颜色、线型和线宽等。点击“视图”工具条中的“编辑对象显示”命令 对象显示(J)... Ctrl+J 。用户在下拉主菜单中选择“编辑”下拉菜单中的“对象显示”命令，则会弹出来一个“类选择”对话框。用户将需要编辑的对象选定后，点击对话框中的“确定”按钮，则会弹出如图3-23所示的“编辑对象显示”对话框，在此可以根据设计的需要对“层”“颜色”“线型”“线宽”等进行编辑，然后点击“确定”即可完成编辑对象的显示。

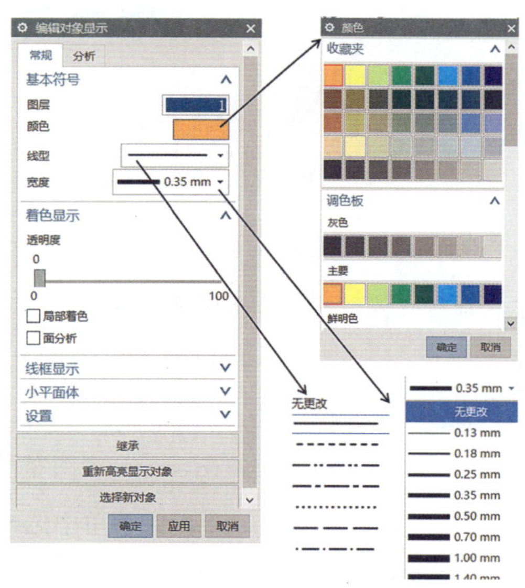

图3-23　编辑对象显示对话框

4. 类选择。如图3-24所示为“类选择”对话框，是利用对象类型和设置过滤器的方法，以达到快速选取对象的目的。可以直接选取，也可以用“类选择”对话框中的对象过滤器功能，来限制选择对象的范围，选中的对象则高亮显示。以下是“类选择”对话框中各选项功能的说明：

- “选择对象”：用户进行对象选取。
- “全选”：用于选取图形中全部选中的所有对象。
- “反选”：用于选取图形中选择类型之外的全部对象。
- “根据名称选择”：用于输入预选对象的名称，系统会自动选取对象。
- “过滤器”：用于设置选取对象的类型。
- “类型过滤器”：通过对象的类型来选取对象，点击此按钮系统会弹出“按类型选择”对话框，可以在列表中选择所需要的对象类型。
- “图层过滤器”：通过制定图层来选取对象。
- “颜色过滤器”：根据指定的颜色选取对象。
- “属性过滤器”：在属性列表中根据对象属性选择某对象属性，或者自定义某种对象属性。
- “重置过滤器”：取消之前设置的所有过滤方式，恢复系统默认的设置。

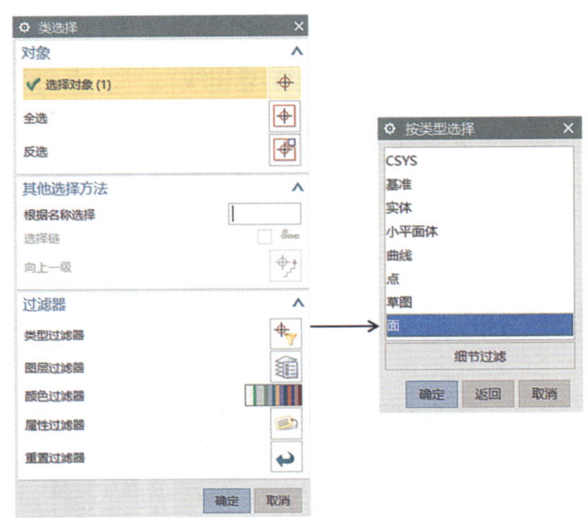

图3–24 类选择对话框

特别提示

在选取对象的操作中，如果光标短暂停留后，后面出现“……”的提示，则表示在光标位置有多个可供选择的对象。

5. 对象视图布局。是指图形区同时显示多个视角的视图，一个视图布局最多允许排列九个视图。用户可以创建系统已有的视图布局，也可以自定义视图布局。在下拉主菜单中选择“视图”，在子菜单中选择“布局”命令 布局(L)，在布局子菜单中可以进行新建、打开、删除、保存和重新生成等操作。当打开“新建”命令 新建(N)… 时，系统则会弹出如图3-25所示的“新建布局”对话框，用户可以在布局下拉列表框中选择合适的视图进行布局，然后点击“确定”按钮，再返回到“布局”菜单，在子菜单中选择“保存”命令 保存(S)，完成当前视图的保存。

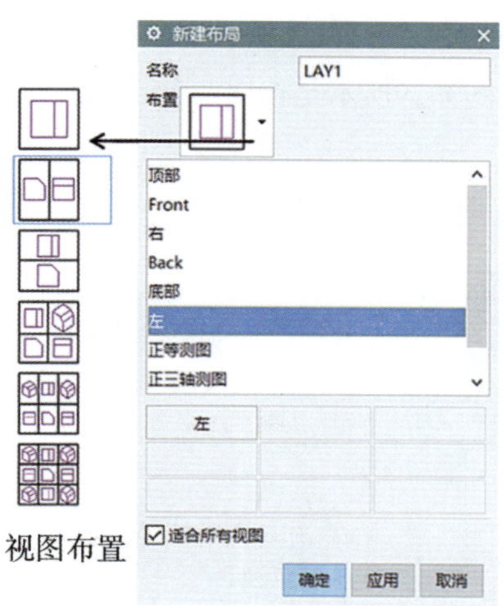

图3-25　新建布局对话框

四、UG NX10.0的基本体使用

组成零件的基本单元一般有长方体、圆柱体、圆锥体和球体四个基本体素。

1. 创建长方体。在下拉主菜单中选择“插入”菜单中的“设计特征”，点击子菜单中的“长方体”命令 长方体(K)...，则系统会弹出如图3-26所示的“块”对话框。在对话框中用户可以根据“类型”“尺寸”“布尔”等对长方体进行设置，如图3-27所示是根据三种不同设置类型绘制的三种长方体（用“两个对角点”创建长方体，需先建立两个空间对角点）。

图3-26　块对话框

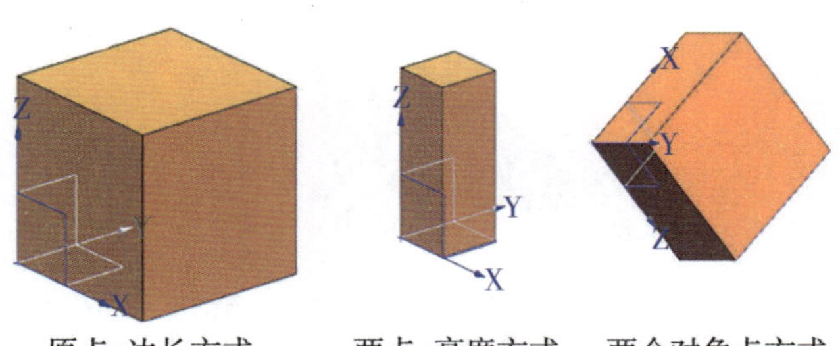

图3-27　三种类型长方体

2. 创建圆柱体。在下拉主菜单中选择“插入”菜单中的“设计特征”，点击子菜单中的“圆柱体”命令 圆柱体(C)... ，则系统会弹出如图3-28所示的“圆柱”对话框。在对话框中用户可以根据“类型”“轴”“尺寸”“布尔”等对圆柱体进行设置，如图3-29所示是根据两种不同设置类型绘制的两种圆柱体。

图3-28 圆柱体对话框

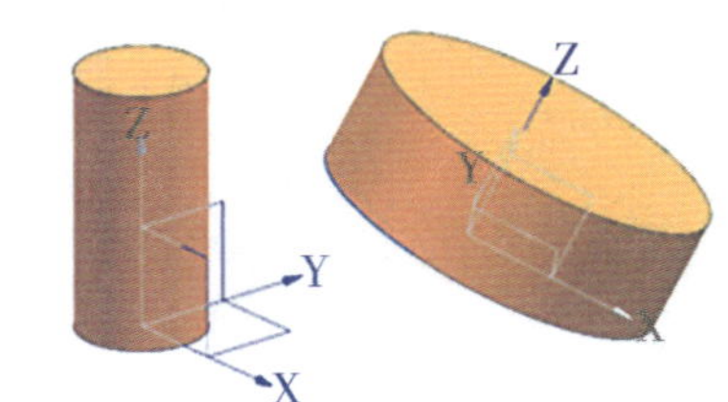

图3-29 两种类型圆柱体

3. 创建圆锥体。在下拉主菜单中选择“插入”菜单中的“设计特征”，点击子菜单中的“圆锥体”命令，则系统会弹出如图3-30所示的“圆锥”对话框。在对话框中用户可以根据“类型”“轴”“尺寸”“布尔”等对圆柱体进行设置，如图3-31所示是根据五种不同设置类型设置的五种圆锥体。

图3-30 圆锥对话框

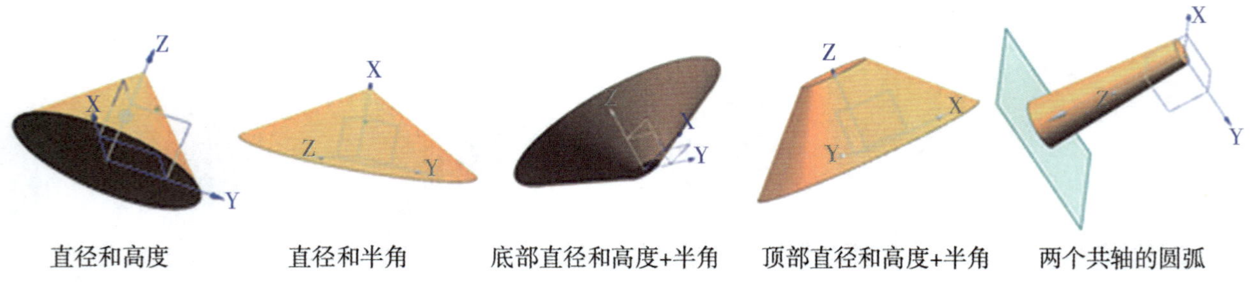

图3-31 五种类型圆锥体

4. 创建球体。在下拉主菜单中选择“插入”菜单中的“设计特征”，点击子菜单中的“球体”命令，则系统会弹出如图3–32所示的“球”对话框。在对话框中用户可以根据“类型”“中心点”“尺寸”“布尔”等对球体进行设置，如图3–33所示是根据两种不同类型设置的两种球体。

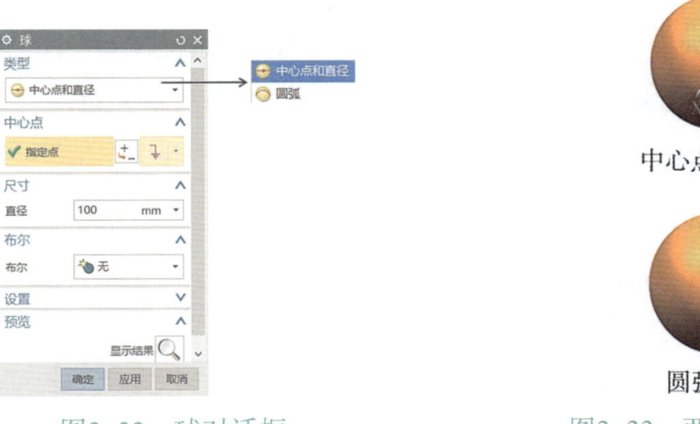

图3–32　球对话框　　　图3–33　两种类型球体

知识链接

关于矢量对话框的应用

在建模过程中，矢量的应用非常广泛，特别是对定义对象的高度方向、投影方向和旋转中心轴等进行设置都需要熟练掌握。单击“矢量对话框”按钮，则会弹出如图3–34所示的“矢量”对话框。“矢量”对话框中“类型”的选项使用介绍如下。

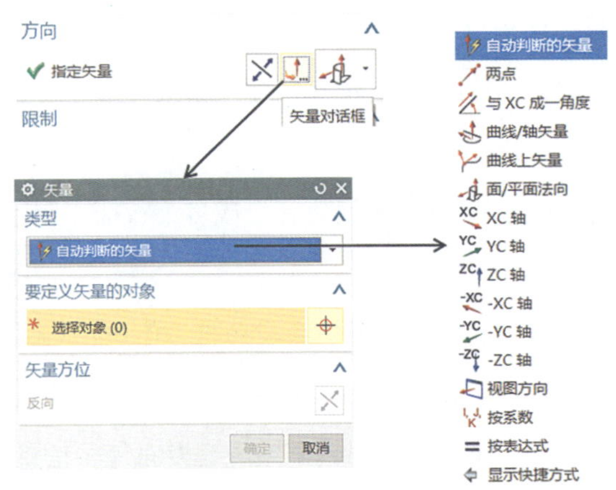

图3–34　矢量对话框

- “自动判断的矢量”：可以根据选取的对象自动判断所定义矢量的类型。
- “两点”：利用空间两点创建一个矢量，矢量方向为由第一点指向第二点。
- “与XC成一角度”：用于在XC–YC平面上创建与XC轴成一定角度的矢量。
- “曲线/轴矢量”：通过选取曲线上某点的切向矢量来创建一个矢量。

· “曲线上矢量”：在曲线上的任一点指定一个与曲线相切的矢量，可按照圆弧长或百分比圆弧长指定位置。

· “面/平面法向”：用于创建与实体表面（必须是平面）法线或圆柱面的轴线平行的矢量。

· “XC轴”：用于创建与XC轴平行的矢量。需要注意的是，“与XC轴平行的矢量”不是XC轴。例如，在定义具有旋转特征的轴时，如果选择此选项，只是表示旋转轴的方向与XC轴平行，并不表示旋转轴就是XC轴，所以这时要完全定义旋转轴还必须再取一点定位旋转轴。以下五项与此项相同。

· “YC轴”：用于创建与YC轴平行的矢量。

· “ZC轴”：用于创建与ZC轴平行的矢量。

· “–XC轴”：用于创建与–XC轴平行的矢量。

· “–YC轴”：用于创建与–YC轴平行的矢量。

· “–ZC轴”：用于创建与–ZC轴平行的矢量。

· “视图方向”：指定与当前工作视图平行的矢量。

· “按系数”：按系数指定一个矢量。

· “按表达式”：使用矢量类型的表达式来指定矢量。

知识延伸

如果布尔运算的使用不正确，那么可能出现错误的信息，分析如下：

1. 在进行实体的求差和求交运算时，所选工具体必须与目标体相交，否则系统会发布警告信息：“工具体完全在目标体外”。

2. 如果刀具横断目标体，将目标体一分为二，则系统会发布警告信息：“操作使产生的实体非参数化”。

3. 在进行操作时，如果没有使用复制目标，且没有创建一个或者多个特征，则系统会发布警告信息：“仅为选定的（数量）刀具创建了（数量）特征”。

4. 在进行操作时，如果使用复制目标，且没有创建一个或多个特征，则系统会发布警告信息：“不能创建任何特征”。

5. 在进行操作时，如果不能创建任何特征，则系统会发布警告信息：“不能创建任何特征”。

6. 如果在执行一个片体与另一个片体求差操作时，则系统会发布警告信息：“非歧义实体”。

7. 如果在执行一个片体与另一个片体求交操作时，则系统会发布警告信息：“无法执行布尔运算”。

任务二 拉伸、旋转、扫掠等建模基础

任务描述

本任务重点介绍拉伸、旋转（回转）、扫掠（扫描）等基本特征的使用，这三个基本特征在三维实体建模中应用得比较广泛。掌握拉伸对话框各种参数的设置、旋转特征的旋转中心轴线的选择、扫掠的截面图形和轨迹线的选择等都是任务涉及的重点。用户在设计操作过程熟练掌握增料特征和除料特征，操作起来会更加方便。在实例中介绍了各特征的功能、特点，这样可以对照学习，找到区别和关联，进一步提高操作的技能水平。

任务目标

1. 掌握UG NX10.0软件的拉伸、旋转、扫掠特征
2. 掌握UG NX10.0软件中特征的线面之间的关系

任务过程

一、UG NX10.0软件的拉伸特征

拉伸特征是指截面图形沿着某一特定方向拉伸而成的特征，是最常用的零件建模方法。如图3-35所示为一个简单的三维实体模型，也体现出拉伸建模的基本原理。

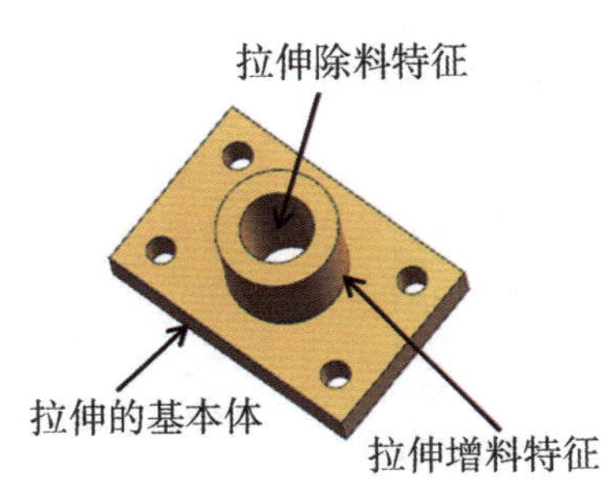

图3-35 拉伸实体模型

1. 创建拉伸增料特征。如图3–36所示为用拉伸增料创建的实体，其操作步骤如下：

（1）用户首先创建文件路径和命名零件名称，选择下拉主菜单的“插入”，然后选择“设计特征”菜单中“拉伸”命令 拉伸(E)...（也可以在带状工具条中直接点击 按钮打开，这样比较快捷方便）。

（2）在系统弹出如图3–37所示的“拉伸”对话框（某些对话框隐藏了相关选项，用户可以点击“对话框选项”按钮 ，然后勾选更多使对话框加载更多选项），此处只是部分选项展开的功能，其他的选项用户可以根据提示操作。需要定义特征草图的平面，在截面选项中点击“绘制截面”按钮 ，则表示创建新草图，采用默认的平面（XC–YC即XY平面）作为草图平面，单击“确定”进入草图绘图环境。

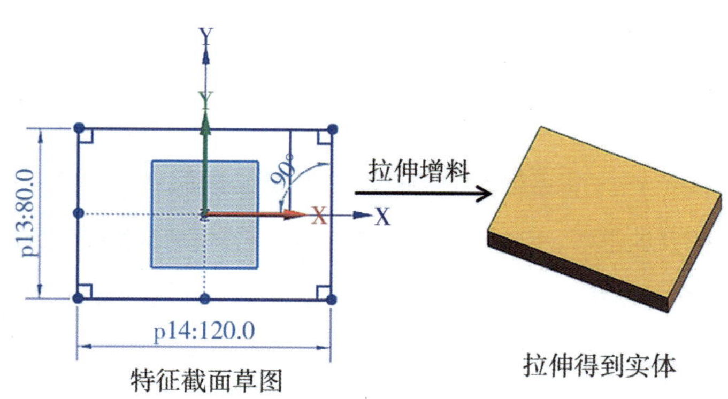

图3–36　拉伸创建的实体特征

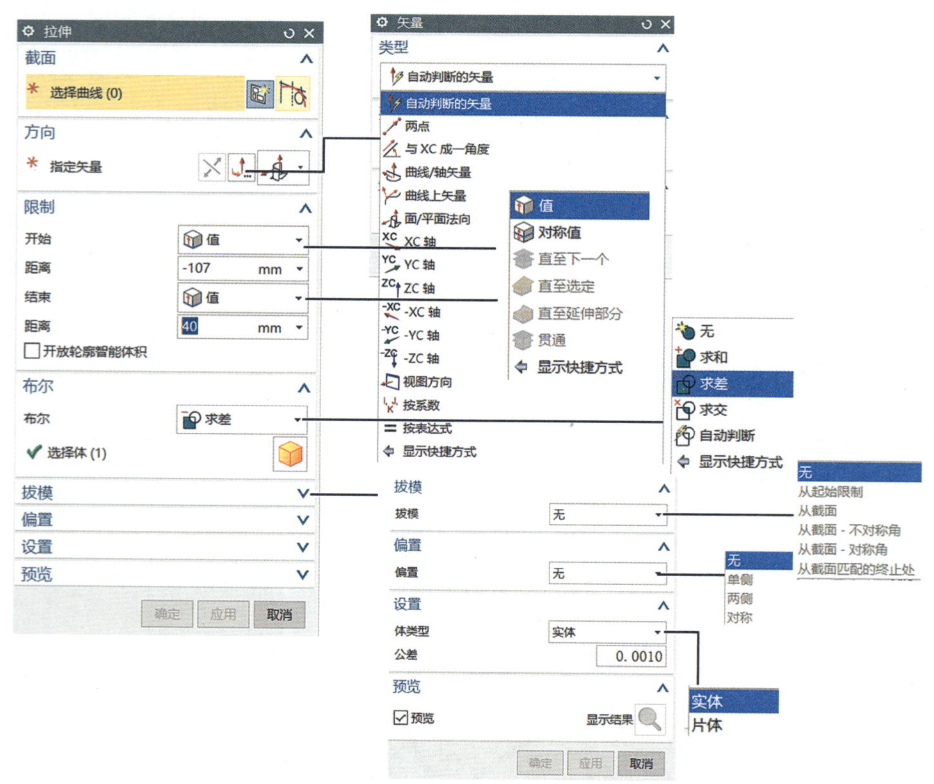

图3–37　拉伸对话框

特别提示

1. 在“拉伸”对话框中，在截面区域选择曲线的“曲线”和在设置区域选择“体类型”两个选项，说明如下。

曲线：选择已有的草图或者几何体边缘作为拉伸特征的截面。

“体类型”：下拉列表中可以指定拉伸生成的是实体特征还是片体（曲面）特征。

2.对草图平面的概念和有关选项介绍如下：

草图平面是特征截面或者轨迹的绘制平面，选择的草图平面是XC-YC平面、YC-ZC平面和XC-ZC平面中的一个，也可以是模型的某个表面，或者是用户插入的某个基准面。

（3）绘制截面草图：绘制如图3-38所示的几何形状草图，用户在绘制草图时若图形被移动至不方便绘制的方位，应单击“定向到草图”命令按钮 定向到草图 ，即可调整到正视于草图的方位。绘制出大致的轮廓，然后采用之前介绍的尺寸约束和位置约束，最后得到设计尺寸，即可完成截面草图的绘制。

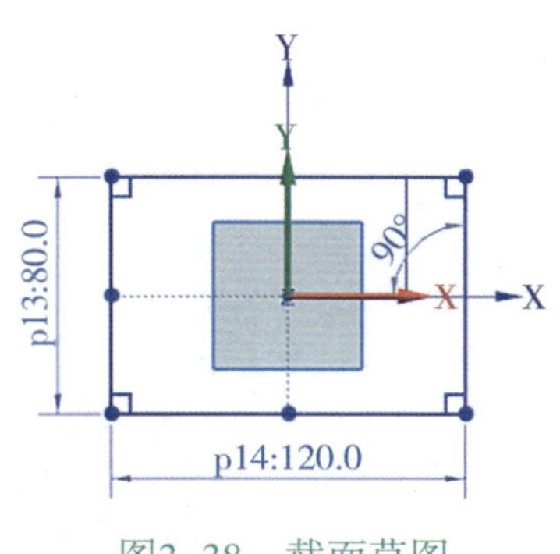

图3-38　截面草图

（4）创建好截面草图后，选择完成草图命令按钮 （或在菜单中选择“完成草图”也可以），则退出草图环境。

（5）定义拉伸类型：当系统退出草图环境后，图形区出现拉伸的预览模型状态，在拉伸的对话框中不进行选项操作，则默认实体类型。拉伸的特征可以创建实体和薄壁两种类型的特征。实体类型：实体特征的草图截面完全由材料填充，所绘制的截面图形必须是完整的封闭图形，如图3-39所示。薄壁类型：在“拉伸”对话框的“偏置”下拉列表中，通过设置起始值与结束值可以创建拉伸薄壁类型特征（如图3-40所示），起始值和结束值之差的绝对值为薄壁的厚度。

图3-39　实体类型

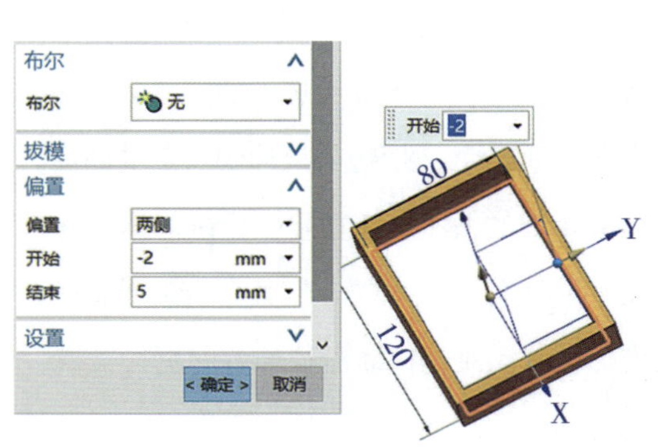

图3-40　薄壁类型

（6）定义拉伸深度属性：拉伸的方向采用系统默认的矢量方向，如图3-41所示蓝色箭头。在拉伸方向选项列表中系统提供了12种指定拉伸矢量的方式，一般默认的都是最佳方式，也可单击“反向”按钮 ，系统就会自动使当前的拉伸方向反向。拉伸的深度类型在“限制”选项功能区域完成，在“开始”值选择默认状态，在“距离”中输入参数为“0”，在“结束”值选择默认的状态，在“距离”中输入参数为“18”。

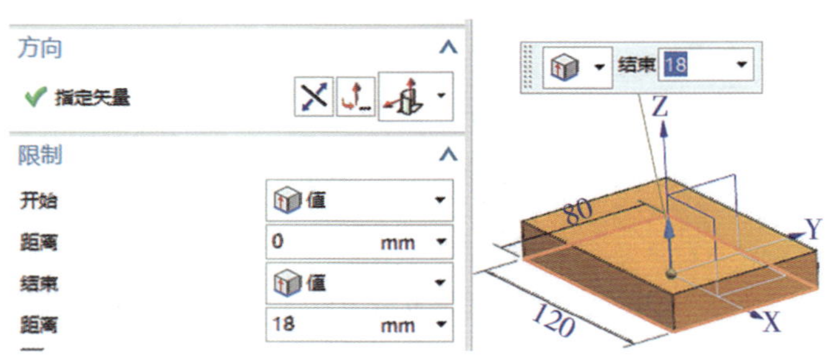

图3-41　矢量方向和距离参数

（7）特征的所有要素被定义完后，用户可以点击“预览”，检查是否正确。如果所创建的特征不符合设计意图，可选择对话框中相关选项重新定义，没有问题后则选择“确定”按钮，完成拉伸基本体的创建。

2. 在“限制”中包含了六种控制拉伸的方式。如图3-42所示为拉伸距离选项示意图，分别介绍如下：

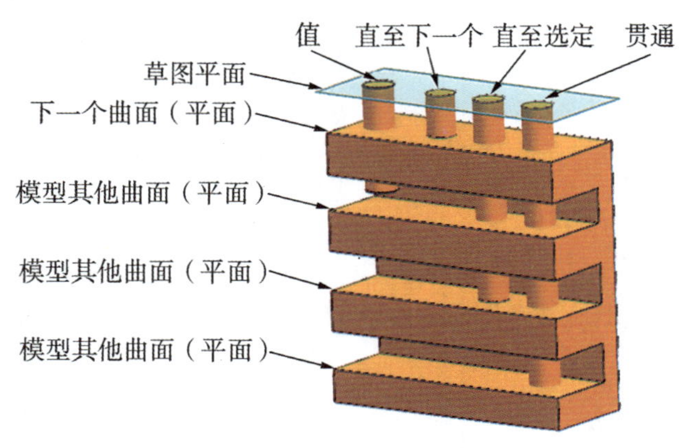

图3-42　距离选项示意图

· “值”：在“开始”或“结束”文本框中输入具体的数值（可以为负值）来确定拉伸的高度，起始值与结束值之差的绝对值为拉伸的高度。

· “对称值”：特征将在截面所在平面的两侧进行拉伸，且两侧的拉伸深度值相等。

· “直至下一个”：特征拉伸至下一个障碍物的表面处终止。

· “直至选定”：特征拉伸到选定的实体、平面、辅助面或者曲面为止。

· “直至延伸部分”：把特征拉伸到选定的曲面，但是选定面的大小不能与拉伸体完全相交，系统就会自动按照面的边界延伸的大小，再切除生成拉伸体。

· “贯通”：延伸指定方向，使其完全贯通到所有。

3. “拔模”区域。对拉伸体沿拉伸方向进行拔模，角度大于0度时，沿拉伸方向向内拔模；角度小于2时，沿拉伸方向向外拔模。

· “从起始限制”：该方式将直接从设置的起始位置开始拔模。

· “从截面”：该方式用于设置拉伸特征拔模的起始位置为拉伸截面处。

· “从截面—不对称角”：用于在拉伸截面两侧进行不对称的拔模。

· “从截面—对称角”：用于在拉伸截面两侧进行对称的拔模。

· “从截面匹配的终止处”：用于在拉伸截面两侧进行拔模，输入的角度为“结束”侧的拔模角度，且起始面与结束面的大小相同。

4. 拉伸减料特征。在基本实体添加其他特征，实体上面的四个小圆孔（如图3-43所示），可以采用拉伸除料特征来创建，由于在拉伸基本体上已经对拉伸特征的形成建立了一定的概念，所以拉伸除料的步骤结合拉伸增料的操作介绍如下。

图3-43　四个小圆孔

（1）选择基本体的上表面（如图3-44所示）作为草绘绘图平面，进入绘图环境，绘制截面草图（参考图3-44的尺寸），并建立尺寸约束和位置约束，完成草图后退出草绘环境。

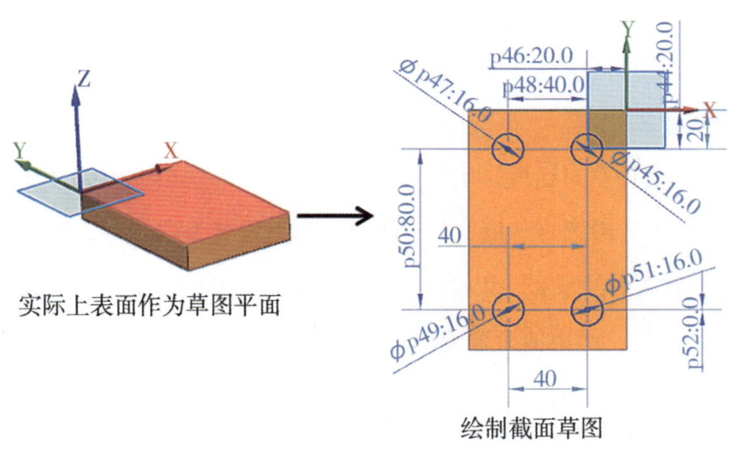

图3-44　绘制截面草图

（2）系统会自动进入“拉伸”对话框，用户只需修改“限制”选项卡中的“开始”设置为“值”，“距离”参数设置为“0”，“结束”设置为“值”，“距离”参数设置为“40”，注意方向为“反向”。采用布尔运算的方式为“求差”（拉伸除料），其他的设置为系统的默认设置，点击预览，转动下屏幕没有问题，然后选择“确定”（如图3-45所示），完成拉伸除料特征（参数“40”可以根据设计修改，此处大于“18”即可通孔）。

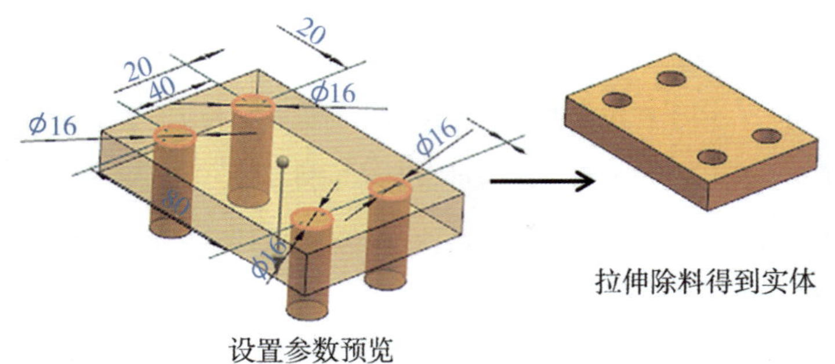

图3-45　拉伸除料后的实体

5. 拉伸薄壁特征。创建如图3-46所示的薄壁筋板，用拉伸薄壁特征来创建，只需将创建的草图作为片体（曲面）加厚而成，操作可以参考以下步骤（薄壁的截面草图可以不是封闭的图形）。

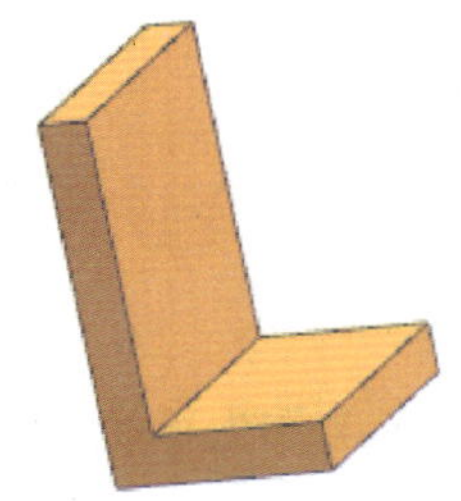

图3-46　拉伸薄壁特征

（1）在下拉主菜单选择"插入"，然后选择"设计特征"菜单中"拉伸"命令 拉伸(E)...，选择XY平面为草图放置面，进入绘图环境，绘制如图3-47所示的草图截面（没有形成首尾封闭），并建立尺寸约束和位置约束，完成草图后退出草绘环境。

（2）系统会自动进入"拉伸"对话框，用户只需修改"限制"选项卡中的"开始"设置为"值"，"距离"参数设置为"0"，"结束"设置为"值"，"距离"参数设置为"40"，注意方向为"反向"（参考箭头方向）。采用布尔运算的方式为"求和"（拉伸增料）（如图3-48所示），在"偏置"列表选项中选择"两侧"，"开始"值设置为"-2"，结束值设置为"5"，"体类型"设置为"实体"，其他的设置为系统的默认设置，点击预览，转动下屏幕没有问题，然后选择"确定"完成拉伸薄壁特征。

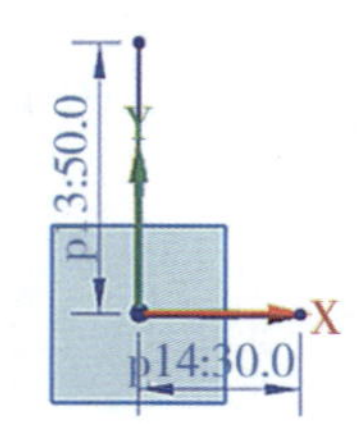

图3-47　绘制截面图形

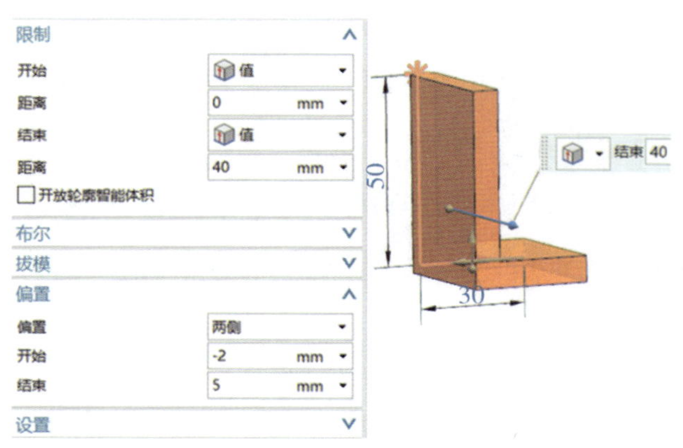

图3-48　薄壁参数设置

二、UG NX10.0软件的旋转特征

旋转特征又叫回转特征，是指将草图截面绕着一条中心轴线旋转一定的角度形成的特征，是最常用的实体建模方法。图3-49所示为一个简单的旋转特征实体模型，也体现出旋转建模的基本原理。

1. 用旋转增料特征，创建旋转特征实体模型（图3-49）。操作步骤如下：

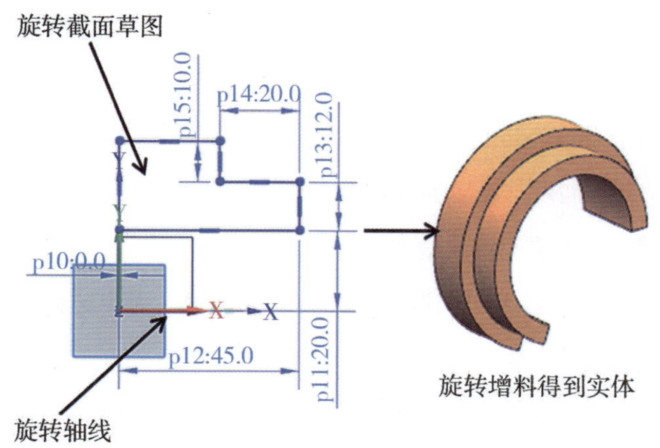

图3-49　旋转特征实体

（1）用户首先创建文件路径和命名零件名称，选择下拉主菜单中的“插入”，然后选择“设计特征”菜单的子菜单中“旋转”命令按钮 旋转(R)... 。

（2）在系统弹出来如图3-50所示的“旋转”对话框中，需要定义特征草图的平面，在截面选项中点击“绘制截面”按钮 ，则表示创建新草图，采用默认的平面（XC-YC即XY平面）作为草图平面，单击“确定”进入草图绘图环境。

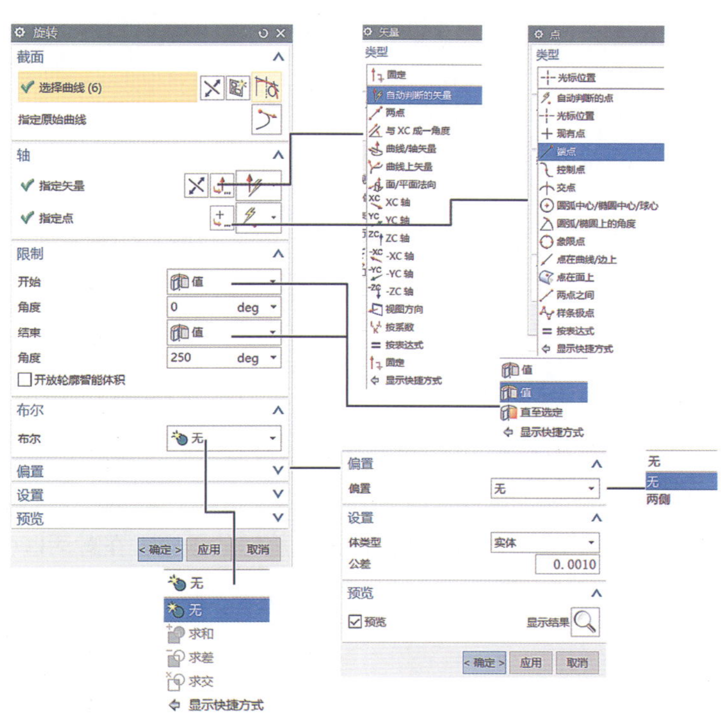

图3-50　旋转对话框

“旋转”对话框中的选项设置与“拉伸”对话框中的选项设置大部分都是一样的。“旋转”对话框中的“限制”区域的功能设置包含了“开始”和“结束”两个下拉列表，即两个位于其下的“角度”文本框。下面介绍“旋转”对话框中部分功能的使用。

· “开始”：下拉列表用于设置旋转的类项，“角度”文本框用于设置旋转的起始角度，其值的大小是相对于截面所在的平面而言的，其方向以与旋转轴成右手定则的方向为准。在“开始”下拉列表中选择“值”选项，则需要设置起始角度和终止角度，在“开始”下拉列表中选择“直至选定的对象”选项，则需要选择开始或者停止旋转的面或相对基准平面。

· “结束”：下拉列表用于设置旋转的类项，“角度”文本框用于设置旋转的终止角度，其值的大小是相对于截面所在的平面而言的，其方向以与旋转轴成右手定则的方向为准。

· “偏置”：利用该区域可以创建旋转薄壁类型特征。

· “ ”为“自动判断矢量”：可以选取已有的直线或者轴作为旋转轴矢量，也可以使用“矢量构造器”方式构造一个矢量作为回转矢量。

· “ ”为“自动判断点”：用于指定旋转轴矢量方法需要单独再选定一点，例如用于平面法向时，此选项将变为可用。

（3）绘制如图3-51所示的几何形状草图，用户在绘制草图时，若图形被移动至不方便绘制的方位，应单击“定向到草图”命令按钮 定向到草图 ，即可调整到正视于草图的方位。绘制出大致的轮廓，然后采用之前介绍的尺寸约束和位置约束，得到设计尺寸后即可完成截面草图的绘制。

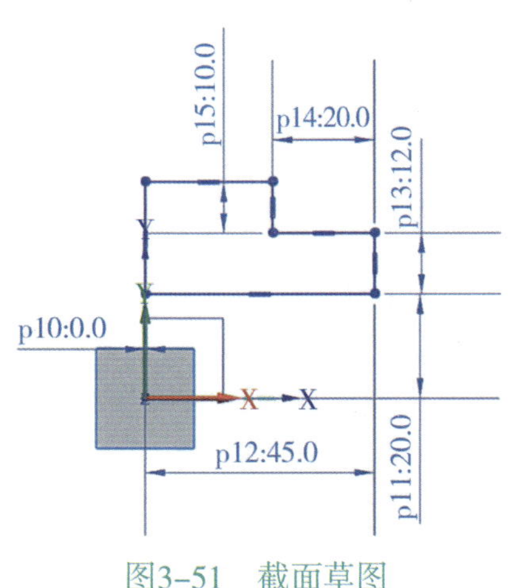

图3-51　截面草图

（4）创建好截面草图后，选择完成草图命令按钮 （或在菜单中选择“完成草图”也可以），系统则退出草图环境。

（5）定义旋转类型：当系统退出草图环境后图形区出现旋转的预览，在对话框中不进行选项操作则默认实体类型（选择旋转轴时可以是边、楞或者坐标轴，如图3-52所示是同一截面，拾取的旋转轴线不同而得到不同的实体模型）。

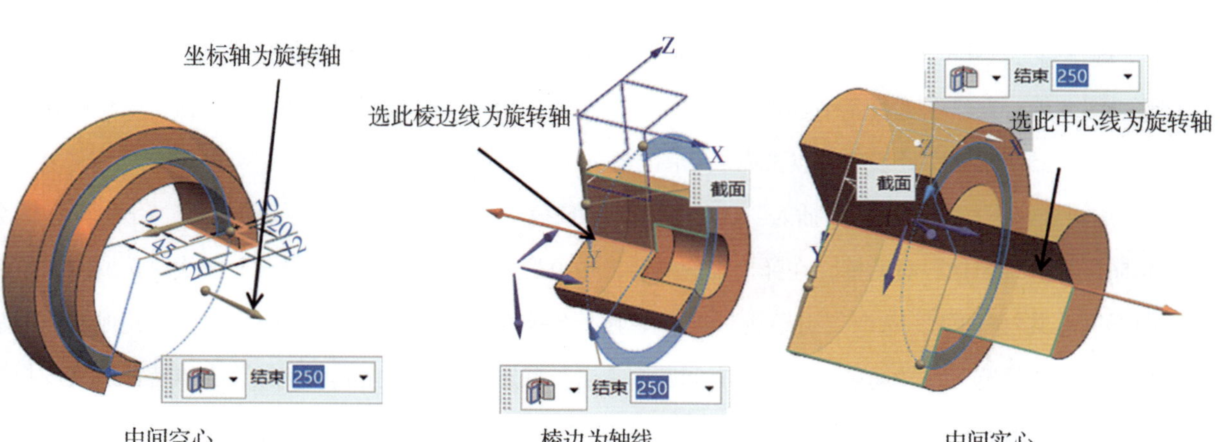

图3-52　旋转轴线不同而得到不同的实体

三、UG NX10.0软件的扫掠特征

扫掠特征又叫扫描特征，是指用规定的方法沿一条空间的路径移动一条曲线而产生的特征。移动曲线称为截面线串，其中路径称为引导线串。扫掠特征也是最常用的零件建模方法，如图3-53所示为一个简单的扫描特征实体模型，也体现出扫描建模的基本原理。

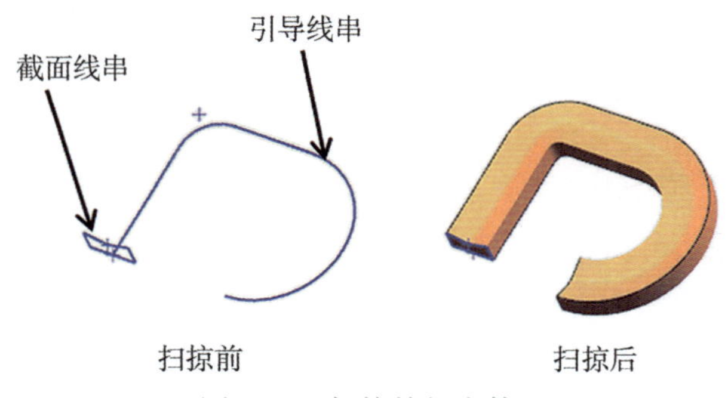

图3-53　扫掠特征实体

用扫掠增料特征创建扫掠特征实体模型（图3-53），所示步骤如下。

（1）创建截面线串：选择“在任务环境中绘制草图”采用平面（XC-ZC），用户进入草绘绘图环境，在绘图工具条中选择“直线”命令按钮，以坐标系原点为起点，绘制左边直线长度为10、高度为10，接着绘制与水平方向形成70度的斜线，然后用镜像曲线命令将左边的线条全部镜像到坐标轴右边，最后选择圆角命令将尖角倒圆角为R10。选择“快速修剪”修剪多余的曲线，完成如图3-54所示的截面图形，点击完成草图按钮，退出草图环境。

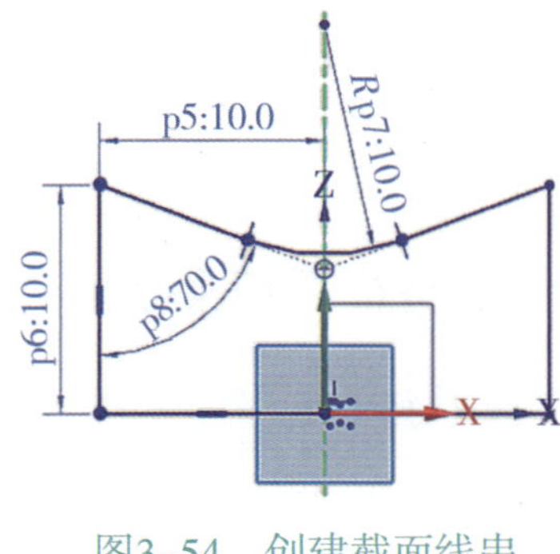

图3-54　创建截面线串

（2）创建引导线串：仍然选择“在任务环境中绘制草图”选择与截面图形垂直的平面（XC-YC），用户进入草绘绘图环境，在绘图工具条中选择“直线”命令按钮，绘制2段直线、1段圆弧，并在直线相接处进行圆弧过度，如图3-55所示的引导线串。点击完成草图，后退出草图环境。

（3）用户选择下拉主菜单的“插入”，然后选择“扫掠”子菜单中“扫掠”命令按钮 扫掠(S)...，则会弹出如图3-56所示的“扫掠”对话框，在弹出来的对话框中设置“截面线串”，选择截面曲线时选取刚才绘制的“截面图形”总共7条曲线，选取“引导线”时选择刚才绘制的“直线+圆弧”总共4条曲线。其他的选项选择默认，然后选择“预览”，转动鼠标中键没有问题则点击“确定”按钮，完成“扫掠”实体特征建模。扫掠对话框中相关按钮的说明如下：

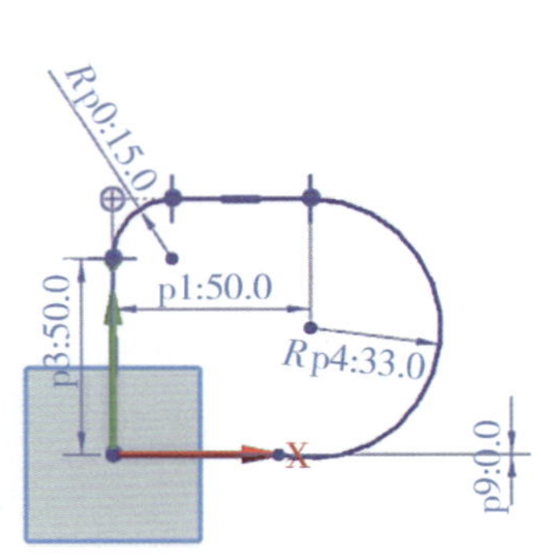

图3-55　创建引导线串

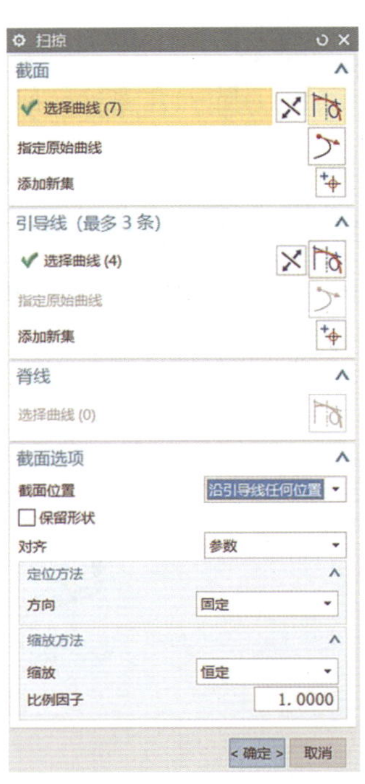

图3-56　扫掠对话框

- “选择曲线”按钮：在“截面”选项区域用于选取截面曲线，在“引导线”（最多3条）选项区域用于选取引导线。
- “指定原始曲线”按钮：选择封闭环时，用于改变起始曲线。
- “添加新集”按钮：可以重新排序或删除线串来修改现有截面串集。

知识链接

基准特征之基准平面

基准平面简称基准面，用户可以在主菜单选择“插入”—“基准/点”—“基准平面”命令 基准平面(D)...，则会弹出如图3-57所示的基准平面对话框，是用户在创建特征时的一个参考面，同时也是一个载体。在创建一

般特征时，模型上没有合适的平面，用户可以创建基准平面作为特征截面的草图平面或参考平面，也可以根据一个基准平面进行标注，此时它好比是一条边，并且基准平面的大小是可以调整的，使其看起来更适合零件、特征、曲面、边、轴或半径。基准平面有相对和固定两种类型。

相对基准平面：相对基准平面是根据模型中的其他对象而创建的，可以是曲线、面、边缘、点及其他基准作为基准平面的参考对象，可创建跨过多个实体的相对基准平面。固定基准平面没有参考，也不受其他几何对象的约束，在用户定义特征中使用除外。可使用任意相对基准平面方法创建固定基准平面，方法是取消“基准平面”对话框前面的“勾选”复选框，还可根据WCS和绝对坐标系并通过改变方程式中的系数，创建固定基准平面。

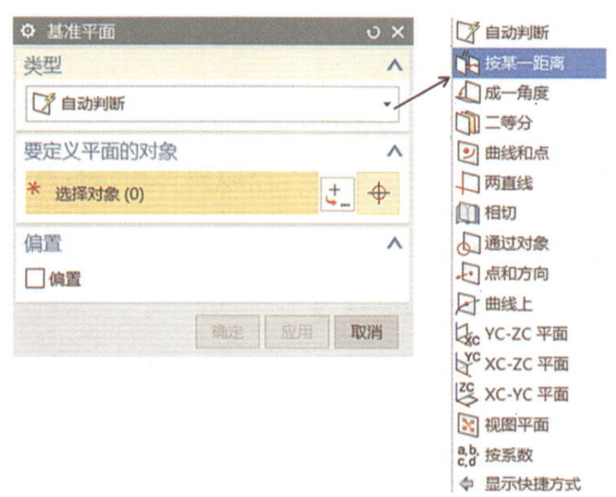

图3-57　基准平面对话框

知识延伸

在UG中复合建模支持传统的显示几何建模，基于约束的建模和参数化特征的建模，将所有工具无缝地集成在单一的建模环境内，设计者在建模技术上有更多的灵活性。复合建模也包括了新的直接建模技术，允许设计者在非参数化的实体模型表面上施加约束。

对于每一个基本体素特征、草图特征、设计特征和细节特征，在UG中都提供了相关的特征参数编辑，可以随时通过更改相关参数来更新模型形状。这种通过尺寸进行驱动的方式为建模及更改带来很大的便利，今后在操作过程中会介绍。

任务三 拉伸、旋转、扫掠等建模应用

任务描述

本任务通过简单零部件的设计，将之前介绍的拉伸、旋转（回转）、扫掠（扫描）等基本特征建模功能结合起来。所讲述的实例设计、操作方法是灵活多样的，所以操作步骤仅作为参考步骤，具体可以根据实际情况适当修改。这样可留给设计者更多的设计理念和思考空间，在操作过程中掌握对话框的各种参数设置以及线条与线条之间关系的确定，是建模成功非常关键的步骤。

实例中还运用到了建模时其他的修饰特征，在操作过程中也具体介绍了，目的是想让用户了解并掌握此软件的其他特征。

任务目标

1. 掌握UG NX10.0软件的拉伸、旋转、扫描特征的应用
2. 掌握UG NX10.0软件建模时的其他修饰特征
3. 了解部件导航器的使用

任务过程

一、UG NX10.0软件拉伸特征应用实例

案例概述：拉伸建模类似于手动“搭积木”玩游戏的思维过程。如图3-58所示为某零部件三维实体图，在本实例用到拉伸增料、除料等特征，也会用到多边形等命令以及其他的修饰。

1. 用户首先创建好文件路径和为新建的模型命名“零件01”。选择下拉主菜单中的“插入”，然后选择“设计特征”子菜单中“拉伸”命令 拉伸(E)... 。

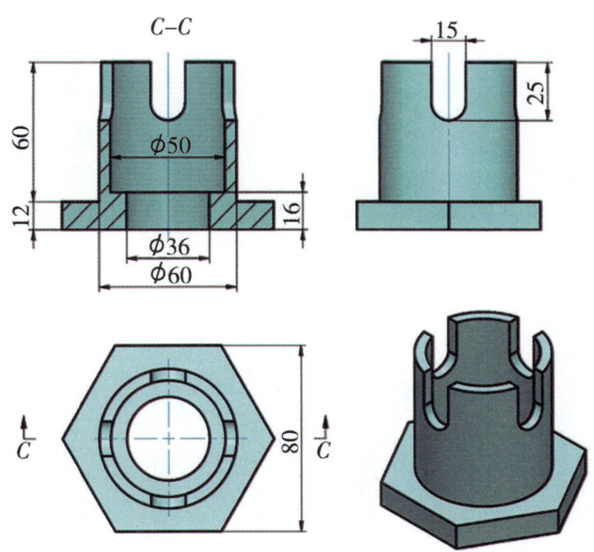

图3–58　零部件三维实体图

2. 拉伸增料创建实体1（六棱柱）特征。在系统弹出来的“拉伸”对话框中选择绘制草绘命令按钮 ，选择默认的XY平面为草绘的绘图平面，进入草绘绘图环境后，选择多边形命令，绘制如图3–59所示的截面图形，其中边数为“6”，指定坐标原点为中心点，内切圆半径参数为“40”，旋转角度参数为“0”。然后选择完成草图，退出草图后，在拉伸对话框中设置“限制”区域的“开始”下拉列表选择“值”，并在其下的距离输入参数“0”，在“结束”下拉列表选择“值”，并在其下的距离输入参数“12”，在布尔运算区域中选择“无”，其他设置采用系统默认的，完成如图3–60所示拉伸实体1的建模特征。

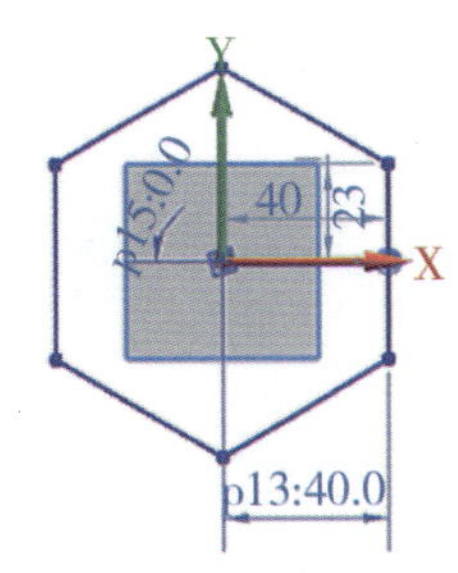

图3–59　绘制六边形

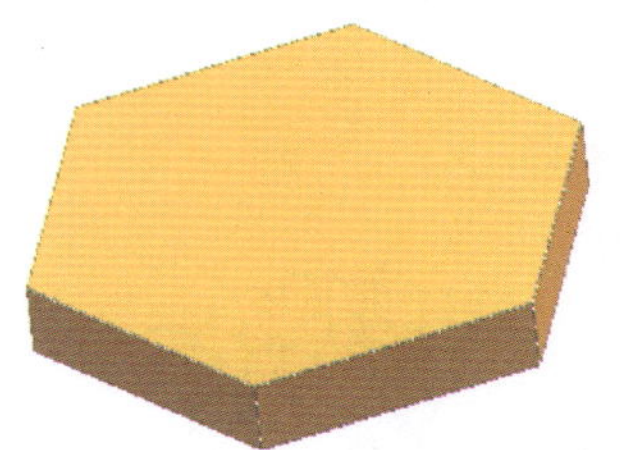

图3–60　六边形底座

3. 在拉伸实体1的基础上继续添加实体2（圆柱）特征。仍然选择拉伸按钮，在弹出来的对话框中选择绘制草绘命令按钮 ，选择如图3–61所示实体1的上表面为草绘的绘图平面。进入草绘绘图环境后，点击“静态线框”显示按钮 静态线框 （为了观察方便使实体显示为线框显示）。绘制如图3–62所示的直径为60的圆截面图形，与实体1同心，然后选择完成草图。退出草图后，在拉伸对话框中设置“限制”区域的“开始”下拉列表选择“值”，并在其下的距离输入参数“0”，在“结束”下拉列表选择“值”，并在其下的距离输入参数“60”，在布尔运算区域中选择“求和”，其他的设置采用系统默认的，完成如图3–63所示拉伸实体2的建模特征。

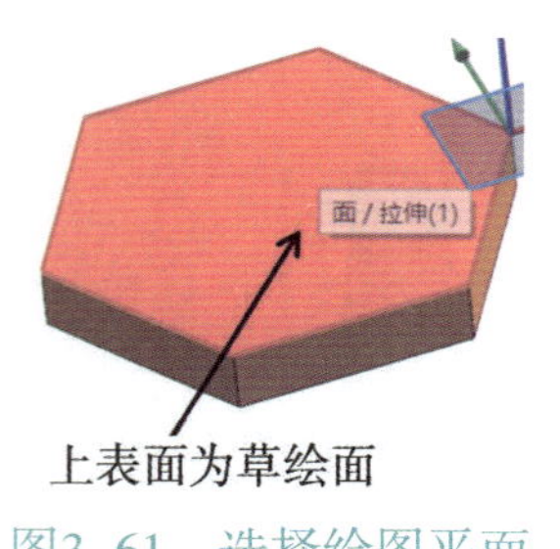

图3-61 选择绘图平面

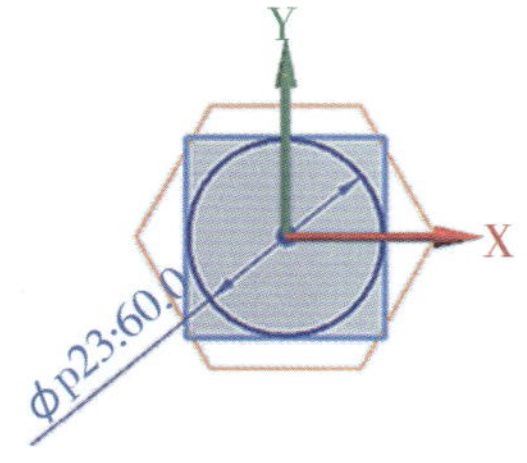

图3-62 截面图形

图3-63 实体2的建模特征

4. 继续添加实体3（直径50的圆柱）拉伸除料特征。仍然选择拉伸按钮，在对话框中选择绘制草绘命令按钮，选择如图3-64所示实体2的上表面为草绘的绘图平面，进入草绘绘图环境后点击“静态线框” 静态线框 显示按钮（为了观察方便使实体显示为线框显示）。绘制如图3-65所示的直径为50的圆截面图形，与实体2同心，然后选择完成草图。退出草图后，在拉伸对话框中设置“限制”区域的“开始”下拉列表选择“值”，并在其下的距离输入参数“0”，在“结束”下拉列表选择“值”，并在其下的距离输入参数“60+12-16”。在布尔运算区域中选择“求差”，注意矢量箭头的方向，其他的设置采用系统默认的，可以先预览，然后点击“确定”，则完成拉伸除料实体3的建模特征，如图3-66所示。

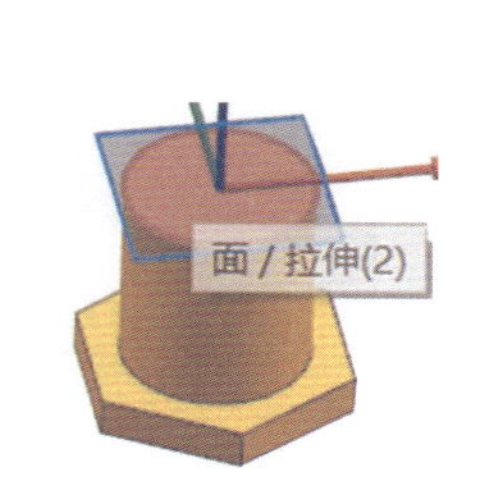

图3-64 选择绘图平面

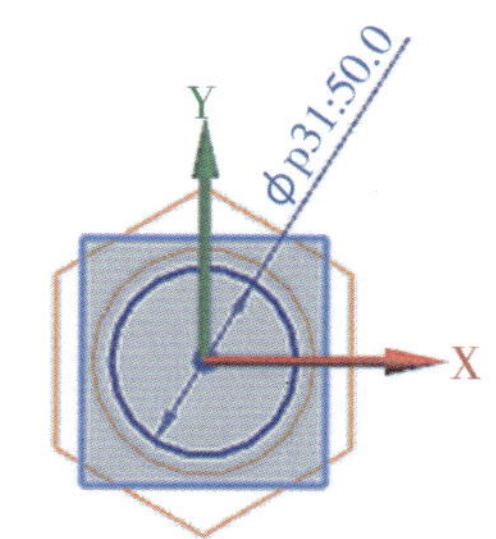

图3-65 截面图形

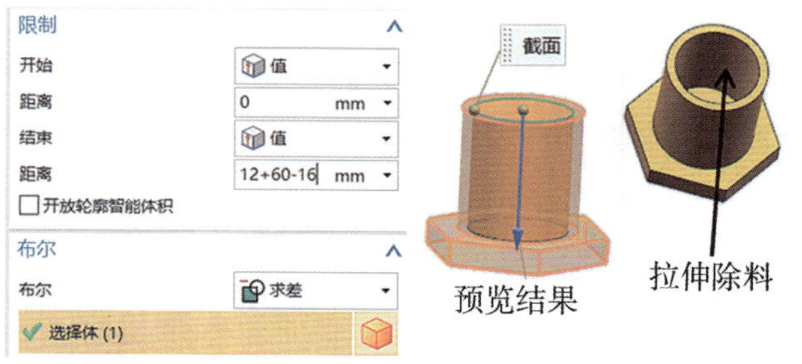

图3-66 实体3的建模

特别提示

在进行简单的尺寸计算时，用户可以直接将计算式输入参数数据对应的选项文本框中，系统会自动计算出数据结果，比如距离为“60+12−16”或者“62/2”等，用户都可以在所对应的文本框 12+60-16 mm 中输入。

5. 继续添加实体4（直径36的圆柱）拉伸除料特征。选择拉伸按钮，在对话框中选择绘制草绘命令按钮 ，选择如图3−67所示实体1的下表面为草绘的绘图平面。进入草绘绘图环境后，绘制如图3−68所示的直径为36的圆截面图形，与实体2同心，然后选择完成草图。退出草图后，在拉伸对话框中设置“限制”区域的“开始”下拉列表选择“值”，并在其下的距离输入参数“0”，在“结束”下拉列表选择“值”，并在其下的距离输入参数“16”。在布尔运算区域中选择“求差”，注意矢量箭头的方向，其他的设置采用系统默认的，可以先预览下，然后点击“确定”，则完成拉伸除料实体4的建模特征，如图3−69所示。

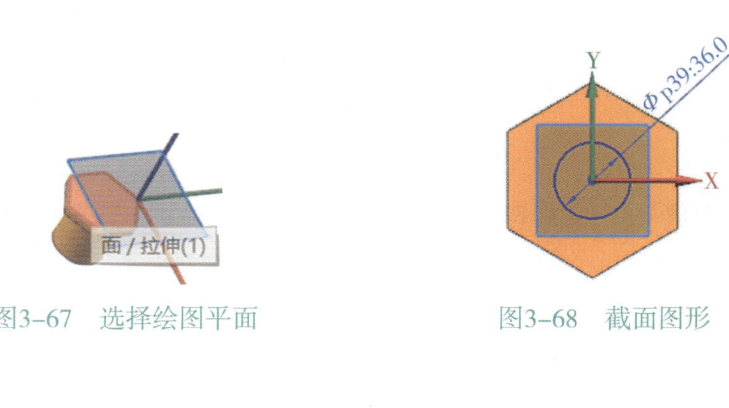

图3−67　选择绘图平面　　图3−68　截面图形

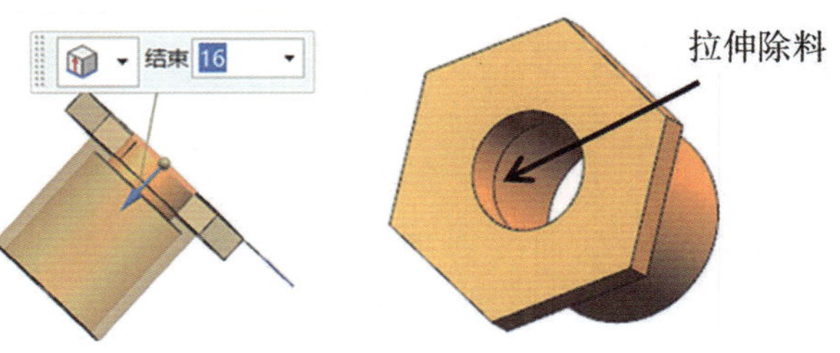

图3−69　实体4的建模

6. 继续添加实体5（U形槽）拉伸除料特征。选择拉伸按钮，在对话框中选择绘制草绘命令按钮 ，选择如图3−70所示坐标系中XZ平面为草绘的绘图平面，进入草绘绘图环境后点击“静态线框” 静态线框 显示按钮，绘制如图3−71所示的草图，直径为15的圆，约束圆心在Z轴上，圆心到上棱边距离为“25−15/2”，用直线命令绘制图上直线，也可选择投影曲线将上棱边线进行投影得到设计的直线，然后用快速修剪删除多余的线条，完成草图。在拉伸对话框中设置“限制”区域的“开始”下拉列表选择“对称值”，并在其下的距离输入参数“35”，系统则自动默认结束值也是“35”，即拉伸的总距离是“70”。在布尔运算区域中选择“求差”，注意矢量箭头的方向，其他的设置采用系统默认的，可以先预览下，然后点击“确定”，则完成拉伸除料实体5的建模特征（如图3−72所示）。此草图操作用户可根据自己实际技巧绘制。

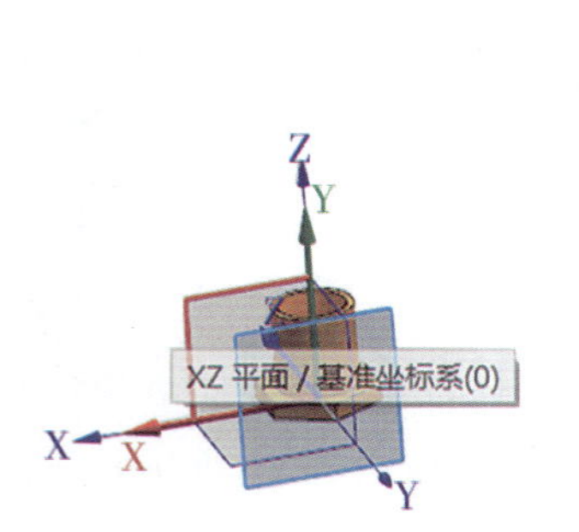

图3-70　选择XZ平面为绘图平面

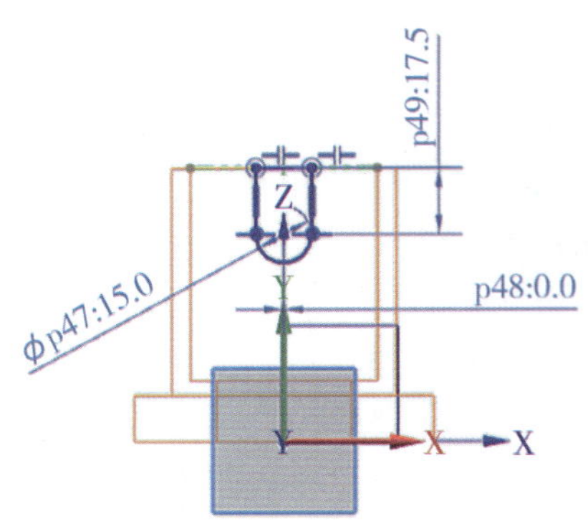

图3-71　截面图形

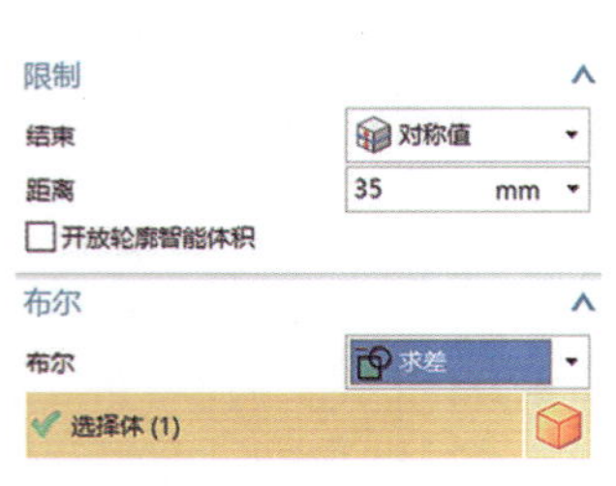

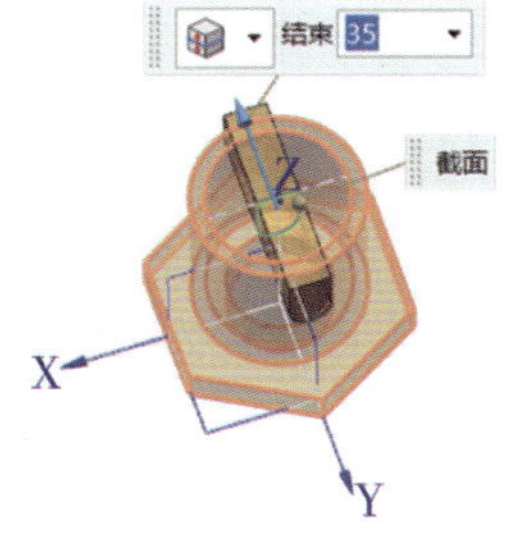

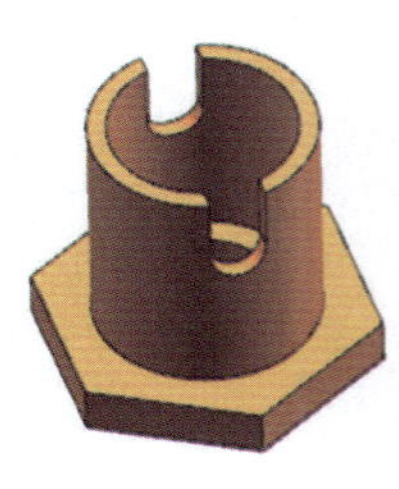
图3-72　实体5的建模

7. 继续添加实体6（U形槽）拉伸除料特征。选择如图3-73所示坐标系中YZ平面为草绘的绘图平面，其他操作可参考上一步操作，操作结果如图3-74所示，则完成了整个实体的建模。

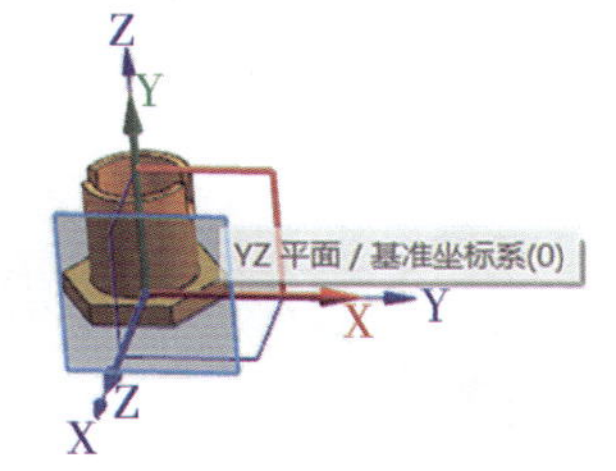

图3-73　YZ平面为绘图平面

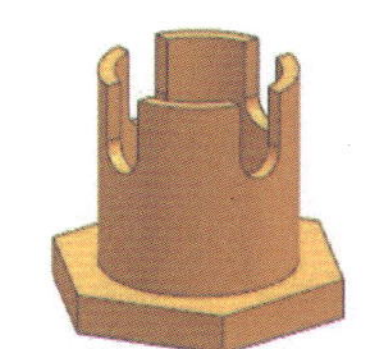
图3-74　整个实体的建模

二、UG NX10.0软件旋转特征应用实例

案例概述：如图3-75所示为某阀杆三维实体图，本实例用到旋转增料等，也会用到绘图等命令以及其他的修饰。

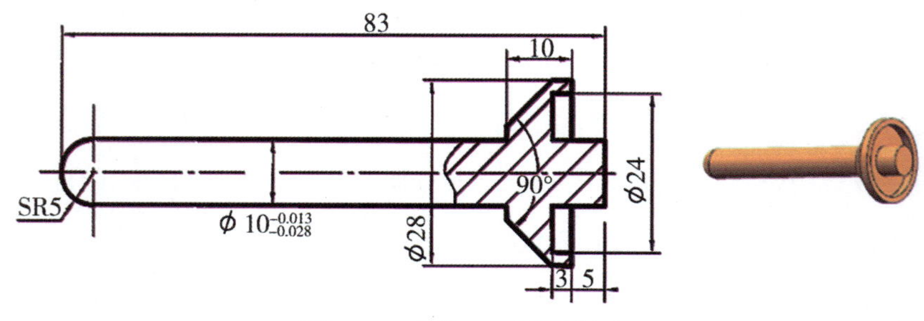

图3-75　阀杆三维实体图

1. 用户首先创建好文件路径和为新建的模型命名好“阀杆”名字。选择下拉主菜单的“插入”，然后选择“设计特征”菜单的子菜单中“旋转”命令 旋转(R)... 。

2. 旋转增料特征创建阀杆实体建模。在系统弹出的旋转对话框中选择绘制草绘命令按钮 ，选择默认的XY平面为草绘的绘图平面。进入草绘绘图环境后，绘制如图3-76所示的截面图形，然后选择完成草图，退出草图后在旋转对话框中设置“限制”区域的“开始”下拉列表选择“值”，并在其下的“角度”输入参数“0”，在“结束”下拉列表选择“值”，并在其下的“角度”输入参数“360”。在布尔运算区域中选择“无”，轴选项区域中指定矢量时选择坐标轴“X轴”为旋转中心轴，其他的设置采用系统默认的，功能参数设置如图3-77所示，用户可以预览下结果，则完成如图3-78所示阀杆实体的建模。

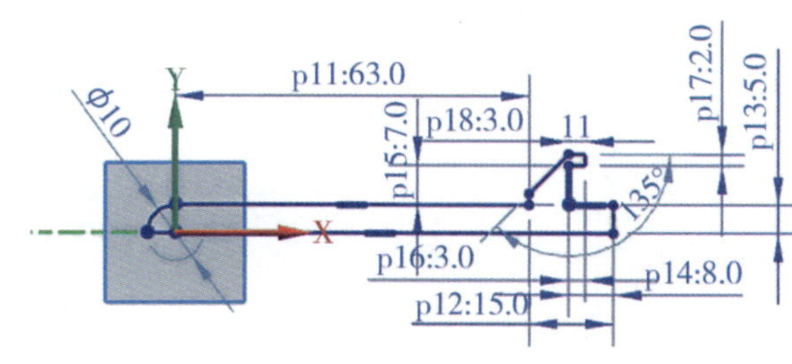

图3-76　截面图形

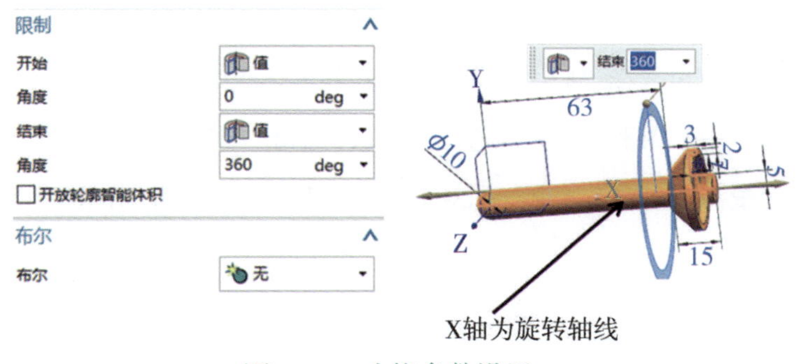

图3-77　功能参数设置

图3-78　阀杆实体建模

三、UG NX10.0软件扫掠特征应用实例

案例概述：本实例介绍了“心形吊坠”（如图3-79所示）的设计过程，使用户对扫掠特征的应用有所了解，其中主要理解创建基准平面和绘制截面线串以及选择引导线等知识点，某些特征创建基准平面是关键。

图3-79　心形吊坠实体

1. 用户创建好文件路径和命名“心形吊坠”名字，接着在下拉主菜单选择“插入”菜单的“在任务环境中绘制草图”命令。

2. 创建扫掠的“心形”引导线。在弹出的对话框中选择XY平面为草图平面，其他选择为默认，单击“确定”按钮，进入草图绘图环境。选择“圆”和“直线”命令绘制，用户可以用“镜像曲线”和“约束”命令对图元位置进行约束，然后选择“快速修剪”命令剪去多余线条，得到如图3-80所示的“心形”截面图形，然后完成草图，即完成引导线的绘制。

3. 创建基准平面。选择下拉主菜单的“插入”，然后选择“基准/点”子菜单里面的“基准平面”命令 基准平面(D)... ，在“类型”选项卡里面选择“点和方向”，在“通过点”选项指定“心形”线条的某处点（如图3-81所示），点击“确定”，这样通过曲线上一点就可以创建好基准平面。

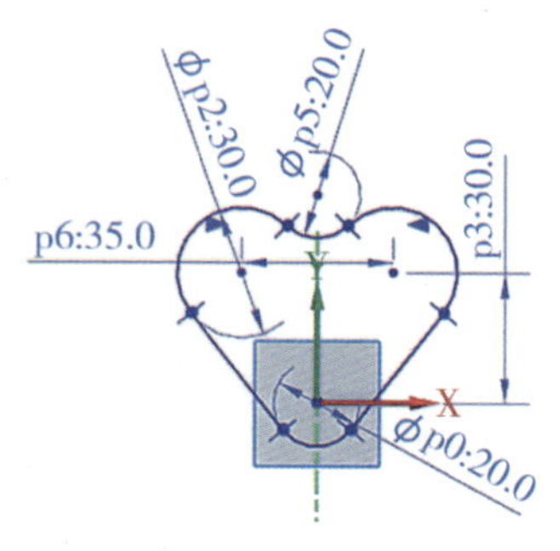

图3-80　“心形”截面图形

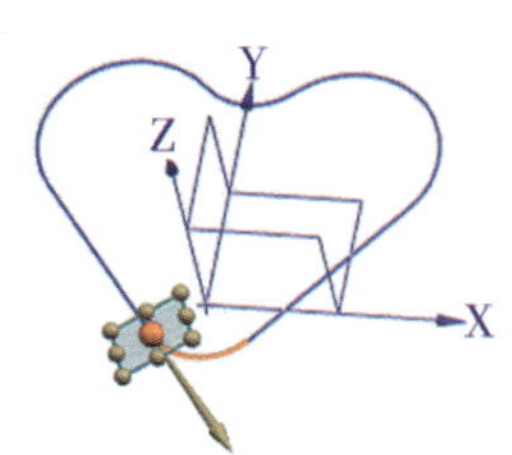

图3-81　创建基准平面

4. 创建截面图形（截面线串）。在下拉主菜单选择“插入”菜单的“在任务环境中绘制草图”命令，在弹出来的对话框中选择刚才创建的“基准平面”为草图平面，其他选择为默认，单击“确定”按钮，进入草图绘图环境，选择“椭圆”命令，在对话框中设置椭圆参数，绘制如图3-82所示的截面图形，并对图形进行约束，完成草图即完成截面线串的绘制。

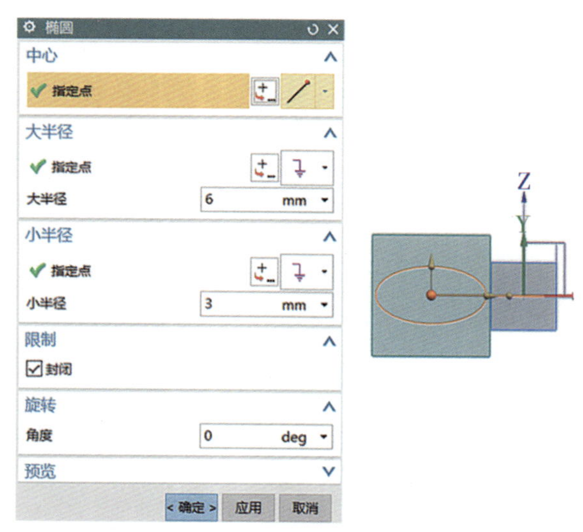

图3-82　参数设置和截面图形

5. 创建扫掠特征完成“心形吊坠”实体建模。在下拉主菜单选择“插入”里面的“扫掠”子菜单“扫掠”命令 扫掠(S)...，在弹出的对话框中选择“截面”为“椭圆”曲线，选择“引导线”为“心形线”曲线，其他的选择为系统默认，用户可以预览结果，然后点击“确定”按钮，则完成了“心形吊坠”实体建模，如图3-83所示。

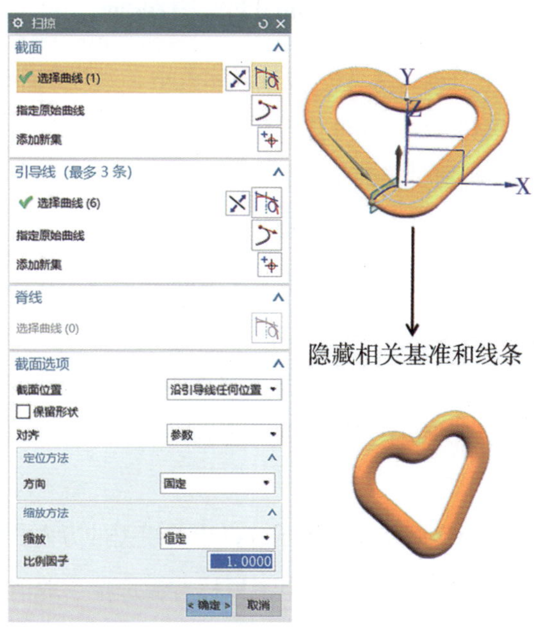

图3-83　“心形吊坠”实体建模

知识链接

沿引导线扫掠特征和管道特征的应用：两者在创建过程中如果扫掠的横截面是圆筒（内圆直径为20、外圆直径为30），则得到实体结构特征。也可以与管道结构一样，如图3-84所示为通过沿引导线扫掠特征得到的实体特征，它是个空心管子，与管道特征一样。如果将管道的内径设置为“20”，外径设置为“30”，即随着轨迹线扫掠得到特征是空心管道，如图3-85所示为通过管道特征得到的与沿引导线扫掠特征一样的实体。两者在使用时必须注意过度的光滑情况，可以根据设计意图，考虑设计的简化步骤。

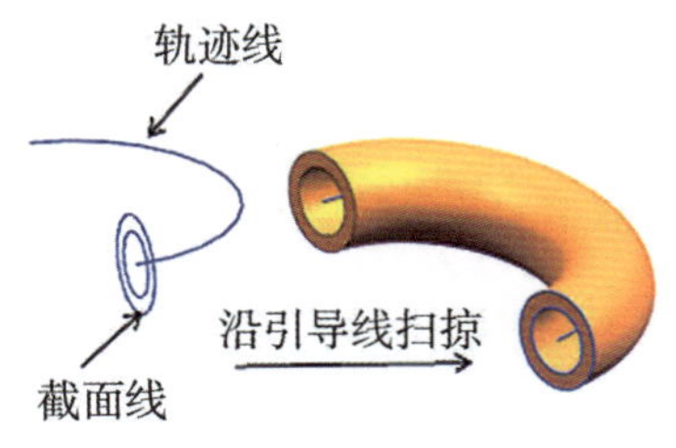

图3-84　沿引导线扫掠

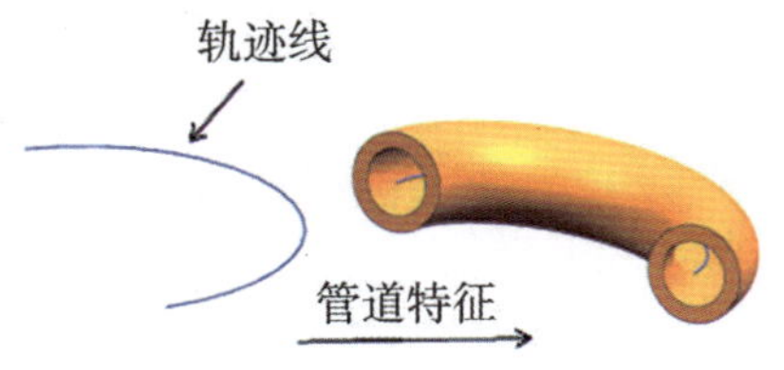

图3-85　管道特征

部件导航器的使用基础

部件导航器提供了在工作部件中特征父子关系的可视化表示，允许在那些特征上执行各种编辑操作。在资源板中点击“部件导航器”命令按钮，即可打开部件导航器，总共分为“名称”“相依性”“细节”和“预览”四个面板。其中“名称”面板提供了最全面的部件视图，可以使用它的“模型树”查看和访问实体、实体特征和所依附的几何体、视图、图样、表达式、快速检查以及模型中的引用集。

部件导航器的作用：可以用来抑制或释放特征，改变它们的参数或定位尺寸等，部件导航器在整个应用环境中都是有效的，而不只是在建模环境中。

在部件导航器中的空白处单击鼠标右键，则可以弹出“立即菜单”，在“立即菜单”中选择“时间戳记顺序”，可以按时间顺序排列建模所用到的每个步骤，并且可以对其进行参数编辑、定位编辑、显示设置等各种操作。

部件导航器提供了前后左右等八个模型视图，用于选择当前视图的方向，以便从各个视角观察模型。部件导航器的显示，用户选中“部件导航器”按钮，单击鼠标右键选择“取消停靠”，则“部件导航器”整个窗口就独立显示在图形区。

部件导航器编辑特征的方法有很多种，用户可以直接用鼠标左键双击列表中的特征，即可打开对其进行编辑；还可点击鼠标右键，在快捷菜单中选择“编辑参数”命令，打开并进行编辑。

对特征的细节查询和编辑：用户可以选中一个特征，在“细节”面板就可以显示出该特征的“参数”“值”和“表达式”，右击选择“在表达式编辑器中编辑”（如图3-86所示）编辑细节信息，则可实现多功能的编辑和导出电子表格等操作。

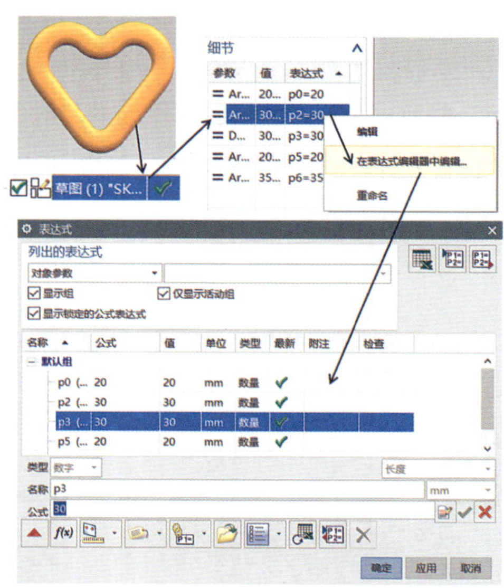

图3-86　表达式编辑器

单元四

基准特征、关联特征及其他修饰特征

单元提示

很多企业产品和生活用品等在造型上很奇特，给人们带来了强烈的视觉冲击，从而刺激设计者的头脑。所以设计者在研发产品时也得更具新意，这和在实体建模中进行实体的修饰密不可分。那么就需要在前面学习的基础上继续接触基准特征、关联特征以及其他修饰特征，使用户在学习完本单元后在实体建模上有一个更大的提高，好好领悟特征的功能强大。

UG NX10.0 软件基本建模提供的基准中可以分为基准平面、基准轴、基准点和基准坐标系四种。在建模过程中发现特征之间存在关联性，特征的阵列、特征的镜像、抽取几何体，在操作过程中使用起来非常方便，大大提高了设计效率。除此之外，我们还会介绍抽壳、拔模、三角形加强筋、垫块、键槽、开槽等修饰特征。

4

任务一 基准特征的操作

任务描述

在建模过程中经常需要创建一个参照作为基准来实现创建特征的载体，UG软件中提供了这样的基准特征，基准特征常用到的有基准面、基准轴、基准点、基准坐标系。通过本任务的学习，用户可以掌握如何在建模的过程中选择基准、如何创建基准的几何要素、在建模过程中如何准确表达等。

任务目标

1. 了解UG NX10.0软件基准特征分类
2. 掌握UG NX10.0软件基准特征的使用
3. 掌握UG NX10.0软件基准特征的功能选择

任务过程

一、UG NX10.0软件基准特征分类

对于UG软件的基准特征，只需掌握基准面、基准轴、基准点、基准坐标这4类，其他的简单了解即可。

1. 基准平面。也称基准面，如果模型上没有合适的平面，用户可以创建基准平面作为特征截面的草图平面或者参考平面，基准平面的大小是可以调整的，可以创建在零件、特征、曲面、边、轴或半径某个位置。基准平面分为相对的和固定的。

2. 基准轴。既可以是相对的，也可以是固定的。以创建的基准轴为参考对象，可以创建其他对象，比如基准平面、回转体和拉伸特征等。

3. 基准点。用来为网络生成加载点，在绘图中连接基准目标和注释、创建坐标系及管道特征轨迹，也可以在基准点处放置轴、基准平面、孔和轴肩。

4. 基准坐标。是可以增加到零件和装配件中的参照特征，可用于计算质量属性、装配元件、为有限元件分析（FEA）放置约束、为刀具轨迹提供制造操作参照，也可用于其他特征的参照等。UG软件的坐标分为绝对坐标系（ACS）、工作坐标系（WCS）、基准坐标系（CSYS），主要用于模具设计和数控加工等操作。

二、UG NX10.0软件基准平面的操作

1. 在主菜单“插入”下拉菜单中的“基准/点”子菜单下选择“基准平面”命令 基准平面(D)... 。系统弹出如图4–1所示的“基准平面”对话框，在“类型”选项卡系统提供了多种创建基准平面的方式，在此介绍“基准平面”对话框中部分选项及按钮功能。

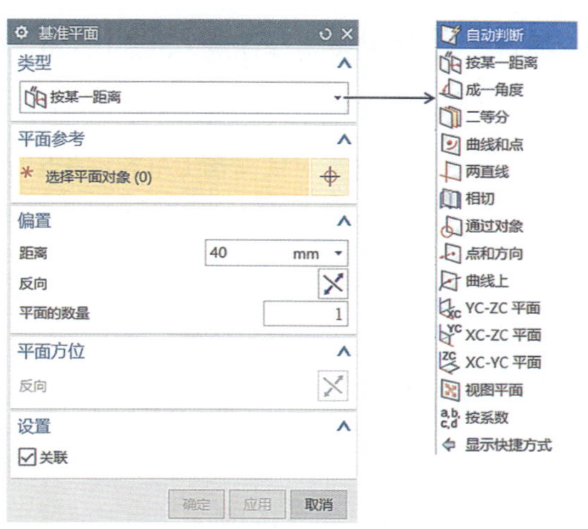

图4–1　基准平面对话框

· “自动判断”：通过选择的对象自动判断约束条件，比如选取一个表面或基准平面时，系统自动生成一个预览基准平面，可以输入偏置值和数量来创建基准平面。

· “按某一距离”：平行于选定的参考平面，指定一定距离（可正值负值也可0距离）创建的基准平面。

· “成一角度”：通过输入的角度值创建与已知平面成一角度的基准平面。先选择一个平面或基准平面，然后选择一个与所选面平行的线性曲线或基准轴，以定义旋转轴。

· “二等分”：创建一个与指定两平面相距相等距离的基准平面。

· “曲线和点”：此方法创建基准平面的步骤为：先指定一个点，然后指定第二个点或一条直线、线性边、基准轴面等。如果选择直线、基准轴、线性曲线或特征的边缘作为第二个对象，则基准平面同时通过这两个对象；如果选择一般平面或基准平面作为第二个对象，则基准平面通过第一个点并垂直于这两个点所定义的方向；如果选择三个点，则基准平面通过这三个点。

· “两直线”：通过选择两条现有直线，或直线与线性边、面的法向向量或基准轴的组合，创建的基准平面包含第一条直线且平行于第二条线。如果两条直线共面，则创建的基准平面将同时包含这两条直线。否则，可能会出现以下两种情况。

“这两条线不垂直”：创建的基准平面包含第二条直线且平行于第一条直线。

“这两条线垂直”：创建的基准平面包含第一条直线且垂直于第二条直线，或是包含第二条直线且垂直于第一条直线（可以使用循环解实现）。

· “点和方向”：通过定义一个点和一个方向来创建基准平面。定义的点可以是使用点构造器创建的点，也可以是曲线或曲面上的点；定义的方向可以通过选取的对象自动判断，也可以使用矢量构造器来构建。

· “曲线上”：创建一个过曲线上的点并在此点与曲线法向方向垂直或者相切等形成一定方位的基准平面。

· “平行平面”：通过输入偏置值，创建与已知平面（基准平面或者零件表面）平行的基准平面。

· “通过对象”：根据选定的对象创建基准平面，对象包括曲线、边缘、面、基准、平面、圆柱、圆锥或回转面的轴、基准坐标系、坐标系以及球面和回转曲面。如果选择圆锥面或圆柱面，则在该面的轴线上创建基准平面。

· “XC-YC平面”：沿工作坐标系（WCS）或绝对坐标系（ACS）的XC-YC轴创建一个固定的基准平面。

· “XC-ZC平面”：沿工作坐标系（WCS）或绝对坐标系（ACS）的XC-ZC轴创建一个固定的基准平面。

· “YC-ZC平面”：沿工作坐标系（WCS）或绝对坐标系（ACS）的YC-ZC轴创建一个固定的基准平面。

· “视图平面”：创建平行于视图平面并穿过绝对坐标系（ACS）原点的固定基准平面。

· “按系数”：通过使用系数a、b、c、d指定一个方程式，创建固定基准平面，该基准平面由方程式aX+bY+cZ=d确定。

2. 基准平面的创建方法比较多，经常使用的是以下几种方法。

（1）按某一距离：在“基准平面”对话框的“类型”选项区域的列表中选择“按某一距离”，定义参考平面，可以选择坐标平面为参考平面，也可选择实体表面为参考平面，然后在“偏置”选项区域的“距离”列表中输入偏移的距离，可以完成基准平面的创建，如图4-2所示。（基准平面上的小圆球可以按着鼠标左键拖动加大区域）

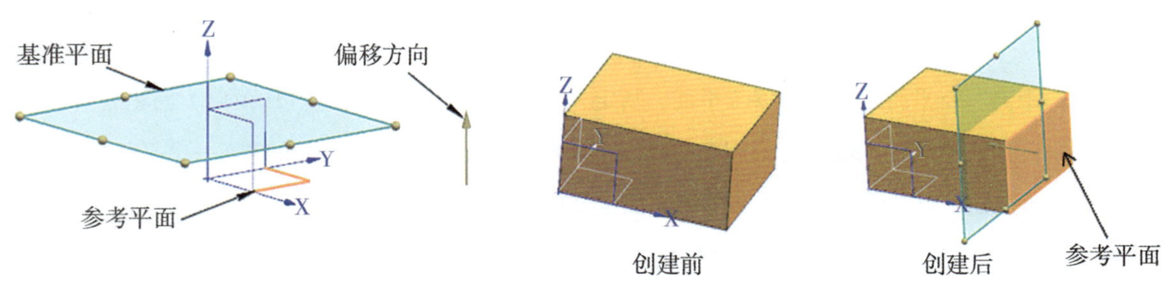

图4-2　按某一距离创建基准平面

（2）成一角度：在“基准平面”对话框的“类型”选项区域的列表中选择“成一角度”，定义参考平面，可以选择坐标平面为参考平面，也可选择实体表面为参考平面，并选择基准面所要通过的“轴线”，然后在“角度”选项区域的“角度选项”列表中输入旋转的角度，可以完成基准平面的创建，如图4-3所示。

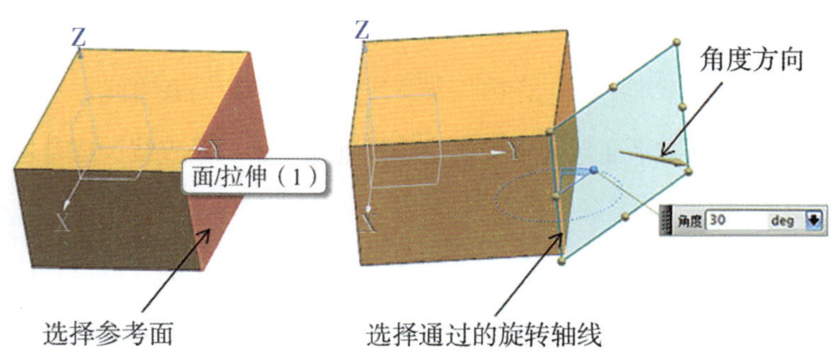

图4-3　成一角度创建基准平面

（3）点和方向：在“基准平面”对话框的“类型”选项区域的列表中选择“点和方向”，在“通过点”选项中选择指定的“点”，指定曲线的端点也可以是实体棱边上的点，在“法向”选项中“指定矢量”的列表中，可以根据实际情况选择矢量方向，此处为默认的垂直该曲线的方向，如图4-4所示。

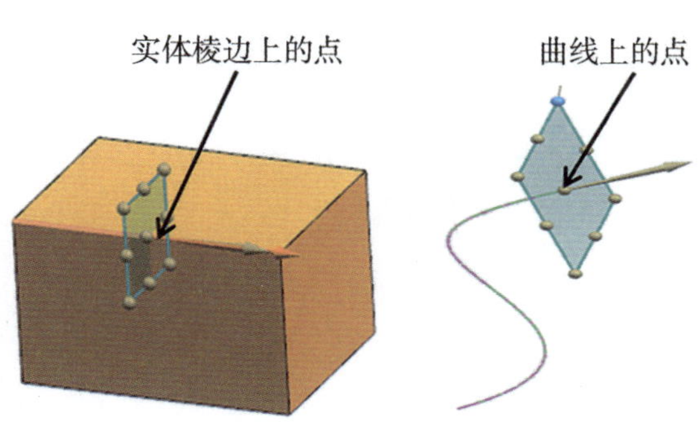

图4-4　点和方向创建基准平面

（4）曲线上：在“基准平面”对话框的“类型”选项区域列表中选择“曲线上”，在“曲线”选项中选择指定的“曲线”，如图4-5所示，在“曲线上的位置”选项“位置”列表中选择“弧长百分比”并设置参数为“30”（可根据实际曲线的情况设置），可以根据实际情况选择矢量方向来确定基准面的方向，此处为默认的“垂直矢量”设置，完成在曲线上创建基准平面。

（5）二等分：在“基准平面”对话框的“类型”选项区域的列表中选择“二等分”，在“第一个平面”和“第二个平面”指定如图4-6所示的两个平面为参考平面，完成“二等分”创建基准平面。

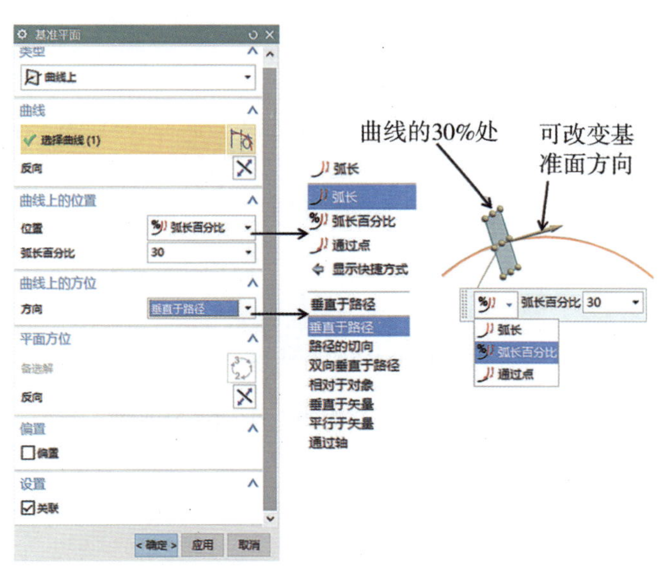

图4-5　曲线上创建基准平面

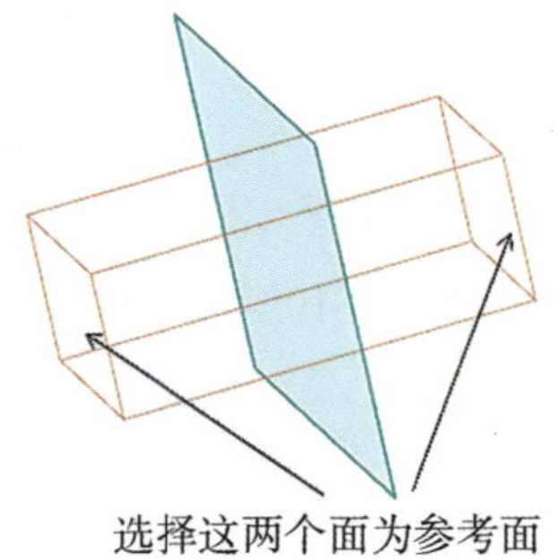

图4-6　二等分创建基准平面

（6）曲线和点：在“基准平面”对话框的“类型”选项区域的列表中选择“曲线和点”，在“曲线和点子类型”中选择“点和曲线/轴”，在“参考几何体”选项中的“指定点”选择“曲线端点”（如图4-7所示），选择曲线则按照图中选择“指定曲线”，其他设置为默认的，完成“曲线和点”创建基准平面。通过单击“平面方位”对话框中的“备选解”按钮，可以改变基准平面与曲线的相对位置，如图4-8所示为系统给出备选解的平面。

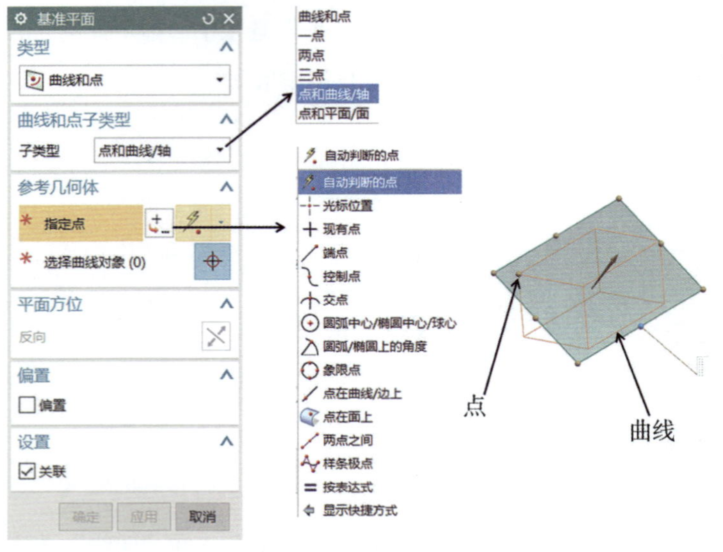

图4-7　曲线和点创建基准平面

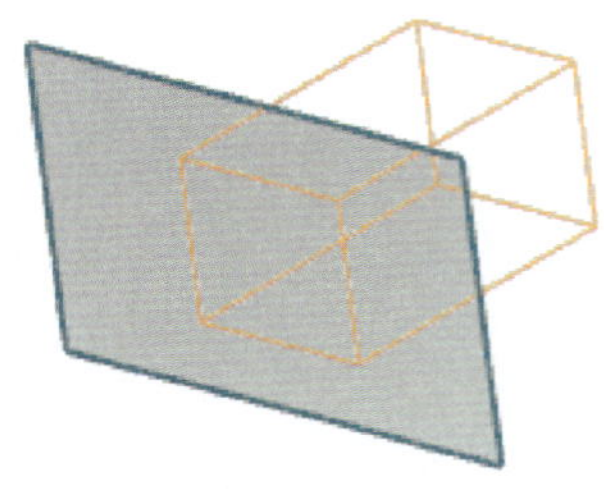

图4-8　备选解的平面

（7）两直线：在“基准平面”对话框的“类型”选项区域的列表中选择“两直线”，在“第一条直线”和“第二条直线”中分别选择“指定点”选择两条参考直线（两条直线垂直时创建的几种平面），如图4-9所示，其他设置为默认，完成“两直线”创建基准平面。

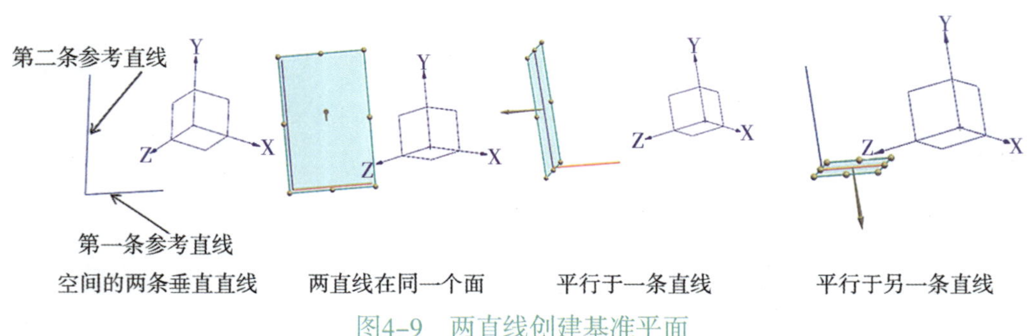

图4-9　两直线创建基准平面

（8）通过对象：在“基准平面”对话框的“类型”选项区域的列表中选择“通过对象”，在“通过对象”中选择如图4-10所示的面作为对象，其他设置为默认的，完成“通过对象”创建基准平面。

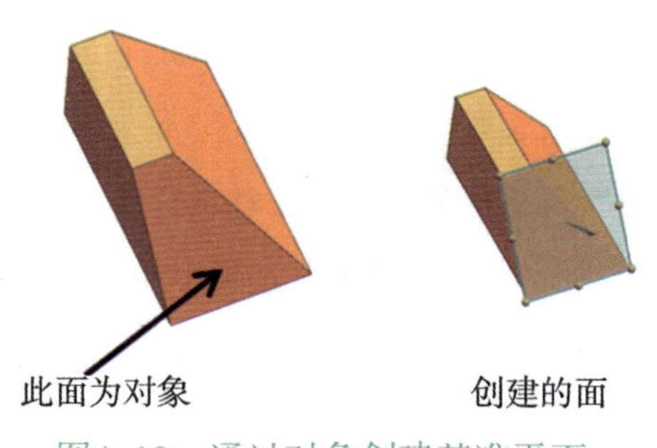

图4-10　通过对象创建基准平面

三、UG NX10.0软件基准轴的操作

1. 选择主菜单的“插入”下拉菜单中的“基准/点”菜单下的“基准轴”命令，系统弹出如图4-11所示的“基准轴”对话框，系统提供了多种创建基准轴的方式，在此介绍“基准轴”对话框中部分选项及按钮功能。

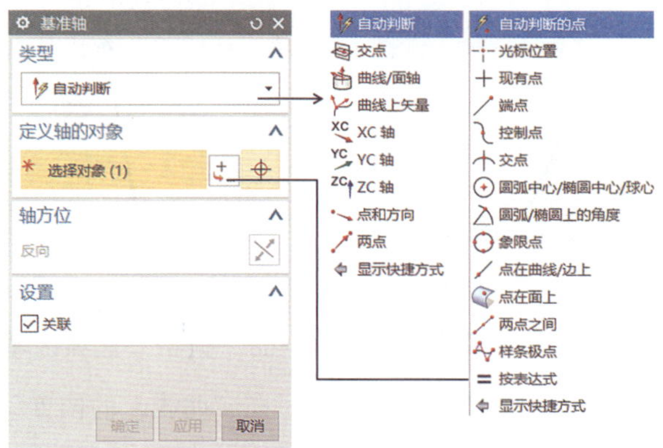

图4-11　基准轴对话框

· “自动判断”：根据所选的对象自动判断基准轴类型。

· “交点”：通过两个平面相交，在相交处产生的基准轴。

· “曲线/面轴”：创建一个起点在选择曲线上的基准轴。

· “曲线上矢量”：通过选择曲线上一点并确定与曲线的方位关系（法向垂直或相切或与某一对象平行或垂直等）而创建基准轴。

· “XC轴”：用于沿XC轴创建固定基准轴。

· “YC轴”：用于沿YC轴创建固定基准轴。

· “ZC轴”：用于沿ZC轴创建固定基准轴。

· “点和方向”：通过定义一个点和一个矢量方向来创建基准轴。通过曲线、边或曲面上的一点，可以创建一条平行于线性几何体或基准轴、面轴，或垂直于一个曲面的基准轴。

· “两点”：通过定义轴经过的两点来创建基准轴。第一点为基点，第二点定义了从第一点到第二点的方向。

2. 基准轴的创建方法比较多，经常使用的是以下几种方法：

（1）交点：在“基准轴”对话框的“类型”选项区域的列表中选择“交点”，在“要相交的对象”选项区域中选择如图4-12所示的两个参考面，可以根据实际情况选择方向来确定基准轴的方向，其他的选择为系统默认的设置，则完成“交点”创建基准轴，如图4-12所示。

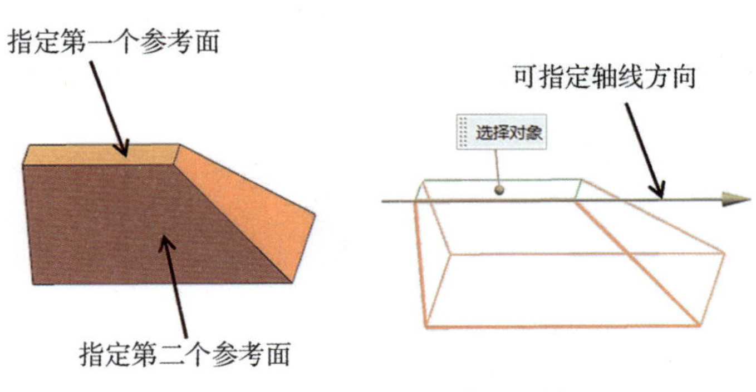

图4-12　交点方式创建基准轴

（2）曲线/面轴：在“基准轴”对话框“类型”选项区域的列表中选择“曲线/面轴”，在“曲线或面”选项区域中选择如图4–13所示棱边或者曲面，其他选择为系统默认设置，则完成“曲线/面轴”创建基准轴。

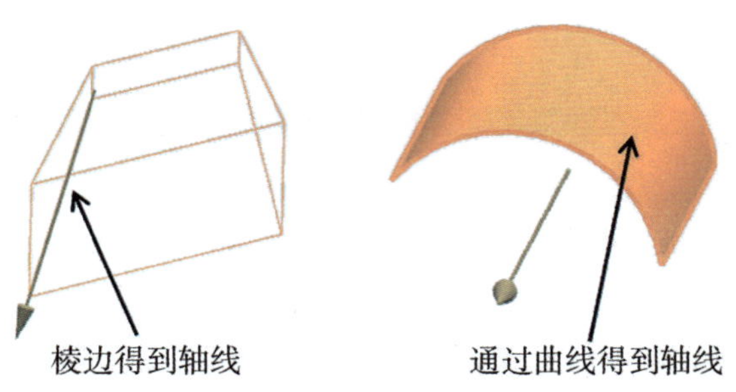

图4–13　曲线/面轴创建基准轴

（3）曲线上矢量：在如图4–14所示“基准轴”对话框的“类型”选项区域列表中选择“曲线上矢量”，在“曲线”选项区域中选择如图4–15所示曲线为参考曲线，在“曲线上的位置”选项区域中选择“位置”的列表为“弧长”，在“弧长”列表中输入参数“200”（可根据实际曲线的情况设置），在“曲线上的方位”选项区域“方位”列表为“法向”，可以根据实际情况选择方向来确定基准轴的方向，其他的选择为系统默认的设置，则完成“曲线上矢量”创建基准轴，如图4–15所示。

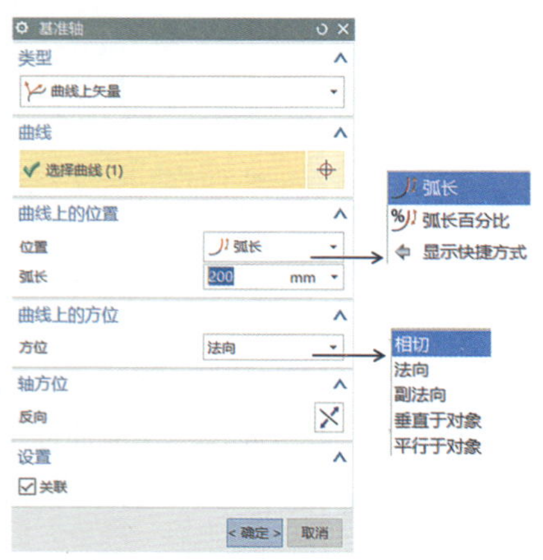

图4–14　基准轴参数设置

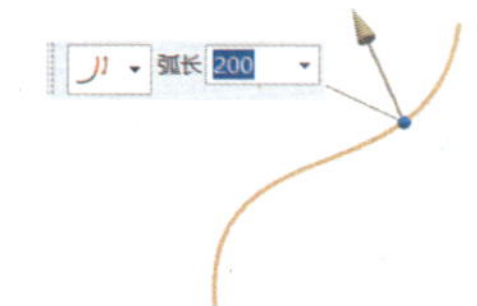

图4–15　曲线上矢量创建基准轴

（4）点和方向：在“基准轴”对话框的“类型”选项区域列表中选择“点和方向”，在“通过点”选项区域中选择如图4–16所示曲线端点为参考点，在“方向”选项区域中选择“方位”的列表为“垂直矢量”，可以根据实际情况选择方向来确定基准轴的方向，其他的选择为系统默认的设置，则完成“点和方向”创建基准轴，如图4–16所示。

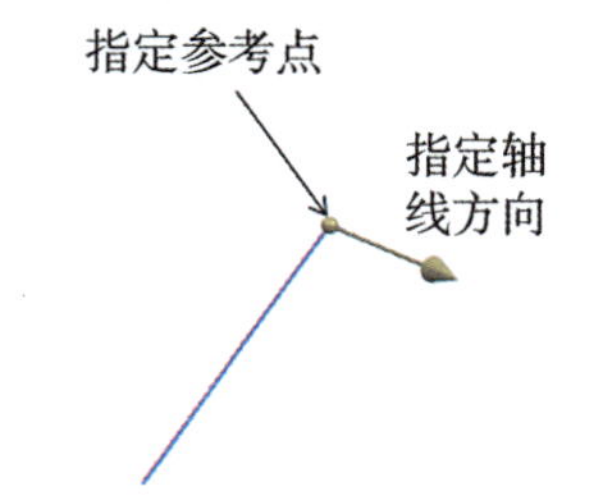

图4–16　点和方向创建基准轴

四、UG NX10.0软件基准坐标系的操作

1. 选择主菜单的“插入”下拉菜单中的“基准/点”子菜单下的“基准CSYS”命令，系统弹出如图4-17所示的“基准CSYS”对话框，系统提供了多种创建基准坐标系的方式，在此介绍“基准坐标系”对话框中部分选项及按钮功能。

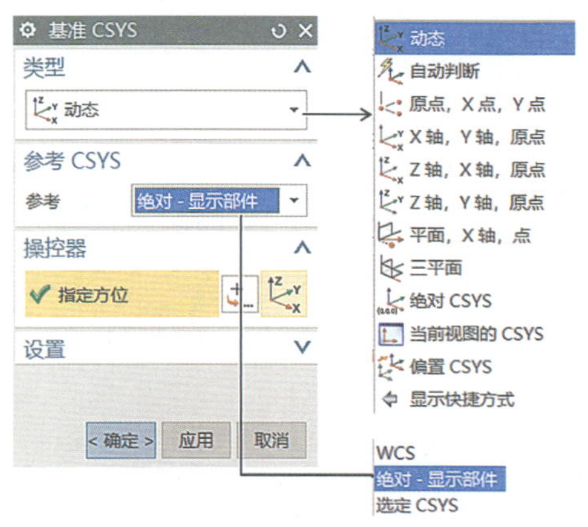

图4-17　基准CSYS对话框

· “原点，X点，Y点”：根据选定的三个点或创建三个点来创建CSYS。想要指定三个点，可以使用点方法选项或使用相同功能的菜单，打开“点构造器”对话框。X轴是从第一点到第二点的矢量；Y轴是从第一点到第三点的矢量；原点是第一点。

· “X轴，Y轴，原点”：根据所选择或定义的一点和两个矢量来创建CSYS。选择的两个矢量作为坐标系的X轴和Y轴；选择的点作为坐标系的原点。

· “三平面”：根据所选择的三个平面来创建CSYS。X轴是第一个“基准平面/平的面”的法线；Y轴是第二个“基准平面/平的面”的法线；原点是这三个“基准平面/平的面”的交点。

· “绝对CSYS”（绝对坐标系）：指定模型空间坐标系作为坐标系。X轴和Y轴是“绝对CSYS”的X轴和Y轴，原点为“绝对CSYS”的原点。

· “偏置CSYS”：根据所选择的现有基准CSYS的X、Y和Z的增量来创建CSYS。

· “当前视图的CSYS”：将当前视图的坐标系设置为坐标系。X轴平行于视图底部；Y轴平行于视图的侧面；原点为视图的原点（图形屏幕中间）。如果通过名称来选择，CSYS将不可见或在不可选择的层中。

· “自动判断”：创建一个与所选对象相关的CSYS，或通过X、Y和Z分量的增量来创建CSYS。实际使用方法是基于所选择的对象和选项。要选择当前的CSYS，可选择自动判断的方法。

2. 基准坐标系的创建方法比较多，经常使用的是以下几种方法：

（1）原点，X点，Y点：在“基准轴”对话框中的“类型”选项区域列表中选择“原点，X点，Y点”，分别选择“原点”“X点”和“Y点”（如图4-18所示）三个参考点，点击“确定”完成“原点，X点，Y点”创建的基准坐标系（其他三点创建基准坐标系可以参考此方式操作，这里就不再介绍）。

（2）偏置CSYS：在“基准轴”对话框中的“类型”选项区域列表中选择“偏置CSYS”，选择“参考”列表为“绝对-显示部件”，在“平移”选项区域中的“偏置”列表为“笛卡尔坐标系”对应的X、Y和Z

轴的参数设置为“30”“-50”“30”，在“旋转”选项区域中的角度X、Y和Z轴所对应的参数设置分别为“30”“30”和“30”，如图4-19所示。其他的为默认值，点击“确定”，则完成“偏置CSYS”创建的基准坐标系。

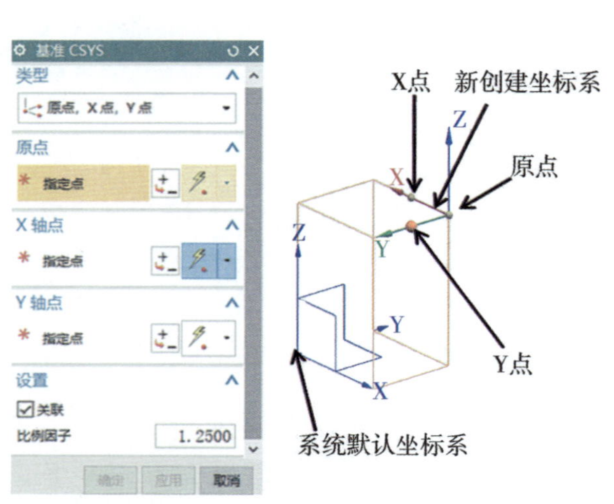

图4-18　原点、X点、Y点创建基准坐标系

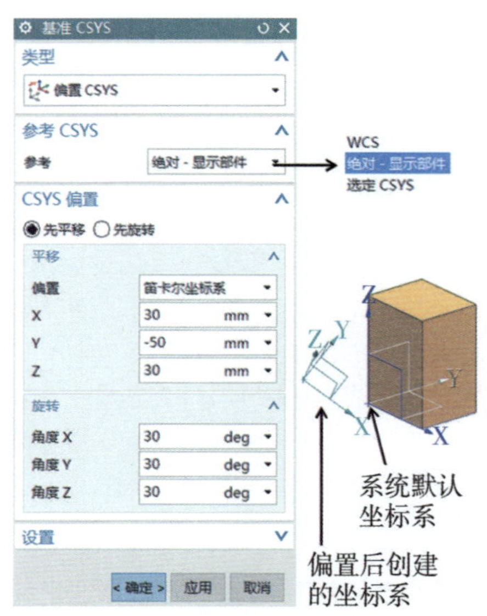

图4-19　偏置CSYS创建基准坐标系

3. 工作坐标系的操作，即“定向”操作。选择下拉主菜单下的“格式”下拉菜单的“WCS”子菜单下的“定向”命令 定向(N)…，系统会弹出如图4-20所示的“CSYS”对话框，可以对所建的工作坐标系进行操作，其创建的操作步骤与创建基准坐标系一致。

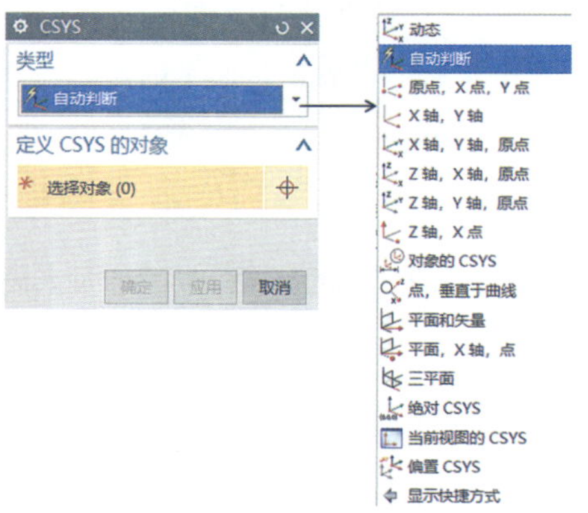

图4-20　CSYS对话框

五、UG NX10.0软件基准点的操作

1. 选择主菜单的“插入”下拉菜单中的“基准/点”子菜单下的“基准点”命令 + 点(P)…，系统弹出如图4-21所示的“基准点”对话框，系统提供了多种创建基准点的方式。

2. 基准点里面的光标点、现有点、端点、交点、圆心点等在这里不重复介绍，下面介绍“曲面和曲线交点”创建基准点的操作。

在“基准点”对话框中的“类型”选项区域的列表中选择“交点”，在“曲线、曲面或平面”选项区域中，选择如图4–22所示的曲面为参考曲面，在“要相交的曲线”选项区域中选择如图4–22所示的曲线，如果出现多个交点，则以鼠标靠近点为准，点击“确定”则完成通过曲面和曲线创建的基准点。

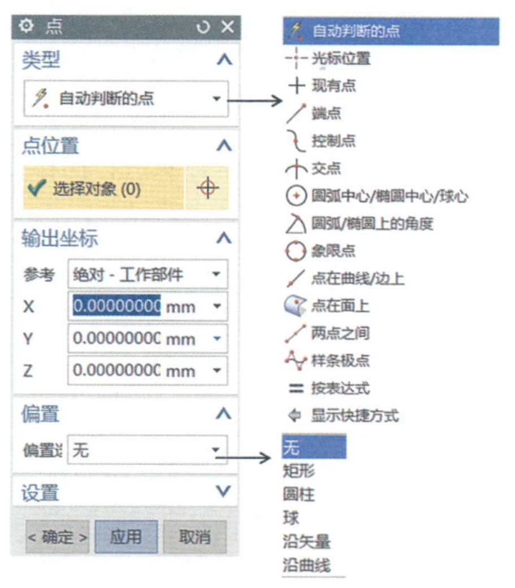

图4–21　基准点对话框

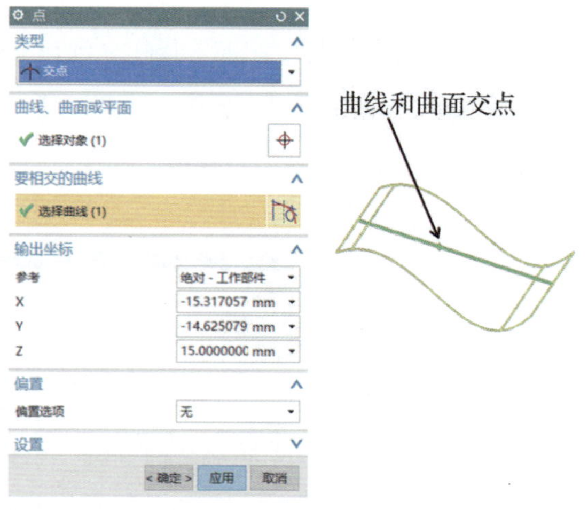

图4–22　曲面和曲线交点的创建基准点

3. 基准点集。选择主菜单的“插入”下拉菜单中的“基准/点”子菜单下的“点集”命令，系统弹出如图4–23所示的“点集”对话框，系统提供了多种创建点集的方式。

在“点集”对话框中的“类型”选项区域列表中选择“面的点”，在“阵列定义”选项区域中，参照如图4–24所示设置点数“U向”和“V向”，对应的参数分别为“5”和“8”，在“图样限制”中选择“百分比”，“起始U值”“终止U值”“起始V值”和“终止V值”对应的参数分别为“2”“60”“2”和“80”，其他的为默认设置，点击“确定”则完成面上的点集的创建，如图4–24所示。

图4–23　点集对话框

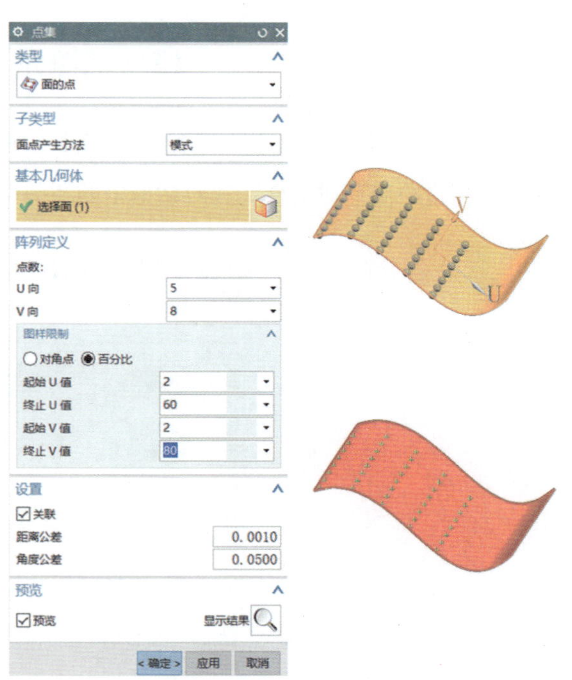

图4–24　点集的参数设置和创建

知识链接

工作坐标系的操作，即“定向”操作。选择下拉主菜单下“格式”下拉菜单的“WCS”子菜单下的“定向”命令 定向(N)，系统会弹出如图4-25所示的“CSYS”对话框，可以对所建的工作坐标系进行操作，其创建的操作步骤和创建基准坐标系一致。

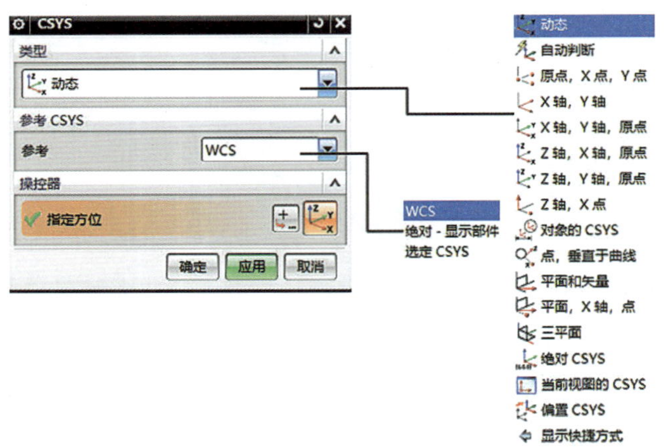

图4-25 “CSYS”对话框

知识延伸

模型的测量与分析（一）

测量距离：选择下拉主菜单下“分析”的下拉菜单“测量距离”命令 测量距离(D)...，系统会弹出如图4-26所示的“测量距离”对话框。在对话框中的“类型”下拉列表中的部分选项功能介绍如下：

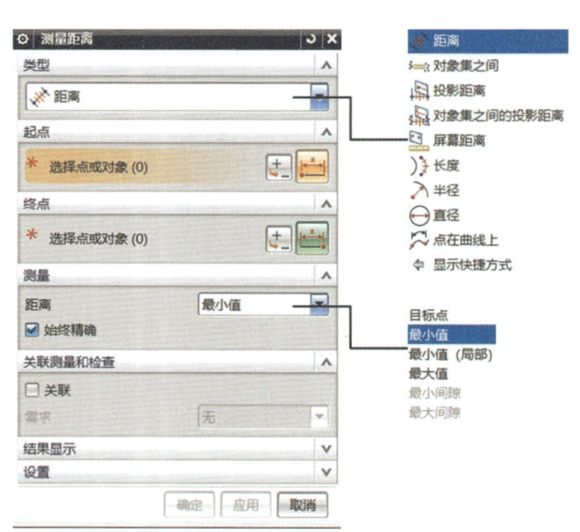

图4-26 “测量距离”对话框

- “距离”用于测量点、线、面之间的任意距离。
- “投影距离”用于测量空间上点、线投影到同一个面上时它们之间的距离。
- “长度”用于测量任意线段的距离。
- “半径”用于测量任意圆的半径值。
- “屏幕距离”用于测量图形区的任意位置距离。
- “点在曲线上”用于测量在曲线上两点之间的最短距离。

选择对话框中“类型”下拉列表中的“距离”选项，其他的为默认设置，如图4-27所示为测量面到面的距离，图4-28所示为点到面的距离，图4-29所示为点到点的距离，图4-30所示为线到线的距离，图4-31所示为点到线的距离。

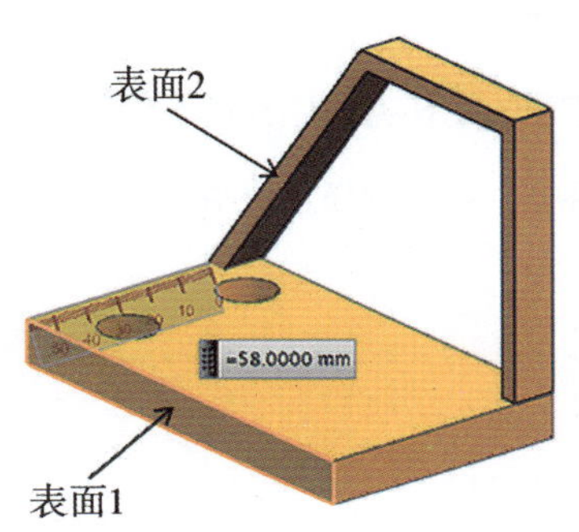

图4-27　面到面的距离

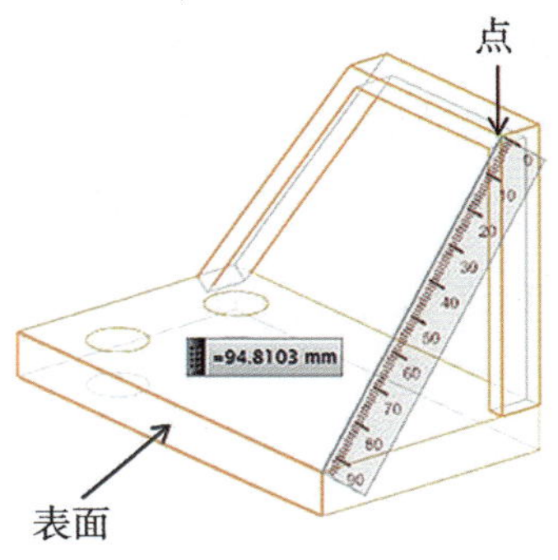

图4-28　点到面的距离

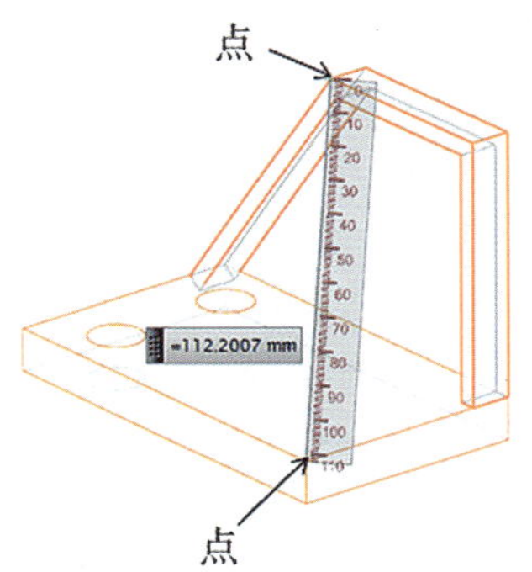

图4-29　点到点的距离

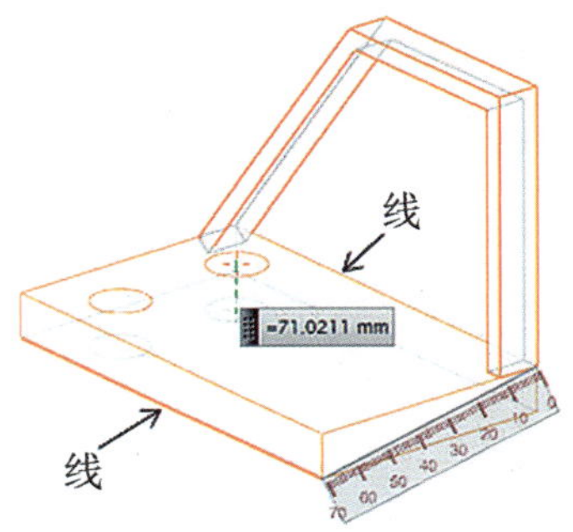

图4-30　线到线的距离

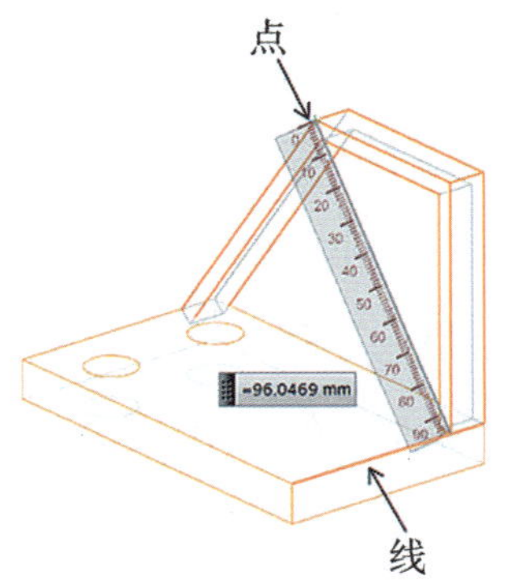

图4-31　点到线的距离

任务二 关联复制、其他特征操作基础

任务描述

UG10.0软件的关联复制特征非常多，经常使用的主要有：抽取几何特征、阵列特征、阵列几何特征、镜像特征等，掌握这些特征可以简化操作步骤，给用户带来很大方便。本任务中还介绍了成型特征，例如孔、键槽、螺纹、腔体、槽、筋板以及拔模、抽壳等，用户掌握这些特征，可在操作过程中大大提高设计效率。学习并领会软件自带的这些功能，可以提高实体建模的技术能力。

任务目标

1. 掌握UG NX10.0软件关联特征的操作
2. 掌握UG NX10.0软件成型特征的操作
3. 掌握UG NX10.0软件其他特征的操作

任务过程

一、UG NX10.0软件关联特征的操作

UG NX10.0软件提供的关联特征有抽取几何特征、阵列特征、阵列面、阵列几何特征、镜像特征、镜像面、镜像几何体以及提升体等。

1. 抽取几何特征。选择主菜单“插入”下拉菜单中的“关联复制”子菜单下的“抽取几何特征”命令 抽取几何特征(E)... ，系统弹出如图4-32所示的“抽取几何特征”对话框，在“类型”列表中，系统提供了多种抽取关联特征的方式。

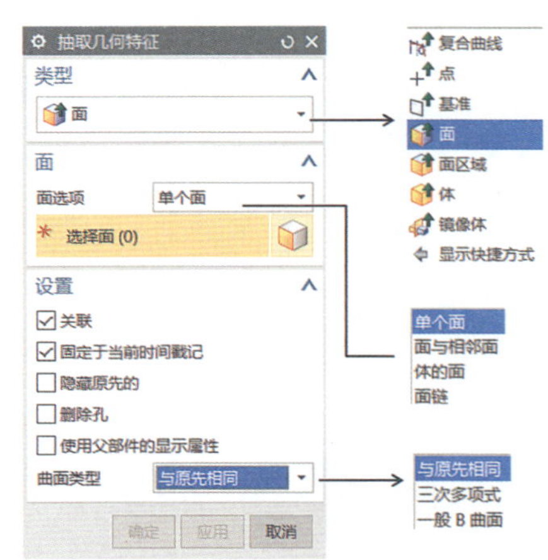

图4-32　抽取几何特征对话框

（1）抽取面特征的创建：在“抽取几何特征”对话框的“类型”选项列表中选择“面”，在“面选项”列表中选择“单个面”，其他的设置为系统默认的，点击“确定”，完成如图4–33所示抽取面特征的创建。

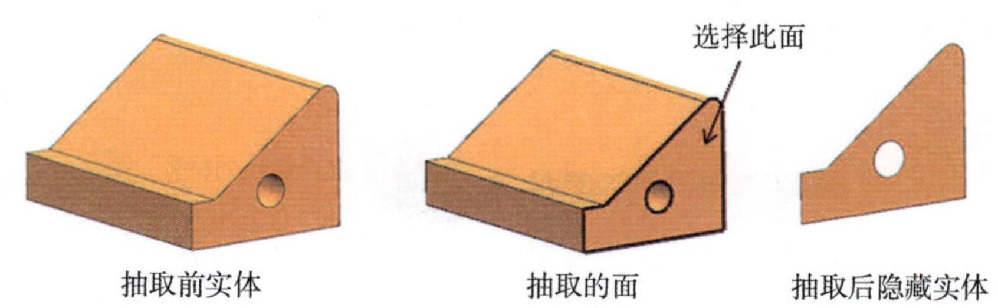

图4–33　抽取面特征的创建

（2）抽取面区域特征的创建：在“抽取几何特征”对话框的“类型”选项列表中选择“面区域”，选择“种子面”和选择“边界面”，其他的设置为系统默认的，点击“确定”，完成抽取面区域特征的创建，如图4–34所示。

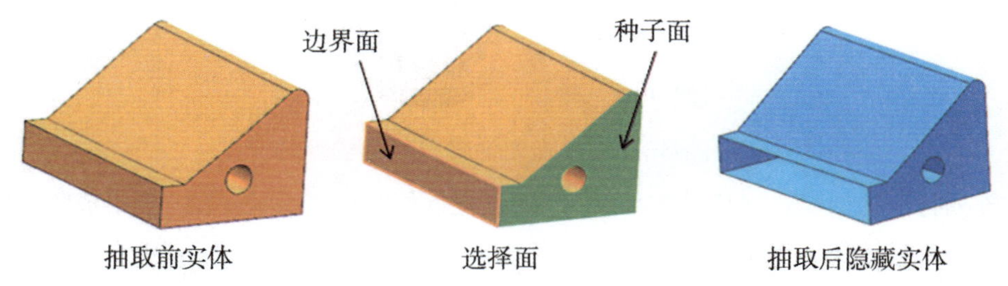

图4–34　抽取面区域特征的创建

2. 阵列特征。选择主菜单“插入”下拉菜单中的“关联复制”子菜单下的“阵列特征” 阵列特征(A)... 命令，系统弹出如图4–35所示的“阵列特征”对话框，在“布局”列表中系统提供了多种阵列特征方式。

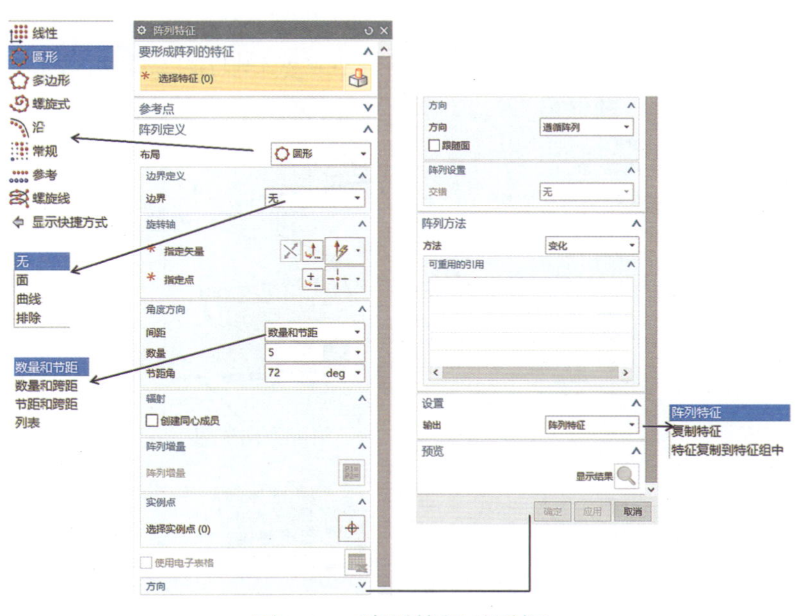

图4–35　阵列特征对话框

（1）圆形阵列特征的创建：打开“阵列特征”对话框，在“要形成阵列的特征”列表中选择“小圆柱”，在“布局”列表中选择“圆形”，在“旋转轴”选项中指定矢量选择“Z轴”为阵列矢量，“指定点”为默认的坐标原点，设置“角度方向”的“间距”列表为“数量和节距”，数量参数为“10”，节距角度为“36”，其他设置为系统默认的，点击“确定”，完成圆形阵列特征的创建，如图4–36所示。

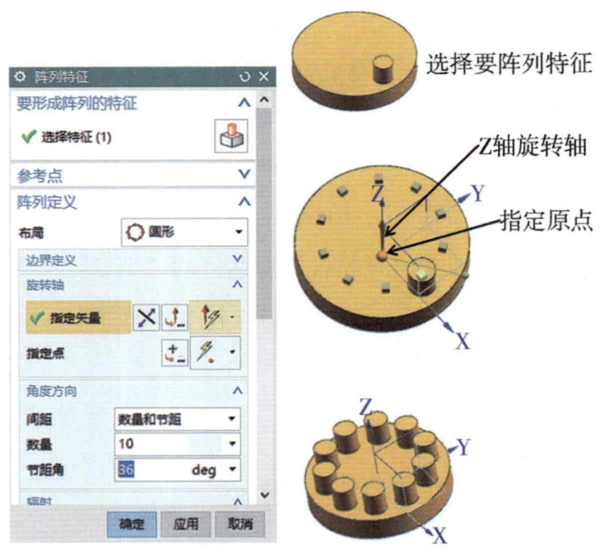

图4–36　圆形阵列设置及特征的创建

（2）线性阵列特征的创建。打开“阵列特征”对话框，如图4–37所示，在“要形成阵列的特征”列表中选择“小圆孔”，在“布局”列表中选择“线性”，设置阵列方向1，“指定矢量”选择矩形的参考边，“间距”列表中选择“数量和节距”，设置数量参数为“6”，节距参数为“16”。设置阵列方向2，“指定矢量”选择矩形的参考边，“间距”列表中选择“数量和节距”，设置数量参数为“4”，节距参数为“20”，其他设置为系统默认的，点击“确定”，完成线性阵列特征的创建，如图4–37所示。

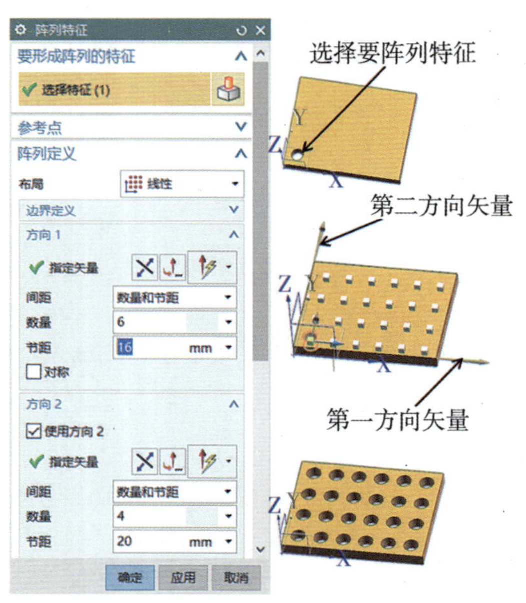

图4–37　线性阵列设置及特征的创建

3. 阵列几何特征。选择主菜单“插入”下拉菜单中的“关联复制”子菜单下的“阵列几何特征”命令 阵列几何特征(I)...，弹出如图4–38所示的“阵列几何特征”对话框，在“要形成阵列的几何特征”中选择“小扇形”，在“布局”列表中选择“螺旋线”，“指定矢量”选择ZC轴，“指定点”选择“坐标系原点”，螺旋线定义选项中定义方向为“右手”，螺旋线大小定义“数量、角度、距离”中，设置数量参数为“19”，角度参数为“18”，距离为“5”，其他的为系统默认，点击“确定”按钮，完成阵列几何特征的创建（也可以选择其他阵列布局）。

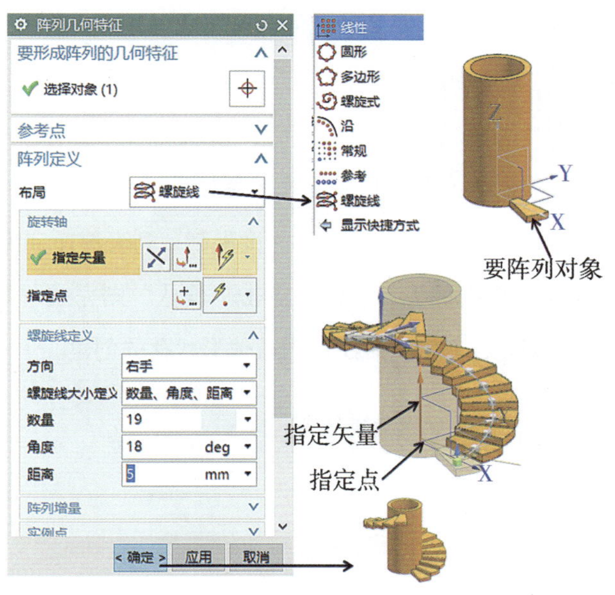

图4–38　阵列几何特征的创建

4. 镜像特征。选择主菜单“插入”下拉菜单中的“关联复制”子菜单下的“镜像特征”命令 镜像特征(R)...，弹出如图4–39所示的“镜像特征”对话框，在“要镜像的特征”选中要镜像的特征，在“镜像平面”中选择现有平面，其他的为系统默认，点击“确定”按钮，把右边的实体镜像到左边，完成镜像特征的创建。

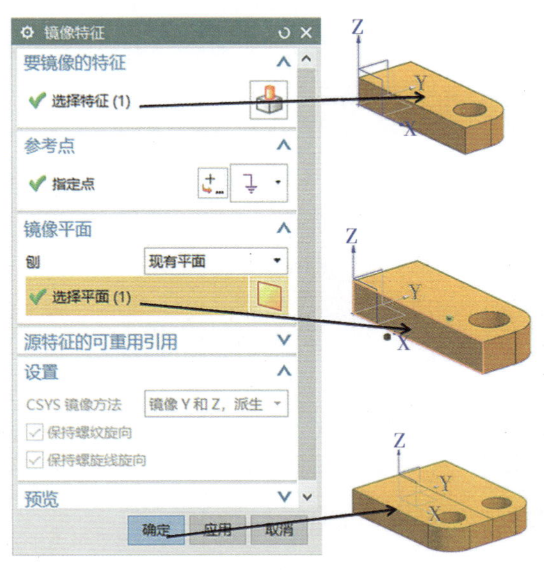

图4–39　镜像特征的创建

二、UG NX10.0软件成型特征的操作

UG NX10.0软件提供的成型特征有孔、螺纹、拔模、三角形加强筋、键槽、槽、腔体等。

1. 孔特征。系统软件成型特征孔的形状和尺寸上可以分为简单孔、沉头孔、埋头孔、锥形孔。简单孔，具有圆截面的切口，始于放置曲面并延伸到指定的终止曲面或用户定义的深度，创建时要指定“直径”“深度”和“尖端尖角”。沉头孔，允许用户创建指定“孔直径”“孔深度”“尖角”“沉头直径”和“沉头深度”的沉头孔。埋头孔，允许用户创建指定“孔直径”“孔深度”“尖角”“埋头直径”和“埋头深度”的埋头孔。锥形孔，允许用户创建指定“孔直径”“锥角”和“孔的深度”。

（1）选择主菜单“插入”下拉菜单中的“设计特征”子菜单下的“孔”命令 孔(H)...，弹出如图4-40示的“孔”对话框，在“类型”中选择“常规孔”，在“位置”指定点点击如图4-41所示指定放置孔的面，系统会进入草绘环境中，参照如图4-40所示确定孔的具体位置，在对话框“形状和尺寸”选项的“形状”列表中选择“简单孔”，“尺寸”中的“直径”参数为“4”，“深度限制”列表选择“值”，孔“深度”输入“8”，其他的设置为系统默认，可以预览符合孔的设计意图，点击“确认”则完成“简单孔”的创建。其他孔的设置，用户可以根据实际情况设置并创建，如图4-42所示为其他形状孔的创建。

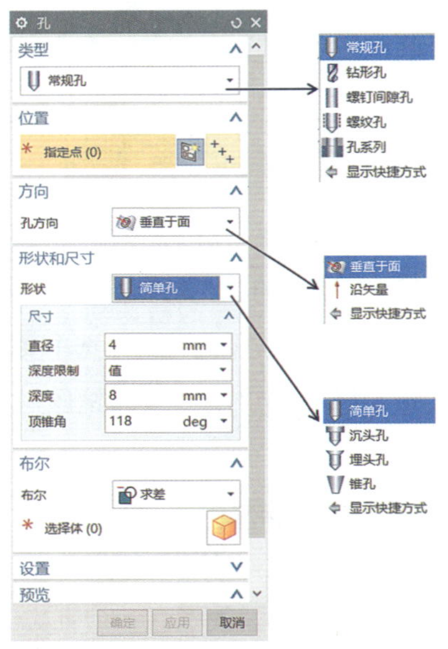

图4-40　孔对话框参数设置

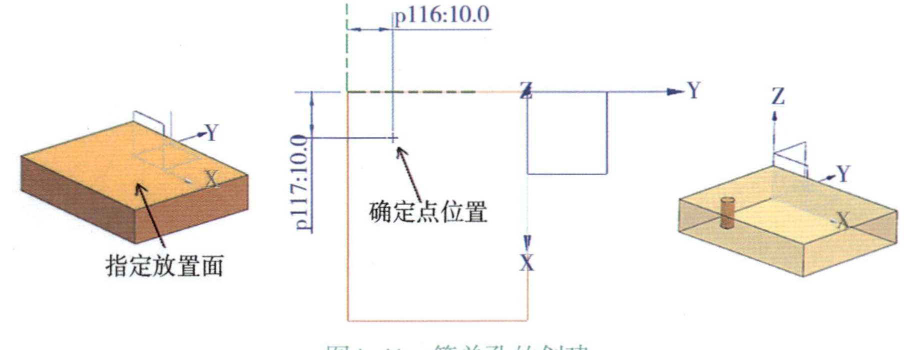

图4-41　简单孔的创建

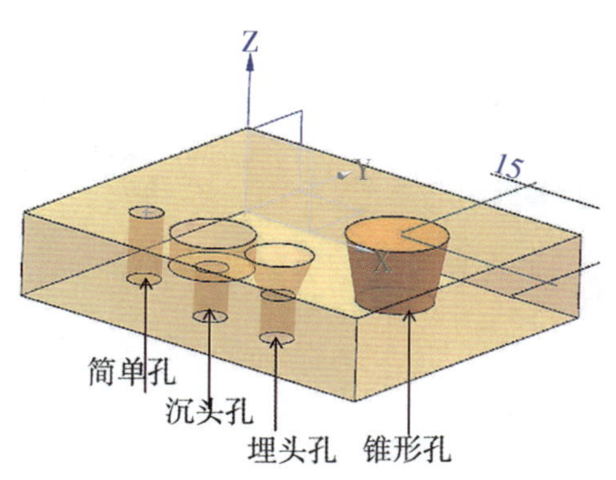

图4-42　其他形状孔的创建

2. 螺纹特征。系统提供了两种类型的螺纹，即符号螺纹和详细螺纹。符号螺纹是以虚线圈形式显示在要攻螺纹的一个或几个面上。符号螺纹可使用外部螺纹表文件，以确定参数。详细螺纹比符号螺纹看起来更真实，但由于其几何形状的复杂性，创建和更新都需要较长时间。详细螺纹是完全关联的，如果特征被修改，则螺纹也相应更新。可以选择生成部分关联的符号螺纹，或指定固定的长度。部分关联是指如果螺纹被修改，则特征也将更新（反之不行）。设计产品需要制作产品的工程图时，应选择符号螺纹；如果不需要制作产品的工程图，需要反映产品的真实结构（广告图、效果图），则选择详细螺纹。详细螺纹每次只能创建一个，而符号螺纹可以创建多组，创建时需要的时间较少。

具体操作：选择主菜单“插入”下拉菜单中的“设计特征”子菜单下的“螺纹”命令 螺纹(T)... ，弹出如图4-43所示的“螺纹”对话框（一），选择螺纹类型为“详细”，旋转为“右旋”，选择如图4-44所示的圆柱面为螺纹放置面，系统则会再次弹出如图4-45所示的“螺纹”对话框（二）进行“参数”设置，点击“选择起始”按钮，则会弹出如图4-46所示的“螺纹”对话框（三），指定如图4-47所示为螺纹的起始端面，系统会弹出如图4-48所示“螺纹”对话框（四），在“起始条件”中选择“延伸通过起点”，点击“确定”再次弹出“螺纹”对话框，设置螺纹“参数”后点击“确定”，则完成如图4-49所示的螺纹的创建。

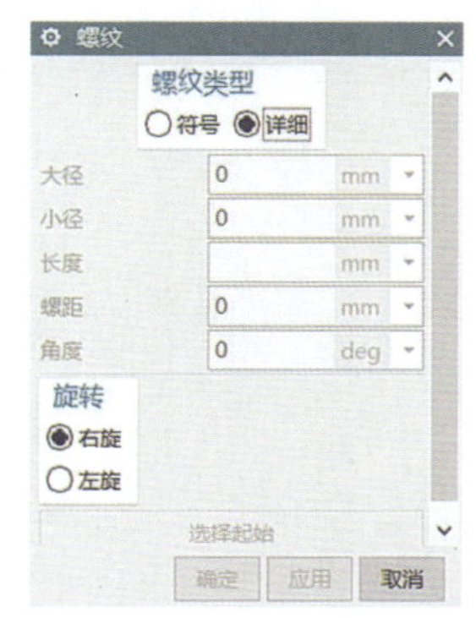

图4-43　螺纹对话框（一）

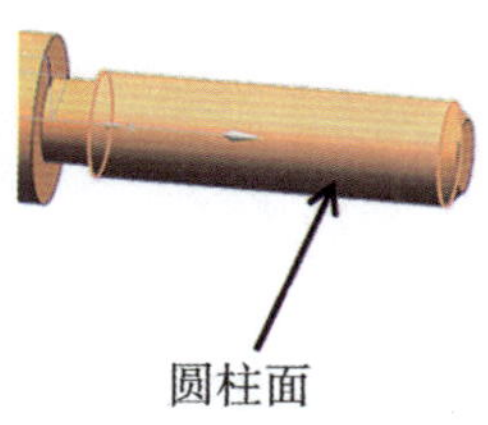

图4-44　选择圆柱面

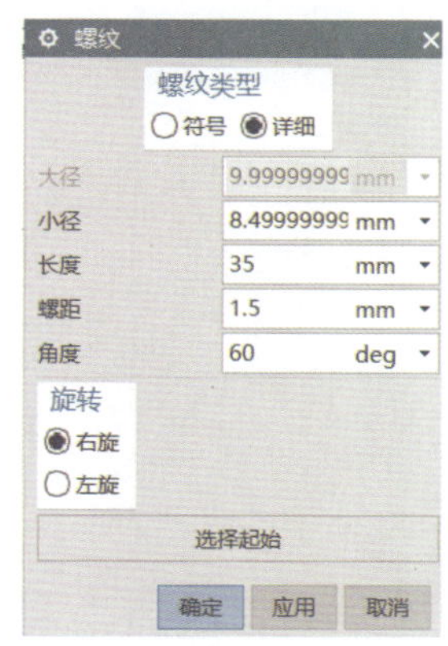

图4-45　螺纹对话框（二）

图4-46　螺纹对话框（三）

图4-47　螺纹起始位置

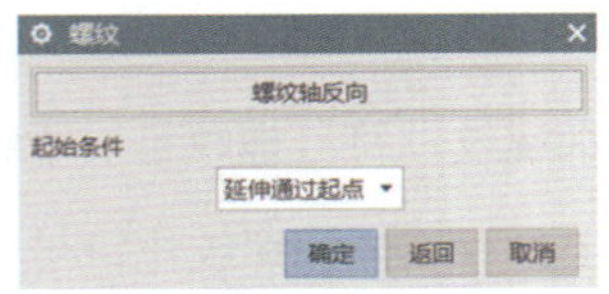

图4-48　螺纹对话框（四）

图4-49　螺纹的创建

3. 拔模特征。“拔模”可以使面相对于指定的拔模方向成一定的角度。拔模通常用于对模型、部件、模具或冲模的竖直面添加斜度，以便借助拔模面将部件或者模型与其模具或冲模分开。

具体操作：选择主菜单“插入”下拉菜单中的“细节特征”子菜单下的“拔模”命令。在弹出的如图4-50所示的“拔模”对话框中进行相关设置，在“类型”列表中系统提供了4种拔模类型，这里就不展开介绍，用户可以根据设计情况在“脱模方向”提供的指定矢量中选择脱模方向。在此选择默认的设置，在“拔模方法”列表中选择“固定面”，选择如图4-51所示的上表面为固定面，在“要拔模的面”中选择如图4-51所示的侧面为拔模面，设置拔模角度参数为“25”，其他的设置为默认，点击“确定”则完成拔模特征的创建。

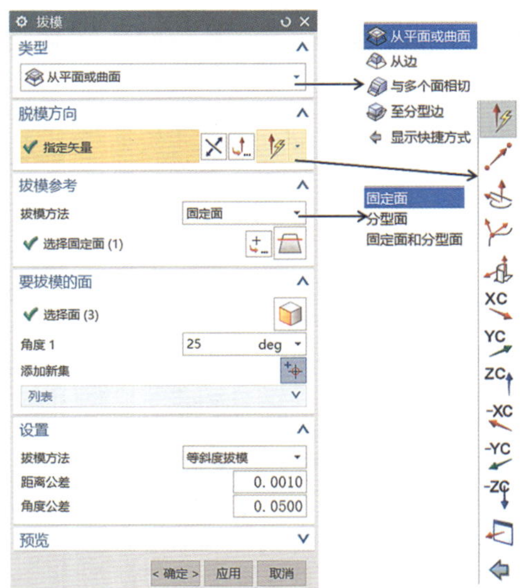

图4-50　在拔模对话框进行相关设置

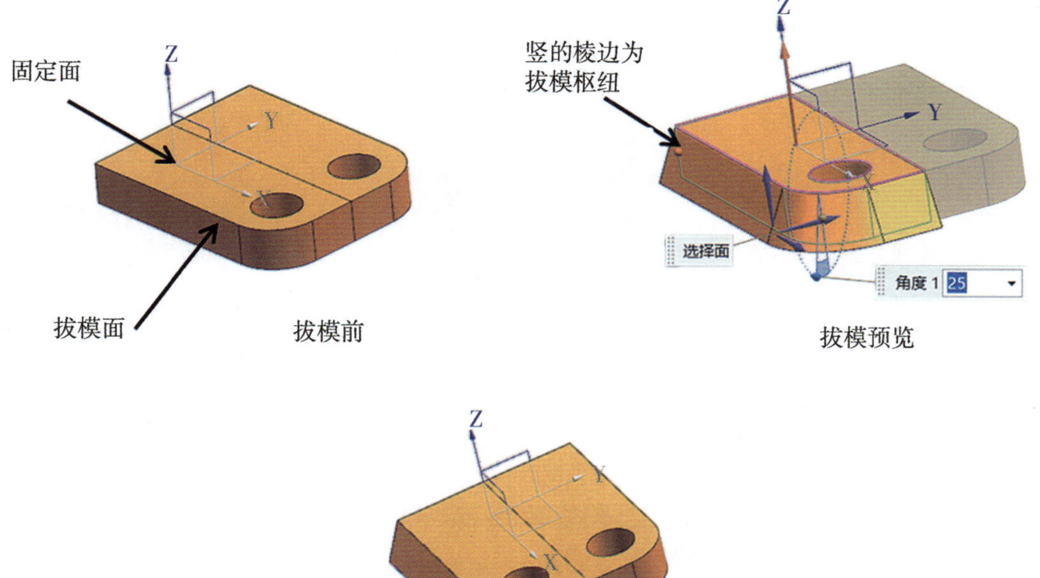

图4-51　拔模特征的创建

4. 三角形加强筋。沿着两个面集的交叉曲线来添加三角形加强筋，首先必须指定两个相交的面集，面集可以是单个面，也可以是多个面；其次是指定三角形加强筋的基本定位点，可以是沿着交叉曲线的点，也可以是交叉曲线和平面相交处的点。

具体操作：选择主菜单“插入”下拉菜单中的“设计特征”子菜单下的“拔模” 命令。系统弹出如图4-52所示的“三角形加强筋”对话框，选择“第一组” 按钮，选择第一个面组，选择“第二组” 按钮，选择第二个面组，在“角度”“深度”和“半径”中分别输入参数为“45”“7”和“1.5”，其他的为默认，点击“确定”后则完成如图4-53所示三角形加强筋特征的创建。

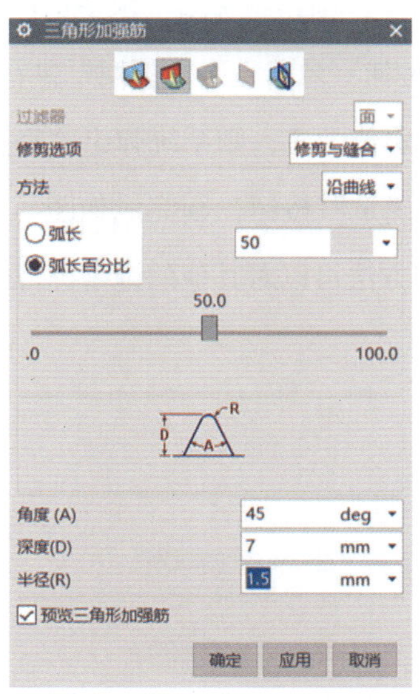

图4-52　三角形加强筋对话框

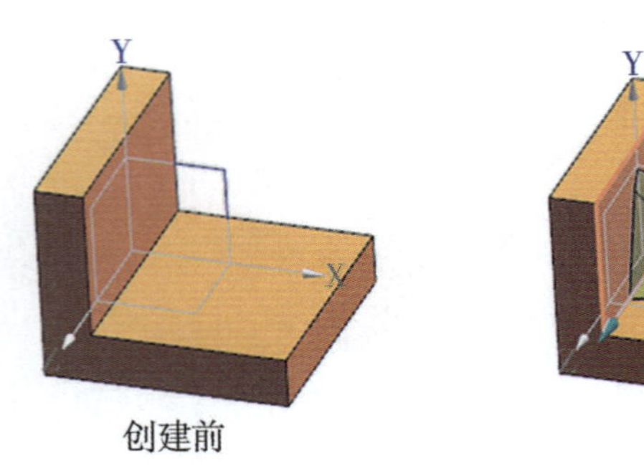

创建前

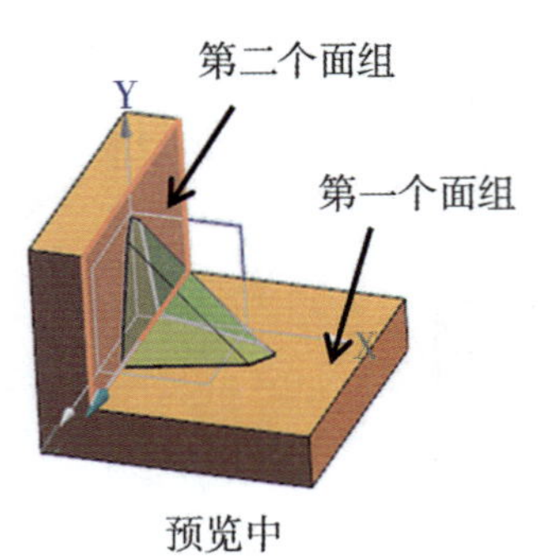

预览中

创建后

图4-53　三角形加强筋特征的创建

5. 键槽：UG NX10.0软件系统提供了如图4-54所示的5种键槽特征，即矩形槽、球形端槽、U形槽、T型键槽和燕尾槽。

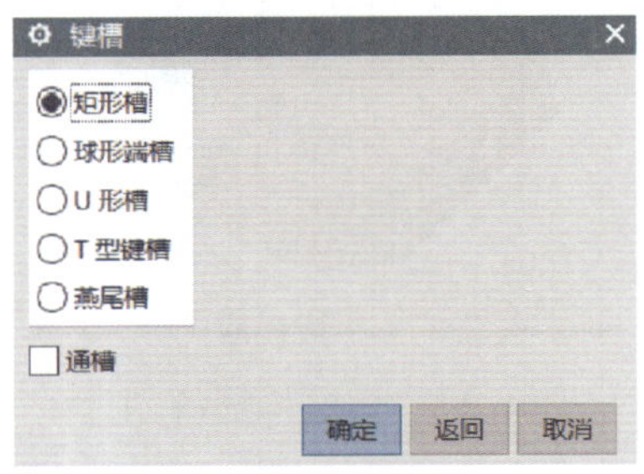

图4-54　5种键槽特征

具体操作：选择主菜单“插入”下拉菜单中的“设计特征”子菜单下的“键槽”命令 键槽(L)... 。在弹出的“键槽”对话框中，选择“U形槽”后点击“确定”按钮，则系统会弹出如图4-55所示的“U形槽”对话框。点击“实体面”后则会弹出如图4-56所示的“选择对象”对话框。选择长方体上表面为“U形槽”的放置面（如图4-57所示），系统则会弹出如图4-58所示的“水平参考”对话框。选择如图4-59所示的竖直面作为水平参考面，则系统弹出如图4-60所示的参数设置对话框，参考图中的参数设置U形槽尺寸，点击“确定”按钮，系统则会弹出如图4-61所示的“定位”对话框。点击“水平”按钮 ，选择水平的棱边和U形槽的水平中心线作为水平定位参考（如图4-62所示），则系统弹出“水平定位”的立即“创建表达式”对话框。输入水平定位距离参数为“1”，点击“确定”按钮；然后点击“返回”进行“竖直”按钮 ，选择如图4-63所示的竖直棱边和U形槽的竖直中心线作为竖直定位参考，则系统弹出“竖直定位”的立即“创建表达式”对话框，输入竖直定位距离参数为“5”，点击“确定”按钮，则完成如图4-64所示的U形键槽的创建特征，点击“取消”则结束键槽的创建特征。用户用类似方法可以对其他的键槽进行创建，这里就不介绍。

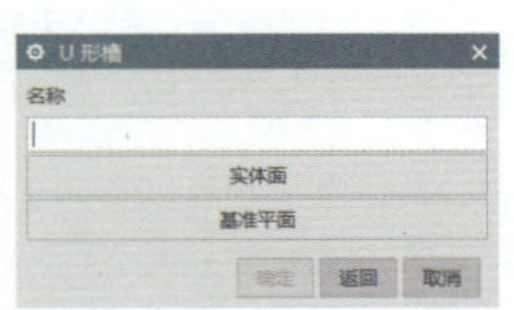

图4-55　U形槽对话框

图4-56　选择对象对话框

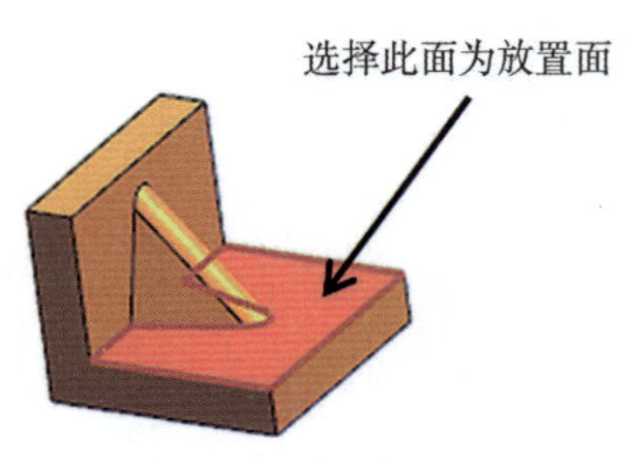

图4-57　选择放置面

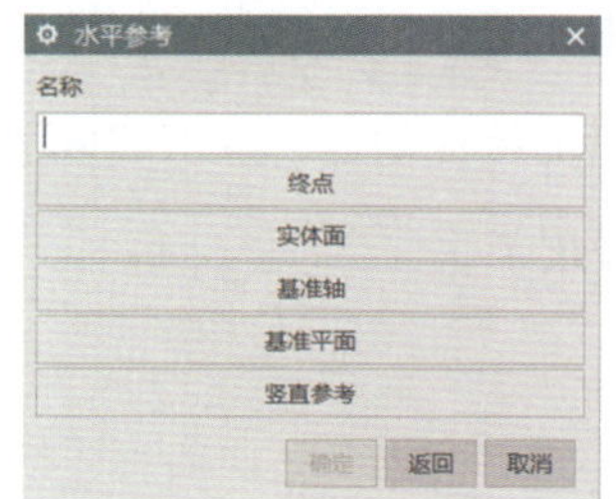

图4-58　水平参考面对话框

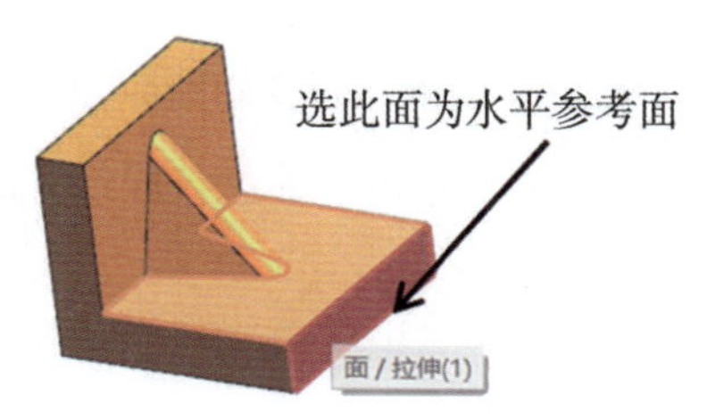

图4-59　选择参考面

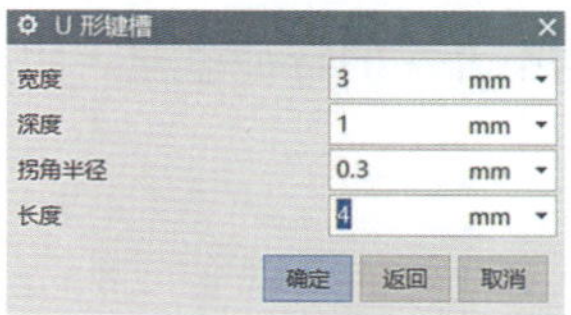

U形键槽
宽度 3 mm
深度 1 mm
拐角半径 0.3 mm
长度 4 mm
确定 返回 取消

图4-60　U形键槽参数设置

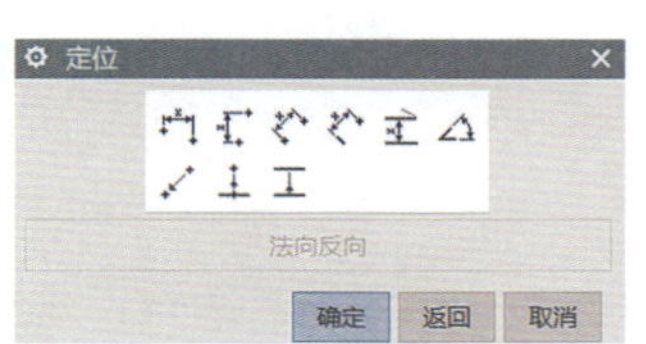

图4-61　定位对话框

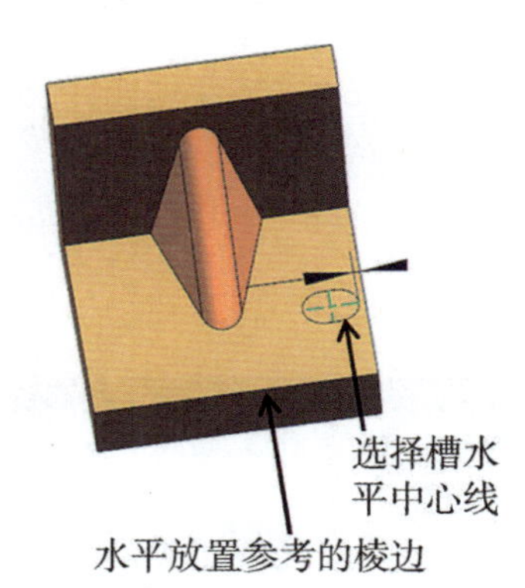

图4-62　选择U形槽水平定位参线

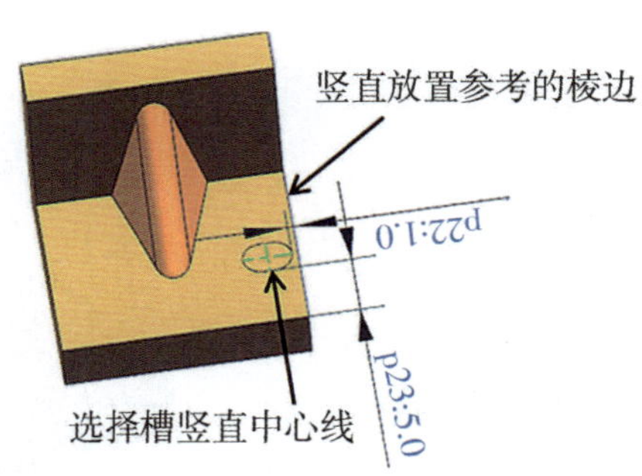

图4-63　选择U形槽竖直定位参线

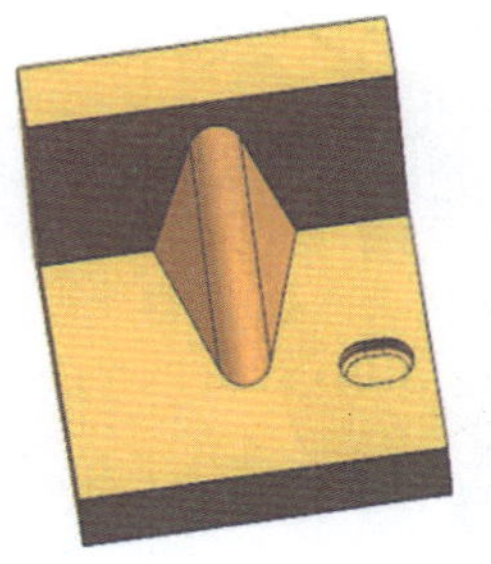
图4-64　U形键槽的创建特征

6. 开槽。UG NX10.0软件系统提供了如图4-65所示的3种沟槽特征，即矩形、球形端槽和U形槽。

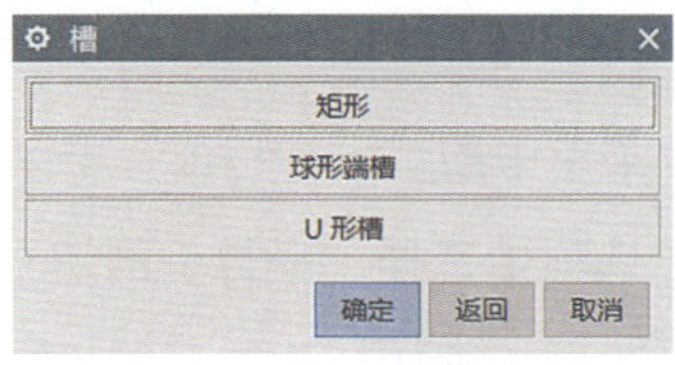

图4-65　3种沟槽特征

具体操作：选择主菜单“插入”下拉菜单中“设计特征”子菜单下的“槽”命令 槽(G)... ，则弹出“槽”对话框，选择“矩形”后点击“确定”按钮，则系统会弹出如图4-66所示“矩形槽”对话框，选择如图4-67所示的圆柱表面为矩形槽的放置面，系统会弹出如图4-68所示的“矩形槽”参数设置对话框，进行参数设置后点击“确定”，系统会弹出如图4–69所示的“定位槽”对话框，则看到如图4–70所示的圆盘，对矩形槽进行定位，选择圆柱的端面棱边为目标边，圆盘的端面棱边为刀具边，系统会弹出如图4–71所示的“创建表达式”对话框，输入参数为“20”，点击“确定”按钮，完成如图4–72所示的矩形槽的特征创建，点击“取消”则结束开槽的特征创建。用户用类似方法可以对其他的腔体进行创建，这里就不介绍了。

图4–66　矩形槽对话框

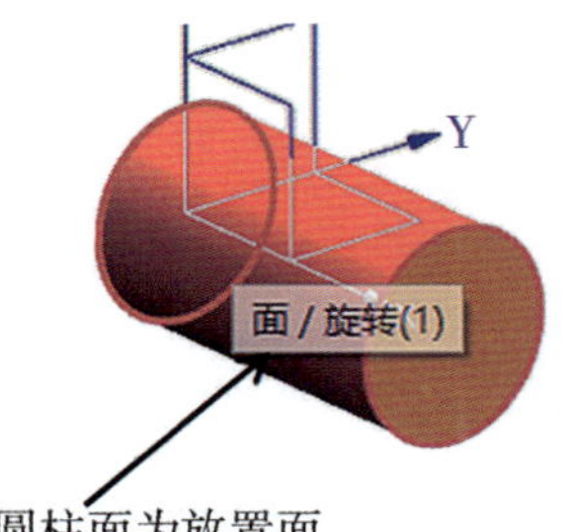

图4–67　圆柱表面为矩形槽的放置面

图4–68　矩形槽参数设置

图4–69　定位槽对话框

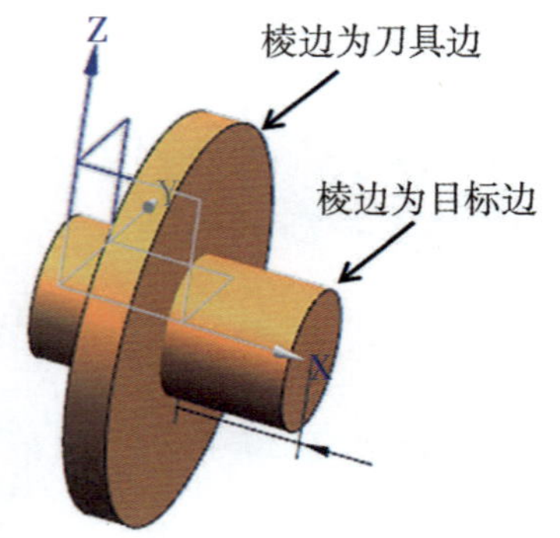

图4–70　定位槽的位置

图4–71　距离参数

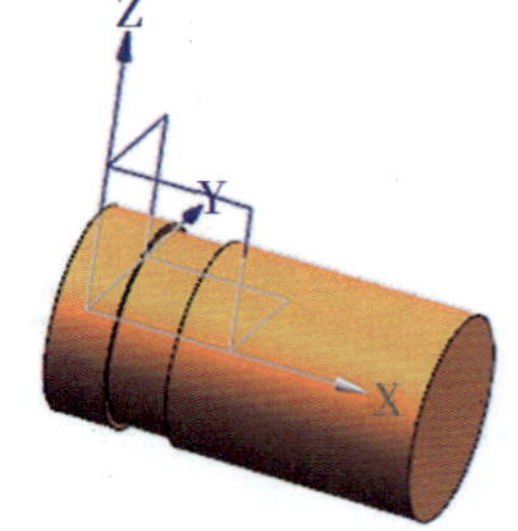

图4–72　矩形槽的特征创建

7. 筋板。UG NX10.0软件提供的筋板功能是通过拉伸一个平的截面以与实体相交来添加薄壁筋板或网格筋板。

具体操作：选择主菜单“插入”下拉菜单中的“设计特征”子菜单下的“筋板”命令 筋板(I)...，弹出如图4–73所示的“筋板”对话框，在“壁”选项中选择“平行于剖切平面”，在“尺寸”下拉列表中选择“对称”，“厚度”参数设置为“5”，其他的设置为默认的，点击“截面”选项的“绘制截面”按钮，则系统会弹出如图4–74所示的“创建草图”对话框，选择如图4–75所示的中间垂直的面为草绘平面，点击“确定”则进入草图环境，绘制如图4–76所示的草绘图形，选择完成“草图”则退出草图，系统返回到“筋板”设置的对话框，用户在图形区可以预览到如图4–77所示的筋板特征模型，设计符合意图则选择“确定”，完成如图4–78所示Dev筋板特征的创建。系统也提供了垂直于剖切平面的筋板，做法类似，不再介绍。

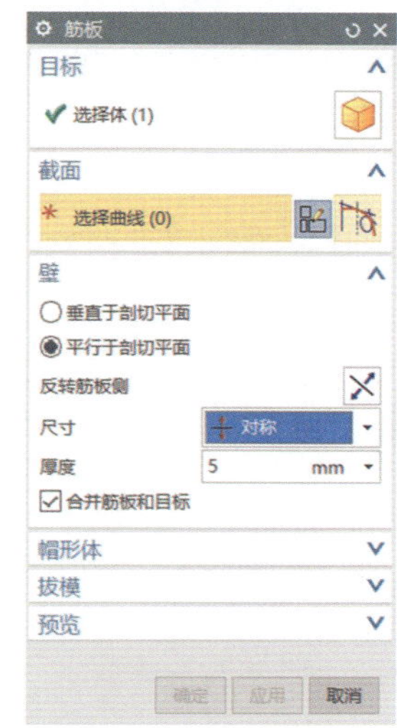

图4-73　筋板对话框

图4-74　创建草图对话框

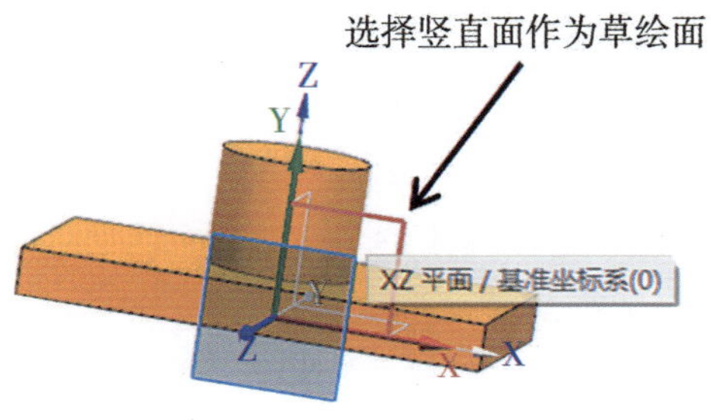

图4-75　选择草绘面

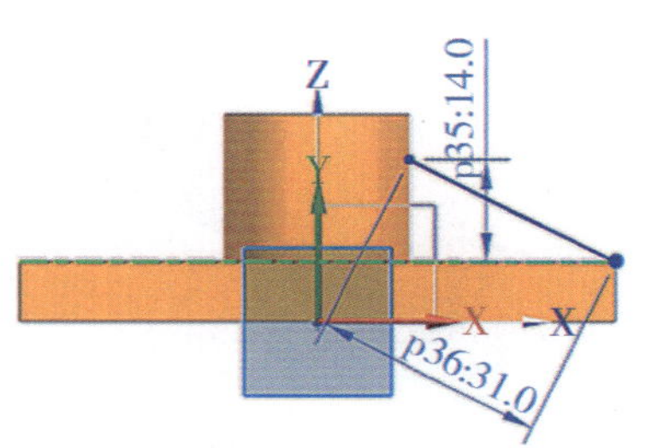

图4-76　草绘图形

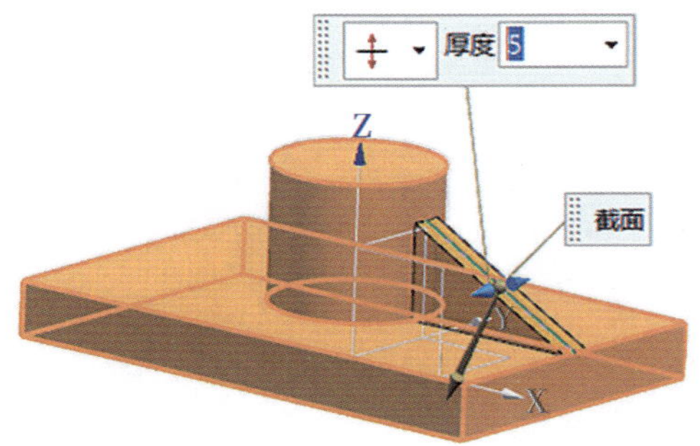

图4-77　预览筋板特征模型

图4-78　筋板特征的创建

二、UG NX10.0软件其他特征的操作

1. 抽壳特征。“抽壳”命令可以利用指定的壁厚值来抽空一实体，或绕实体建立一壳体。可以指定不同表面的厚度，也可以移除单个面。

具体操作：选择主菜单“插入”下拉菜单中的“偏置/缩放”子菜单下的“抽壳”命令 抽壳(H)...，弹出如图4-79所示的“抽壳”对话框，用户只需选择要穿透的面，并设置厚度即可。在“类型”列表中，系统提供了两种抽壳方式：如图4-80所示为“移除面然后抽壳”，如图4-81所示为“对所有面抽壳”。

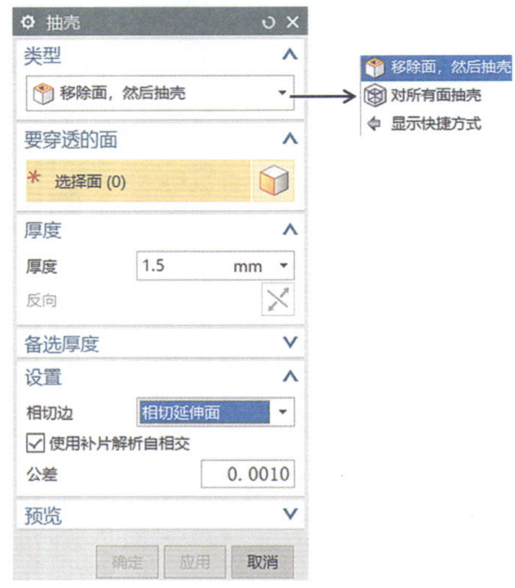

图4-79　抽壳对话框

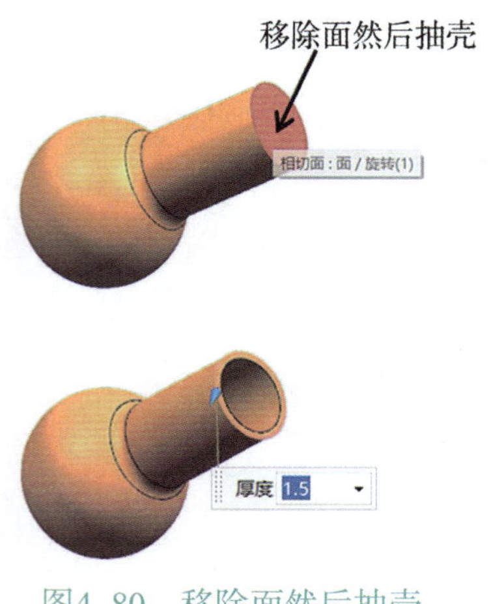

图4-80　移除面然后抽壳

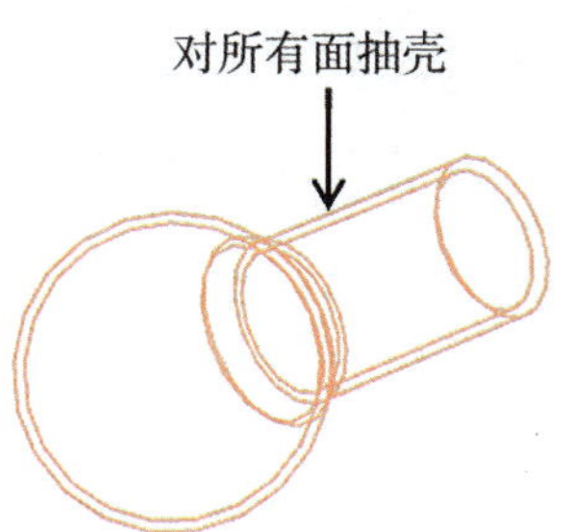

图4-81　对所有面抽壳

知识链接

在孔对话框中部分选项的功能说明如下：

- “常规孔”：创建指定尺寸的简单孔、沉头孔或锥形孔特征等，常规孔可以是盲孔、通孔或指定深度条件的孔。
- “钻形孔”：根据ANSI或ISO标准创建简单钻形孔特征。
- “螺钉间隙孔”：创建简单孔、沉头孔或埋头通孔，它们是为具体应用而设计的。
- “螺纹孔”：创建螺纹孔，其尺寸标注由标准、螺纹尺寸和径向进给等参数控制。
- “孔系列”：创建起始、中间和结束孔尺寸一致的多形状、多目标体的对齐孔。

知识延伸

模型的测量与分析（二）

测量角度：选择下拉主菜单下“分析”的下拉菜单“测量角度”命令 测量角度(A)... ，则系统会弹出如图4-82所示的“测量角度”对话框。

图4-82　“测量角度”对话框

在测量角度对话框中的“类型”选项下拉列表中选择“按对象”选项，其他的为默认设置，如图4-83所示为测量面与面的角度，如图4-84所示为线与面的角度，如图4-85所示为线与线的角度。

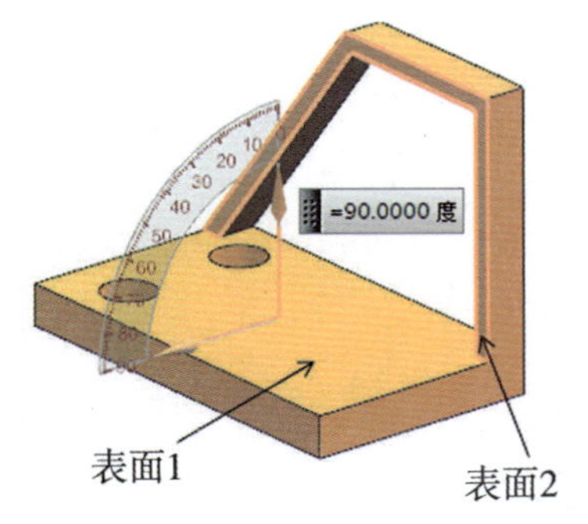

图4-83　面与面的角度

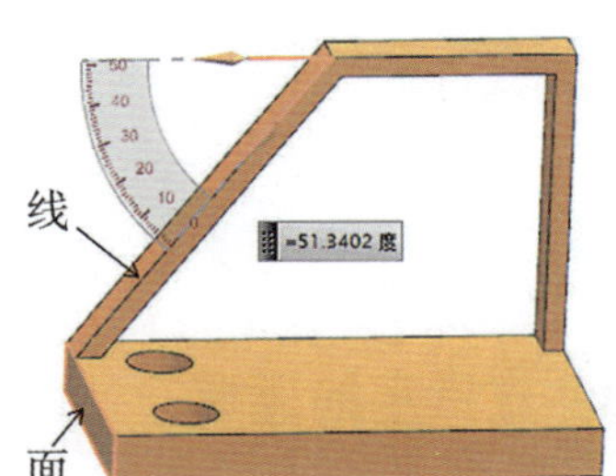

图4-84　线与面的角度

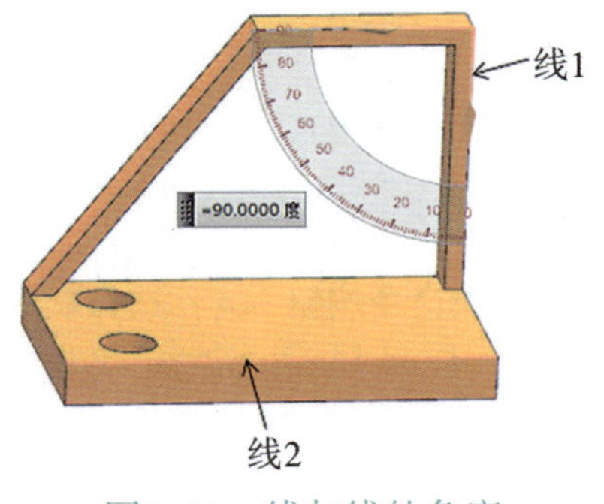

图4-85　线与线的角度

任务三 特征应用——综合实例

任务描述

通过一个机械零部件设计过程的综合实例，将前面讲述的拉伸特征、孔特征、基准特征、镜像特征、特征阵列、其他特征等知识结合起来，使用户对软件的操作更熟悉。在实例讲解中，相关对话框的设置、创建作图基准和找准图形基准、参数尺寸的设置等是建模的关键所在；实例中同时运用了其他修饰特征，用户带着问题去学习可以更好地掌握。实例中用到的实体模型都有各个特征的代表性，而且建模的方法非常灵活多样，给设计者带来多角度思考和多空间的思维模式。

任务目标

1. 掌握UG NX10.0软件基准特征、关联特征、其他特征的应用
2. 掌握UG NX10.0软件建模相关设置的使用

任务过程

机械零部件支撑座的建模

应用概述：如图4–86所示是某机械零部件支撑座的三维建模视图，从图形结构分析，可以看到需要用到拉伸特征、孔特征、镜像特征、基准平面等，也会用到其他修饰特征。

底座的建模步骤：

1. 用户首先创建好文件路径和为模型命名“支撑座”，选择下拉主菜单的“插入”，然后选择“设计特征”菜单子菜单中的“拉伸”命令 拉伸(E)... 。

2. 在系统弹出来的对话框中选择绘制草绘命令按钮，选择默认的XY平面为草绘的绘图平面，进入草绘绘图环境后绘制如图4–87所示的截面图形，然后选择完成草图，退出草图后在拉伸对话框中设置“限制”区域，在“开始”下拉列表选择“值”，在其下的距离输入参数“0”，在“结束”下拉列表选择“值”，在其

下的距离输入参数“12”，在布尔运算区域中选择“无”，其他的设置采用系统默认的，完成如图4-88所示拉伸实体1的建模特征。

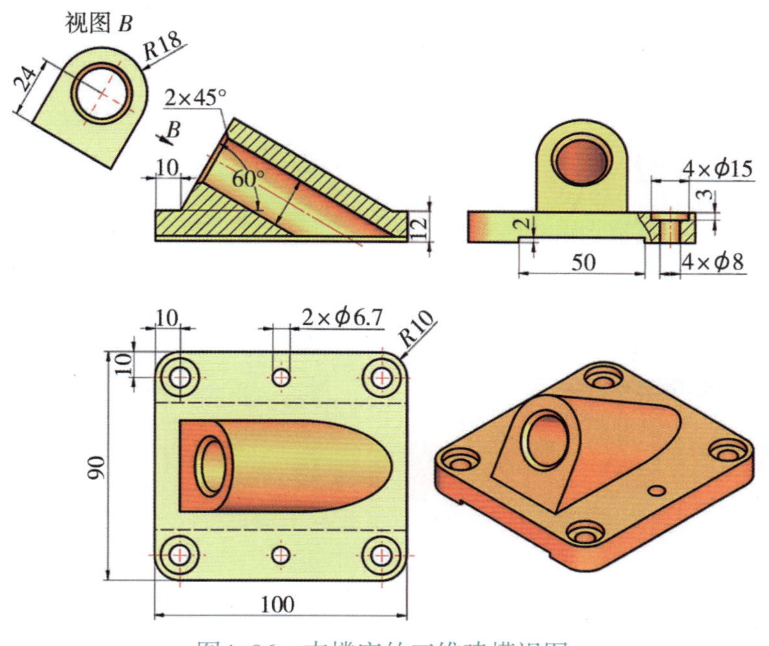

图4-86　支撑座的三维建模视图

图4-87　截面图形

图4-88　实体1的建模特征

3. 在拉伸实体1的基础上继续添加拉伸除料特征。选择拉伸命令，在弹出的对话框中选择绘制草绘命令按钮，选择如图4-89所示实体1的竖直表面为草绘的绘图平面，进入草绘绘图环境后，为了观察方便使实体显示为线框显示，点击“静态线框”显示按钮 静态线框 ，绘制如图4-90所示的矩形截面图形，然后选择完成草图。退出草图后，在拉伸对话框中主要看矢量方向是否要改变，如图4-91所示，在“限制”区域的“开始”下拉列表选择“值”，在其下的距离输入参数“0”，在“结束”下拉列表选择“值”，在其下的距离输入参数“100”，在布尔运算区域中选择“求差”，其他的设置采用系统默认的，则完成如图4-92所示拉伸实体2的建模特征（除料特征）。

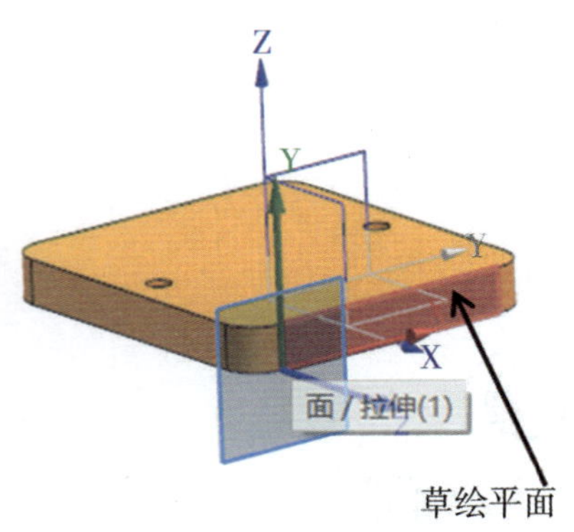

图4-89　草绘绘图平面

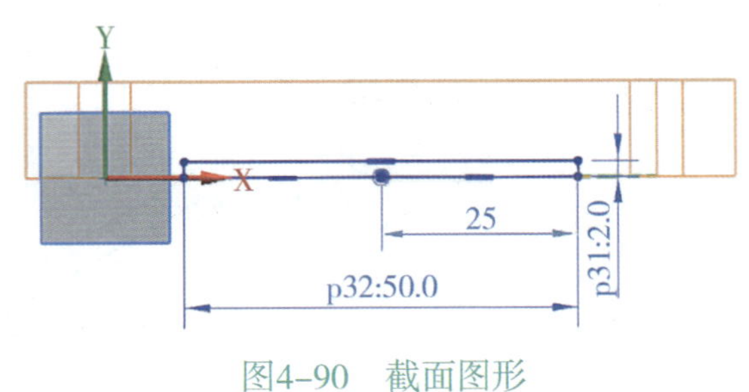

图4-90　截面图形

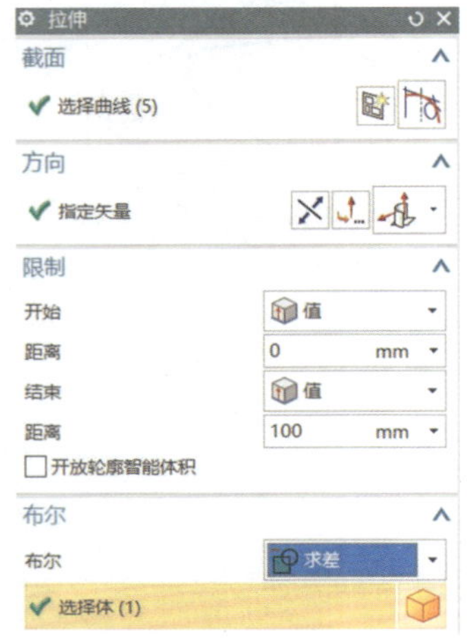

图4-91　设置拉伸对话框

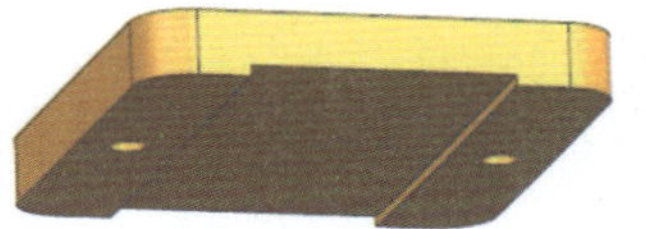

图4-92　拉伸除料特征

4. 在拉伸实体2基础上继续添加孔特征。选择下拉主菜单的“插入”，然后选择“设计特征”菜单的子菜单中“孔”命令 孔(H)...，在系统弹出来的对话框中，在“位置”区域中的“指定点”点击“草绘”命令按钮 ，并且选择如图4-93所示的实体表面为草绘平面，则进到草绘中绘制点的位置，绘制如图4-94所示的四个点，然后完成草绘图形。返回到孔对话框中，按照如图4-95所示设置孔的相关参数，选择“形状和尺寸”为“沉头孔”，沉头直径为“15”，深度为“3”，孔径为“8”，“深度限制”：“深度”值为“20”，“顶锥角”为“118”，其他的选择默认的，预览孔特征，然后点击“确定”，完成了孔特征的创建（如图4-95所示）。

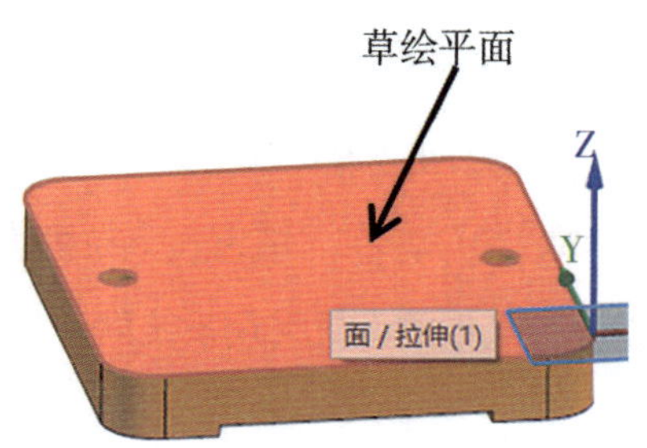

图4-93　实体表面为草绘平面

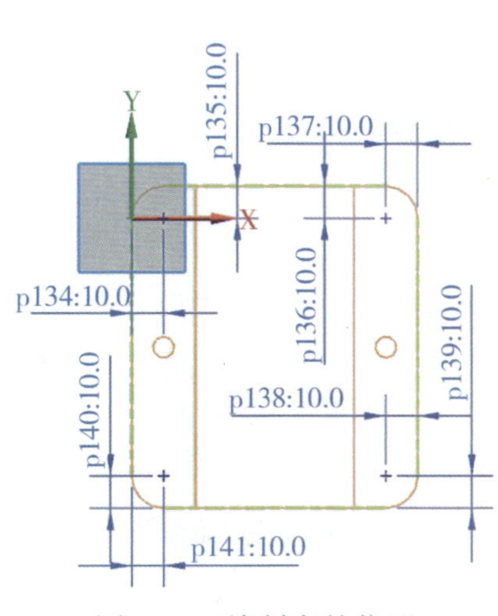

图4–94 绘制点的位置

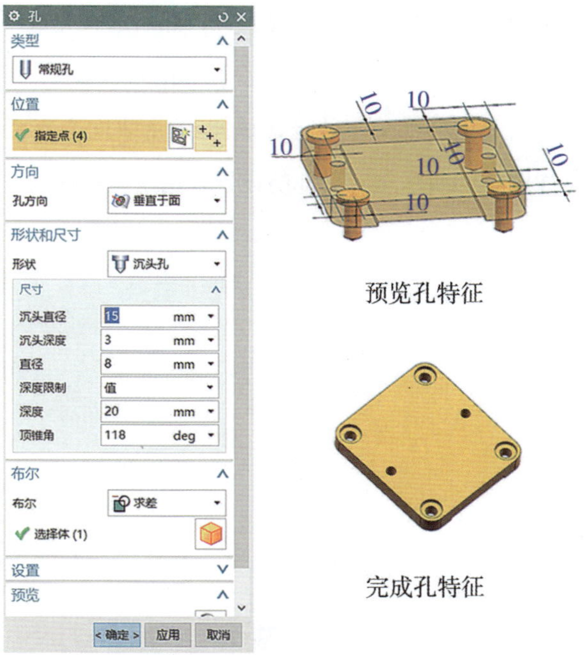

图4–95 孔相关参数设置和孔特征的创建

5. 创建基准平面特征。选择下拉主菜单的“插入”，然后选择“基准/点”菜单的子菜单中“基准平面”命令。在弹出来的对话框中的“类型”选择“成一角度”，如图4–96所示。选择“竖直平面”为“参考平面”，选择“棱边线”为“通过轴线”，在“角度”选项里面选择“角度”值为“30”，并且在“偏置”选项中勾选“偏置”，输入距离为“–10”，注意根据情况选择“方向”，其他的为默认的，选择“确定”则基准平面创建成功，如图4–97所示。

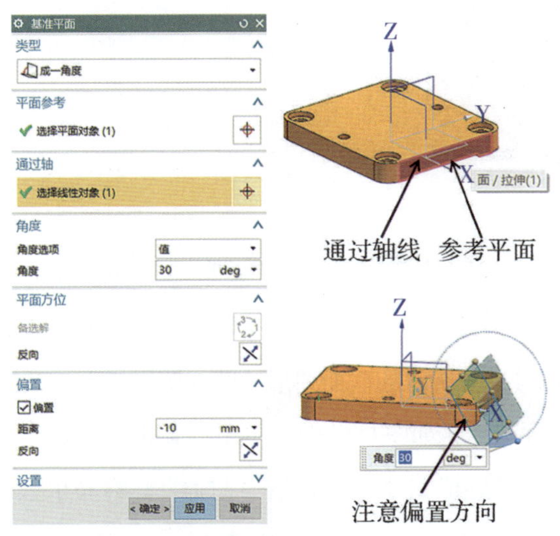

图4–96 基准平面对话框的设置

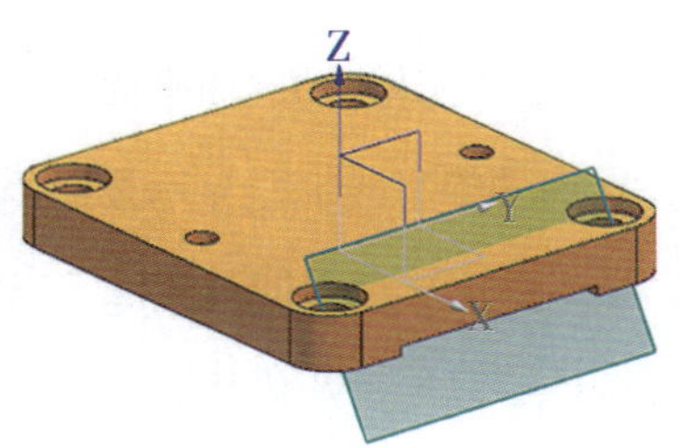

图4–97 基准平面创建成功

6. 继续添加拉伸特征实体建模。选择拉伸命令，在弹出的对话框中所有设置都在默认状态下，直接选择所创建的基准平面（如图4–97所示）为草绘的绘图平面，进入草绘绘图环境后，绘制如图4–98所示的截面图形（水平线和孔中心在同一条线上），然后选择完成草图。退出草图后，在拉伸对话框中主要看矢量方向是否要改变，在“限制”区域的“开始”下拉列表选择“值”并在其下的距离输入参数“0”，在“结束”下拉列表选择“直至延伸部分”并选择拉伸1的上表面为直至平面可以参考指定的平面，在布尔运算区域中选择“求和”（如图4–99所示），其他的设置采用系统默认的，则完成拉伸实体3的建模特征，如图4–100所示。

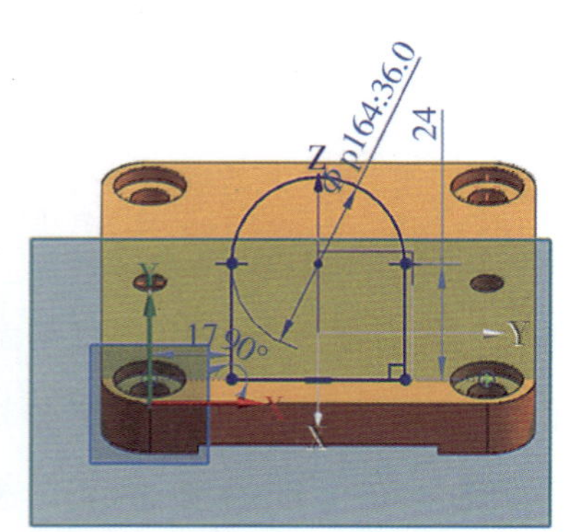

图4–98　截面图形

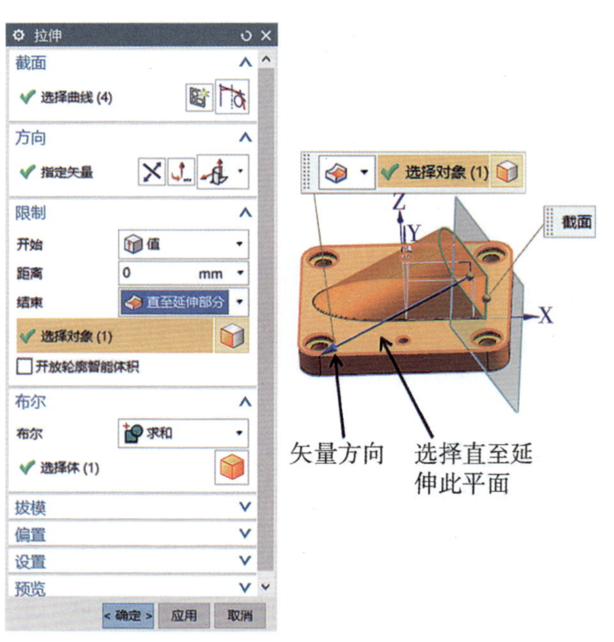

图4–99　设置拉伸对话框相关参数

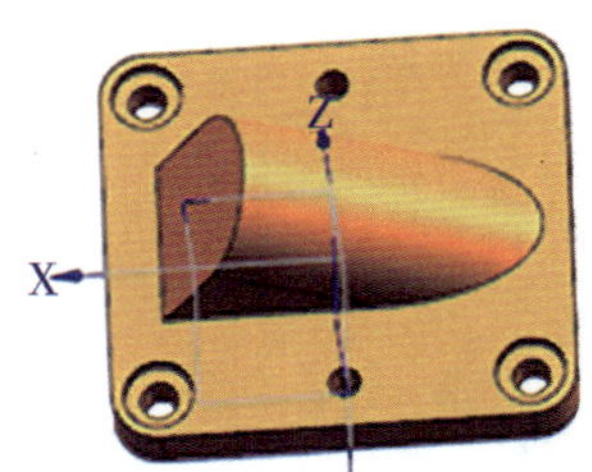

图4–100　拉伸实体3建模

7. 继续添加拉伸特征实体4的建模。选择拉伸命令，在弹出的对话框中所有设置都在默认状态下，直接选择如图4–101所示的实体3的圆面平面为草绘的绘图平面，进入草绘绘图环境后，为了观察方便，使实体显示为线框显示，点击“静态线框”显示按钮 静态线框 ，绘制如图4–102所示的截面图形（圆与圆同心），然后选择完成草图。退出草图后在拉伸对话框中主要看矢量方向是否要改变，如图4–103所示，在“限制”区域的“开始”下拉列表选择“值”，并在其下的距离输入参数“0”，在“结束”下拉列表选择“贯通”。在布尔运算区域中选择“求差”，其他的设置采用系统默认的，则完成如图4–104所示拉伸实体4的建模特征（拉伸除料）。

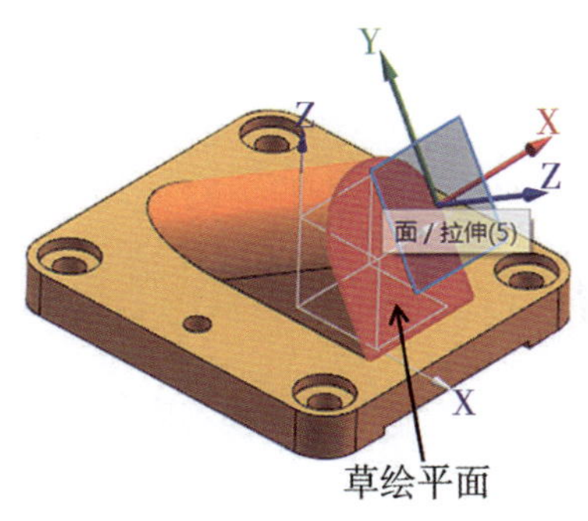

图4-101　选择草绘平面

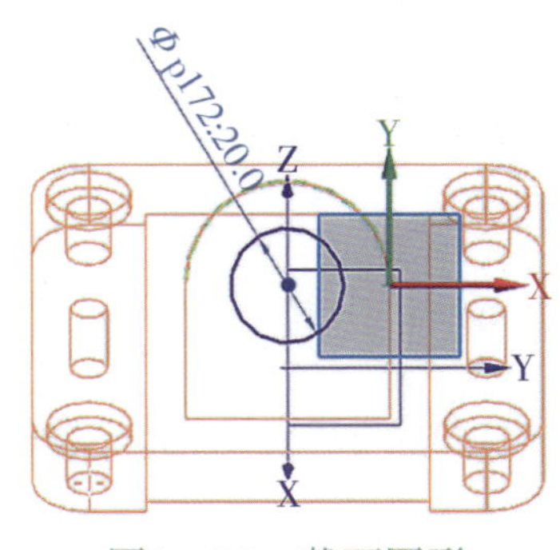

图4-102　截面图形

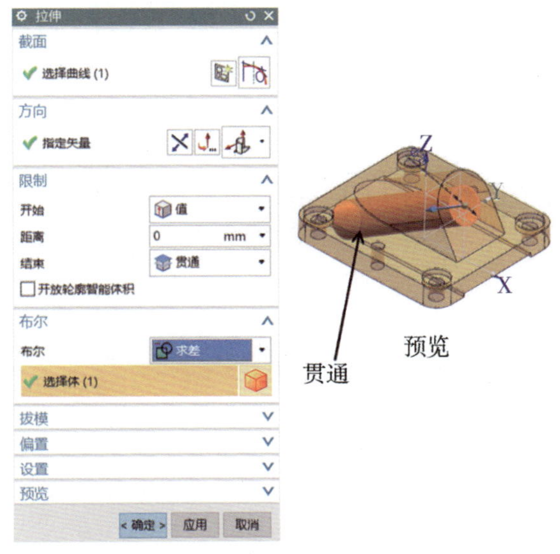

图4-103　设置拉伸对话框相关参数

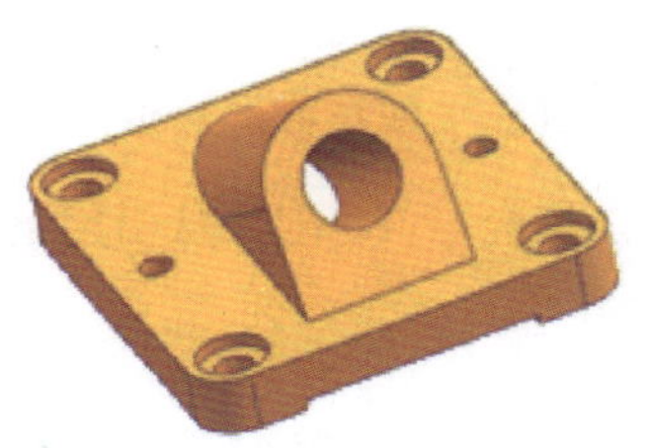
图4-104　拉伸实体4建模

8. 继续添加其他修饰特征，即倒斜角特征。选择下拉主菜单的“插入”，然后选择“细节特征”菜单的子菜单中“倒斜角”命令 倒斜角(M)... 。在系统弹出来的对话框中选择如图4-105所示圆筒的棱边线为“边”，偏置选项中选择“对称”距离为“2”，其他的为默认，可以预览一下，然后点击“确定”完成倒斜角的特征。至此，整个某机械零部件支撑座的三维建模则创建完成，如图4-106所示。

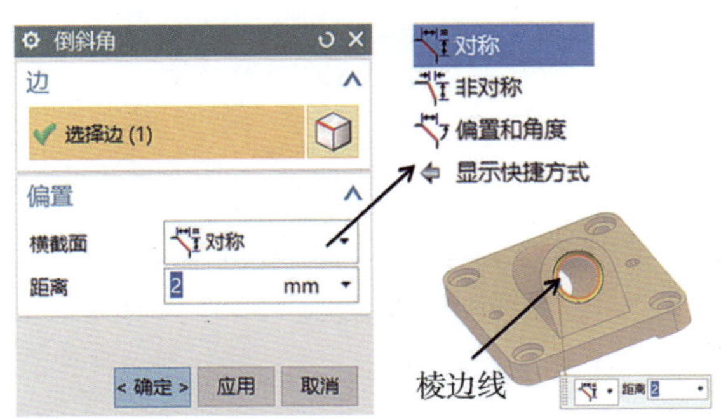

图4-105　设置倒斜角相关参数

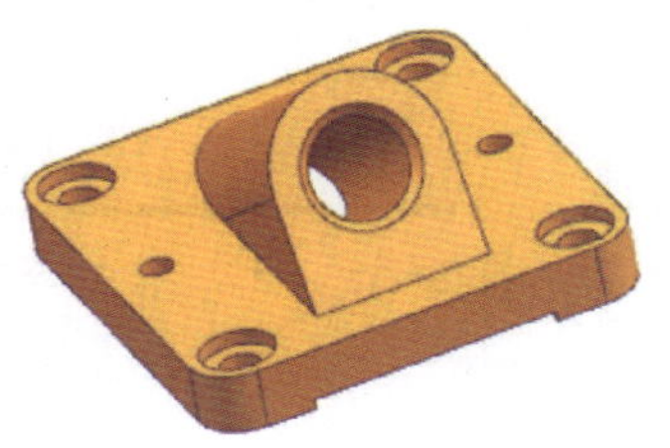
图4-106　支撑座的三维建模

知识链接

编辑中的变换特征

“变换”命令允许用户进行平移、旋转、比例或复制等操作，但是不能用于变换视图、布局、图样或当前的工作坐标系。通过变换生成的特征与源特征不相关联。

选择下拉主菜单“编辑”下拉菜单的“变换”命令 变换(M)...，会弹出如图4-107所示的“变换（一）”对话框，选择需要变换的特征后，点击“确定”按钮，则系统会弹出如图4-108所示的“变换（二）”对话框。“变换（二）”对话框的按钮功能介绍如下：

- “比例”：通过指定参考点和缩放类型及缩放比例值来缩放对象。
- “通过一直线镜像”：通过指定一直线为镜像中心线来复制选择的特征。
- “矩形阵列”：对选定的对象进行矩形阵列操作。
- “圆形阵列”：对选定的对象进行圆形阵列操作。
- “通过一平面镜像”：通过指定一平面为镜像中心线来复制选择的特征。
- “点拟合”：将对象从引用集变换到目标点集。

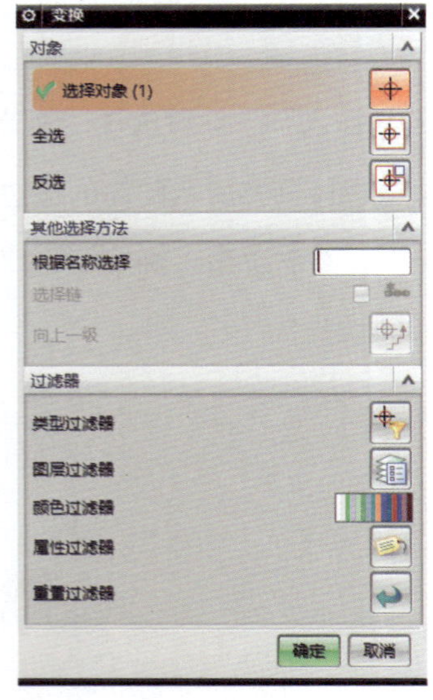

图4-107 “变换（一）”对话框

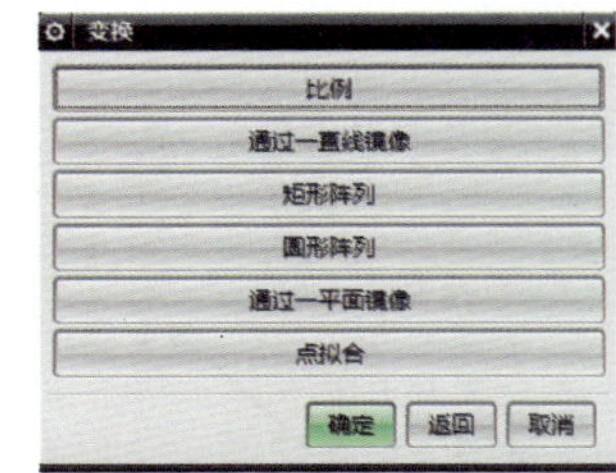

图4-108 “变换（二）”对话框

知识延伸

模型的测量与分析（三）

测量曲线长度：选择下拉主菜单下“分析”的下拉菜单“测量长度”命令 测量长度(L)…，则系统会弹出如图4-109所示的“测量长度”对话框。选择要测量的曲线，曲线的长度测量如图4-110所示。

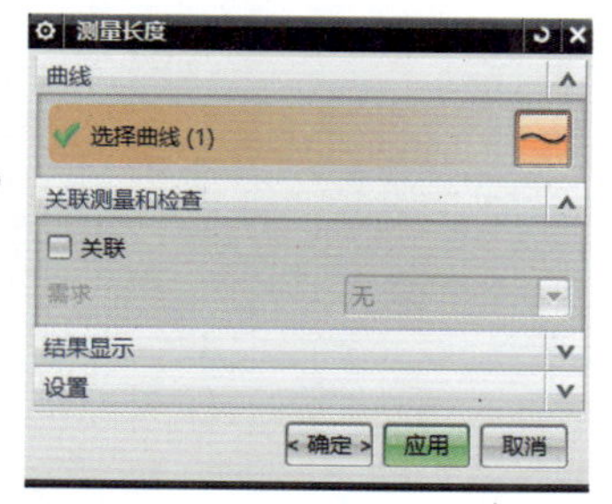

图4-109　“测量长度”对话框

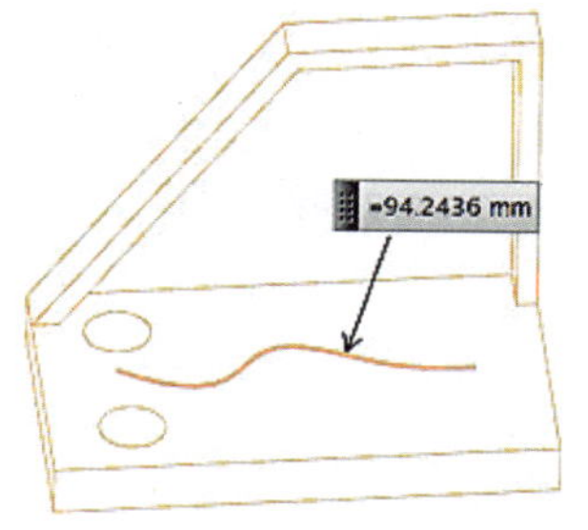

图4-110　曲线的长度测量

测量面积及周长：选择下拉主菜单下“分析”的下拉菜单“测量面”命令，则系统会弹出“测量面”对话框。选择要测量的曲面，如图4-111所示为曲面的面积测量。在动态对话框选择“面积” 面积，下拉列表选择“周长”选项，曲面的周长测量如图4-112所示。

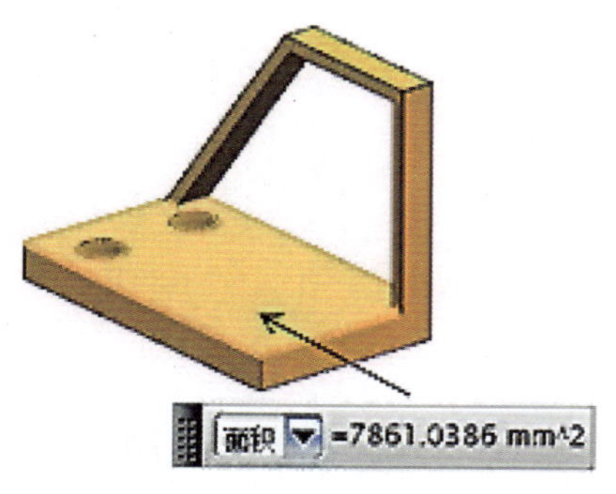

图4-111　面积测量

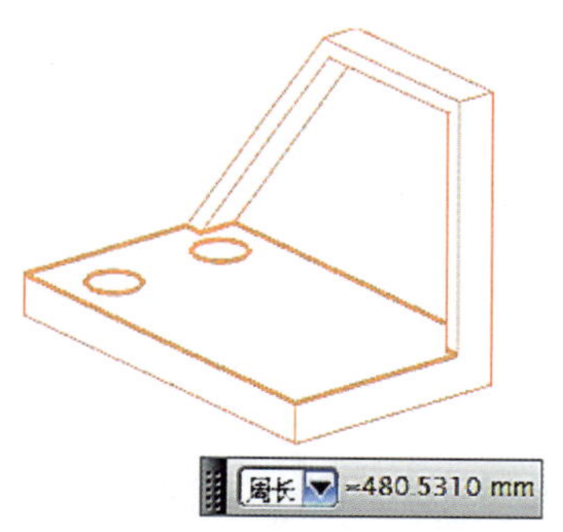

图4-112　周长测量

单元五

曲面建模的基础操作

5

单元提示

在现代复杂产品设计中，曲面的应用比较广泛。曲面是构建复杂模型最重要的材料之一，曲面技术的发展为表达实体模型提供了更加有效的工具。特别是现在的玩具车、飞行器等，造型美观、物理性能优良，表面结构通常使用参数曲面来构建。那么 UG 软件具有强大的曲面造型功能特点，可以实现从简单到复杂的曲面建模，也可以进行曲面修复等，在模具等行业的研发设计到编程加工过程中起到了便捷作用，从而带来了极大的经济效益。

曲面造型的特点：曲线是曲面的基础，也是曲面造型必须用到的基础元素，学习如何创建曲线是学习曲面设计的基本要求。本单元中常用的曲面有网格面、扫掠面、桥接曲面等，曲面的编辑，比如曲面的修剪、曲面延伸、曲面的倒角等，本单元通过几个简单实例使用户能熟悉曲面的建模方法和技巧。

任务一 曲线、曲面特征

任务描述

本任务中介绍了常用的曲线和曲面特征，曲线是曲面的基础，也是曲面造型必须用到的基础元素，曲面特征也是常用的一个特征，在建模造型过程中与实体特征结合使用，所以曲面创建的几何要素非常重要。UG软件可实现多种方式下的曲面造型、曲面编辑、曲面修改。常用的曲面特征主要包括拉伸曲面、旋转曲面、扫掠曲面、网格曲面、偏置曲面、抽取曲面等。

任务目标

1. 掌握UG NX10.0软件的曲线应用
2. 熟悉UG NX10.0软件的曲面、曲面特征的创建

任务过程

一、UG NX10.0软件的曲线应用

UG NX10.0软件中有曲线和派生曲线两种。曲线包括直线、圆弧/圆、直线和圆弧、基本曲线、矩形、多边形、椭圆、抛物线、二次曲线、螺旋线、艺术样条、文本曲线等，其中有些曲线比较规则，有些曲线涉及公式参数，有些曲线需要倒角等操作。在派生曲线中经常会用到投影曲线、相交曲线、抽取、镜像、桥接、偏置等。

选择主菜单“插入”下拉菜单的“曲线”，则可以调出如图5-1所示的一系列曲线菜单工具。同样操作，选择“插入”下拉菜单中“派生曲线”，可以调出如图5-2所示的一系列派生曲线菜单工具。用户可以将鼠标放置在工具按钮上，则会弹出“气泡”，这是对此工具进行解释说明。曲线的用法和之前介绍的用法基本上一样，所以就不一一列举介绍。以下介绍常用的曲线。

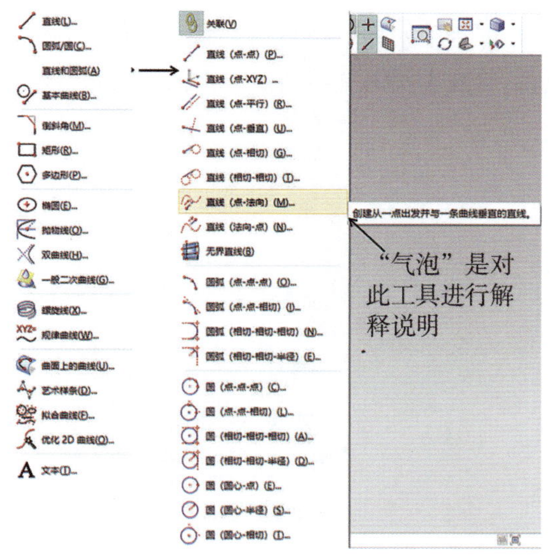

图5-1　曲线菜单工具

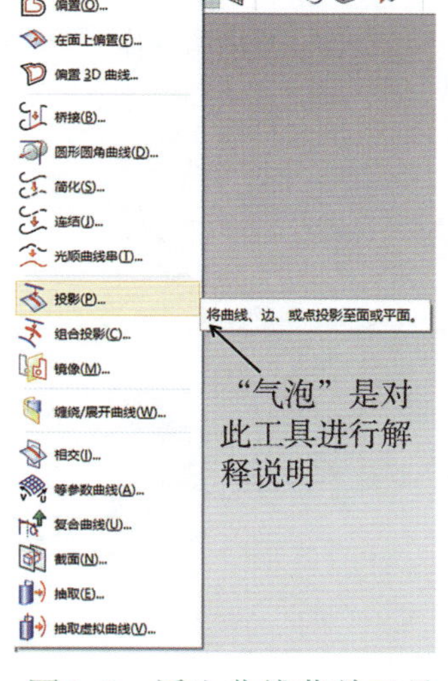

图5-2　派生曲线菜单工具

1. 直线。选择下拉主菜单“插入”下拉菜单下的“曲线”的下拉子菜单的“直线”命令 直线(L)... ，则会弹出如图5-3所示的直线对话框，通过对话框可以创建多种类型的直线，创建的直线类型取决于在该对话框的“起点选项”和“终点选项”下拉列表中不同选项的组合类型。

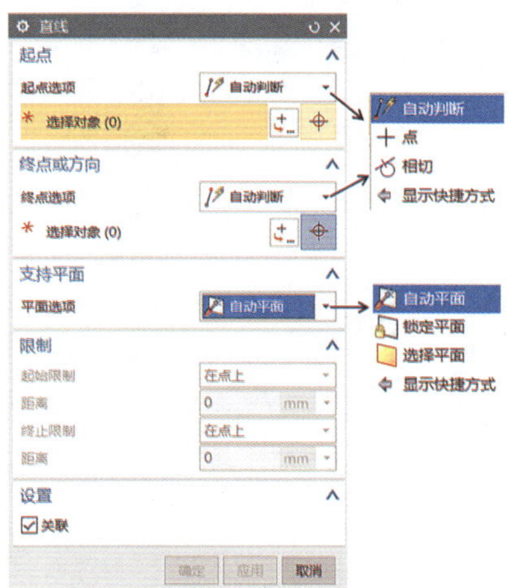

图5-3　直线对话框

方式一：创建两点直线，在直线对话框中选择“起点选项”下拉列表为“点”，选择“终点选项”下拉列表为“点”，选择直线的起点和终点，则创建出矩形的对角线，即所得到的直线，如图5-4所示。

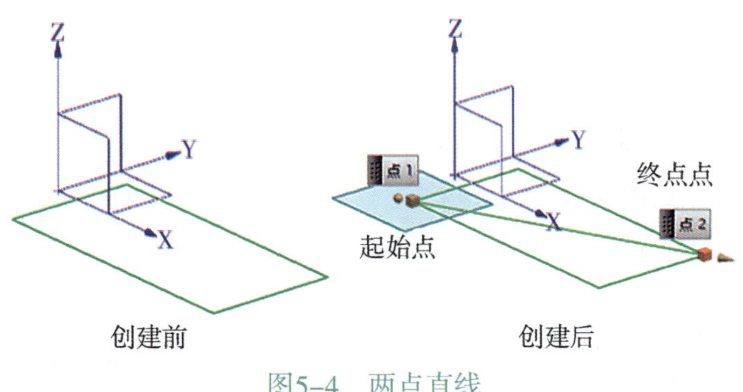

图5-4　两点直线

方式二：创建点+相切直线，在直线对话框中选择“起点选项”下拉列表为“点”，选择“终点选项”下拉列表为“相切”，如图5-5所示选择起始点为坐标原点，终点为圆上某一切点，则创建出圆与坐标原点的相切直线。

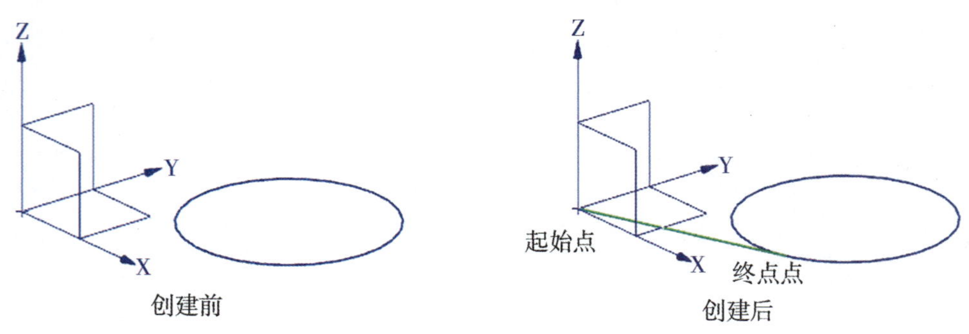

图5-5　相切直线

2. 圆弧/圆。选择下拉主菜单“插入”下拉菜单下的“曲线”的下拉子菜单的“圆弧/圆”命令 圆弧/圆(C)...，则会弹出如图5-6所示的圆弧/圆对话框，通过对话框可以创建多种类型的圆弧或圆，创建的圆弧或圆类型取决于对圆弧或圆相关的点的不同约束。

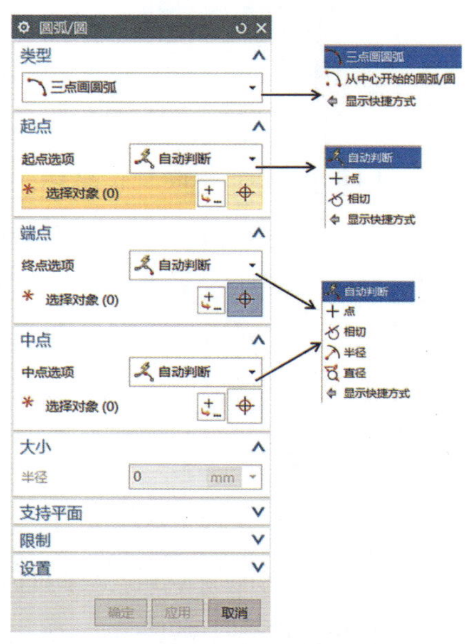

图5-6　圆弧/圆对话框

方式一：从中心开始的点画圆弧，在“中心点”选项中选择坐标系的原点为圆弧的中心点，在“通过点”选项中终点选项的下拉列表为“半径”，在“限制”选项的“起始限制”列表中选择“值”，“角度”输入参数“-120”，“终止限制”列表中选择“值”，“角度”输入参数“120”，其他的选项为系统默认的，点击“确定”，则完成如图5-7所示圆弧的创建。

方式二：从中心开始的点画圆，在“中心点”选项中选择坐标系的原点为圆弧的中心点，即确定圆心，在“通过点”选项中终点选项的下拉列表为“半径”，在“限制”选项中勾选“整圆”，在“大小”选项输入半径为“45”，其他的选项为系统默认，点击“确定”，则完成如图5-8所示圆的创建。

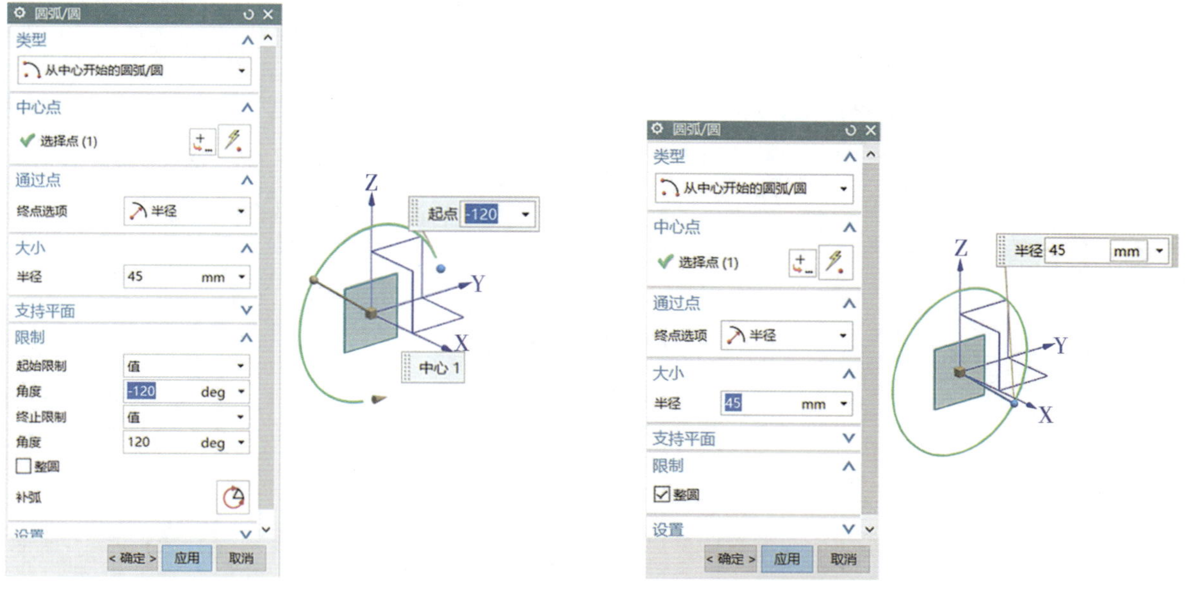

图5-7　圆弧的创建　　　　图5-8　圆的创建

3. 螺旋线。螺旋线也是建模或者造型中经常用到的曲线，通过定义螺距、半径方式、旋转方向和方位等参数来生成螺旋线。创建螺旋线有两种方式：一种是沿矢量方式，另一种是沿脊线方式。

方式一：沿矢量方式创建螺旋线。选择下拉主菜单“插入”下拉菜单下“曲线”的下拉子菜单的“螺旋线”命令 螺旋线(X)...，在如图5-9所示的“螺旋线”对话框中的“类型”下拉列表中选择“沿矢量”，在“方向”选项区域中“指定CSYS对话框”系统当前的CSYS默认为坐标系原点（即当前的WCS作为螺旋线的方位，XC=0、YC=0、ZC=0为默认的基点），在“大小”选项区域中“规律类型”下拉列表选择“恒定”，将“值”的参数设置为“25”，在“螺距”选项中选择“规律类型”为“恒定”，设置“值”为“5”，在“长度”选项区域中选择“方法”为“圈数”，设置参数值为“5”，其他的设置为系统默认的，点击“确定”按钮，则完成螺旋线的创建，如图5-9所示。

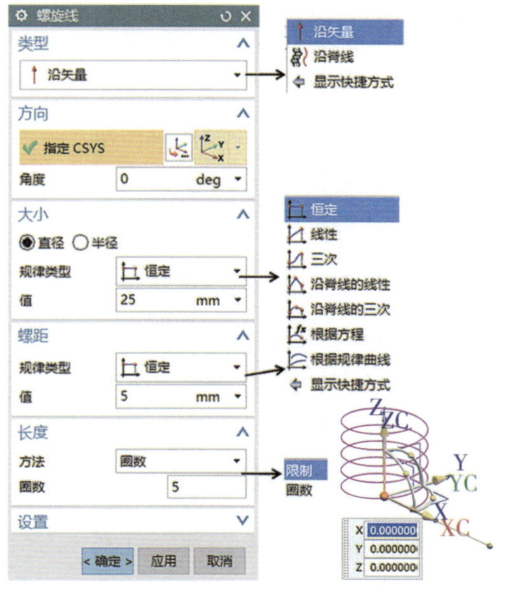

图5-9　螺旋线参数设置和沿矢量创建螺旋线

方式二：沿脊线方式创建螺旋线。首先要创建脊线，即如图5-10所示创建的样条曲线为脊线。其次在如图5-11所示的“螺旋线”对话框中的“类型”下拉列表中选择“沿脊线”，在“脊线”选项区域中选择如图5-10所示的样条曲线，在“大小”选项区域中“规律类型”下拉列表选择“恒定”，将“值”的参数设置为“4”，在“螺距”选项区域中选择“规律类型”下拉列表为“恒定”，设置参数值为“2”，在“长度”选项区域中选择“方法”列表中的“圈数”，设置参数为“30”，其他的设置为系统默认的，点击“确定”按钮则完成沿脊线方式创建螺旋线。

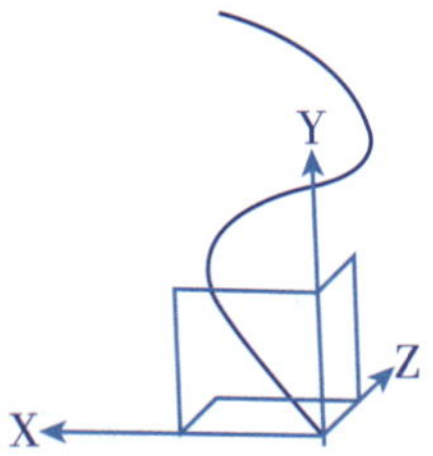

图5-10　脊线

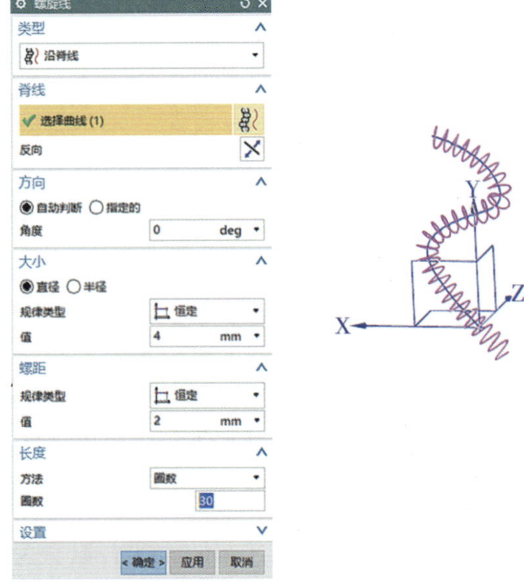

图5-11　螺旋线参数设置和沿脊线创建螺旋线

4. 文本曲线。使用“文本”命令，可将本地的Windows字体库中的True Type字体中的“文本”生成NX曲线。无论何时需要文本，都可以将此功能作为部件模型中的一个设计元素使用。在“文本”对话框中，允许用户选择Windows字体库中的任何字体，指定字符属性（粗体、斜体、类型、字母）；在“文本”对话框字段中输入文本字符串，并在NX部件模型内将字符串转换为几何体。文本将跟踪所选True Type字体的形状，并使用线条和样条生成文本字符串的字符外形，可以在平面、曲线或曲面上放置生成的几何体。

选择下拉主菜单“插入”下拉菜单下的“曲线”下拉子菜单的“文本”命令 **A** 文本(T)...，弹出如图5-12所示的“文本”对话框，在“类型”下拉列表中选择“平面的”方式，在“文本属性”中输入“文本属性”，在“文本框”区域中的“锚点位置”下拉列表中选择“中上”，在“锚点放置”选项中选择坐标系原点，将“尺寸”选项的“长度”设置为“50”，“高度”设置为“15”，其他的设置为系统默认，点击“确定”按钮，则完成文本曲线的创建。

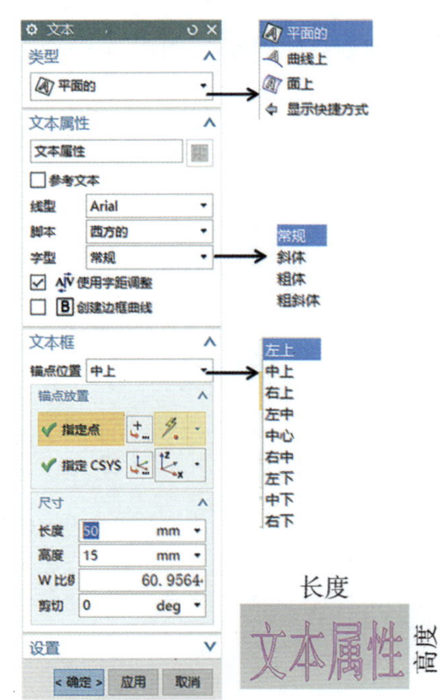

图5-12　文本曲线参数设置和创建

5. 投影曲线。投影可以将曲线、棱边和点映射到片体、面、平面和基准平面上。投影曲线在孔或面边缘处都要进行修剪，投影之后可以自动合并输出的曲线。首先创建要投影的面和要投影的曲线，图5-13所示为创建好的投影面和空间曲线。

选择下拉主菜单“插入”菜单下的“派生曲线”子菜单“投影”命令 投影(P)...，弹出如图5-14所示的“投影”对话框，在“要投影的曲线或点”选项中选择“六边形”为要投影的曲线，在“要投影的对象”选项中选择“球面”为要投影的对象，在“投影方向”选项中选择“沿矢量”，指定垂直球面矢量为投影方向，其他的设置为系统默认，点击“确定”按钮，则完成投影曲线的创建，如图5-15所示。

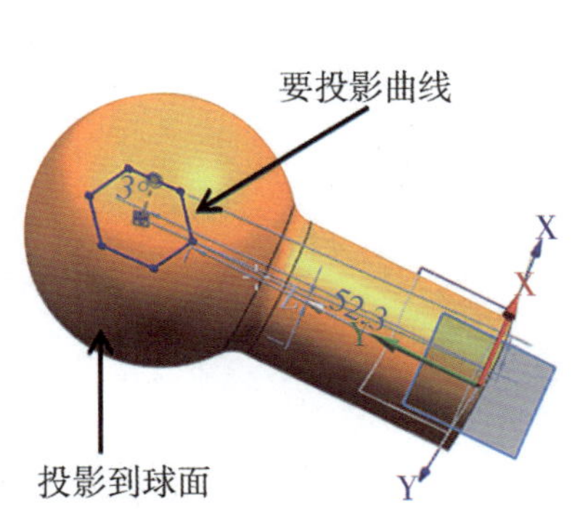

图5-13　投影面和空间曲线

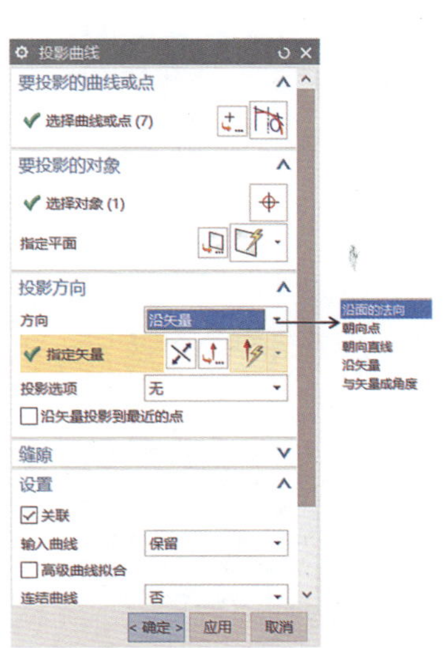

图5-14　设置投影曲线选项

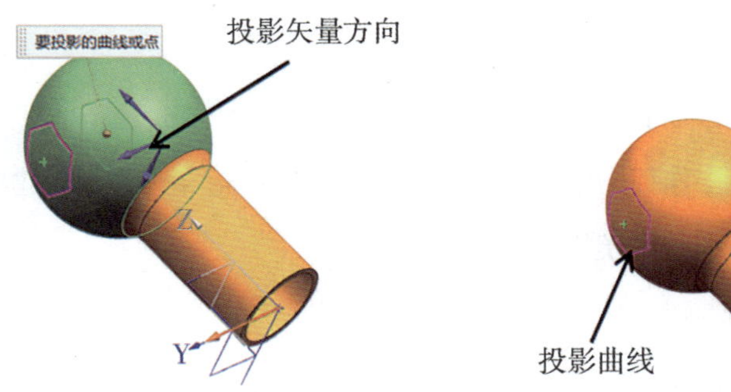

图5-15　选择投影方向完成投影曲线的创建

6. 抽取曲线。抽取曲线主要是从已有模型的边、相交线等提取出来的曲线。使用“抽取”曲线可以通过一个或多个现有体的边或面创建直线、圆弧、二次曲线和样条曲线，而体不发生变化。大多数抽取是非关联的，但也可以选择创建相关的等斜度曲线或阴影外形线。

选择下拉主菜单“插入”下拉菜单中的“派生的曲线”子菜单“抽取”命令 抽取(E)...，弹出如图5-16所示的“抽取曲线”对话框，通过抽取“边曲线”创建曲线，在“抽取曲线”对话框中选择“边曲线”，系统会弹出如图5-17所示的“单边曲线”对话框，在“单边曲线”对话框中点击“实体上所有的”按钮，则系统会弹出如图5-18所示的“实体中的所有边”对话框，选择如图5-19所示的拉伸实体，点击“确定”返回“单边曲线”

对话框，点击“单边曲线”对话框中的“确定”按钮，完成如图5-20所示的抽取曲线的创建，然后点击“取消”按钮，结束抽取曲线并退出对话框。

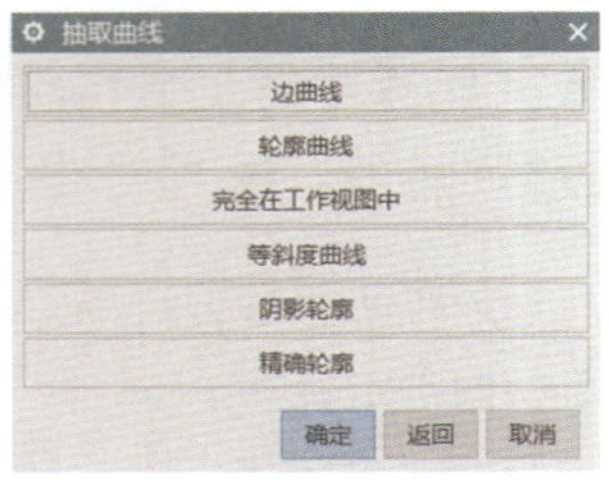

图5-16　抽取曲线对话框

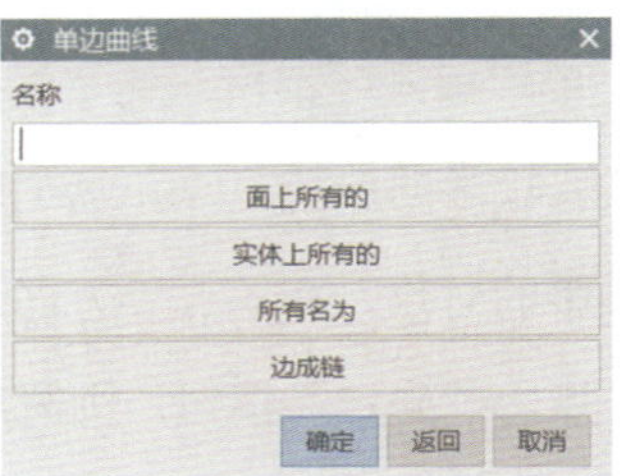

图5-17　单边曲线对话框

图5-18　实体中的所有边对话框

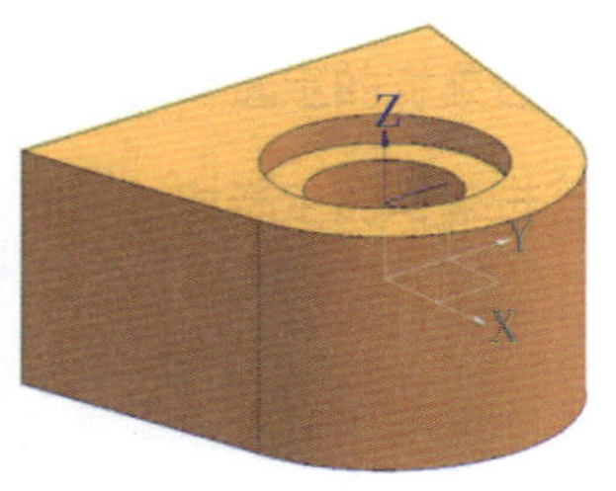

图5-19　选择拉伸实体

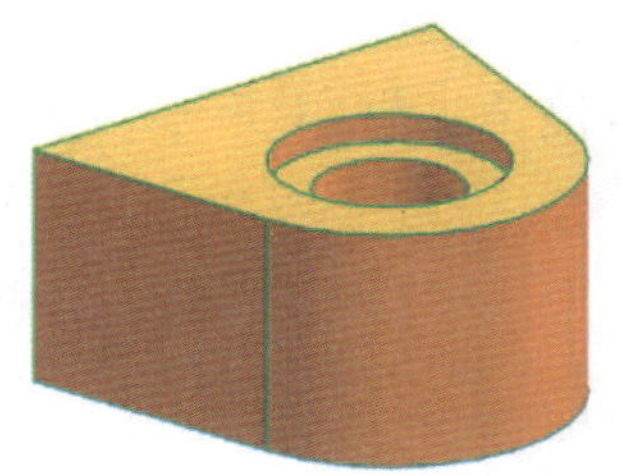

图5-20　抽取曲线的创建

“抽取曲线”对话框中的按钮介绍如下：

- “边曲线”：从指定边抽取曲线。
- “轮廓曲线”：利用轮廓边缘创建曲线。
- “完全在工作视图中”：利用工作视图中体的所有可视边（包括轮廓边缘）创建曲线。
- “等斜度曲线”：创建在面集上的拔模角为常数的曲线。
- “阴影轮廓”：在工作视图中创建仅显示体轮廓的曲线。
- “精确轮廓”：在工作视图中创建显示体轮廓的曲线。

在抽取曲线的“单边曲线”对话框中，“面上所有的”指所选表面的所有边；“实体上所有的”指所选实体的所有边；“所有名为”指命名相似曲线；“边缘成链”指所选链的起始边与结束边按某一方向连接而成的曲线。

二、UG NX10.0软件的曲面应用

1. 曲面操作工具条。用户只需在UG NX10.0软件的带状工具条区的快捷工具中，点击如图5-21所示“曲面”工具，弹出曲面快捷工具条，即可进入曲面环境，实现曲面的操作。从图中的分布可以看到，曲面带状区工具条大致划分为“曲面”“曲面工序”和“编辑曲面”三大部分，这些都是快捷工具条中的工具，有的部分被隐藏，用户可以直接点击隐藏符号调出使用，方便系统和用户的管理。

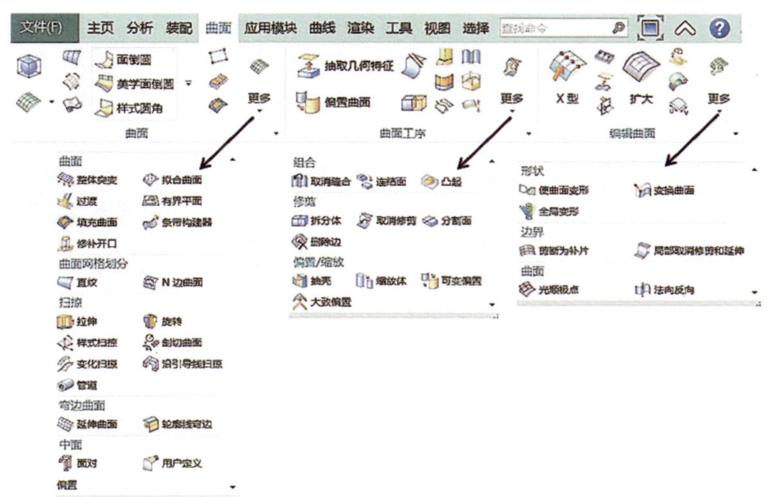

图5-21　曲面快捷工具条

2. 拉伸曲面的创建。拉伸曲面就是将一截面草图沿着某一方向拉伸而成的曲面（多为草图平面的法线方向）。创建方法与相应的实体特征相同，只需将生成特征的类型设置为“片体”。

操作方法：选择下拉主菜单的“插入”，然后选择“设计特征”菜单的子菜单中的“拉伸”命令 拉伸(E)...，选择默认的XY平面为草图平面，绘制如图5-22所示的截面草图，完成草图后退出草图。在拉伸对话框中，在“极限”区域中的开始列表中选择“值”，并在其下的“距离”文本框中输入数值“0”；在“极限”区域中的终点列表中选择“值”，并在其下的“距离”文本框中输入数值“40”。定义拉伸特征的类型，在对话框区域中的“体类型”下拉列表中选择“片体”，其他为系统默认的设置，点击“确定”，完成如图5-23所示的拉伸曲面的特征创建。

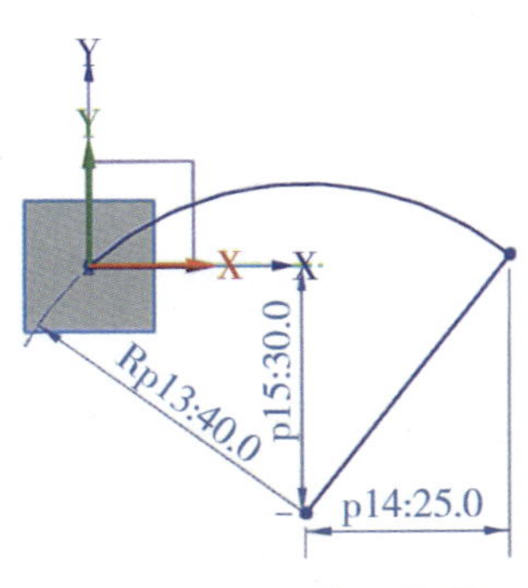

图5-22　截面草图

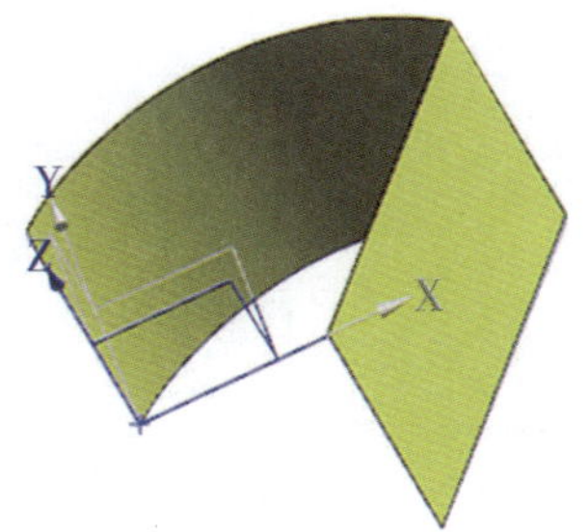

图5-23　拉伸曲面的特征创建

3. 旋转曲面的创建。旋转曲面就是将一截面草图绕着某旋转轴线而成的曲面。旋转曲面的创建方法与相应的实体特征相同，只需将生成特征的类型设置为“片体”。

操作方法：选择下拉主菜单的“插入”，然后选择“设计特征”菜单的子菜单中的“旋转”命令 旋转(R)...，选择默认的XY平面为草图平面，绘制如图5-24所示截面草图，完成草图后退出草图。在旋转对话框中选择“Y”轴为旋转轴，在“极限”区域中的开始列表中选择“值”，并在其下的“角度”文本框中输入数值“0”，在终点列表中选择“值”，并在其下的“角度”文本框中输入数值“270”。定义旋转特征的类型，在对话框区域中的“体类型”下拉列表中选择“片体”，其他为系统默认的设置，点击“确定”完成如图5-25所示的旋转曲面的特征创建。

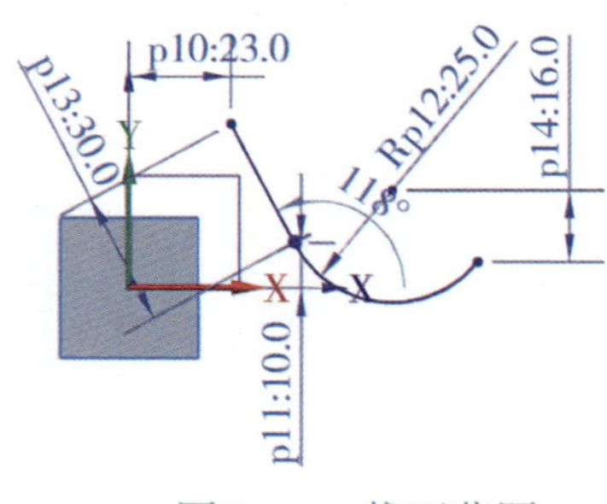

图5-24　截面草图

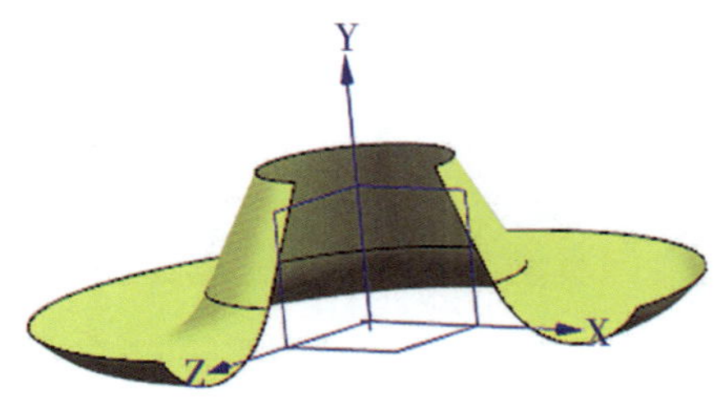

图5-25　旋转曲面的特征创建

4. 有界平面的创建。有界平面可以创建平整曲面，利用拉伸也可以创建曲面，但是拉伸创建的是有深度参数的二维或三维曲面，而有界平面创建的是没有深度参数的二维曲面。创建有界平面首先要创建平面边界曲线，如图5-26所示为边界曲线。

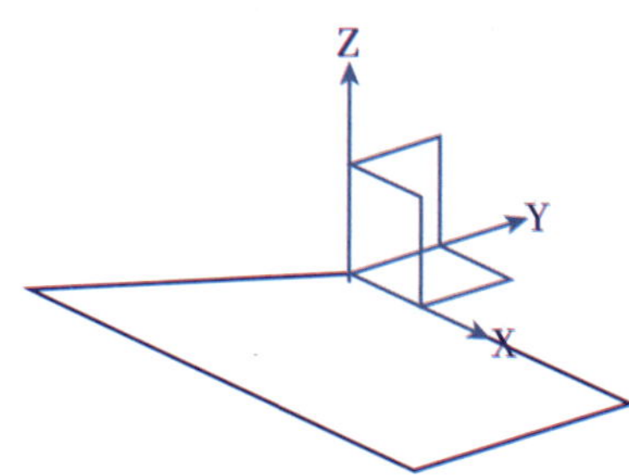

图5-26　边界曲线

操作方法：选择下拉主菜单的“插入”，然后选择“曲面”菜单的子菜单中的“有界平面”命令 有界平面(B)...，选择如图5-26所示的四条直线组成边界，则完成如图5-27所示的有界平面的创建，也可以通过拉伸片体完成如图5-28所示的拉伸曲面的创建。

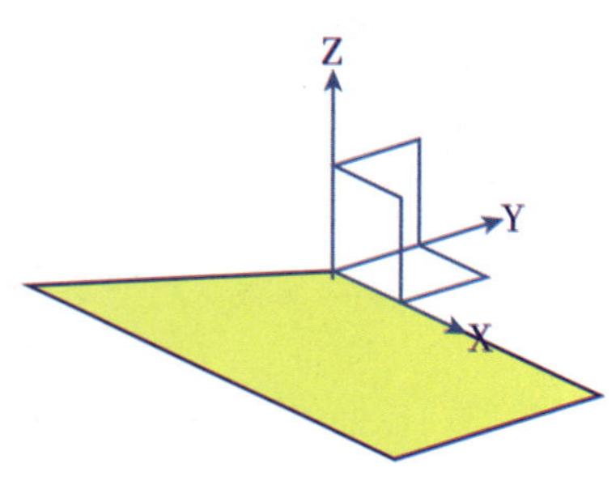

图5-27　有界平面的创建

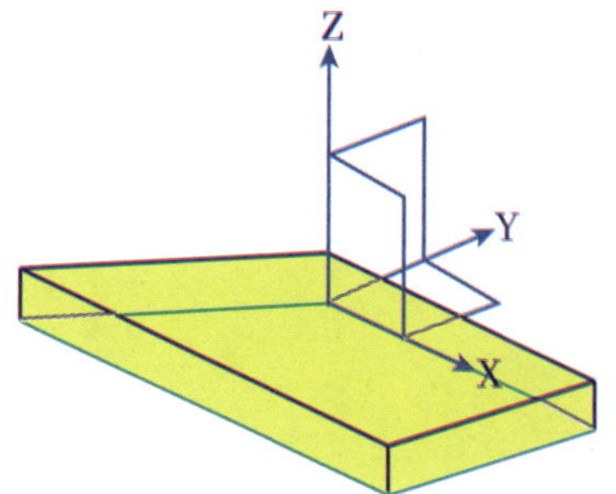

图5-28　拉伸曲面的创建

5. 直纹面的创建。直纹面是通过一系列直线连接两组线串而形成的一张曲面。在创建直纹面时只能使用两组线串，这两组线串可以封闭，也可以不封闭。

操作方法：选择下拉主菜单中的“插入”，然后选择“网格曲面”菜单的子菜单中的“直纹面”命令 直纹(R)...，系统会弹出如图5-29所示的“直纹面”对话框。在“截面线串1”和“截面线串2”中分别选择如图5-30所示的线串截面，在“设置”区域中的“体类型”列表中选择“片体”，其他的为系统默认的，点击“确定”按钮，则完成如图5-31所示的直纹面的创建。

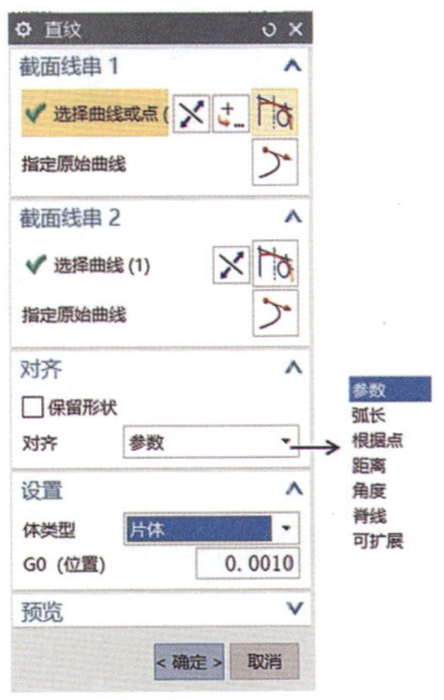

图5-29　直纹面对话框

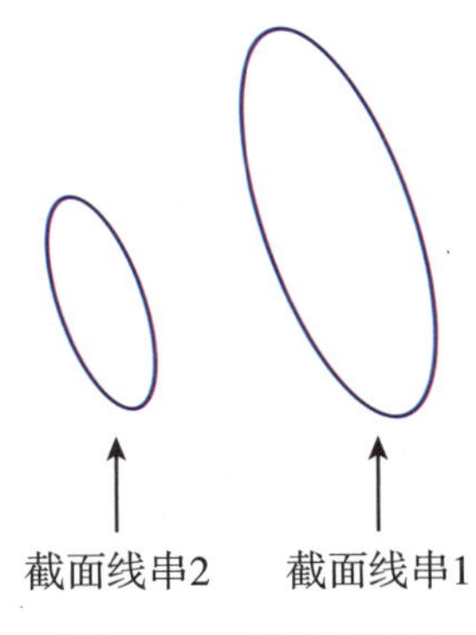

图5-30　线串截面

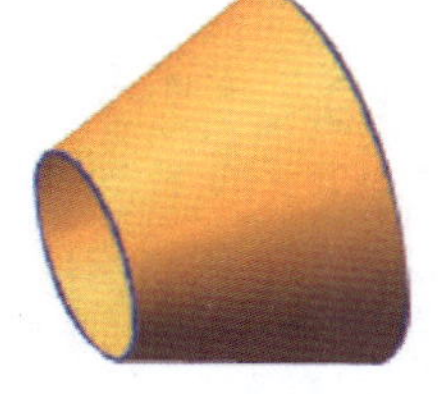
图5-31　直纹面的创建

特别提示

1. 在选择线串时，可以按下鼠标中键表示确认，选取曲线会经常用到鼠标中键，在书后没有特殊说明，则表示选取曲线采用中键确认。

2. 选取截面线串后，图形区会显示箭头矢量方向，如果与截面线串的方向相反（如图5-32所示），则生成的曲面将被扭曲，本书后面介绍的通过曲线创建的曲面也会有同样的问题，具体用户可以根据实际选择选定方向。

图5-32　曲面被扭曲

6. 网格曲面在创建曲面的方法中比较重要，特别是四边面的创建，在四边面的创建中能够很好地控制面的连续性，并且容易避免收敛点的生成，从而保证面的质量较高，对后续的产品尤为重要。

通过曲线网格创建曲面：“通过曲线网格”是比较常用的创建曲面的方法之一，此方法可以通过沿着不同方向的两组线串创建曲面。一组同方向的线串定义为主曲线，另外一组和主线串不在同一平面的线串定义为交叉线串，定义的主曲线与交叉线串必须在设定的公差范围内相交。这种创建曲面的方法定义了两个方向的控制曲线，可以很好地控制曲面的形状。

操作方法：选择下拉主菜单的“插入”，然后选择“网格曲面”菜单下“通过曲线网格曲面” 通过曲线网格(M)... 命令，系统会弹出如图5-33所示的“通过曲线网格”对话框，在“主曲线”和“交叉曲线”中分别选择如图5-34所示的主曲线串和交叉曲线串，确认主曲线和交叉曲线，分别单击鼠标中键确认。其他的为系统默认，点击“确定”按钮，完成如图5-35所示的通过曲线网格创建曲面。

图5-33　通过曲线网格对话框

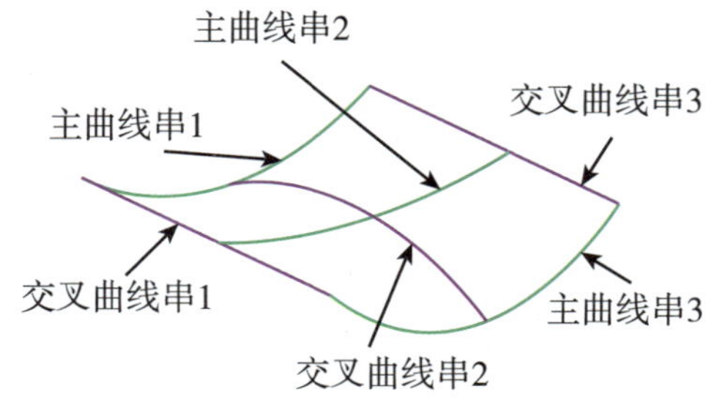

图5-34　曲线串

图5-35　通过曲线网格创建曲面

7. 沿引导线扫掠曲面。主要是通过沿着引导线串移动截面线串来创建曲面（当截面线串封闭时则生成实体），其中引导线串可以由一个或一系列曲线、边或面的边缘线构成；截面线串可以由开放的或封闭边界的草图、曲线、边缘或面构成。

操作方法：选择下拉主菜单的“插入”，然后选择“扫掠”菜单的子菜单中“沿引导线扫掠”命令 沿引导线扫掠(G)...，系统会弹出如图5-36所示的“沿引导线扫掠”对话框。在“截面”选项区域中选择如图5-37所示的截面，在“引导线”（如图5-37所示）选项区域中选择引导线，并且在“设置”选项中选择“体类型”为“片体”。其他的为系统默认，点击“确定”按钮，完成如图5-38所示的沿引导线扫掠曲面的创建。

图5-36　沿引导线扫掠对话框

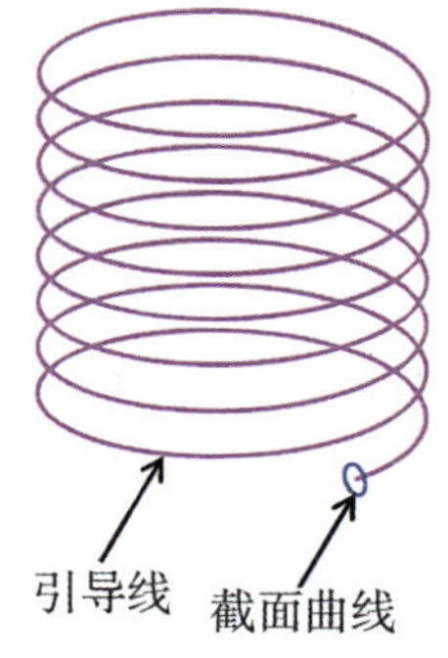

图5-37　引导线和截面线

图5-38　沿引导线扫掠创建曲面

8. 桥接曲面。桥接曲面可以在两个曲面间建立一张过渡曲面，且可以在桥接和定义面之间指定相切连续性或曲率连续性。

操作方法：选择下拉主菜单的“插入”，然后选择“细节特征”子菜单中“桥接”命令 桥接(B)...，系统会弹出如图5-39所示的“桥接曲面”对话框，分别选择如图5-40所示的两个曲面相邻近的边1和边2，在“约束”选项中选择“连续性”中的“G1相切”，其他的为系统默认的设置，点击“确定”按钮，完成如图5-41所示的桥接曲面的创建。

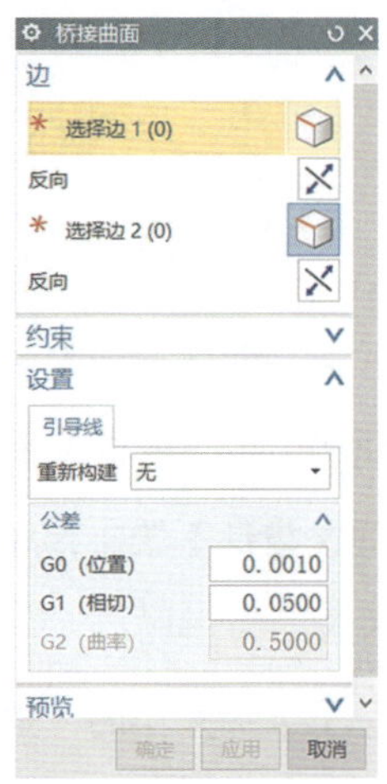

图5-39　“桥接曲面”对话框

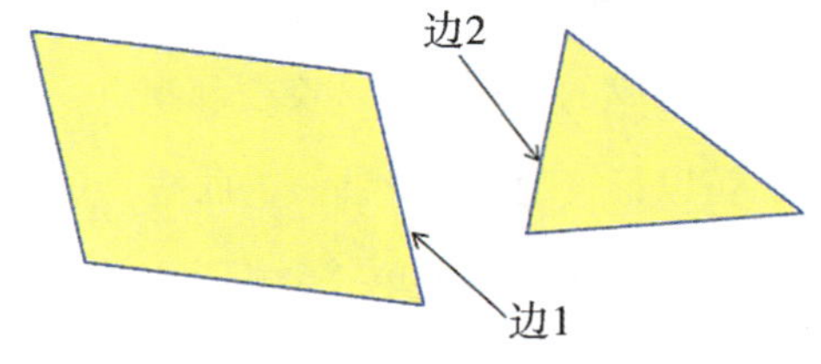

图5-40　相邻近的边1和边2

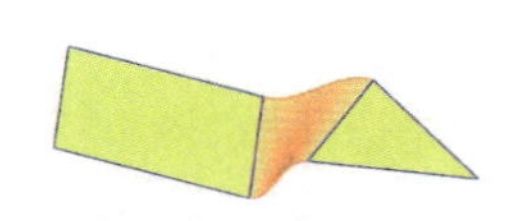

图5-41　桥接曲面的创建

9. N边曲面。通过使用不同数量的曲线或边创建一个曲面，并指定其与外部面的连续性，所用的曲线或边组成一个简单的开放或封闭环，此曲面可以补非四边曲面的破洞。

操作方法：选择下拉主菜单的“插入”，然后选择“网格曲面”子菜单中“N边曲面”命令 N边曲面...，系统会弹出如图5-42所示的“N边曲面”对话框。分别选择如图5-43所示八边形的8条边，在“类型”选项中选择“已修剪”或者“三角形”，其他的为系统默认的设置，点击“确定”按钮，会得到如图5-44所示N边曲面创建的两种类型。

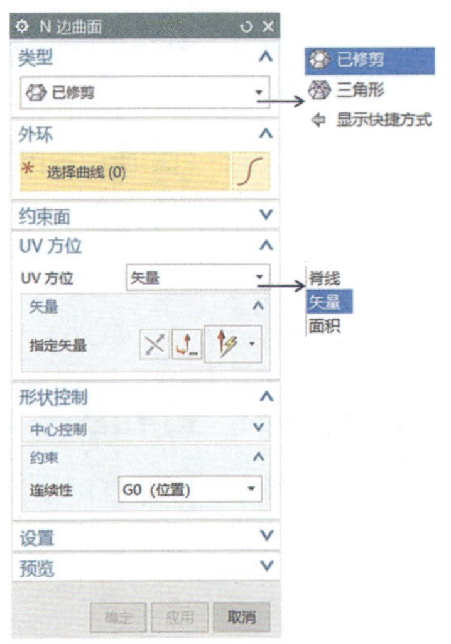

图5-42　N边曲面对话框

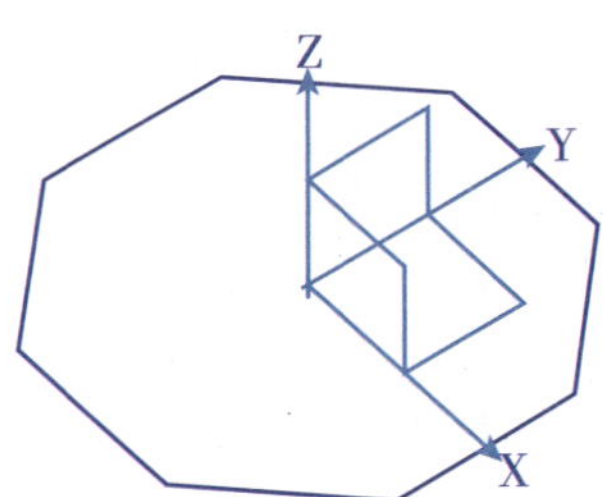

图5-43　八边形的8条边

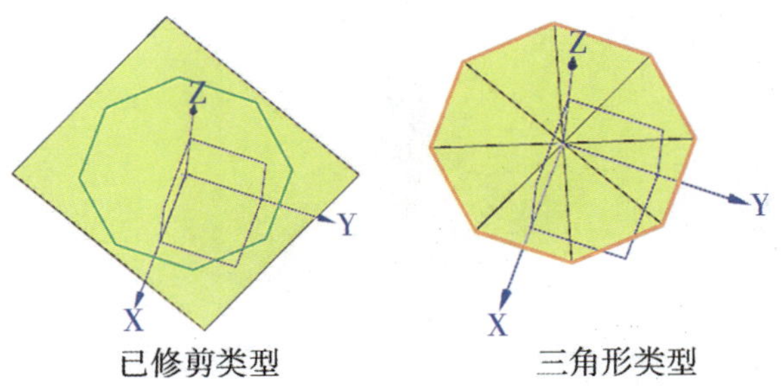

图5-44　N边曲面创建的两种类型

知识链接

曲线曲率分析：曲线质量的好坏对由该曲线产生的曲面、模型等的质量有重大的影响，曲率梳依附曲线而存在，最直观地反映了曲线的连续特性。曲率梳是指系统用梳状图形的方式显示样条曲线上各点的曲率变化情况。显示曲线的曲率梳后，能方便地检测曲率的不连续性、突变和拐点，在多数情况下这些是不希望存在的。显示曲率梳后，在对曲线进行编辑时，可以很直观地调整曲线的曲率，直到出现满意的结果为止。

首先选择如图5-45所示的曲线，然后选择下拉主菜单“分析”下拉菜单的“曲线”子下拉菜单的“显示曲率梳”命令 显示曲率梳(C) ，如图5-46所示显示曲率梳。再选择下拉主菜单下的“分析”下拉菜单的“曲线”的子下拉菜单的“显示曲率梳”，则不显示“显示曲率梳”。

图5-45　曲线　　图5-46　显示曲率梳

知识延伸

模型的测量与分析（四）

测量最小半径：选择下拉主菜单下“分析”的下拉菜单“最小半径”命令 最小半径(R)... ，则系统会弹出如图5-47所示的“最小半径”对话框，选择如图5-48所示的圆孔，则会弹出如图5-49所示的“信息”窗口，可以查看相关分析得到信息。

图5-47　“最小半径”对话框

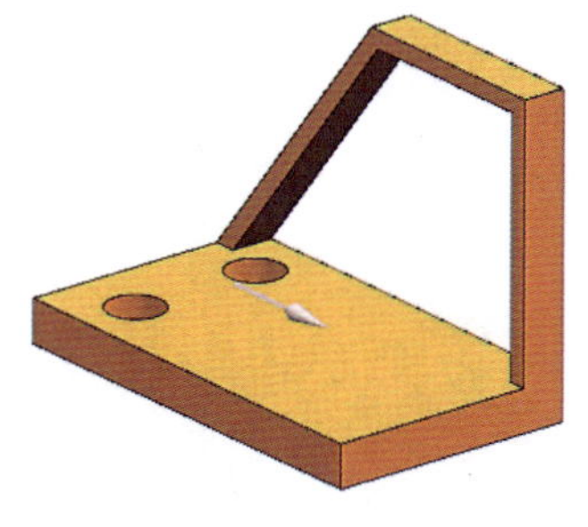

图5-48　选择圆孔

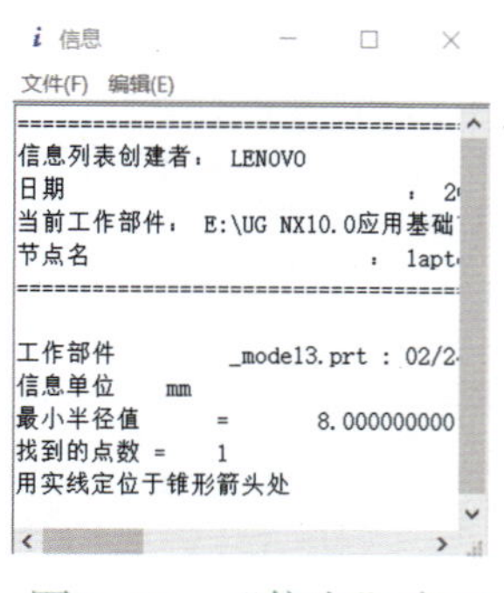

图5-49　“信息”窗口

任务二　编辑曲面特征

任务描述

通过曲面的编辑可以得到高质量的、符合设计要求的曲面，曲面的编辑包括偏置曲面、修剪曲面、分割曲面、修剪与延伸、延伸曲面、曲面的缝合等。用户可根据任务中的相关设置和提示熟练掌握如何编辑曲面。在编辑曲面的过程中会涉及线、面等，用户需要掌握它们的对应关系，这是熟练编辑曲面的基础。

任务目标

掌握UG NX10.0软件中常用曲面编辑方式和编辑操作应用

任务过程

一、UG NX10.0软件常用曲面编辑方式

在曲面编辑中常用的曲面编辑方式有偏置曲面、分割曲面、修剪曲面、延伸曲面、修剪与延伸、曲面缝合等。

二、UG NX10.0软件常用曲面编辑操作应用

1. 偏置曲面的创建。用于创建一个或多个现有面的偏置曲面。

操作方法：选择下拉主菜单“插入”下拉菜单下的“偏置/缩放”下拉子菜单的“偏置曲面”命令，则会弹出如图5-50所示的“偏置曲面”对话框。选择如图5-51所示的曲面，在偏置1的下拉列表中输入参数为“5”，选择偏置方向为向外面，其他的设置为系统的默认设置，点击“确定”按钮，则完成如图5-52所示的偏置曲面的创建。

2. 偏置面的创建。指用户选定的面沿着法向方向偏置一段距离，在操作过程中不会产生新的曲面。

操作方法：选择下拉主菜单“插入”下拉菜单下的“偏置/缩放”下拉子菜单的“偏置面”命令 偏置面(F)...，则会弹出如图5-53所示的“偏置面”对话框。选择如图5-54所示的侧曲面，在偏置的下拉列表中输入参数为

“10”，选择偏置方向为向外面，其他的设置为系统的默认设置，点击“确定”按钮，则完成如图5-55所示的偏置面的创建。

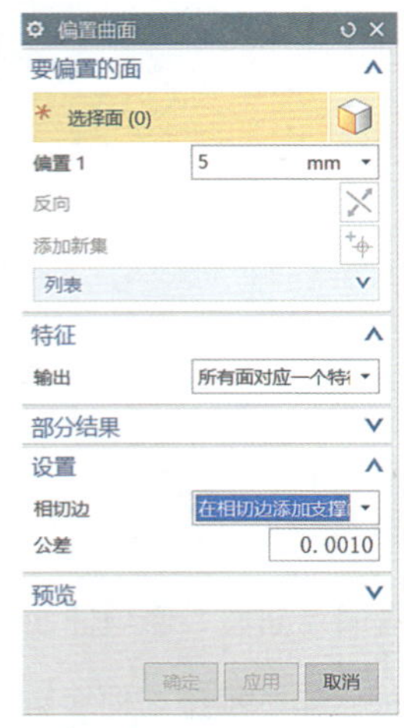

图5-50　偏置曲面对话框

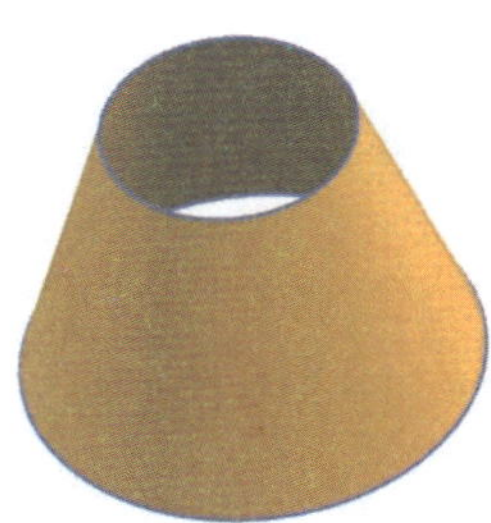

图5-51　选择曲面

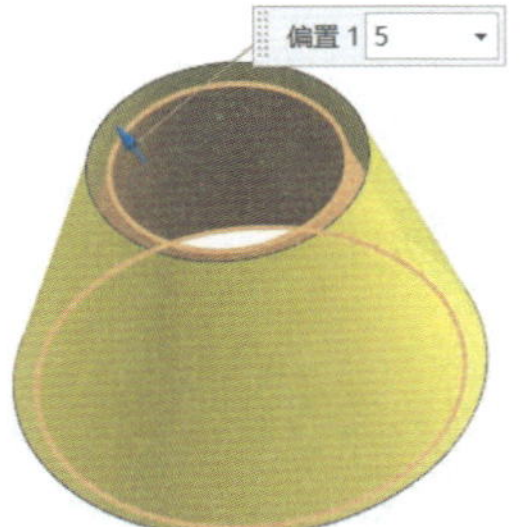

图5-52　偏置曲面的创建

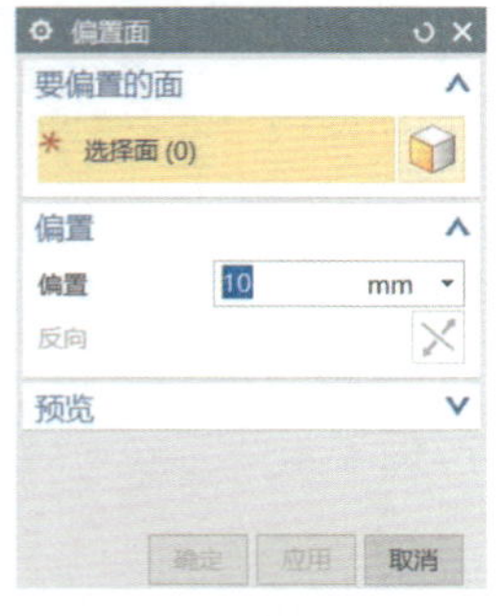

图5-53　偏置面对话框

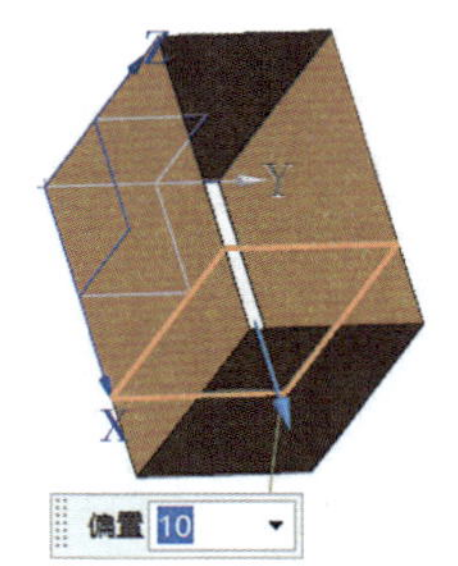

图5-54　选择侧曲面

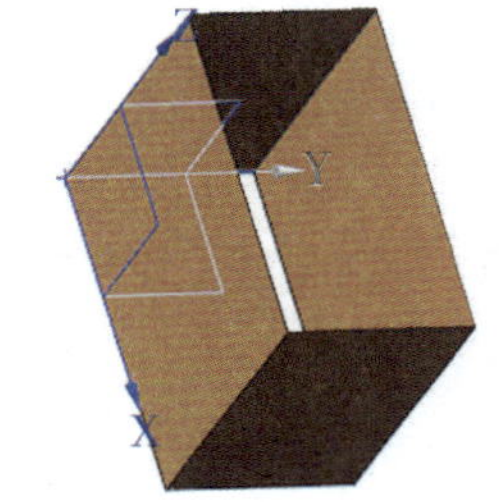

图5-55　偏置面的创建

3. 一般的曲面修剪。一般的曲面修剪就是简单进行拉伸、旋转等操作时，通过布尔运算将选定曲面上的某部分去除，如图5-56所示为通过拉伸布尔求差得到的曲面修剪。

操作方法：选择下拉主菜单“插入”下拉菜单下的“设计特征”的下拉子菜单的“拉伸”命令 拉伸(E)...，选择XY平面为草图平面，绘制如图5-57所示的草图截面，定义拉伸参数，在“极限”区域的设置中选择“结束”对话框下拉列表为“对称值”，距离参数设置为“20”，在“布尔”选项中选择“求差”，其他的为系统默认的设置，点击“确定”按钮，完成如图5-56所示的曲面修剪的创建。

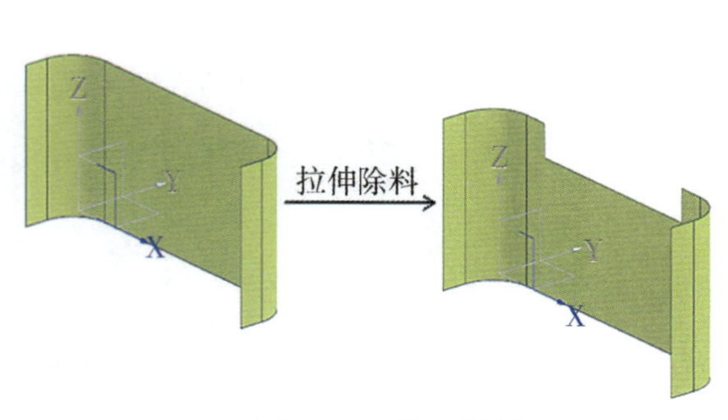

图5-56　曲面修剪

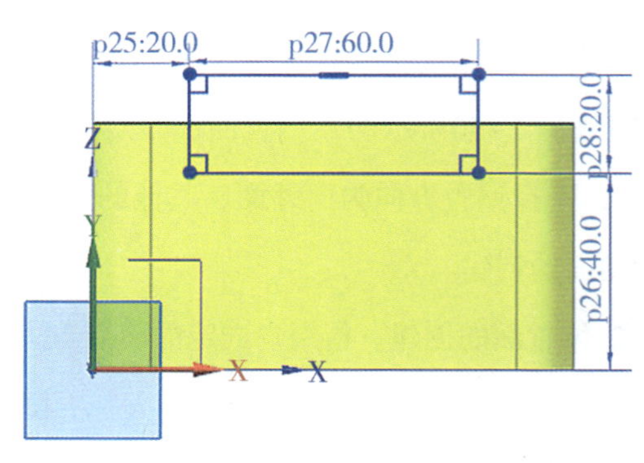

图5-57　草图截面

4. 修剪曲面。修剪曲面是以一些曲面作为边界，对指定的曲面进行修剪，形成新的曲面边界，所选择的边界可以在将要修建的曲面上，也可以在曲面之外通过投影方向来确定修剪的边界。

操作方法：选择下拉主菜单“插入”下拉菜单下的“修剪”下拉子菜单“修剪片体”命令 修建片体(R)...，则会弹出如图5–58所示的“修剪片体”对话框，在“目标”选项中选择如图5–59所示的修剪曲面为目标体，在“边界对象”中选择修剪边界作为边界对象，如图5–59所示。选择“区域”选项中的“保留”，其他的设置为系统默认，点击“确定”按钮，完成如图5–60所示的曲面修剪的创建。

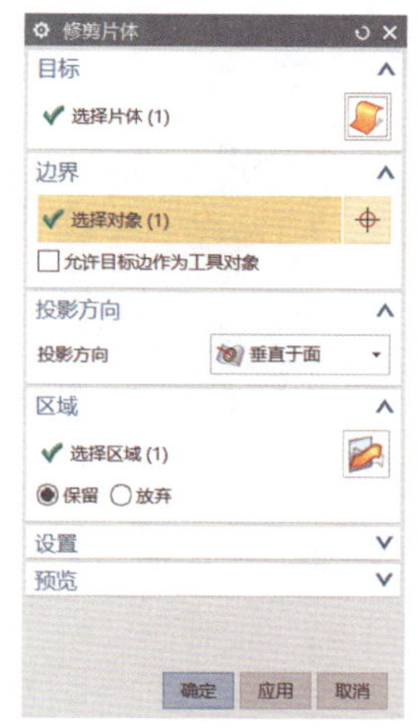

图5–58　修剪片体对话框

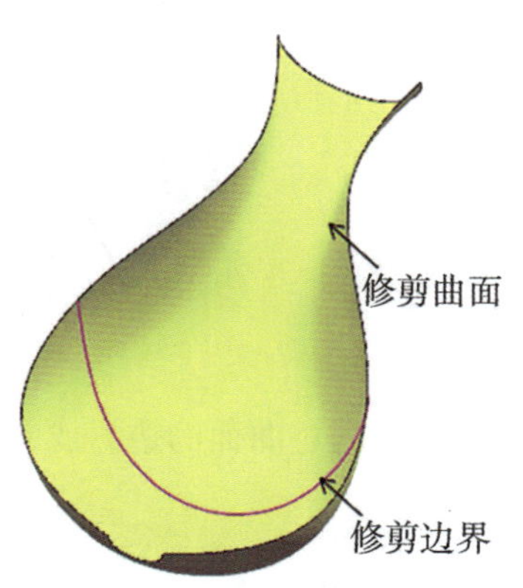

图5–59　选择曲面和边界

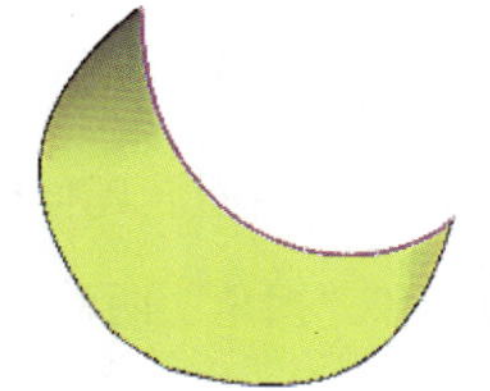
图5–60　曲面修剪的创建

特别提示

在选取需要修剪的曲面时，如果选取曲面的保留和放弃不同，修剪的结果也将不同，如图5–61所示为保留的不同曲面修剪的不同效果。

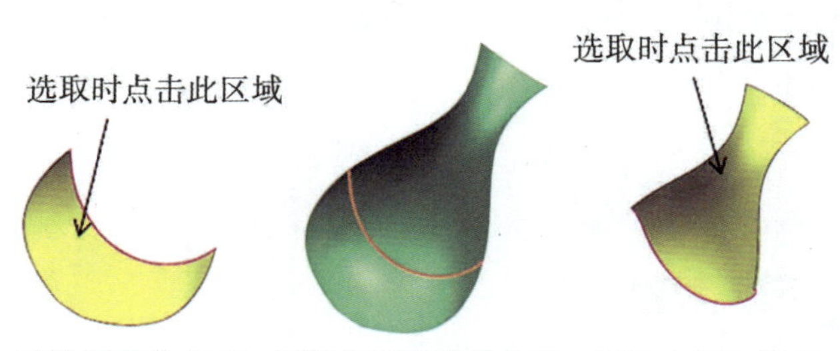

图5–61　曲面修剪的不同效果

5. 分割面。分割面就是用多个分割对象（比如曲线、边缘、面、基准平面或实体）把现有体的一个面或多个面进行分割。

操作方法：选择下拉主菜单“插入”下拉菜单下的“修剪”子菜单的“分割面”命令 分割面(D)...，则会弹出如图5–62所示的“分割面”对话框。在“要分割的面”选项中，选择如图5–63所示的实体侧面为分割面，在“分割对象”中选择侧面上棱边线作为边界对象（如图5–63所示），并且在“工具选项”中选择“在面上偏置曲线”，设置偏置距离为“10”，可以观察偏置方向是否合理，然后在“投影方向”下拉列表中选择“垂直于面”，其他的设置为系统默认的设置，点击“确定”按钮，完成如图5-64所示的分割曲面的创建。

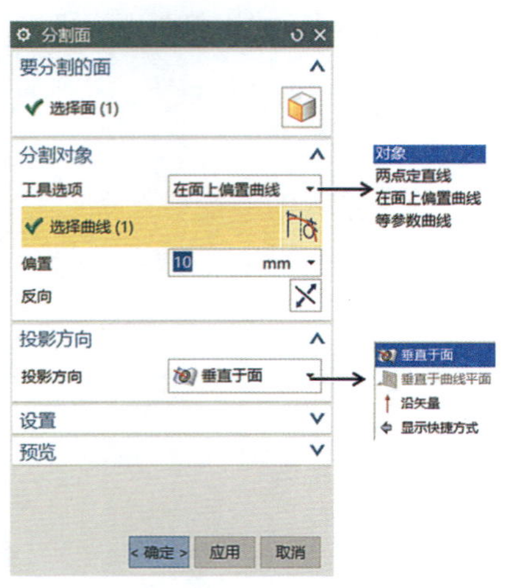

图5-62　分割面对话框

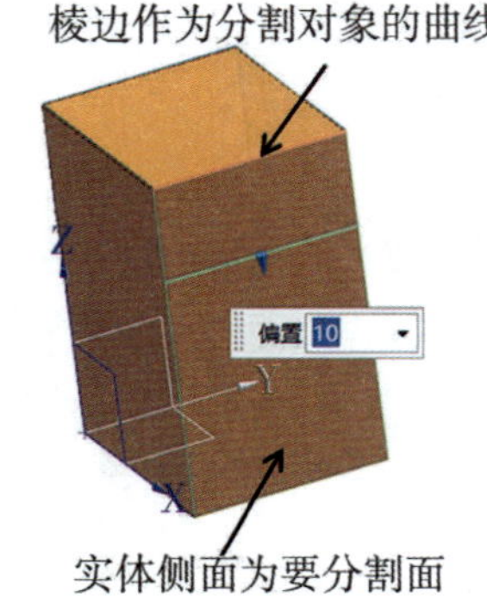

图5-63　选择分割面和对象

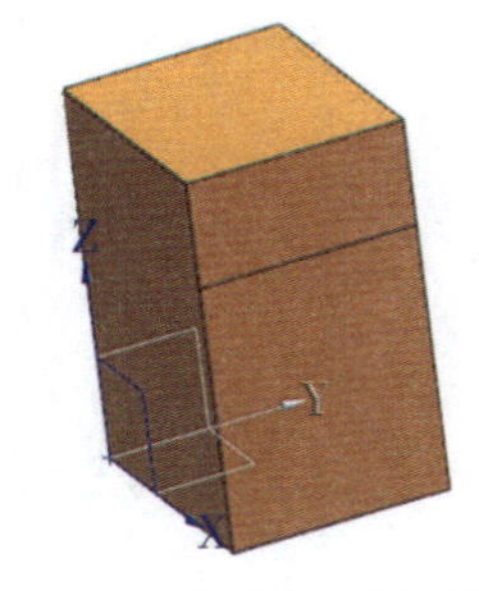

图5-64　分割曲面的创建

6. 延伸曲面。延伸曲面即在现有曲面上，通过曲面的边界或曲面上的曲线进行延伸，扩大曲面。一般有“边”和“拐角”两种方式。

方式一：“边”延伸，是以参考曲面（被延伸的曲面）的边缘拉伸一个曲面，拉伸方向与曲面的切线方向相同，因而所生成的曲面与参考曲面相切。

操作方法：选择下拉主菜单“插入”下拉菜单下的“弯边曲面”下拉子菜单“延伸”命令 延伸(E)...，则会弹出如图5-65所示的“延伸曲面”对话框，选择“类型”下拉列表中的“边”，在“要延伸的边”中选择如图5-66所示的边，在“延伸”选项区域中选择“方法”下拉列表为“相切”，“距离”下拉列表为“按百分比”，在“%长度”参数中输入“10”，其他的设置为系统默认的设置，点击“确定”按钮，完成如图5-67所示的通过“边”延伸曲面的创建。

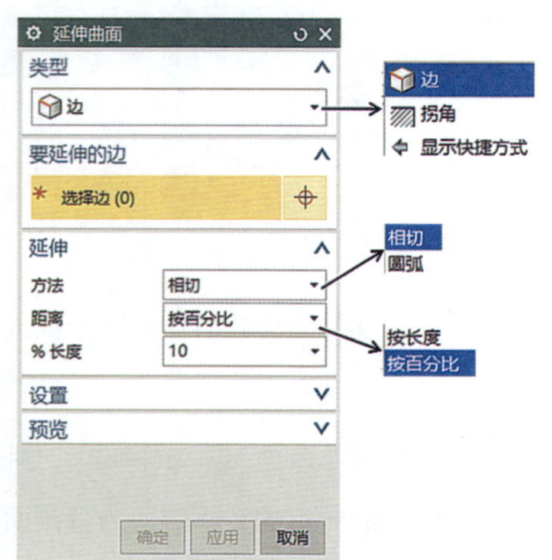

图5-65　延伸曲面对话框

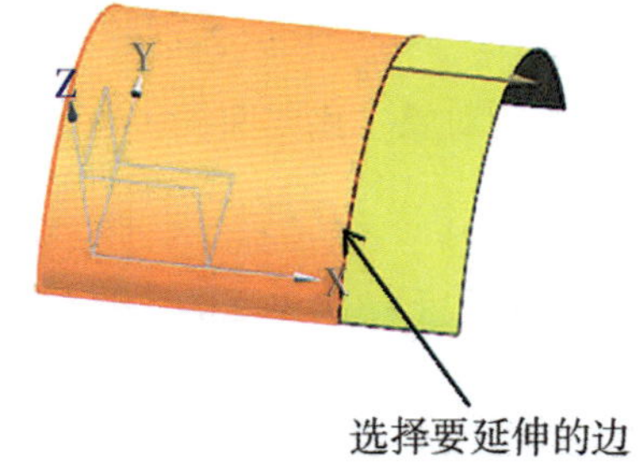

图5-66　要延伸的边

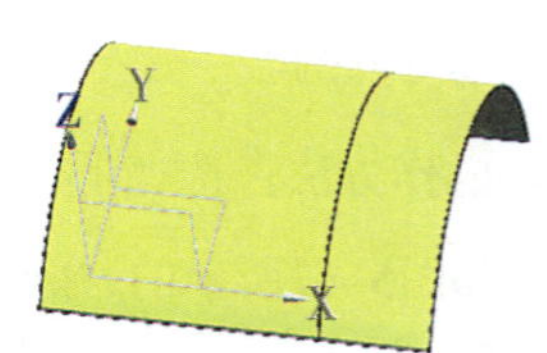

图5-67　延伸曲面的创建

方式二："拐角"延伸，可以在曲面拐角处创建延伸曲面。

操作方法：选择下拉主菜单"插入"下拉菜单下的"弯边曲面"下拉子菜单"延伸"命令 延伸(E)...，则会弹出如图5-65所示的"延伸曲面"对话框，选择"类型"下拉列表中的"拐角"，在"要延伸的拐角"中选择如图5-68所示的要延伸的拐角，在"延伸"选项区域"%U长度"中输入参数为"30"，在"%V长度"中输入参数为"15"，其他的设置为系统默认，点击"确定"按钮，完成如图5-69所示的"拐角"延伸曲面的创建。

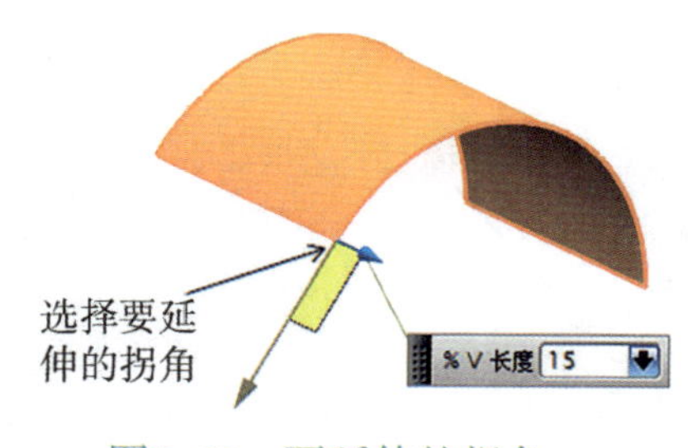

图5-68　要延伸的拐角

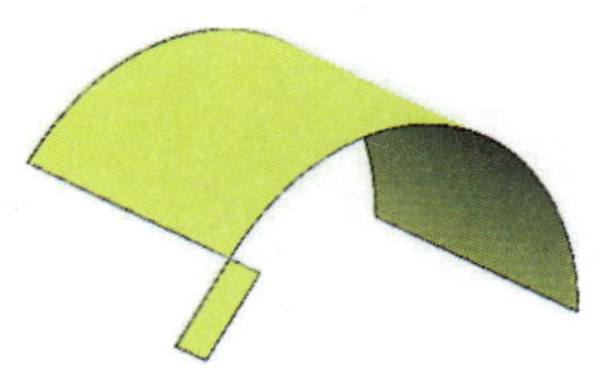

图5-69　延伸曲面的创建

7. 修剪与延伸。曲面修剪与延伸可以创建修剪曲面，也可以通过延伸所选定的曲面创建拐角，以达到修剪或延伸的效果。

操作方法：选择下拉主菜单"插入"下拉菜单下的"修剪"下拉子菜单"修剪与延伸"命令 修剪与延伸(N)...，则会弹出如图5-70所示的"修剪与延伸"对话框，系统提供了"直至选定""制作拐角"两种方式。在"直至选定"类型下，"目标"曲面选择如图5-71所示的目标曲面，"工具"曲面选择如图5-71所示的工具曲面，用户根据情况选择保留方向，其他的设置为系统默认，点击"确定"按钮，完成如图5-72所示的修剪与延伸曲面的创建。

图5-70　修剪与延伸对话框

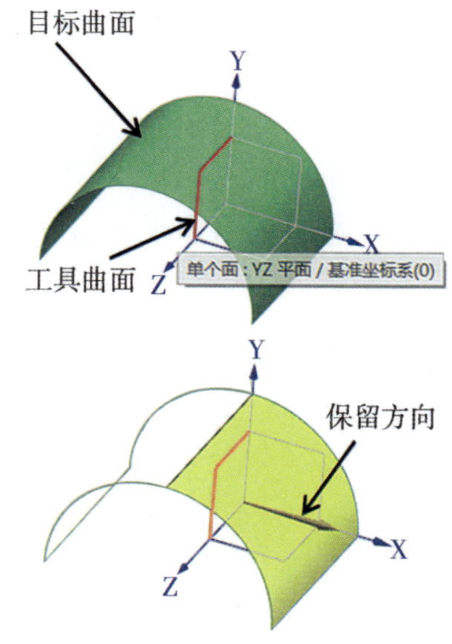

图5-71　选择目标和工具曲面

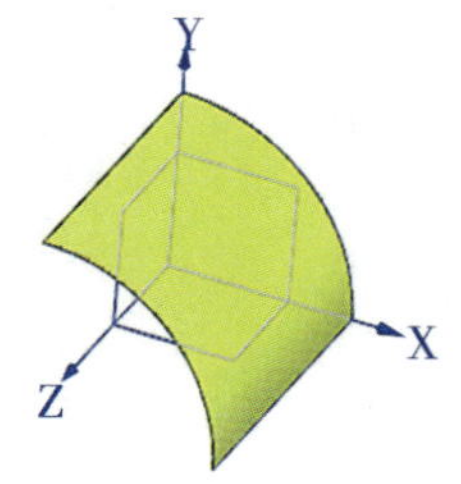

图5-72　修剪与延伸曲面的创建

8. 缝合曲面。将两个或两个以上的曲面连接形成一个曲面。

操作方法：选择下拉主菜单"插入"下拉菜单下的"组合"下拉子菜单"缝合" 缝合(W)... 命令，则会弹出如图5-73所示的"缝合"对话框，在"类型"下拉列表中选择"片体"，选择如图5-74所示的目标曲面为

“目标体”，选择工具曲面为“工具体”，在“设置”选项区域中选择“公差”，并设置参数为“5”，其他为系统默认的设置，点击“确定”按钮，完成如图5-75所示的缝合曲面的创建。

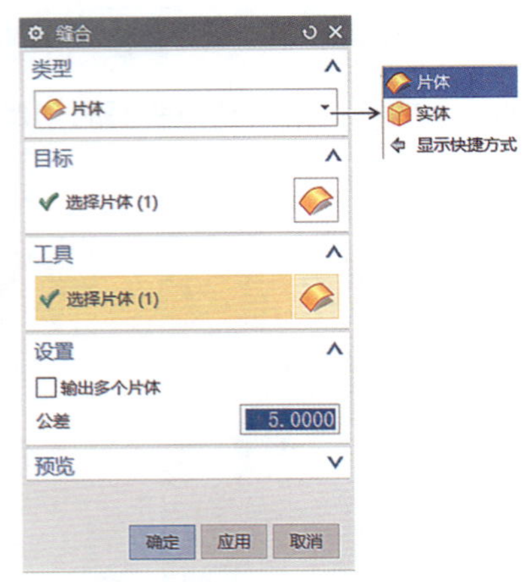

图5-73　缝合对话框

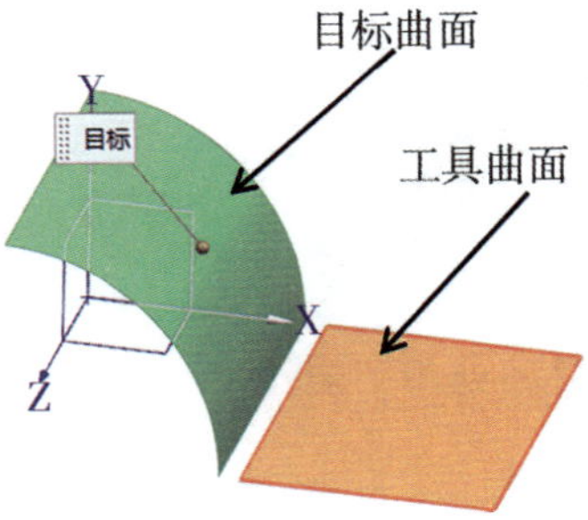

图5-74　目标曲面和工具曲面

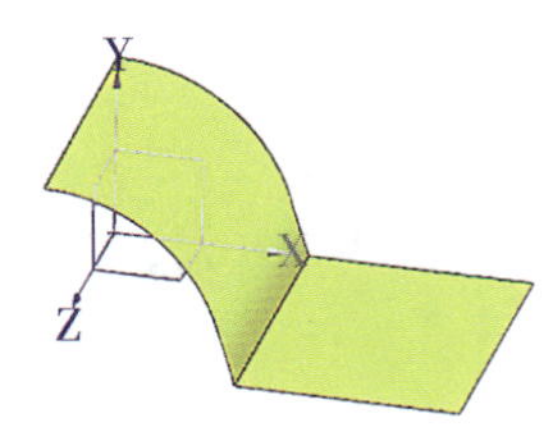

图5-75　缝合曲面的创建

9. 取消缝合。将两个或两个以上的缝合体取消之间的缝合。

操作方法：选择下拉主菜单“插入”下拉菜单下的“组合”子菜单“缝合”命令 缝合(W)...，则会弹出如图5-76所示的“取消缝合”对话框，在“工具”选项中选择“边”，选择如图5-77所示的曲面边线，其他的设置为系统默认的设置，点击“确定”按钮，完成如图5-78所示的取消缝合曲面的创建。

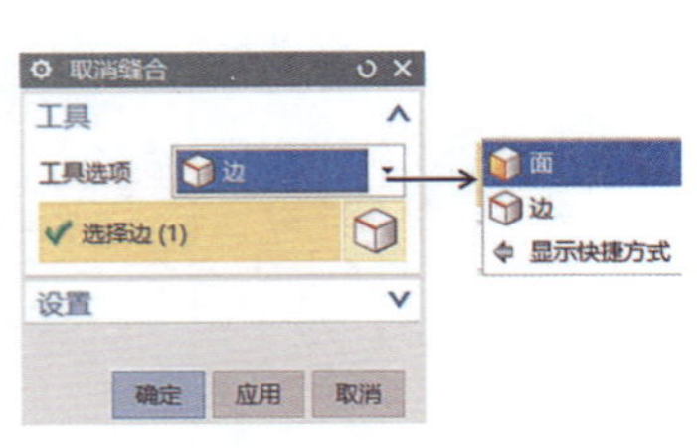

图5-76　取消缝合对话框

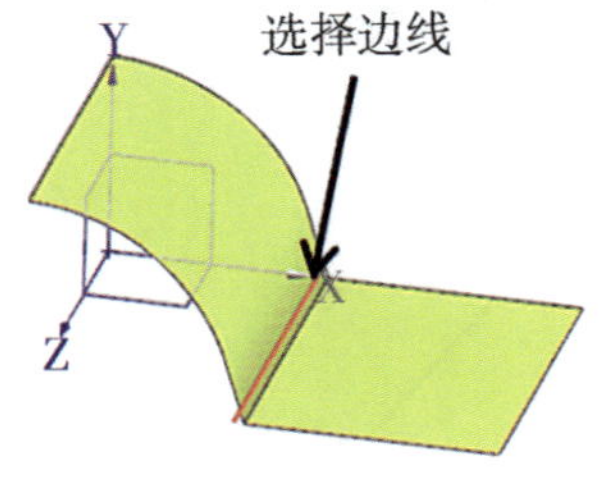

图5-77　曲面边线

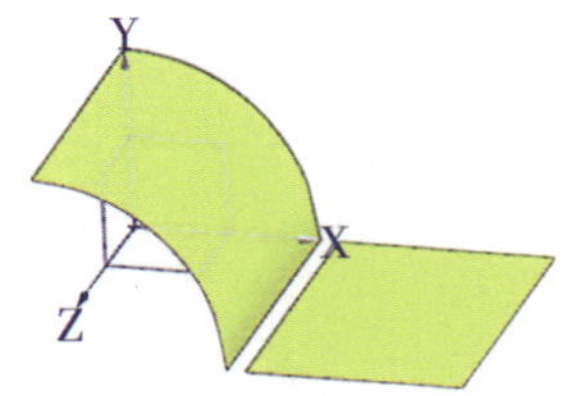

图5-78　取消缝合曲面的创建

10. 曲面的创建最终是得到实体模型，所以曲面的实体化在设计过程中是非常重要的，曲面实体化分为三种方式。

方式一：封闭曲面的实体化。就是将一组封闭的曲面全部缝合后转化为实体特征，如图5-79所示为封闭曲面的实体化。

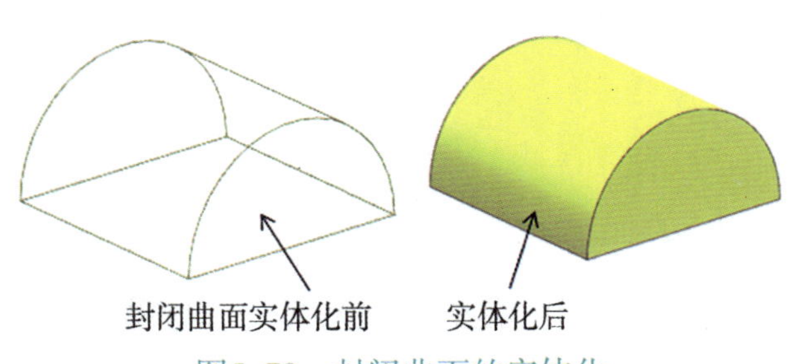

图5-79　封闭曲面的实体化

可以通过新建截面将封闭曲面截开观察其是否为实体，即截面视图的创建。

操作方法：选择下拉主菜单“视图”下拉菜单下的“截面”下拉子菜单的“新建截面”命令，则系统会弹出如图5-80所示的“视图截面”对话框。在“类型”列表中选择“一个平面”，在“剖切平面”选项区域的方向列表中选择“绝对坐标系”，点击“X平面”按钮，在“偏置”选项中输入参数值为“5”，其他的设置为系统默认的设置，点击“确定”按钮，完成如图5-81所示的截面视图的创建。

图5-80　视图截面对话框

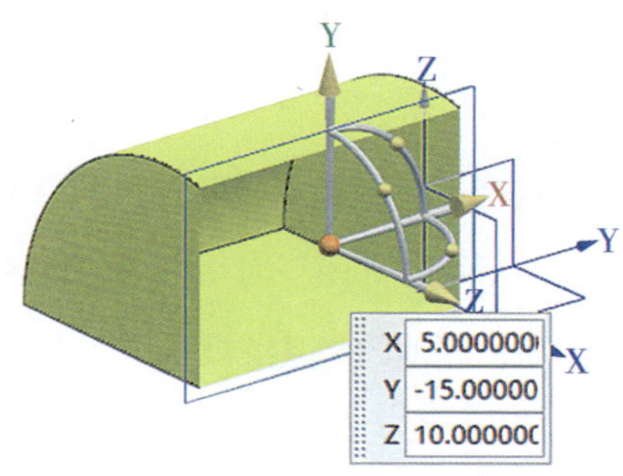

图5-81　截面视图的创建

曲面实体化：通过“缝合”特征进行曲面实体化。

操作方法：选择下拉主菜单“插入”下拉菜单下的“组合”下拉子菜单的“缝合”命令，在弹出的对话框中选择如图5-82所示的侧面为目标曲面，前端面为工具曲面，其他的均采用系统默认的设置，点击“应用”按钮，然后用同样的设置将封闭曲面的侧面为目标曲面，后端面为工具曲面，其他的均采用系统默认的设置，点击“确定”按钮，则完成封闭曲面的实体化。

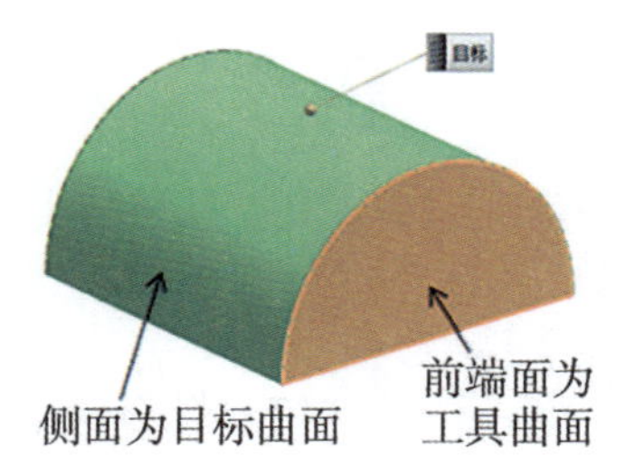

图5-82　目标曲面和工具曲面

按照创建截面视图的方法将封闭曲面截开，观察其是否为实体：选择下拉主菜单“视图”下拉菜单下的“截面”下拉子菜单的“新建截面”命令 新建截面(I)...，则系统会弹出“视图截面”对话框。在“类型”列表中选择“一个平面”，在“剖切平面”选项区域的方向列表中选择“绝对坐标系”，点击“X平面”按钮，在“偏置”选项中输入参数值为“5”，其他的设置为系统默认的设置，点击“确定”按钮，完成如图5-83所示的截面视图的创建。

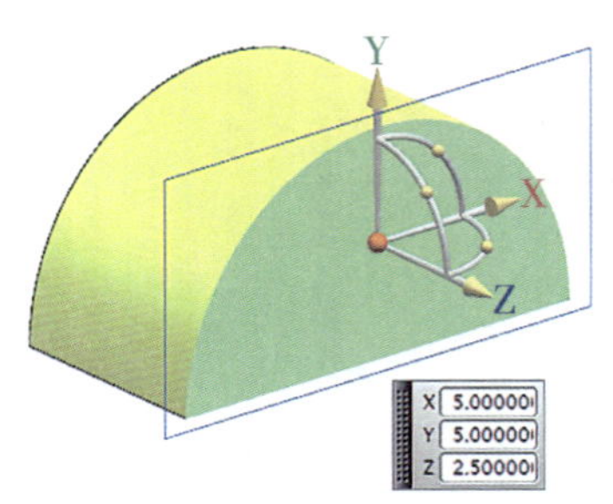

图5-83　截面视图的创建

方式二：开放曲面的实体化。曲面加厚功能可以将曲面偏置生成实体，并且生成的实体可以和已有的实体进行布尔运算。

操作方法：选择下拉主菜单“插入”下拉菜单下的“偏置/缩放”下拉子菜单的“加厚”命令 加厚(T)...，在弹出的如图5-84所示“加厚”对话框中，设置加厚选项卡的“偏置1”的参数为“2”，选择如图5-85所示曲面为要加厚的曲面，其他的为系统默认值，点击“确定”按钮，完成如图5-86所示曲面加厚的创建。

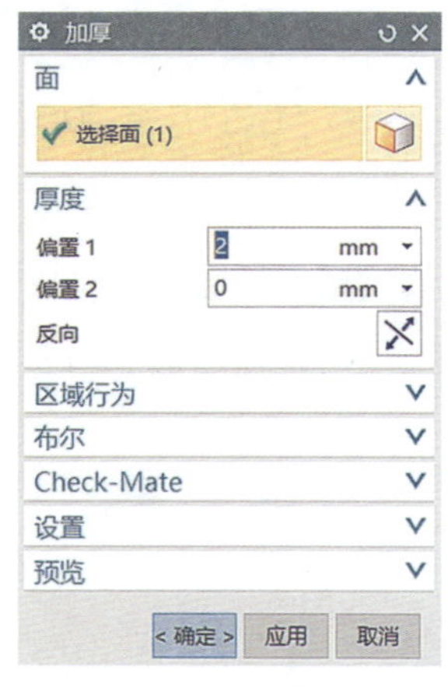

图5-84　加厚对话框

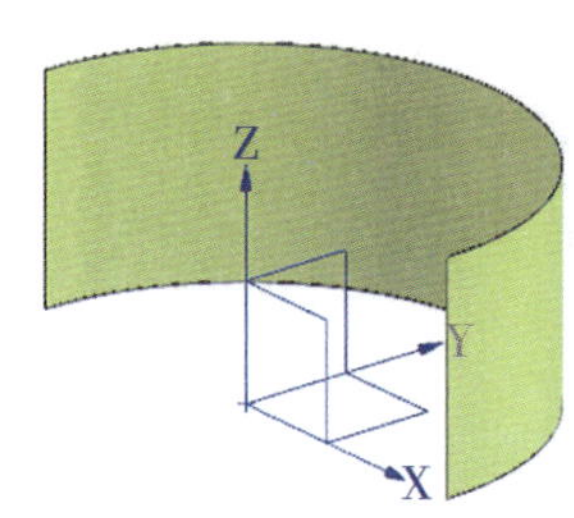

图5-85　要加厚的曲面

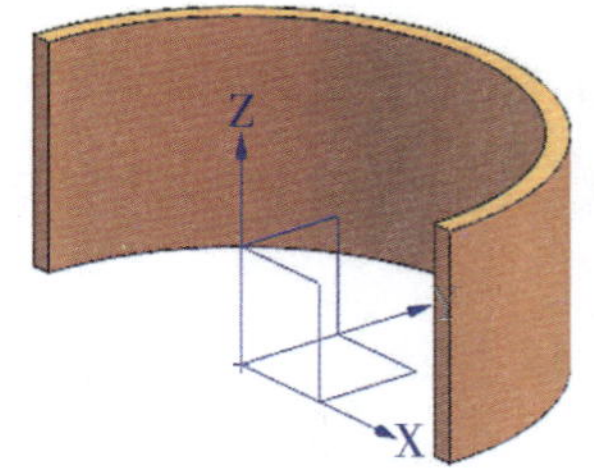

图5-86　曲面加厚的创建

方式三：使用补片创建实体。曲面片体功能就是使用片体替换实体上的某些面，或将一个片体补到另一个片体上。

操作方法：选择下拉主菜单“插入”菜单下的“组合”子菜单的“补片”命令 补片(C)...，在弹出的如图5-87所示“补片”对话框中，选择如图5-88所示的目标体和工具体，选择移除方向，其他的为系统默认的设置，点击“确定”按钮，则完成如图5-89所示的补片创建片体的特征（由于所选择移除方向不同，则会看到不同效果）。在一个实体表面上创建的曲面，通过同样的补片操作方法可以为实体面补替其他的面。如图5-90所示为通过补片创建的实体表面。

图5-87　补片对话框

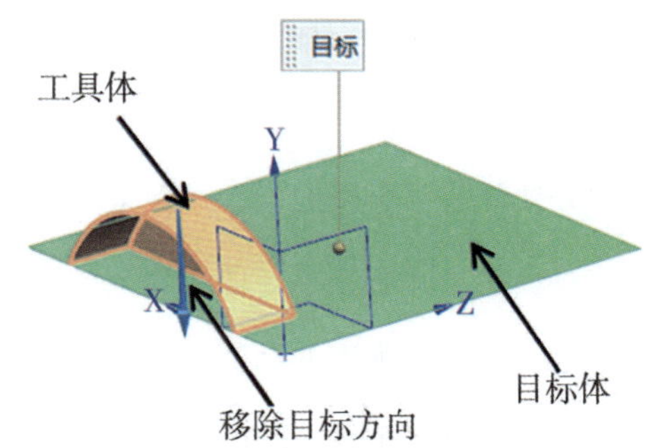

图5-88　选择目标体和工具体

图5-89　补片创建片体的不同特征

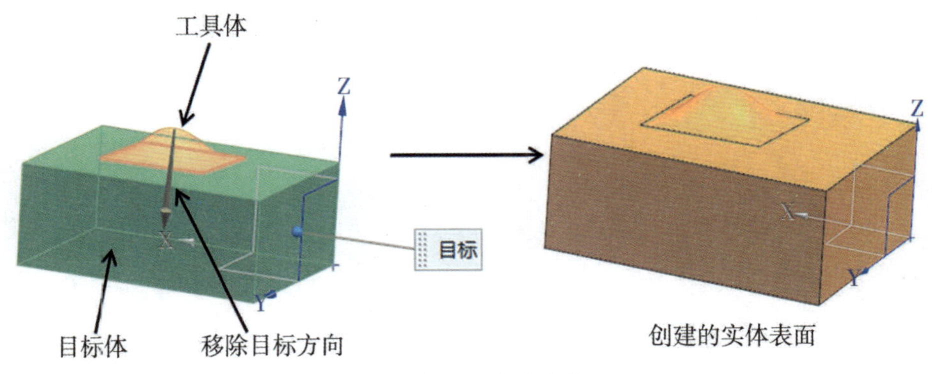

图5-90　补片创建的实体表面

特别提示

用户在操作“补片”命令时要求所形成的曲面特征中目标体曲面和工具体曲面要形成封闭的环，否则补片计算出错。

知识链接

创建曲面和编辑曲面都会对曲面有个计算和简单分析的过程，即曲面设计过程中或者曲面构造完成后，要对曲面进行检查是否达到设计的要求，可以通过曲面分析评估。曲面分析工具用于评估曲面品质，找出曲面的缺陷位置，从而方便修改和编辑曲面，以保证曲面的质量。在曲面分析中，曲面连续性分析的功能主要用于分析曲面之间的位置连续、斜率连续、曲率连续和曲率斜率的连续性。曲面反射分析主要用于分析曲面的反射特性（从面的反射图中我们能观察曲面的光顺程度，即面的光顺越好，面的质量就越高），使用反射分析可显示从指定方向观察曲面上自光源发出的反射线。

知识延伸

模型的测量与分析（五）

通过对模型的质量属性进行分析，可以获得模型的体积、曲面区域、质量、回转半径和重量等属性数据。

选择下拉主菜单“分析”下拉菜单的“测量体”命令 测量体(B)... ，系统则会弹出“测量体”对话框，选择要测量的模型，可以得到该模型的体积数据（如图5-91所示），在动态对话框“体积” 体积 下拉列表中选择“表面积”，则系统计算出该模型的表面积数据，同样可以在下拉列表中选择“重量”（如图5-92所示），则会显示出该模型的重量数据，用户可以根据实际需要检测分析其他属性，从而得出比较准确的数据。

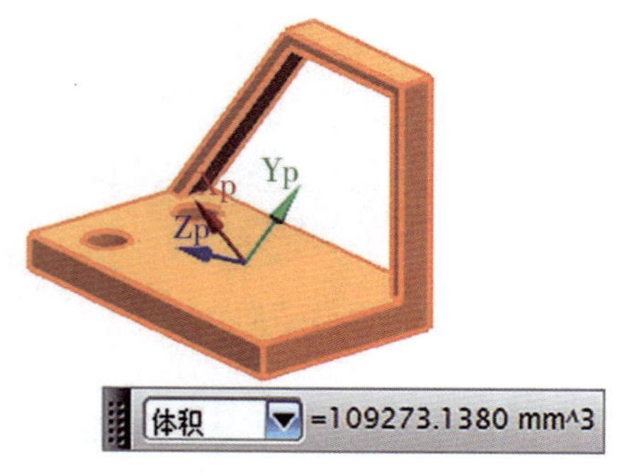

图5-91　体积数据

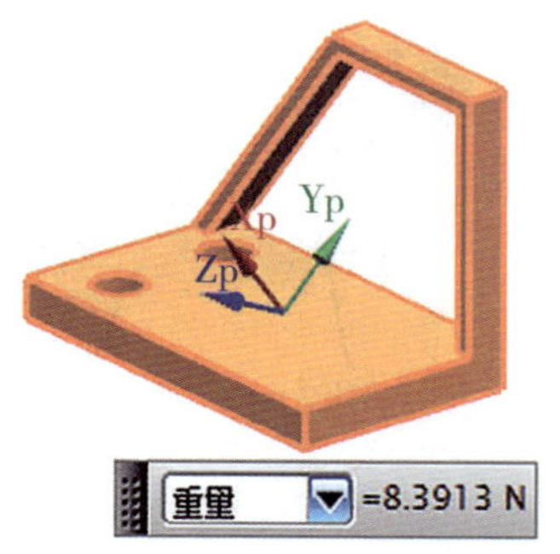

图5-92　重量数据

任务三　曲面造型设计综合实例

任务描述

本任务在前面介绍的拉伸、抽壳、曲面的创建和曲面编辑基础上，通过简单的曲面实例把之前介绍曲面的创建、曲面编辑贯穿并应用。在实例中讲述的曲线和曲面的创建以及曲面的修剪、合并等编辑的应用是曲面造型设计的关键与基础，用户可以发散思维，寻求更好的方式方法创建曲面。

在曲面造型设计过程中常遇见的问题就是如何创建线与面之间的关系以及如何创建曲面时空间的思维概念等，是把不同曲面组合在一起的突破点。在本任务实例的应用基础上，要求熟练掌握UG NX10.0软件并运用到生产实践中。

任务目标

1. 熟悉UG NX10.0软件的曲面特征相关设置
2. 掌握UG NX10.0软件的曲面造型综合实例应用基础

任务过程

一、曲面设计综合实例应用——排球造型设计

应用概述：本实例介绍了一个排球的造型设计过程，主要运用了对片体的旋转、修剪片体、缝合片体、偏移曲面、边倒角等特征命令的应用，在此操作的整个过程中主要就是曲面的创建、曲面的修剪以及边倒圆等的修饰。如图5-93所示为排球造型，具体操作如下：

图5-93　排球造型

1. 旋转半球曲面。选择下拉主菜单的“插入”，然后选择“设计特征”菜单的子菜单“旋转”命令 旋转(R)...，在系统弹出的对话框中选择绘制草绘命令按钮，选择默认的XY平面为草绘 的绘图平面。进入草绘

绘图环境后，绘制如图5–94所示的圆弧图形（圆弧圆心在坐标原点处），然后选择完成草图，退出草图后在旋转对话框中设置“轴”指定矢量为“X轴”如图5–95所示。在限制区域的“开始”下拉列表选择“值”，角度为“0”；在“结束”下拉列表选择“值”，设角度为“180”；在布尔运算区域中选择“无”，在“设置”选项的“体类型”下拉列表中选择“片体”，其他的设置由系统默认。点击“确定”按钮，完成如图5–96所示的旋转曲面1的建模特征。

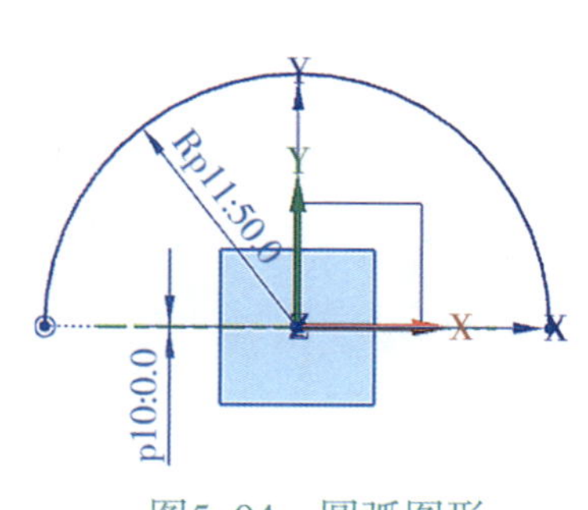

图5–94　圆弧图形

图5–95　旋转参数设置

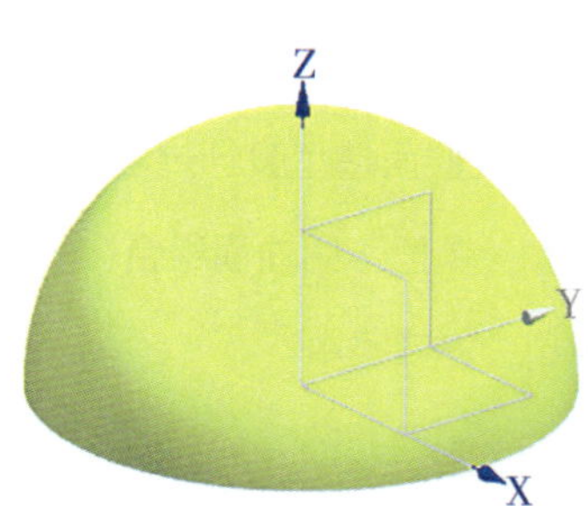

图5–96　旋转曲面1

2. 创建曲线图形。选择下拉主菜单的“插入”，然后选择“在任务环境中绘制草图”，在弹出的对话框中选择“ZX平面”为绘制草图平面，其他的选择由系统默认，然后点击“确定”进入绘制草绘环境，绘制如图5–97所示的草绘图形，并且约束尺寸，然后完成草绘，完成曲线1的创建（如图5–98所示）。

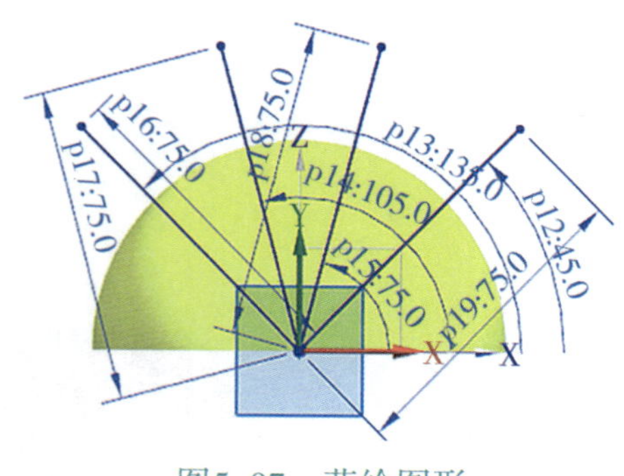

图5–97　草绘图形

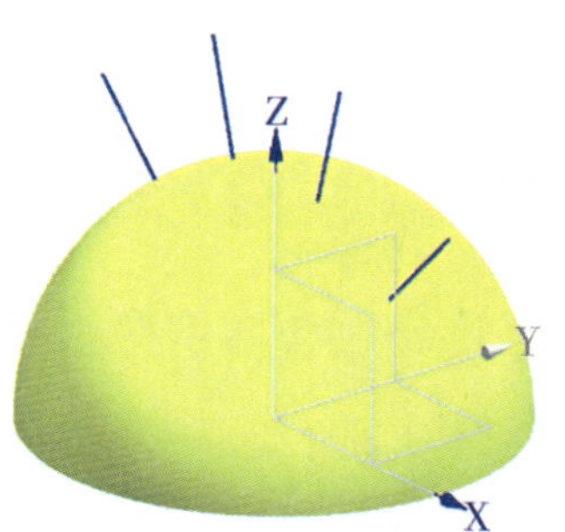

图5–98　曲线1的创建

3. 继续创建曲线图形。选择下拉主菜单的“插入”，然后选择“在任务环境中绘制草图”，在弹出的对话框中选择“ZY平面”为绘制草图平面，其他的选择由系统默认，然后点击“确定”进入绘制草绘环境，绘制如图5–99所示的草绘图形，并且约束尺寸，然后完成草绘，完成曲线2的创建（如图5–100所示）。

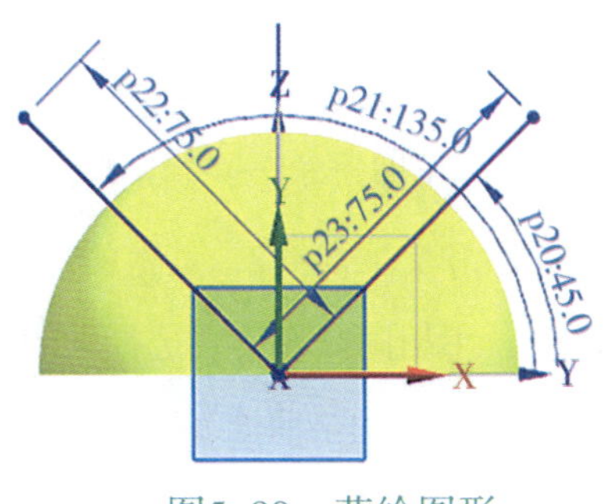

图5-99　草绘图形

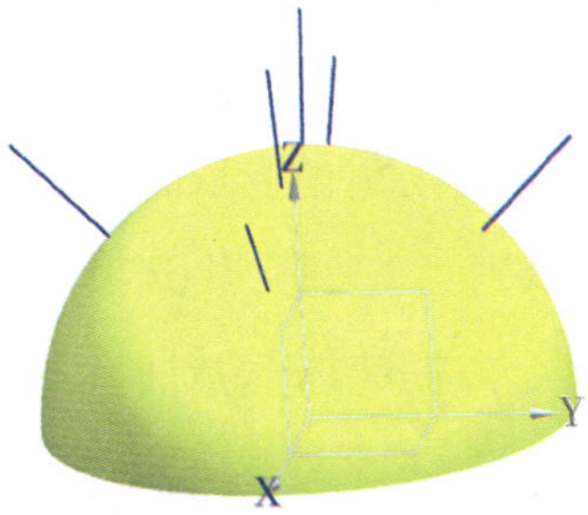

图5-100　曲线2的创建

4. 投影曲线。选择下拉主菜单的“插入”，选择“派生曲线”在菜单下的“投影”命令，在弹出的投影曲线对话框中“选择曲线”（如图5-101所示），选择刚才创建的曲线1，然后在“要投影的对象”中选择“半球曲面”，投影方向为“沿矢量”，如图5-102所示指定Y轴为矢量方向（注意矢量方向）。在“投影选项”下拉列表中选择“投影两侧”，其他的设置由系统默认，点击“确定”则完成如图5-103所示曲线1投影的创建。同样，选择刚才创建的曲线2，然后在“要投影的对象”中选择“半球曲面”，投影方向为“沿矢量”，如图5-104所示指定X轴为矢量方向（注意矢量方向），在“投影选项”下拉列表中选择“投影两侧”，其他的设置由系统默认，点击“确定”，则完成如图5-105所示曲线2投影的创建。

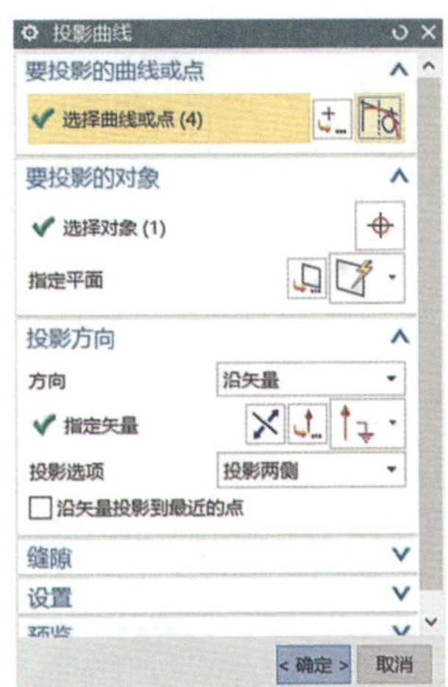

图5-101　投影曲线对话框的设置

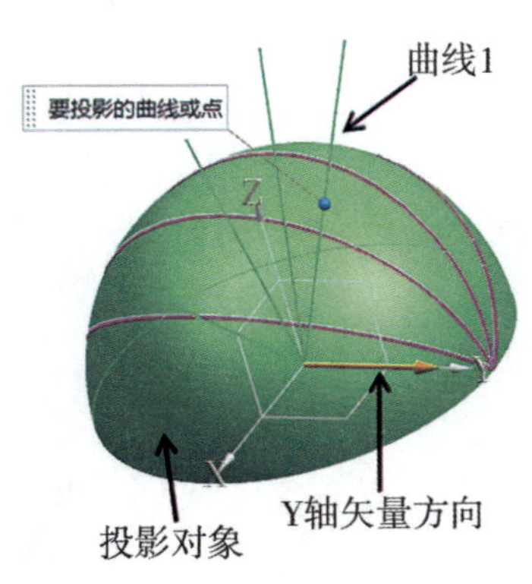

图5-102　Y轴为矢量方向

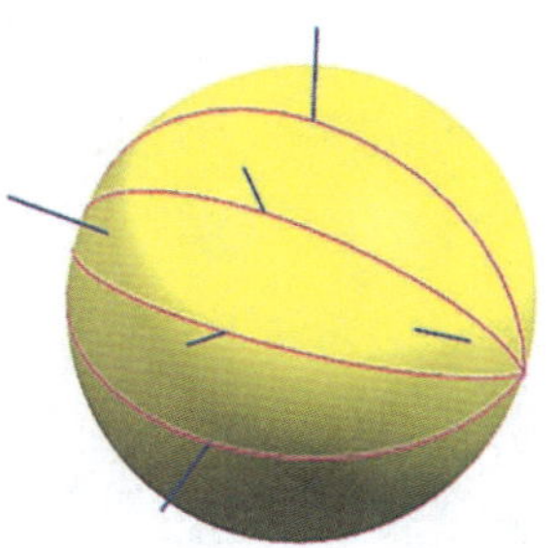
图5-103　曲线1全部投影

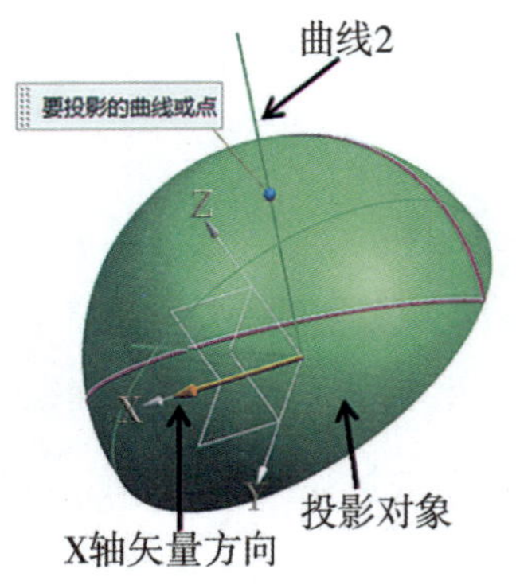

图5-104　X轴为矢量方向

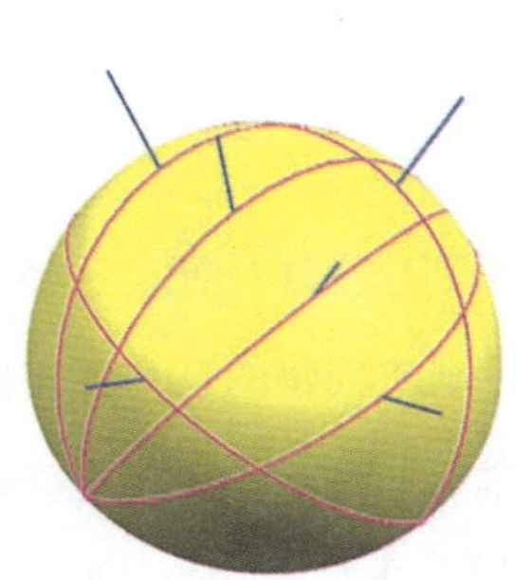
图5-105　曲线2全部投影

5. 创建网格曲面。选择下拉主菜单的“插入”，然后选择“网格曲面”子菜单下的“通过曲线网格”命令 通过曲线网格(M)...，则会弹出如图5–106所示的“通过曲线网格”对话框，在“主曲线”选项中选择如图5–107所示的主曲线1和主曲线2（在拾取曲线时，添加完一条曲线先按下鼠标中键（即滚轮），确定后再添加下一条曲线），然后切换到“交叉曲线”选项，选择如图5–107所示的交叉曲线1和交叉曲线2，其他的选择默认。点击“确定”，则通过曲线网格完成网格曲面1的创建（如图5–108所示）。用相同操作方式选择如图5–109所示的主曲线1和主曲线2，然后选择交叉曲线1和交叉曲线2，完成如图5–110所示的网格曲面2的创建。同样操作完成如图5–111所示的网格曲面3的创建。

图5–106　通过曲线网格对话框

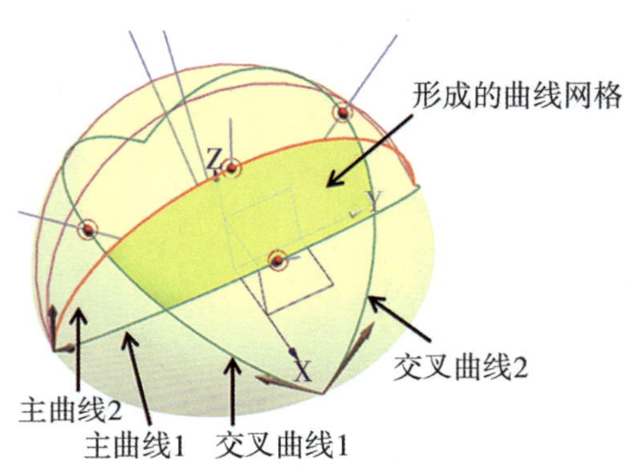

图5–107　选择主曲线和交叉曲线

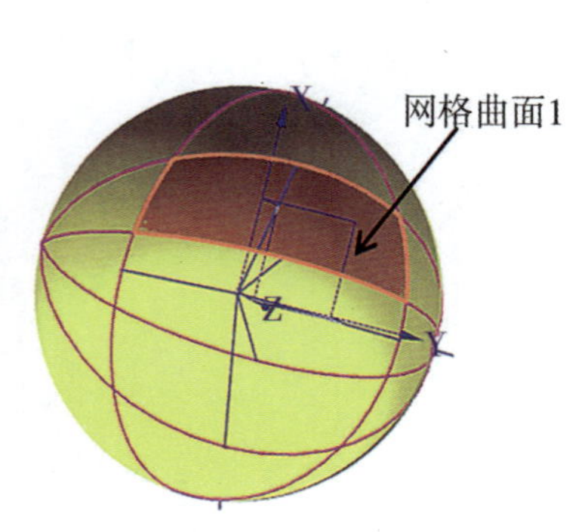

图5–108　网格曲面1的创建

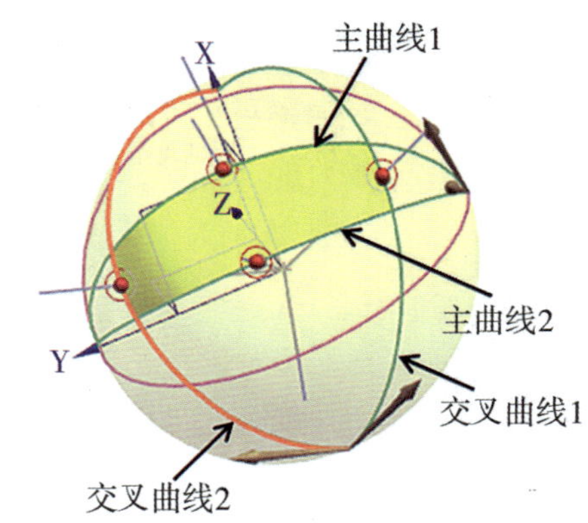

图5–109　选择主曲线和交叉曲线

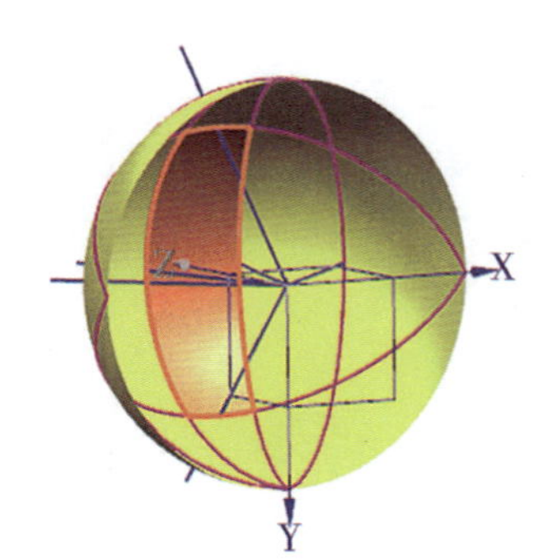

图5–110　网格曲面2的创建

6. 加厚网格曲面创建实体特征。选择“部件导航器”里面的“旋转”的半球曲面（如图5–112所示），右击鼠标选择隐藏。对刚才创建的三个网格曲面加厚，选择下拉主菜单的“插入”，然后选择“偏置/缩放”子菜单下的“加厚”命令 加厚(T)...，在弹出来的对话框中的“面”选择如图5–113所示的网格曲面1，在“厚度”选项中在“偏置1”中输入参数“3”，“偏置2”中输入“0”，其他的选择默认设置，点击“确定”，则完成如图5-114所示网格曲面1的加厚。用相同操作方式，选择网格曲面2和网格曲面3分别加厚，并且在主菜单中选择“编辑”，然后选择“对象显示”（如图5-115所示），对加厚的实体进行颜色编辑，则得到三个网格曲面加厚的实体特征。

图5-111　网格曲面3的创建　　图5-112　隐藏半球曲面

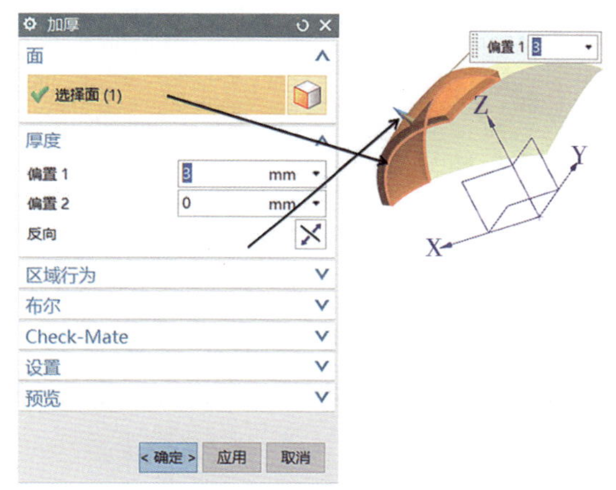

图5-113　曲面加厚参数设置

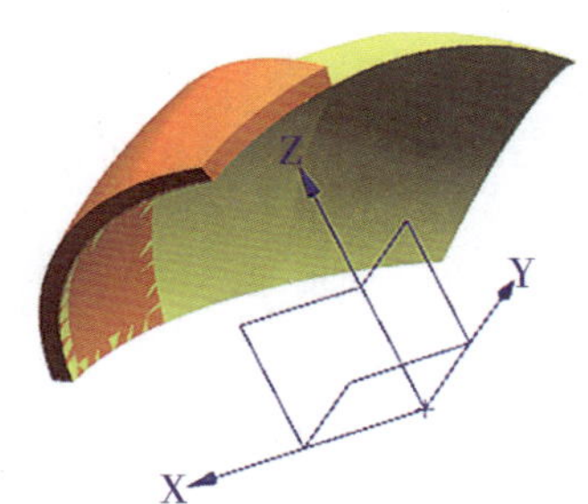

图5-114　网格曲面1的加厚

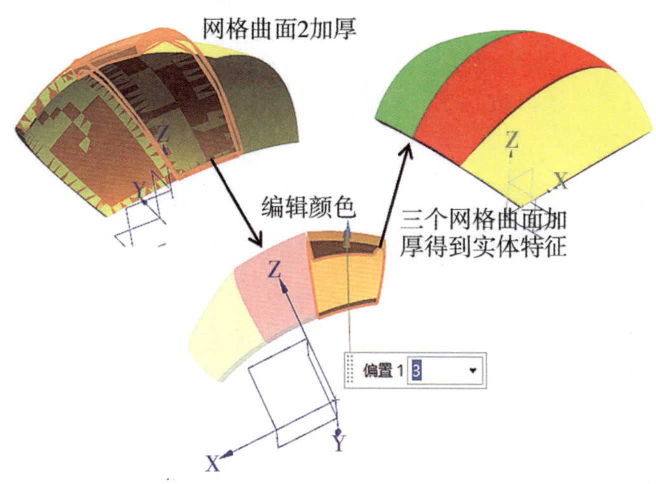

图5-115　加厚网格曲面创建实体特征

7. 修饰三个实体棱边。选择下拉主菜单的“插入”，选择“细节特征”里面的“边倒圆” 边倒圆(E)... 命令，在弹出来的对话框中选择三个实体的4个棱边“12”条边线，然后输入“半径参数”为“3”（如图5–116所示），点击“确定”，则完成如图5–117所示实体棱边边倒圆修饰。

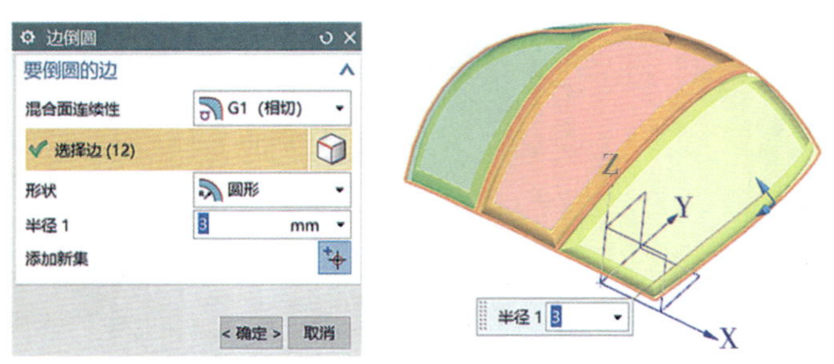

图5–116　棱边倒圆角参数

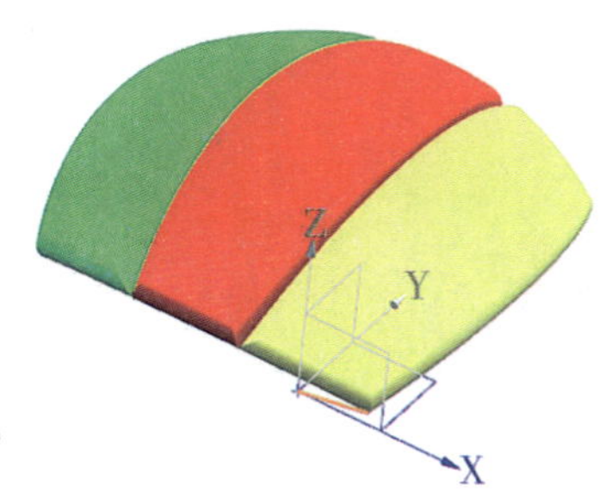

图5–117　实体棱边边倒圆修饰

8. 创建阵列旋转轴线。选择下拉主菜单的“插入”，选择“曲线”里面的“直线”命令 直线(L)...，在弹出的对话框中，在“起点”和“终点”选项选择“点”，拾取如图5–118所示的棱边端点为“起点”和坐标原点为“终点”，点击“确定”，则完成创建阵列旋转轴线。

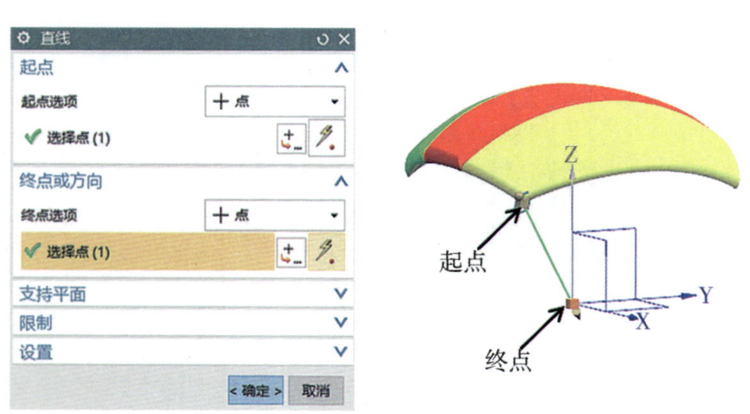

图5–118　创建阵列旋转轴线

9. 创建阵列特征。选择下拉主菜单的“插入”，选择“关联复制”里面的“阵列特征”命令 阵列特征(A)...，在弹出的对话框中选择三个实体特征为“要形成阵列的特征”，在“阵列定义布局”选择“圆形”，在“角度方向”中选择间距为“数量和节距”，并且输入数量参数为“3”、节距角为“120”，选择如图5–119所示的直线为“旋转轴”（注意矢量方向），指定坐标原点为“指定点”，其他的则选择默认设置，点击“确定”，则完成三个实体的特征阵列，如图5–120所示。

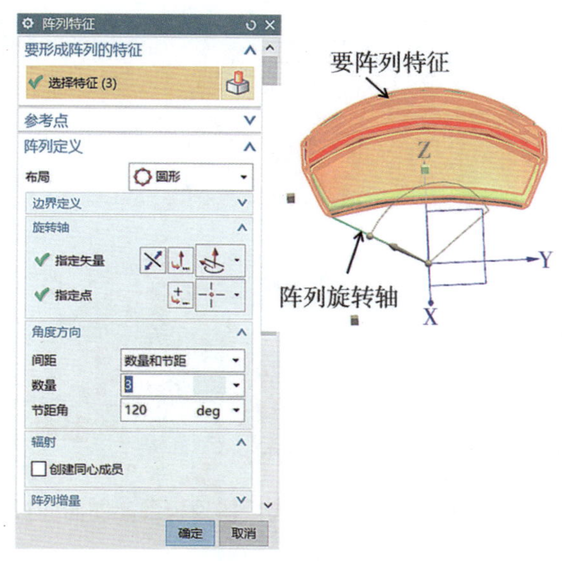

图5-119　阵列特征和参数设置

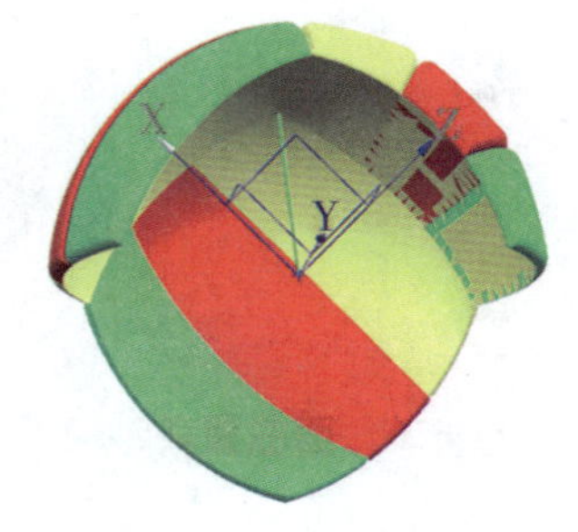

图5-120　三个实体的特征阵列

10. 继续创建阵列旋转轴线。选择下拉主菜单的“插入”，选择“曲线”里面的“直线”命令 直线(L)...，在弹出的对话框“起点”和“终点”选项中选择“点”，并且拾取如图5-121所示的棱边端点为“起点”、坐标原点为“终点”，点击“确定”，完成创建阵列旋转轴线。

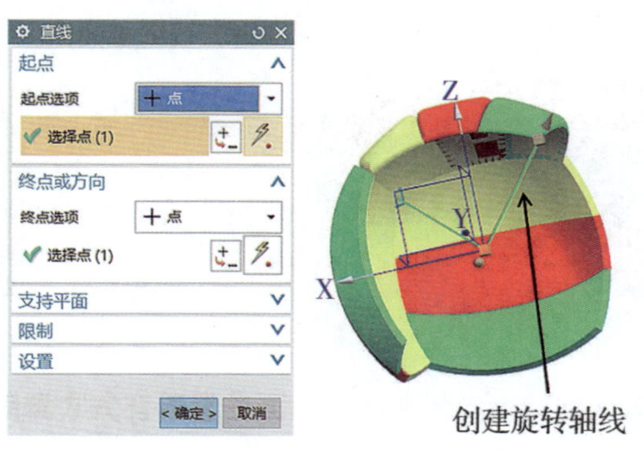

图5-121　创建阵列旋转轴线

11. 继续创建阵列特征。选择下拉主菜单的“插入”，选择“关联复制”里面的“阵列特征” 阵列特征(A). 命令，在弹出的对话框中选择初始的三个实体特征为“要形成阵列的特征”，在“阵列定义布局”选择“圆形”，在“角度方向”中选择间距为“数量和节距”，输入数量参数为“3”、节距角为“120”，选择如图5-122所示的直线为“旋转轴”（注意矢量方向），指定坐标原点为“指定点”，其他的则选择默认设置，点击“确定”，完成三个实体的特征第二次阵列，如图5-123所示。

12. 创建镜像特征。选择下拉主菜单的“插入”，选择“关联复制”里面的“镜像特征”命令 镜像特征(R)...，在弹出的对话框中选择初始的三个实体特征为“要镜像的特征”，选择如图5-124所示的基准平面为“镜像平面”，其他选项由系统默认，点击“确定”完成镜像特征，则整个排球造型创建成功（如图5-125所示）。用户可以进一步对排球边倒圆进行修饰，使排球棱边更圆滑，此处就不再做操作介绍。

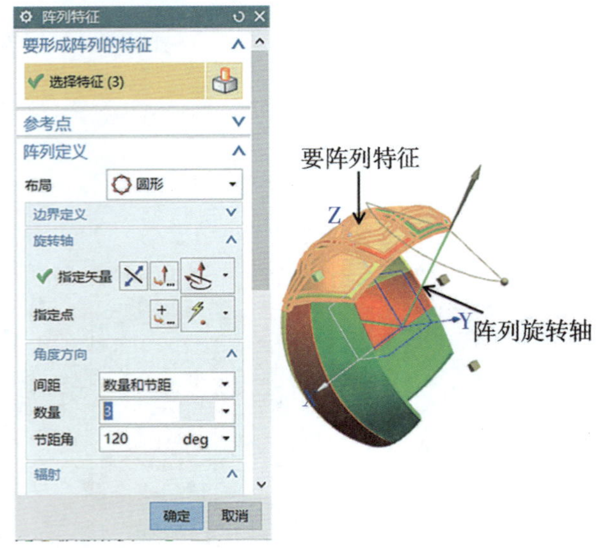

图5-122　阵列特征和参数设置

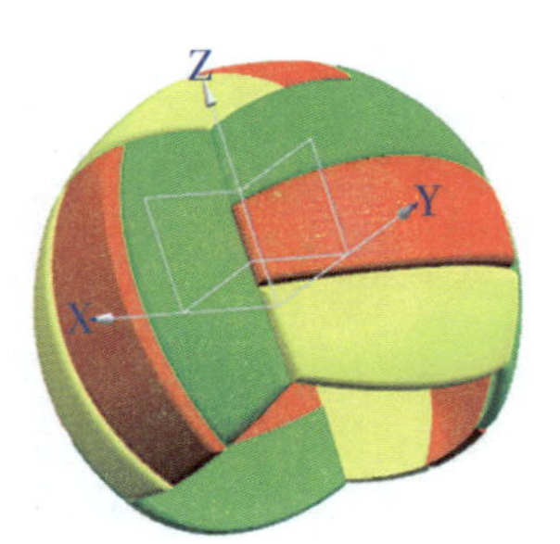

图5-123　三个实体的特征第二次阵列

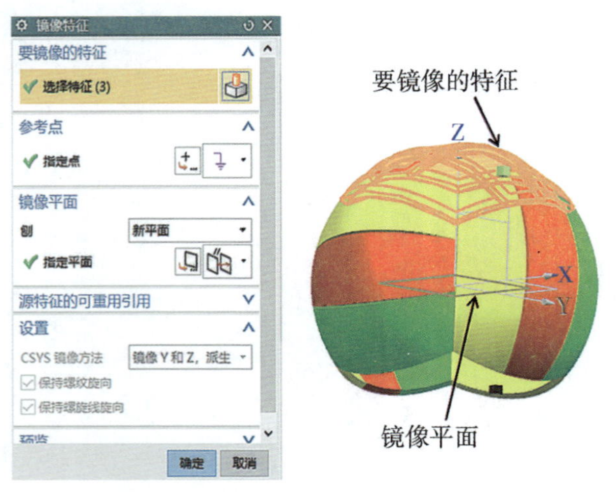

图5-124　镜像特征的设置

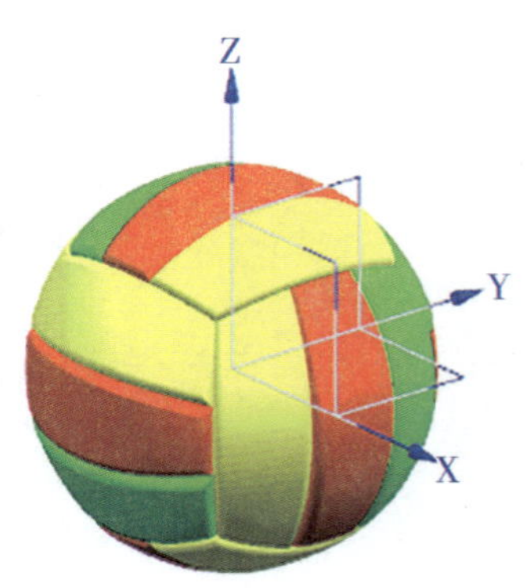

图5-125　排球造型创建成功

知识链接

曲面的变形，主要用于动态快速地修改曲面，可以使用拉伸、折弯、歪斜和扭转等操作得到设计的曲面。此命令编辑后的曲面将失去参数，属于非参数化编辑命令。

曲面的变换，主要可以动态地缩放、旋转及平移单个B曲面，同时从显示内容中实时获取反馈。缩放、旋转和平移变换及其组合组成了所谓的仿射映射，该功能通常用于CAD或其他计算机图形环境中，该命令编辑后的曲面将失去参数，属于非参数化编辑命令。

知识延伸

模型的测量与分析（六）

模型的偏差分析，可以检查所选的对象是否相接、相切以及边界是否对齐等，并得到所选对象的距离偏移值和角度偏移值。

选择下拉主菜单“分析”下拉菜单的“偏差”下拉子菜单的“检查”命令 检查(C)...，则会弹出如图5-126所示的“偏差检查”对话框。在“偏差检查类型”选项中选择“曲线到曲线”，选择如图5-127所示的线1和线2，点击“操作”选项的“查询”按钮，则会弹出如图5-128所示的“信息”窗口，在“偏差检查类型”选项中选择“面到面”，选择如图5-129所示的面1和面2，点击“操作”选项的“查询”按钮，则会弹出如图5-130所示的“信息”窗口。

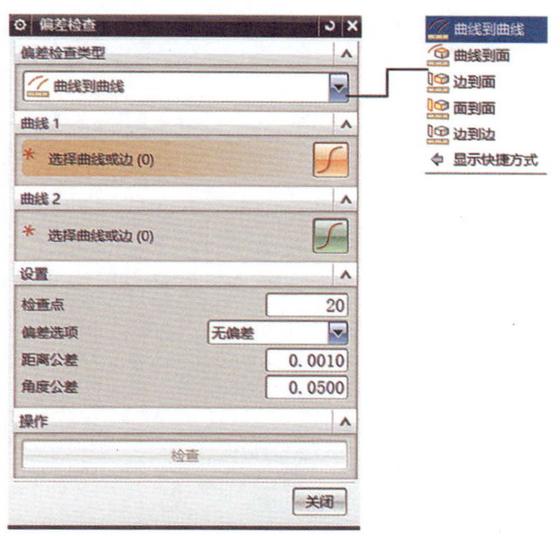

图5-126　“偏差检查”对话框

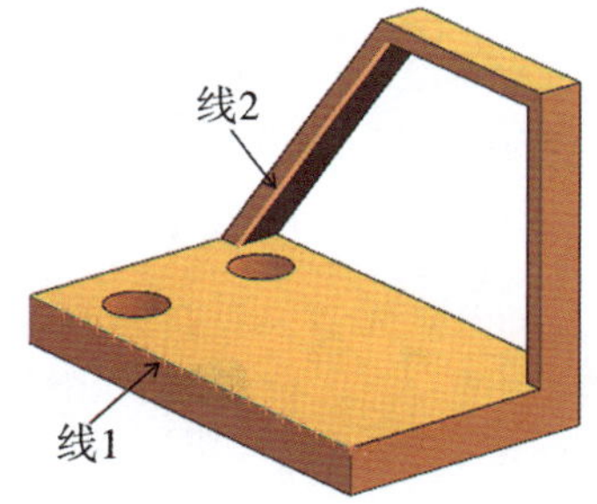

图5-127　选择线1和线2

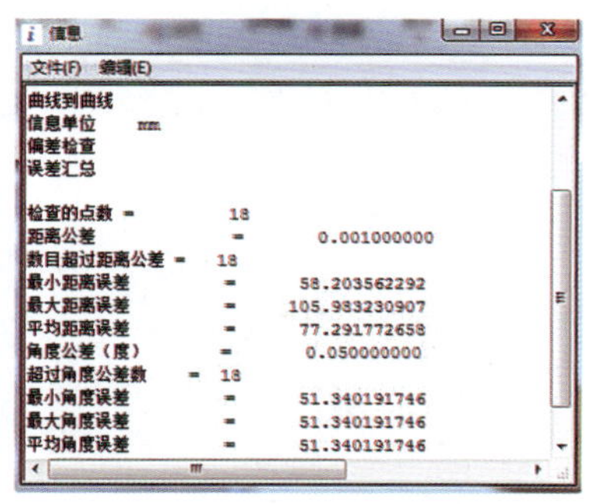

图5-128　“信息”窗口

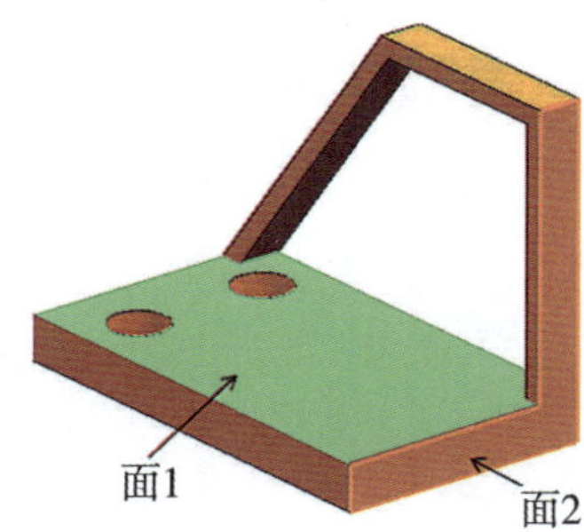

图5-129　选择面1和面2

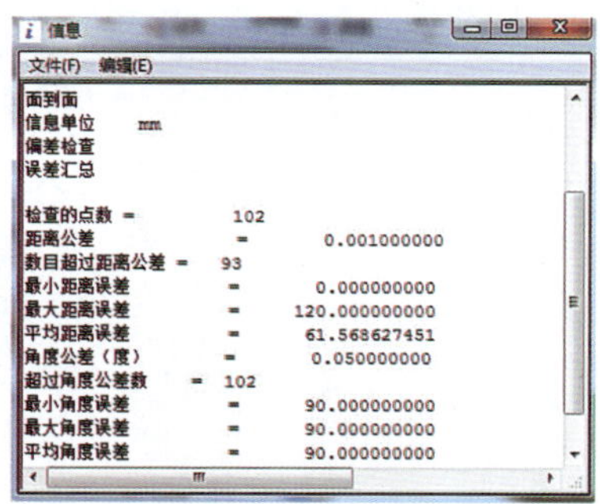

图5-130　“信息”窗口

单元六 参数化建模基础操作

单元提示

参数化设计是 UG 软件的一大特点，优点在于可以通过变更参数的方法来方便地修改设计意图，从而修改设计结果。UG NX10.0 软件中提供了 GC 工具箱模块，为齿轮、弹簧等机械零部件的标准建模提供便捷。

本单元通过齿轮造型以及两齿轮啮合、弹簧等特征实例，使读者掌握简单的参数化模型造型，建立参数化设计的概念。自动尺寸修改、草绘绘制、曲线参数、坐标参数等都涉及参数化设置，特别是在标准化的机械产品造型方面的应用非常广泛。

6

任务一 圆柱齿轮建模基础

任务描述

参数的含义，很多零部件设计中都会运用到尺寸（尺寸驱动）来约束特征形状及位置，即通过一定数据计算或者关联公式计算得到相关设计尺寸，并要求建立模型特征，这就是参数化。齿轮建模时需要齿轮的相关参数（比如齿数、模数、压力角等），齿轮建模GC工具箱的齿轮种类比较多，可以根据不同齿轮形状修改齿轮的参数。完成齿轮参数化建模，就易于修改参数，大大提高建模效率。

任务目标

1. 了解UG NX10.0软件的GC工具箱
2. 掌握GC工具箱圆柱齿轮参数化建模分析
3. 掌握参数化创建圆柱齿轮的操作

任务过程

一、了解UG NX10.0软件的GC工具箱

用户可以在下拉主菜单直接找到“GC工具箱”，在此菜单下可以看到如图6-1所示的“齿轮建模”“弹簧设计”“加工准备”等常用工具。其中每个工具箱下都有对应的子菜单，这里不展开具体介绍。或者在带状工具条区切换到“主页”快捷工具中，也可以直接调用GC工具里面的相关工具。

使用GC工具箱，可以对系统中的GC数据规范、齿轮建模、注释、批量创建等常用的参数进行设置，使用GC工具箱中的齿轮建模和弹簧设计工具可以快速创建齿轮和弹簧零件；利用GC工具箱中的部件文件加密工具可以设置部件文件的访问和修改权限，从而给用户提供一个更为方便、安全的设计系统环境。

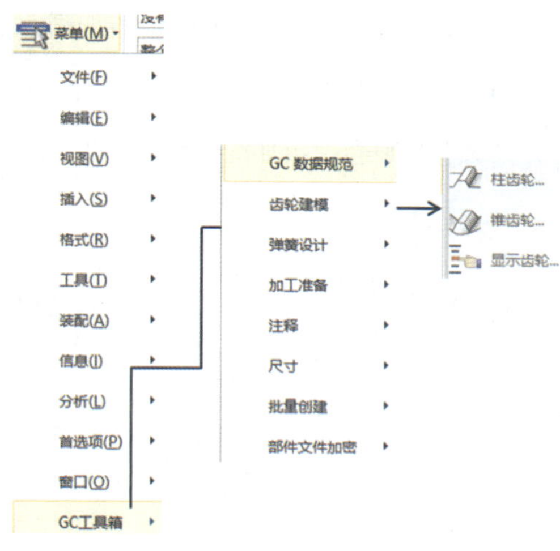

图6-1 GC工具箱

二、GC工具箱圆柱齿轮参数化建模分析

用户选择下拉主菜单下的“GC工具箱”后，选择“齿轮建模”子菜单的“柱齿轮”命令 柱齿轮...，或者直接在快捷工具中点击“柱齿轮建模”按钮 ，按照建模的对话框设置相关参数数据。如图6-2所示为圆柱齿轮参数化建模分析。

图6-2 圆柱齿轮参数化建模分析

三、掌握参数化创建圆柱齿轮的操作

1. 在快捷工具中点击“柱齿轮建模”按钮 ，系统弹出如图6–3所示的“渐开线圆柱齿轮建模”对话框。系统提供了齿轮操作方式选择项，可分为“创建齿轮”“修改齿轮参数”“齿轮啮合”“移动齿轮”“删除齿轮”“信息”6个选项内容，点击“确定”则会弹出如图6–4所示的“渐开线圆柱齿轮类型”对话框，选择默认的类型。

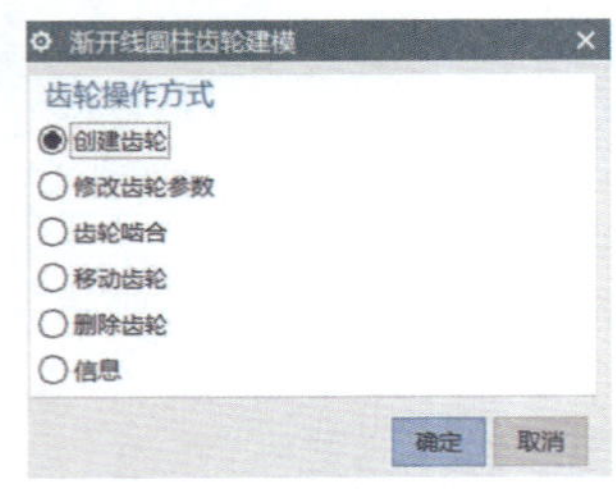

图6–3　渐开线圆柱齿轮建模对话框

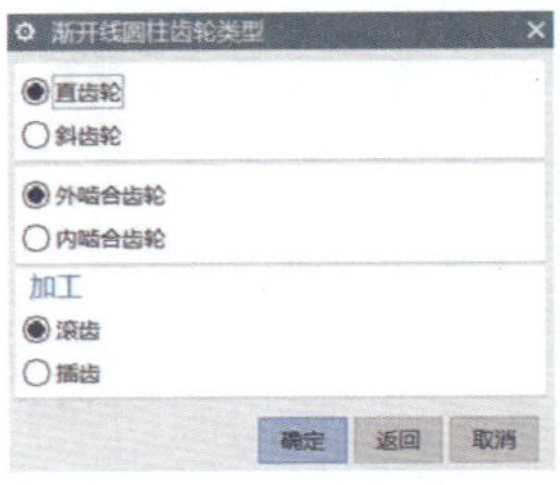

图6–4　渐开线圆柱齿轮类型对话框

齿轮操作方式的功能简单介绍如下：

· 创建齿轮：创建所要建模的齿轮。

· 修改齿轮参数：对选定的齿轮进行参数修改。

· 齿轮啮合：选定一组齿轮进行啮合参数设置。

· 移动齿轮：对选定的齿轮进行位置移动的参数设置。

· 删除齿轮：删除选定的齿轮。

· 信息：将齿轮参数设置的信息进行显示。

2. 齿轮建模常用参数分析。图6–5所示为渐开线圆柱齿轮参数对话框，分为标准齿轮建模参数和变位齿轮建模参数。

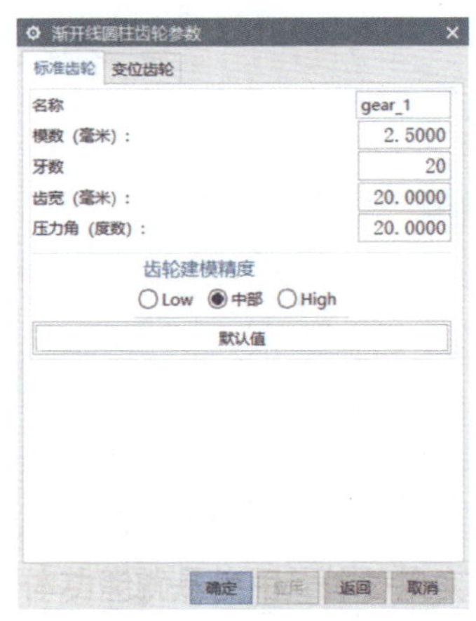

图6–5　渐开线圆柱齿轮参数对话框

3. 在标准齿轮的建模参数中，系统提供了“名称”“模数”“牙数”“齿宽”“压力角”及“齿轮建模精度”6个设置选项内容。各选项的功能简单介绍如下：

· 名称：给所建模的齿轮取一个名称（点击默认值则系统会默认“gear_1”）。

· 模数：齿轮的模数。

· 牙数：齿轮的牙数（齿数）。

· 齿宽：齿轮的厚度。

· 压力角：齿轮的压力角。

· 齿轮建模精度：分为低、中、高三等级精度，系统默认的为中部，可根据设计要求选择。

4. 为了改善齿轮传动的性能，多采用变位齿轮，变位齿轮建模参数是比较常用的，如图6–6所示为变位齿轮建模参数，分为“名称”“模数”“牙数”“齿宽”“压力角”“节圆直径”“顶圆直径”“变位系数”“齿顶高系数”“顶隙系数”“齿根圆角半径（模数）”及“齿轮建模精度”12个参数选项。

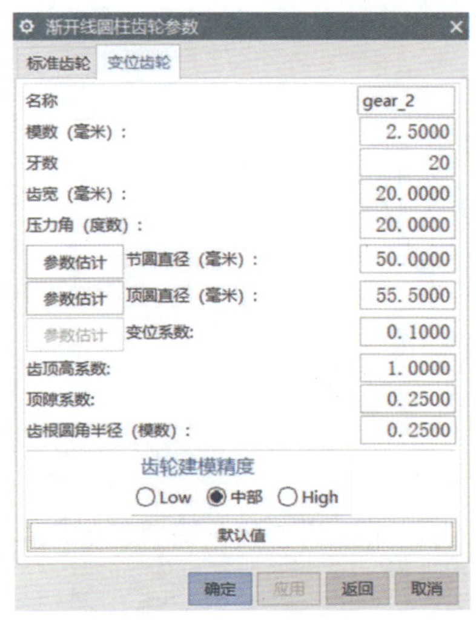

图6–6　变位齿轮建模参数

变位齿轮部分参数功能简单介绍如下：

· 节圆直径：点击参数估计，则可以根据所给的参数设置估计节圆直径大小。

· 顶圆直径：点击参数估计，则可以根据所给的参数设置估计顶圆直径大小。

· 变位系数：刀具移动距离的一个参数系数（用户可根据设计给定）。

· 齿顶高系数：可以采用系统默认给定的。

· 顶隙系数：可以采用系统默认给定的。

· 齿根圆角半径（模数）：可以采用系统默认给定的。

特别提示

1. 系统提供的齿轮建模一般都是默认的常用状态下的参数值，所以我们只需点击默认值，就会在所对应的选项中显示默认的参数值。用户可以根据实际的设计尺寸在默认值中修改相关尺寸。

2. 改变刀具与齿坯相对位置后切制出来的齿轮称为变位齿轮，刀具移动的距离xm称为变位量，x称为变位系数。“变位系数”“齿顶高系数”“顶隙系数”“齿根圆角半径（模数）”这些参数用户可以根据实际设计尺寸进行修改。

3. 在当前选项卡中逐一进行参数输入数据时不可直接按回车键确认，否则表示确定进入下一步参数设置，所以把当前选项卡的参数设置完后再确认（或者按回车键）。

5. 齿轮放置的参数。如图6–7所示为放置齿轮的方向“矢量”对话框，用户可以通过选择基准坐标来确定齿轮的放置方向。一般采用Z轴正方向为齿轮的放置方向。确定好齿轮的放置方向后，系统自动进入齿轮位置点的确定，如图6–8所示为放置齿轮位置的点对话框，一般采用默认的（0,0,0）点，用户可以根据实际设计参数修改放置点位置关系。

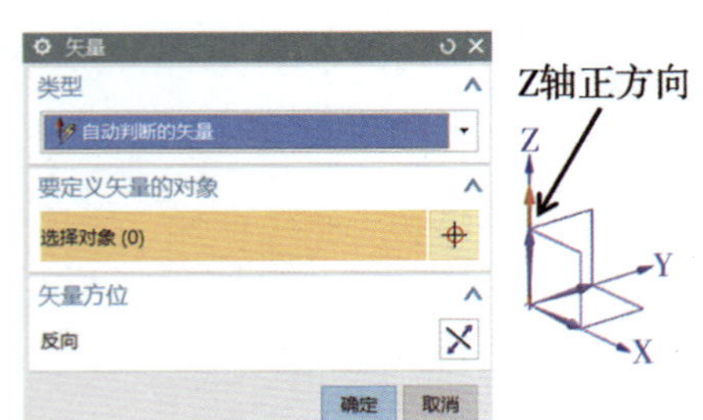

图6–7　齿轮的方向“矢量”对话框

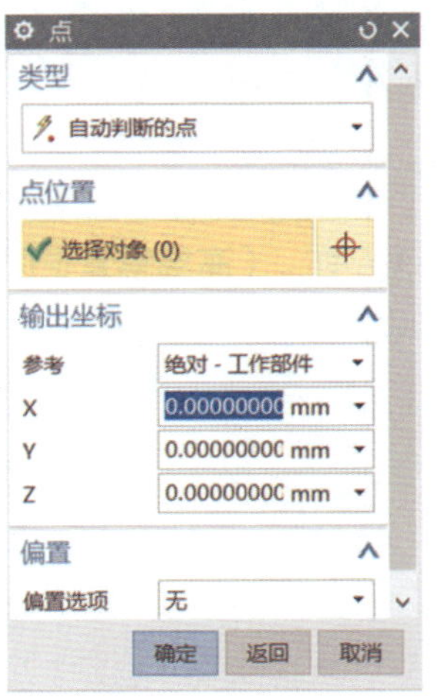

图6–8　齿轮位置的点对话框

6. 所有的参数设置完成，则完成了齿轮建模的参数化设置，如图6–9所示为完成参数化后得到的圆柱齿轮的基本建模。

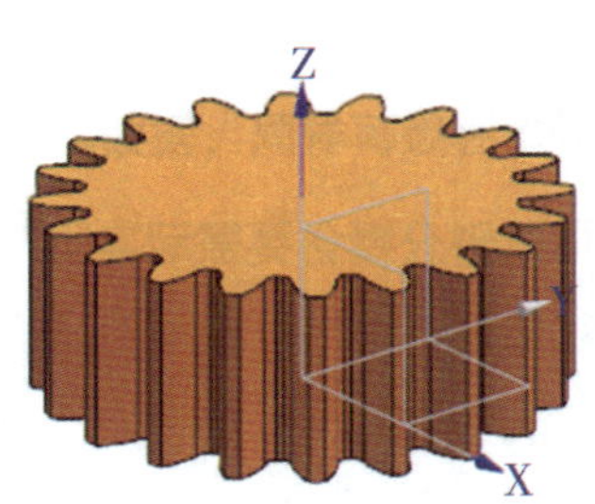

图6–9　圆柱齿轮的基本建模

7. 圆柱齿轮的端面除料特征的创建。选择下拉主菜单的“插入”，然后选择“设计特征”菜单子菜单中的“拉伸”命令 拉伸(E)... ，选取齿轮的端面上表面为草绘平面，进入草绘绘图环境后，运用圆心半径方式绘制齿轮端面截面图形（如图6–10所示），点击完成草图后则退出草图环境，在拉伸对话框中设置“限制”区域，在“开始”下拉列表选择“值”，并在其下的距离输入参数“0”，在“结束”下拉列表选择“值”，并在其下的距离输入参数“6”（注意方向），在布尔运算选项中选择“求差”运算，可以参考如图6–11所示拉伸对话框的设置，其他为默认，确认后完成齿轮基本体端面除料特征的创建，如图6–12所示为端面除料特征的创建。

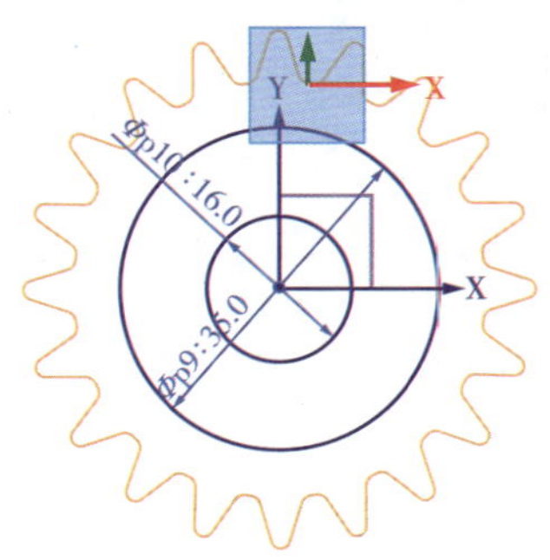
图6-10　草绘图形

图6-11　拉伸对话框的设置

图6-12　端面除料特征的创建

8. 垫块特征的创建。选择下拉主菜单的“插入”，然后选择“设计特征”菜单的子菜单中的“垫块”命令 垫块(A)...，系统弹出如图6-13所示的垫块对话框，然后选择“矩形”。在“矩形垫块”对话框中选择“实体面”，选取拉伸除料后的端面为加垫块的放置面（见图6-14），系统弹出如图6-15所示矩形块参数设置对话框。输入长度参数为3、宽度参数为25、高度参数为4、拐角半径为0、锥角为0，点击“确定”按钮，则系统提示选择矩形块定位的约束位置，选择线落在线上的约束形式（如图6-16所示），对矩形块定位约束。拾取坐标基准中的Y轴和矩形块的中心线，使矩形块与Y轴在同一线上（如图6-17所示）。按照系统提示完成矩形块加强筋的特征造型（如图6-18所示）。

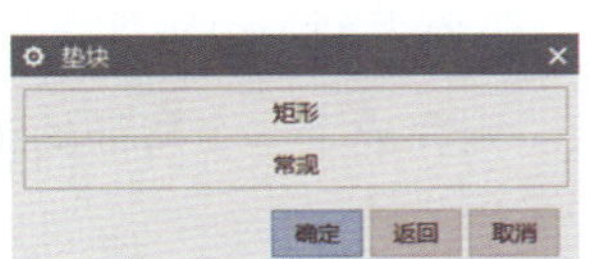

图6-13　垫块对话框

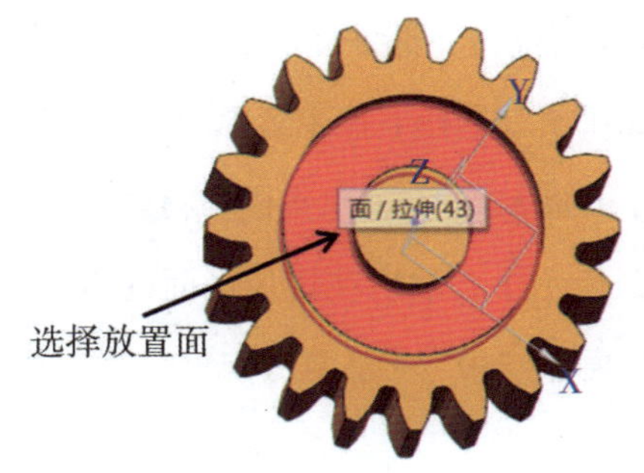

图6-14　垫块的放置面

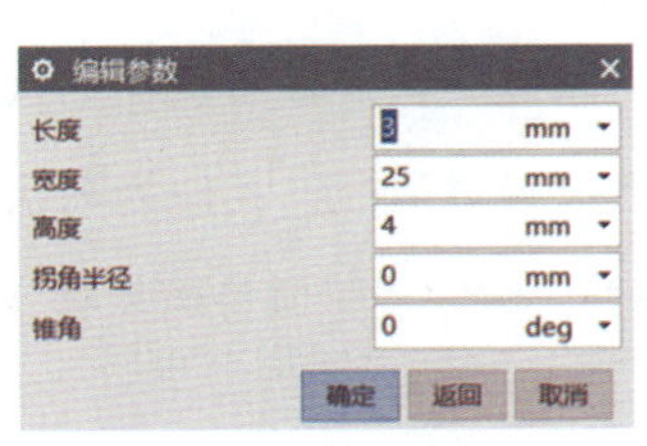

图6-15　矩形块参数设置

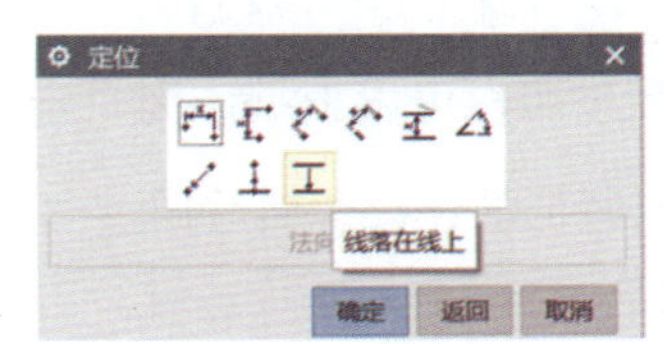

图6-16　线落在线上的约束形式

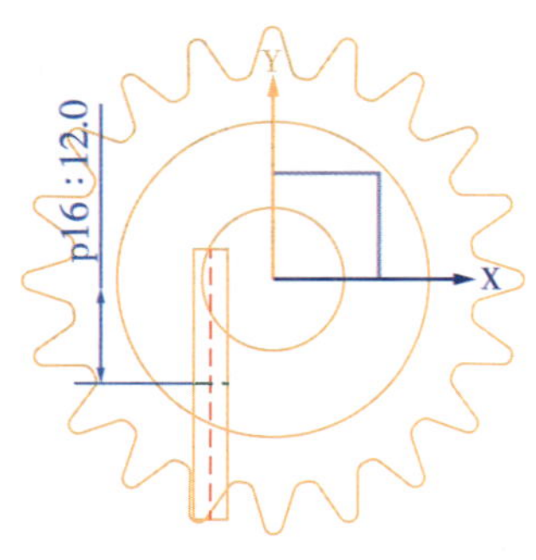

图6–17　矩形块与Y轴在同一线上

图6–18　矩形块加强筋的特征

9. 对矩形块特征圆形阵列。选择下拉主菜单的“插入”，然后选择“关联复制”菜单的子菜单中的“阵列特征”命令 阵列特征(A)...，在弹出来的对话框中，选择矩形块为阵列的特征，在旋转轴选项区“指定矢量”的下拉列表中选择“ZC”轴为阵列的中心旋转轴，在“指定点”点击“点”按钮后，选择坐标原点为阵列的放置定点，在“角度和方向”选项区选择“间距”下拉列表为“数量和节距”，在阵列参数的“数量”和“节距角”参数设置中填写“4个”和“90度”，完成如图6–19所示矩形块的圆形阵列。

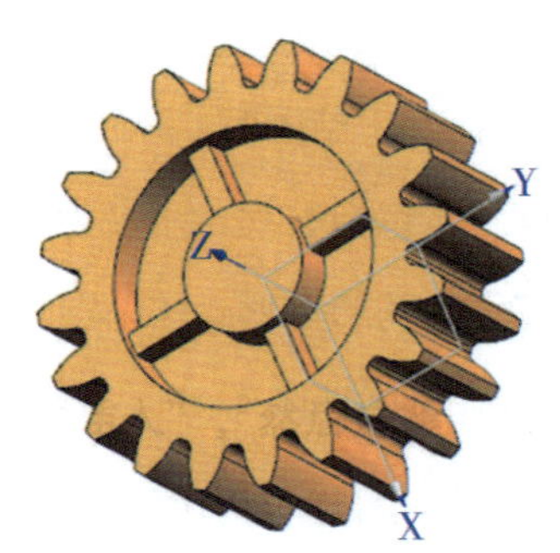

图6–19　矩形块的圆形阵列

10. 创建镜像特征。在部件导航器中，选择前面创建的“拉伸除料”“矩形垫块”以及“垫块阵列”三个特征，如图6–20所示。选择下拉主菜单的“插入”，在子菜单中选择“关联复制”，然后选择子菜单的“镜像特征”命令 镜像特征(R)...。在弹出来的镜像特征对话框中选择“要镜像的特征”，即在部件导航器中选择三个特征（如图6–21所示），然后在镜像平面选项中选择“新平面”按某一距离类型，指定如图6–22所示平面，然后输入平移距离为“10”（注意方向），其他的为默认，点击“确认”则完成了三个特征的镜像，如图6–23所示。

11. 拉伸除料特征。选择下拉主菜单的“插入”，然后选择“设计特征”菜单的子菜单中的“拉伸”命令，在拉伸对话框点击“曲线”按钮（如图6–24所示），拾取如图6–25所示的边界（4条）线为草绘截面。在极限设置中，开始和结束的值都设置为“贯通”，布尔运算选择“求差”，“偏置选项”选择“单侧”，距离参数为“–2.5”（用户可以根据方向自定），可以参照拉伸参数设置对话框，其他为默认状态，点击“确定”完成拉伸除料特征的建模，然后通过“整列特征”进行圆形阵列，则完成了圆柱齿轮镂空特征的建模，如图6–26所示。

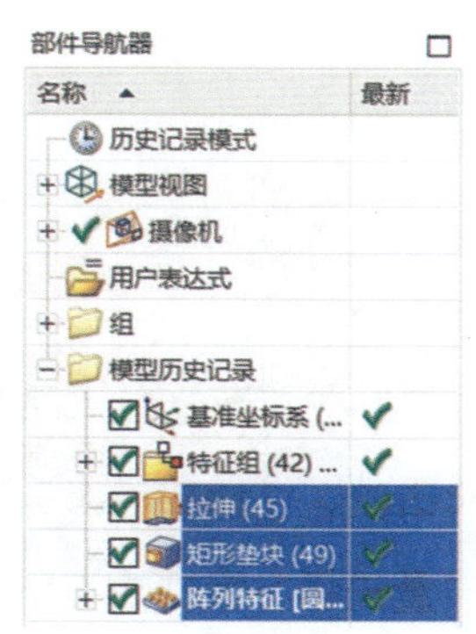

图6-20　选择三个特征

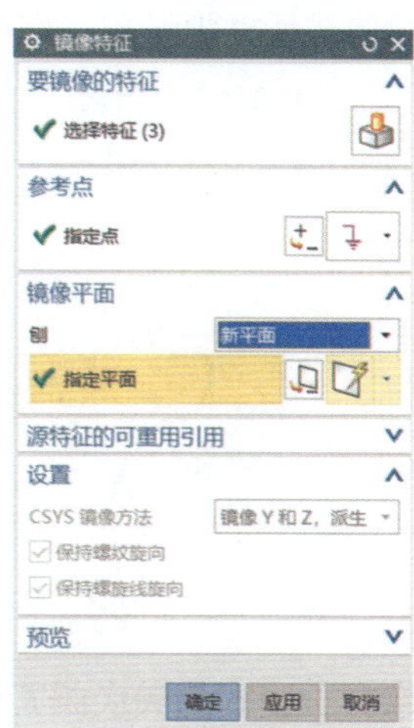

图6-21　镜像特征对话框

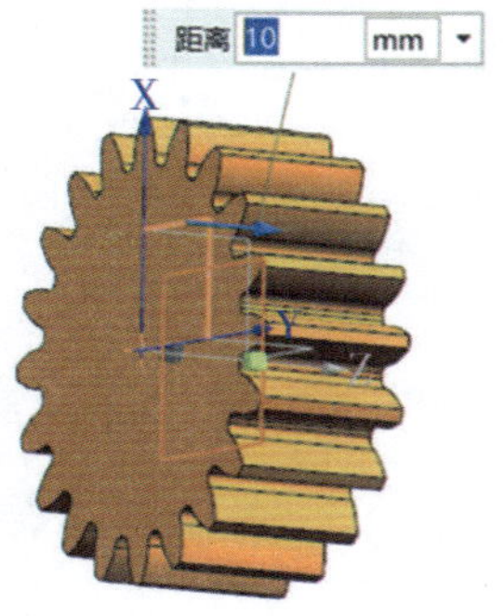

图6-22　平移平面

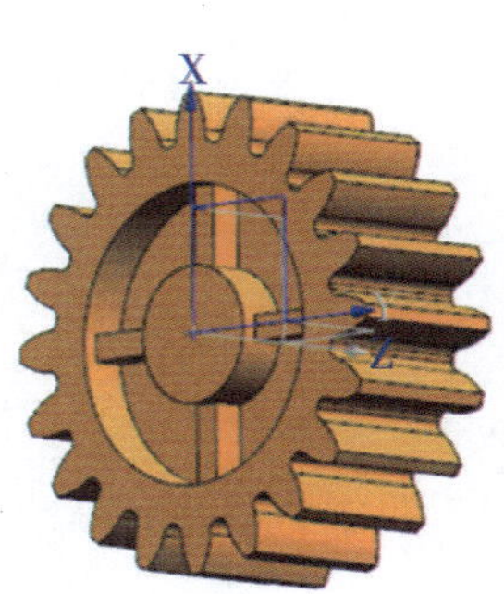

图6-23　镜像特征

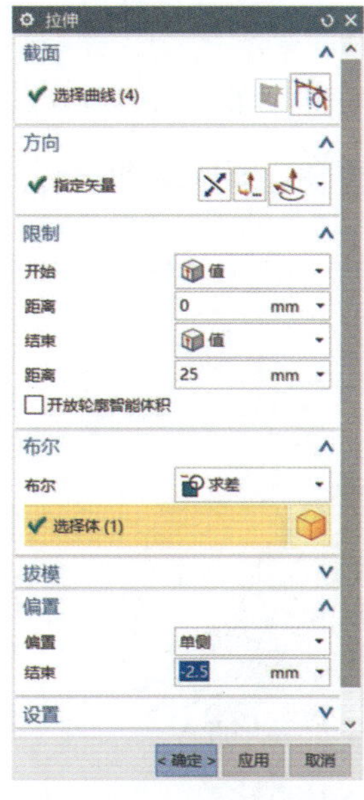

图6-24　拉伸对话设置

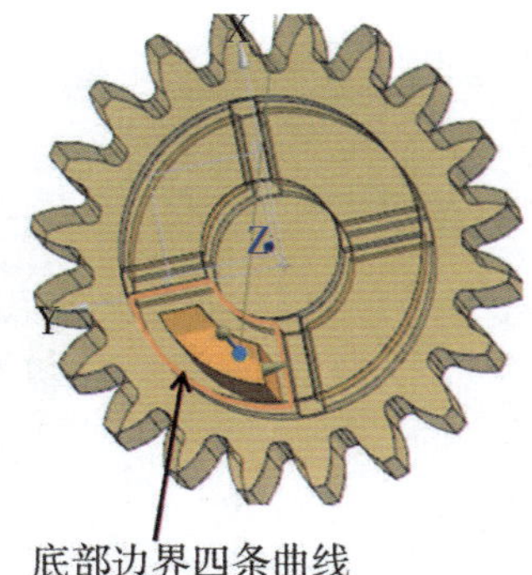

图6-25　拾取4条边界

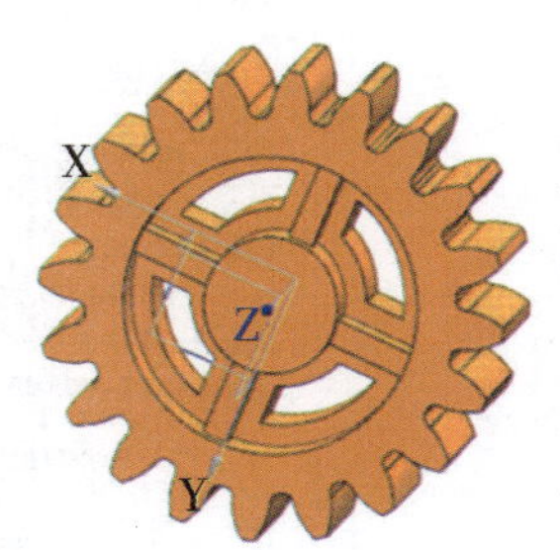

图6-26　齿轮镂空特征

12. 键槽特征建模的创建。选择拉伸命令，继续选择端面表面为草绘面，进入草绘界面，绘制如图6–27所示键槽截面图形。在拉伸对话框中设置拉伸参数，在“极限”的“开始”和“结束”值全部选择“贯通”，布尔运算选择“求差”，完成键槽特征建模，圆柱齿轮建模基本完成，如图6–28所示。

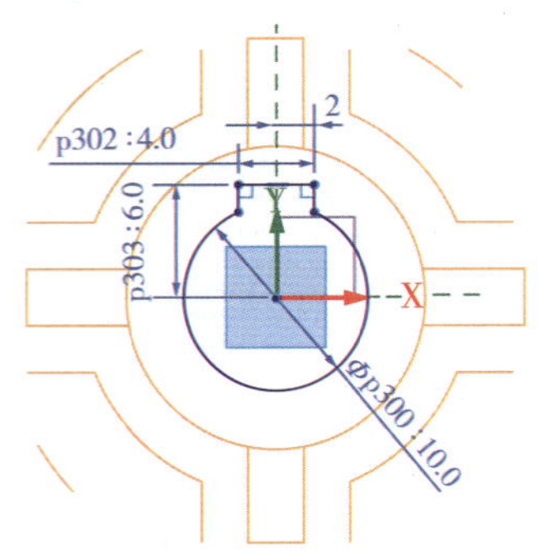

图6–27　键槽截面图形

图6–28　圆柱齿轮建模

13. 选择下拉主菜单的“插入”菜单下的“细节特征”，选择子菜单的“边倒圆”命令 边倒圆(E)... ，对圆柱齿轮基本建模最后棱边修饰，完成参数化圆柱齿轮建模，如图6–29所示。

图6–29　参数化圆柱齿轮建模

知识链接

在掌握了圆柱齿轮的参数设置后，就可以在此基础上创建圆锥齿轮的建模，圆柱和圆锥齿轮的参数设置步骤这里不再详细介绍，可以参考如图6–30所示的“圆锥齿轮参数”对话框设置相关参数，完成如图6–31所示的圆锥齿轮的创建。

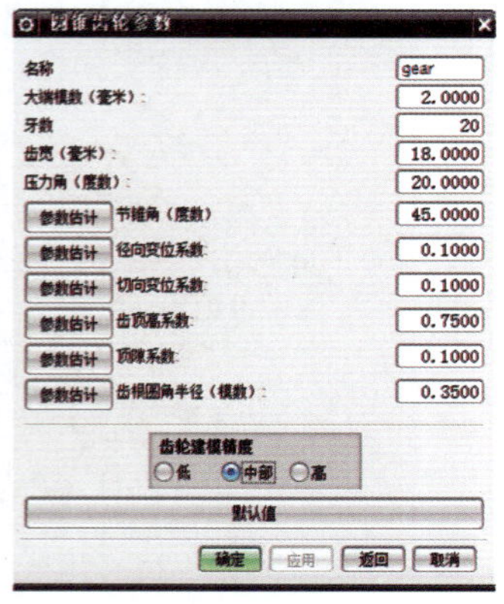

图6–30　“圆锥齿轮参数”对话框

图6–31　圆锥齿轮的创建

知识延伸

使用GC工具箱中的弹簧设计工具，可以方便创建各种标准弹簧，包括圆柱压缩弹簧、圆柱拉伸弹簧以及碟形弹簧。

圆柱压缩弹簧的创建：选择下拉主菜单下的“GC工具箱”后，选择“弹簧设计”子菜单的“圆柱压缩弹簧”命令 圆柱压缩弹簧... 。参照如图6-32所示的“圆柱压缩弹簧（一）”对话框，设置“类型”，选择放置弹簧的矢量方向为ZC轴，放置点为坐标原点，参照如图6-33所示的“圆柱压缩弹簧（二）”对话框，设置“输入参数”等相关参数数据，其他的采用默认的设置，如图6-34所示为圆柱压缩弹簧的创建。

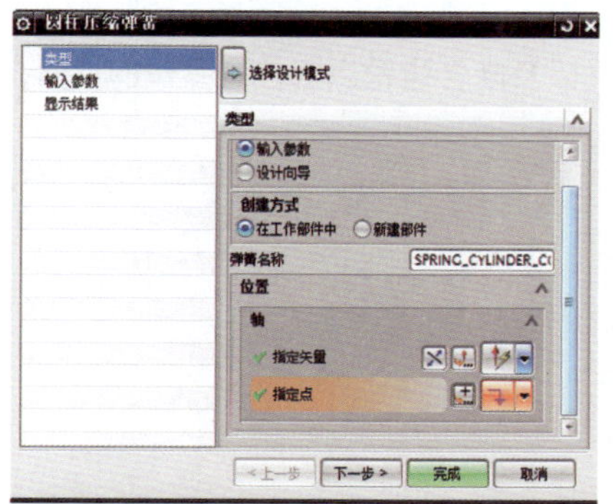

图6-32　圆柱压缩弹簧（一）

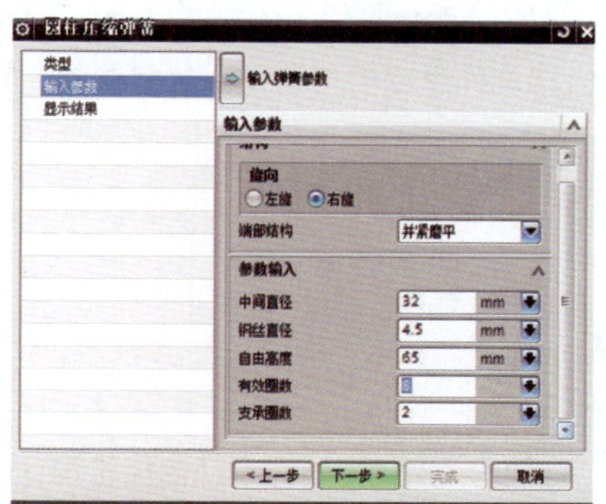

图6-33　圆柱压缩弹簧（二）

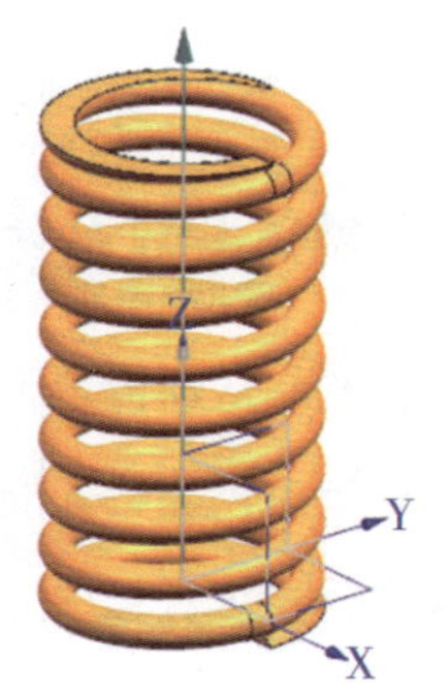

图6-34　圆柱压缩弹簧

任务二 圆柱齿轮啮合特征的创建

任务描述

本任务在前面介绍的圆柱齿轮的基础上再添加一个圆柱齿轮，分别将它们设置为驱动齿轮和从动齿轮。从动齿轮和驱动齿轮的定义是啮合齿轮之间参数设置的基础，两个啮合齿轮参数的设置主要是位置如何设置，UG NX10.0软件系统提供了齿轮之间啮合系数和参数化设置。

机械零部件之间的传动是比较复杂的，掌握齿轮传动的定义以及啮合齿轮之间位置参数的设置，为齿轮传动相关设计打好基础。

任务目标

1. 掌握UG NX10.0软件中啮合齿轮设计的相关参数设置
2. 掌握UG NX10.0软件中啮合齿轮创建的一般过程

任务过程

一、啮合齿轮特征创建的一般过程及相关参数设置

应用概述：本实例介绍了两个齿轮（驱动齿轮和从动齿轮）之间啮合的创建过程，主要是在前面介绍的圆柱齿轮创建特征的基础上再创建一个圆柱齿轮与之啮合，在此操作的整个过程中主要就是圆柱齿轮参数设置、两个圆柱齿轮位置的约束、两个啮合尺寸之间参数的设置、创建圆柱齿轮其他的特征以及齿轮的修饰特征等，如图6–35所示为两个啮合齿轮的特征创建。

图6–35 两个啮合齿轮的特征创建

特别提示

为了方便使用，可以把工作任务一中的圆柱齿轮另存为gear1，表示的是驱动齿轮，在工作任务二中就可以调出使用。创建啮合圆柱齿轮时，本任务二就选用任务一中的圆柱齿轮作为驱动齿轮，只需在本任务中创建一个gear2的圆柱齿轮表示从动齿轮。

1. 添加从动齿轮gear2的基本特征。先把驱动齿轮gear1打开（默认的放置为坐标原点），选择下拉主菜单下的“GC工具箱”后，选择“齿轮建模”子菜单的“柱齿轮”命令 柱齿轮...，则系统弹出“渐开线圆柱齿轮建模”对话框。在对话框中默认的齿轮操作方式下选择“创建齿轮”，直接点击“确定”按钮，则系统弹出如图6–36所示的“渐开线圆柱齿轮类型”对话框。选择“直齿轮”“外啮合齿轮”“滚齿”，然后点击“确定”按钮，则系统弹出如图6–37所示的“渐开线圆柱齿轮参数”对话框。选择“变位齿轮”选项卡，在“齿轮建模精度”选项下面点击“默认值”，这时系统会自动跳出默认的参数，用户只需做调整修改，“名称”修改为“gear2”，“模数”输入“2.5”，“牙数”输入“40”，其他的均采用系统默认的；在对话框中点击“节圆直径”前面的“参数估计”按钮，对“节圆直径”参数进行设置，则会弹出如图6–38所示的“输入配合齿轮参数”对话框，设置“牙数”参数为“40”，“变位系数”参数为“–0.1”，点击“确定”按钮；在对话框中点击“顶圆直径”前面的“参数估计”按钮，这时系统会自动估算“顶圆直径”参数，则对“节圆直径”和“顶圆直径”的参数设置成功（如图6–39所示）。点击“确定”按钮，则系统弹出齿轮放置“矢量”对话框，选择ZC轴为矢量轴，点击“确定”，接着系统弹出“点”对话框，放置齿轮的坐标点参考如图6–40所示的对话框，X为“200”、Y为“200”、Z为“30”，点击“确定”，则从动齿轮“gear2”的基本特征创建完成，如图6–41所示。

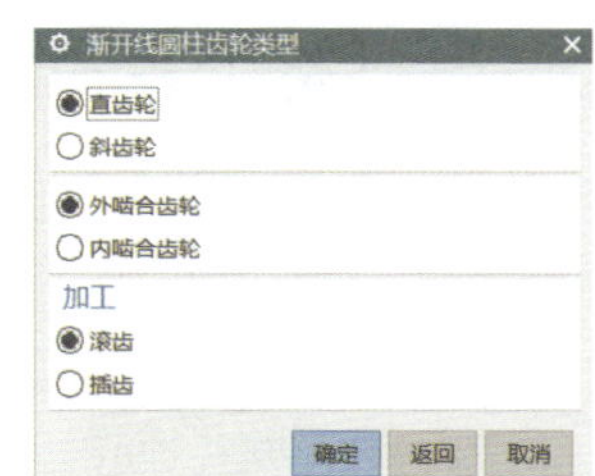

图6–36 渐开线圆柱齿轮类型

图6–37 渐开线圆柱齿轮参数对话框

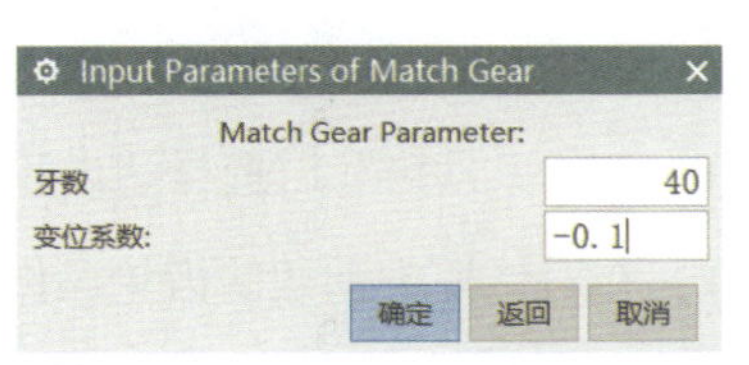

图6–38 输入配合齿轮参数对话框

图6–39 节圆和顶圆直径参数设置

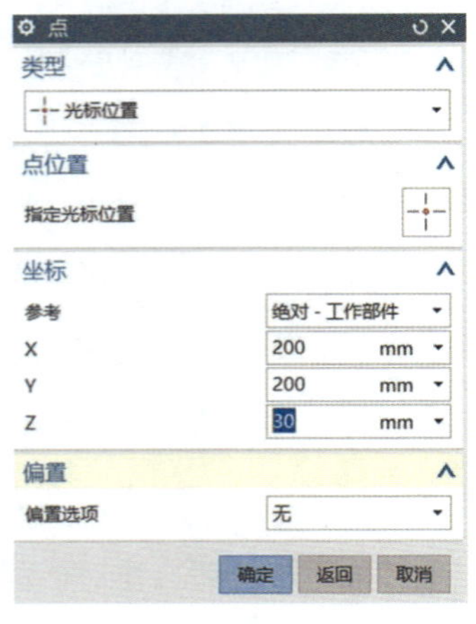

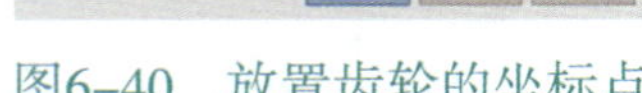
图6-40　放置齿轮的坐标点

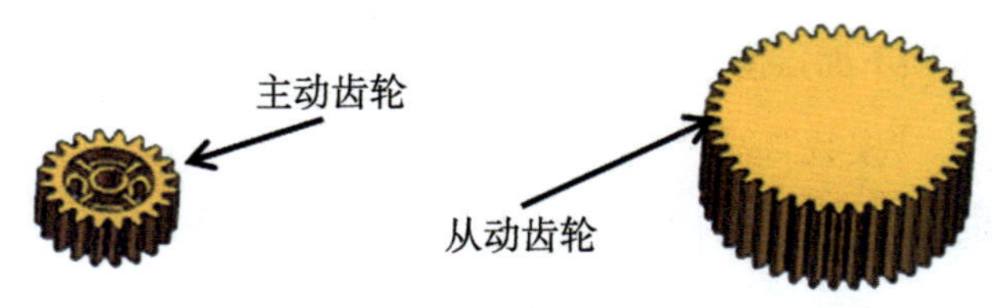

图6-41　从动齿轮“gear2”基本体建模

2. 将从动齿轮“gear2”与驱动齿轮“gear1”外啮合。选择下拉主菜单下的“GC工具箱”后，选择“齿轮建模”子菜单的“圆柱齿轮”命令，则系统弹出如图6-42所示的“渐开线圆柱齿轮建模”对话框。在对话框中默认的齿轮操作方式下选择“齿轮啮合”，直接点击“确定”按钮，则会弹出“选择齿轮啮合”对话框，如图6-43所示。在“所有存在齿轮”选项区域中选中“gear1”，点击“设置主动齿轮”按钮；选中“gear2”，点击“设置从动齿轮”，即对齿轮定义完成。然后点击“中心连线向量”按钮，则系统会弹出“矢量”对话框，选择“XC轴”为两个啮合齿轮的连线轴线，点击“确定”按钮后返回到“选择齿轮啮合”对话框，再次点击“确定”按钮，则完成了两个齿轮的啮合，如图6-44所示。

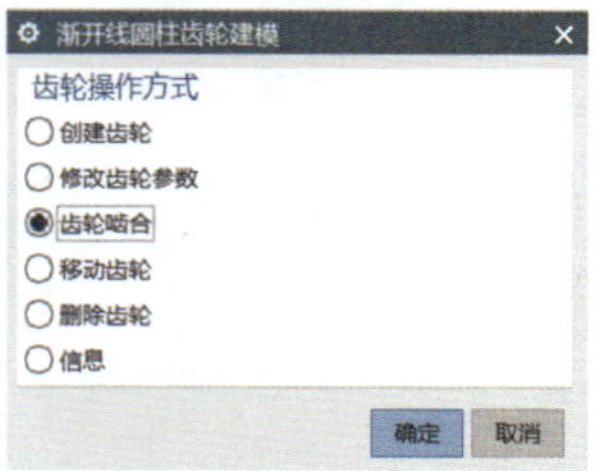

图6-42　渐开线圆柱齿轮建模对话框

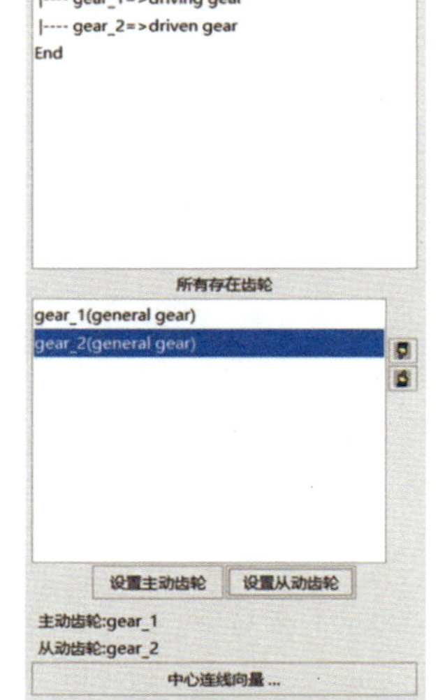

图6-43　定义主动和从动齿轮

图6-44　两个齿轮的啮合

3. 对从动齿轮“gear2”位置进行移动。选择下拉主菜单下的“GC工具箱”后选择“齿轮建模”子菜单的“圆柱齿轮”命令，则系统弹出“渐开线圆柱齿轮建模”对话框，在对话框中默认的齿轮操作方式下选择“移动齿轮”（如图6-45所示），直接点击“确定”按钮，系统会弹出如图6-46所示的“选择齿轮进行操作”对话

框；选中“gear2”，点击“确定”按钮，则会弹出“移动齿轮”对话框（如图6–47所示），在DZC中输入参数为“–10”，并取消“保留齿轮啮合关系”前面的勾选，然后点击“确定”，则完成从动齿轮“gear2”位置的移动，如图6–48所示。

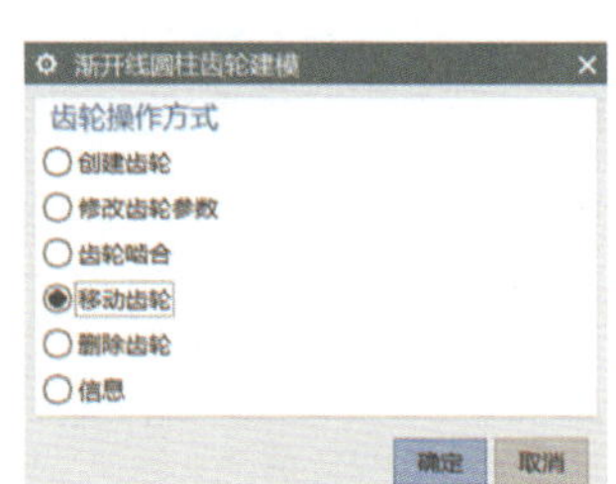

图6–45　移动齿轮

图6–46　选择移动的齿轮

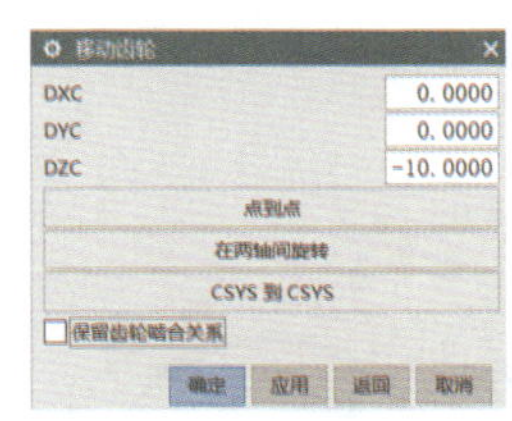

图6–47　输入移动距离

图6–48　从动齿轮“gear2”位置的移动

4. 对从动齿轮“gear2”上下端面添加除料特征。选择下拉主菜单中“插入”菜单“设计特征”的子菜单的“拉伸”命令。选择该齿轮的上端面为草绘平面，绘制如图6–49所示的截面图形，并完成草绘图形。在拉伸对话框中设置参数（如图6–50所示），设置布尔运算为“求差”，其他的为系统默认的，点击“确定”，完成该齿轮前端面的除料特征建模。用同样的方式对从动齿轮“gear2”下端面除料特征建模，即可完成从动齿轮“gear2”上下端面除料特征的创建，如图6–51所示。

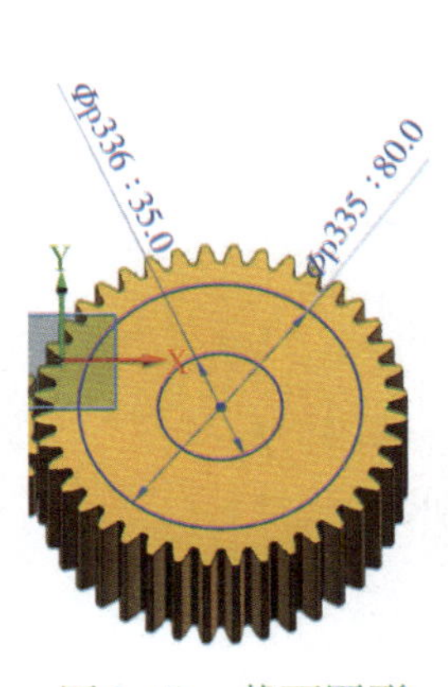

图6–49　截面图形

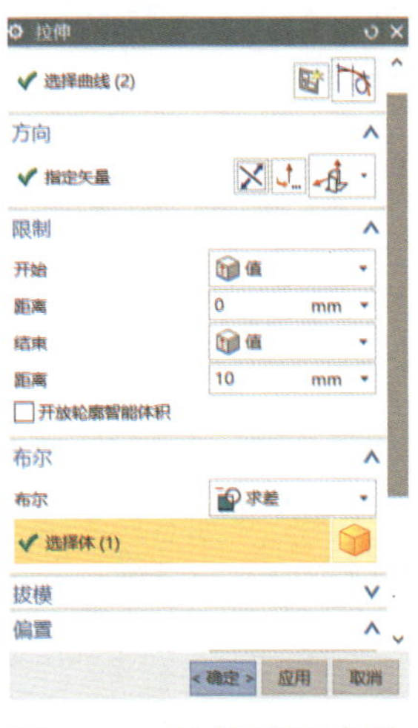

图6–50　拉伸设置参数

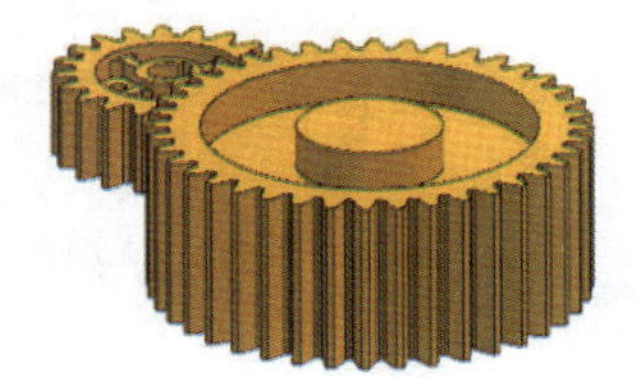

图6–51　上下端面除料特征

5. 对从动齿轮“gear2”端面继续添加除料特征。选择下拉主菜单中“插入”菜单的“设计特征”中的子菜单的“拉伸”命令。在弹出来的对话框中，选择如图6-52所示的面为草绘平面，绘制如图6-53所示的草图截面图形（采用曲线阵列），完成草图后，在“拉伸”对话框设置拉伸参数（如图6-54所示），设置布尔运算为“求差”，其他的为系统默认，完成如图6-55所示拉伸除料特征的创建。

图6-52　选择草绘平面

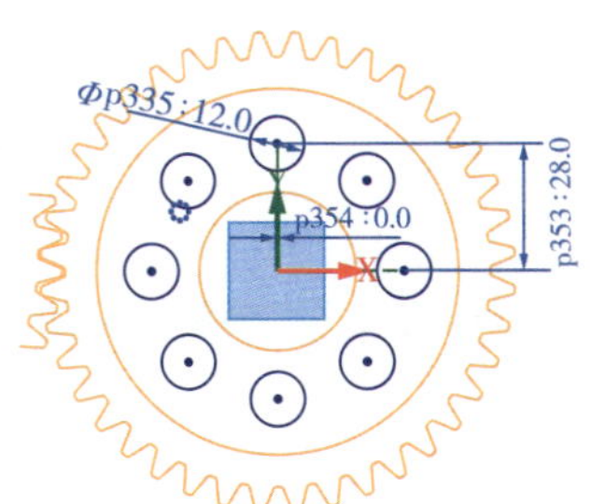

图6-53　截面图形

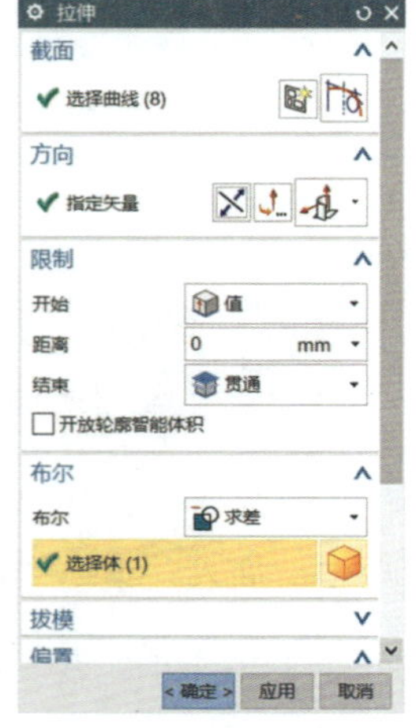

图6-54　拉伸参数设置

图6-55　拉伸除料特征的创建

6. 对从动齿轮“gear2”端面继续添加键槽特征。选择下拉主菜单中“插入”菜单的“设计特征”中子菜单的“拉伸”命令，在弹出来的对话框中，选择如图6-56所示的面为草绘平面，绘制如图6-57所示的草图截面图形，完成草图后，在“拉伸”对话框设置拉伸参数（如图6-58所示），设置布尔运算为“求差”，其他的为系统默认，完成拉伸除料特征的创建，如图6-59所示。

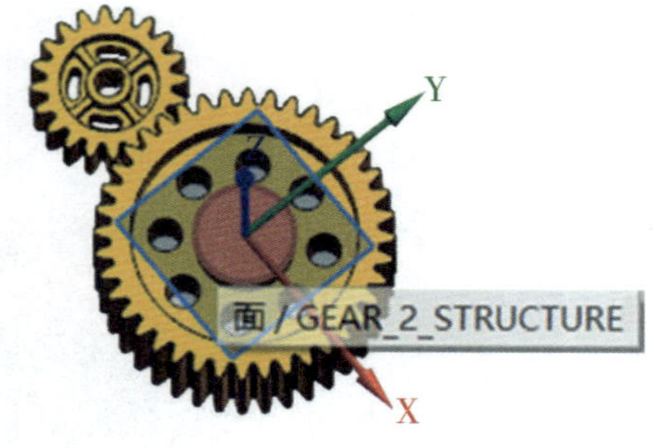

图6-56　草绘平面

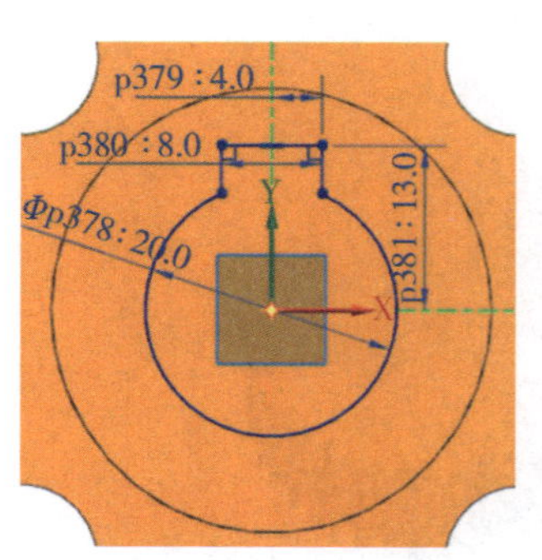

图6-57　截面图形

7. 其他修饰特征。在完成键槽特征后，给从动齿轮“gear2”进行边倒角和倒圆角等修饰特征，设计者可以根据实际尺寸进行相关边的倒角修饰，完成圆柱齿轮外啮合的创建，如图6-60所示。

图6-58　设置拉伸参数

图6-59　键槽特征

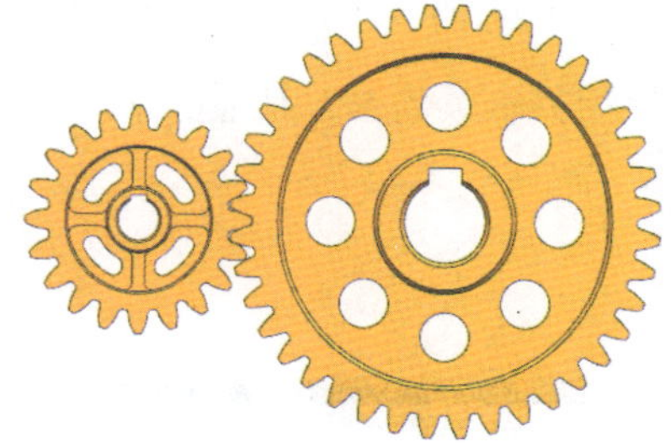

图6-60　齿轮外啮合的创建

知识链接

直齿圆柱齿轮各部分的名称和基本参数如表6-1所示。

表6-1　直齿圆柱齿轮各部分的名称和基本参数

名称	符号	说　明	示意图
齿数	z		
模数	m	$\pi d=zp$，$d=p/\pi z$，令$m=p/\pi$	
齿顶圆	da	通过轮齿顶部的圆周直径	
齿根圆	df	通过轮齿根部的圆周直径	
分度圆	d	齿厚等于槽宽处的圆周直径	
齿高	h	齿顶圆与齿根圆的径向距离	
齿顶高	ha	分度圆到齿顶圆的径向距离	
齿根高	hf	分度圆到齿根圆的径向距离	
齿距	p	在分度圆上相邻两齿廓对应点的弧长（齿厚+槽宽）	
齿厚	s	每个齿在分度圆上的弧长	
节圆	d’	一对齿轮传动时，两齿轮的齿廓在连心线o1o2上接触点c处，两齿轮的圆周速度相等，以o1c和o2c为半径的两个圆称为相应齿轮的节圆	
压力角	a	齿轮传动时，一齿轮（从动轮）齿廓在分度圆上点c的受力方向与运动方向所夹的锐角称压力角。我国采用标准压力角为20°	
啮合角	a’	在点c处两齿轮受力方向与运动方向的夹角	

知识延伸

圆柱拉伸弹簧的创建。选择下拉主菜单下的“GC工具箱”后，选择“弹簧设计”子菜单的“圆柱拉伸弹簧”命令 圆柱拉伸弹簧... ，参照如图6-61所示的“圆柱拉伸弹簧（一）”对话框设置“类型”，选择放置弹簧的矢量方向为ZC轴，放置点为坐标原点，参照如图6-62所示的“圆柱拉伸弹簧（二）”对话框，设置“输入参数”等相关参数数据，其他的采用默认的设置，点击“完成”按钮，则完成圆柱拉伸弹簧的创建，如图6-63所示。

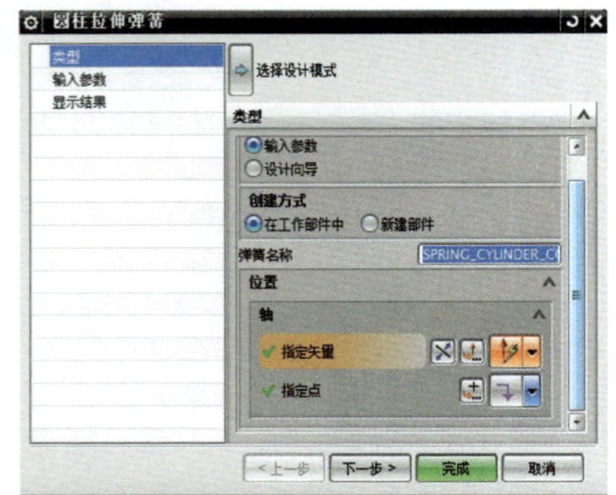

图6-61　圆柱拉伸弹簧（一）

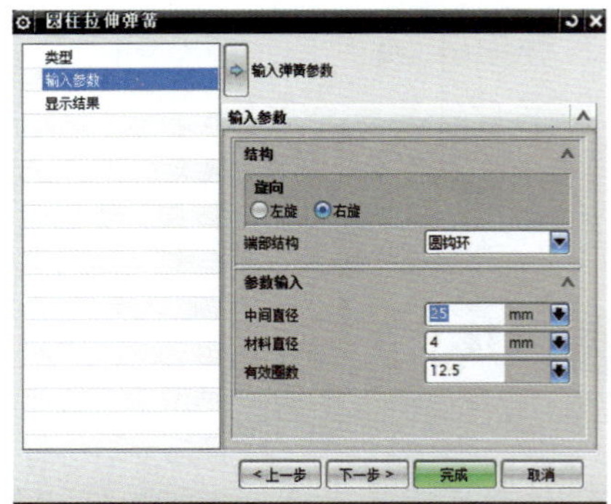

图6-62　圆柱拉伸弹簧（二）

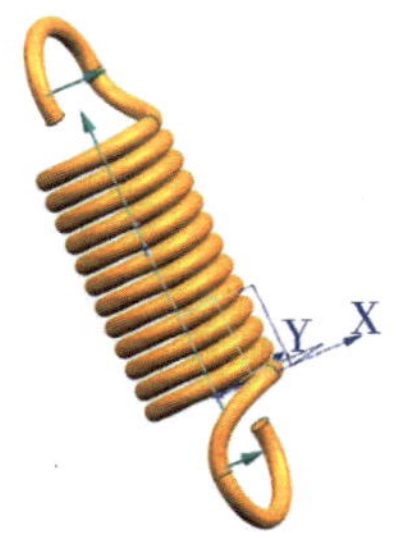

图6-63　圆柱拉伸弹簧的创建

单元七

装配与爆炸设计的操作基础

单元提示

本单元简单了解装配的基础，一个产品或者组件基本上都是由多个部件装配或者组合起来的。UG NX10.0 软件当中的装配模块用来建立部件间的相对位置关系，从而形成复杂的装配体。涉及的内容有装配导航器的查询、修改和删除以及约束等，将装配好的装配体生成爆炸图，并对爆炸图进行编辑。在装配过程中，用户需要熟练掌握装配约束的应用、装配的一般过程、部件的阵列以及爆炸图的编辑。

常见的装配包括多组件装配和虚拟装配两种装配模式，多组件装配是一种简单装配，装配原理是将每个组件信息复制到装配体中，然后将每个组件放到对应的位置；虚拟装配则建立各组件的链接，装配体与组件是一种引用关系。

7

任务一 装配约束及一般装配过程

任务描述

在装配过程中，组件之间的配对是通过“装配约束”来实现的，也是限制两者之间的装配关系。约束条件用于在装配中定位组件，可以制定一个部件相对于装配体中另一个部件或者特征的放置位置和自身位置。

装配过程中要把握好两种基本方式：一种是由上往下或者由下往上装配方式，一种是自内向外方式。这两种方式可以互相混合使用。

任务目标

1. 掌握UG NX10.0软件的装配约束和使用功能
2. 掌握UG NX10.0软件的装配一般过程

任务过程

一、进入装配模板环境

启动软件后选择“新建”文件，其操作步骤可以采用以下几个步骤：

1. 在快捷工具条中点击“新建”命令按钮 。

2. 在弹出的如图7–1所示对话框中选择模板类型为“装配” 装配 ，默认的过滤器单位选项 单位 毫米 为“毫米”。在名称和文件夹路径中，用户可以根据实际情况设置装配体的名称和所在的文件路径，点击“确定”按钮，则系统会弹出如图7–2所示的“添加组件”对话框，即可进入装配模式环境。

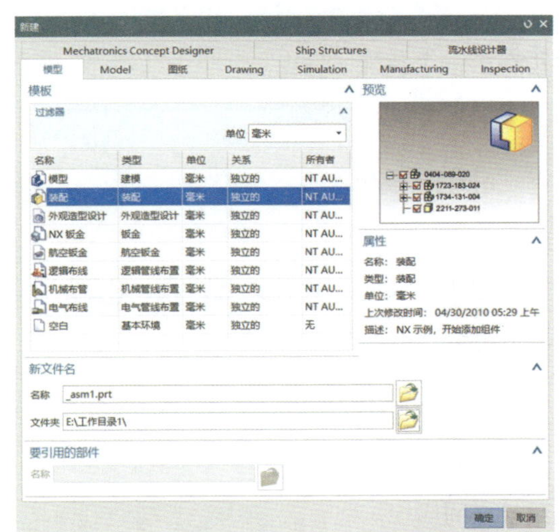

图7-1　选择模板类型为“装配”

图7-2　添加组件对话框

二、UG NX10.0软件的装配约束功能

选择下拉主菜单中“装配”下拉菜单的“组件位置”子菜单中的“装配约束”命令 装配约束(N)... ，则会弹出如图7-3所示的“装配约束”对话框。

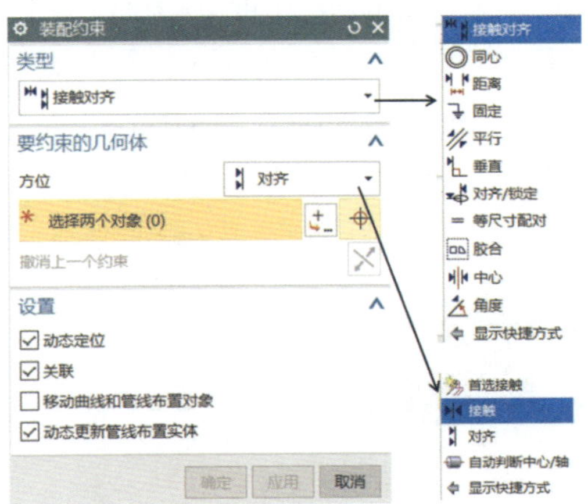

图7-3　装配约束对话框

· “接触对齐”：用于两个组件，使其彼此接触或者对齐。当选择该选项后，“要约束的几何体”区域的“方位”下拉列表中出现四个选项：

“首选接触”：若选择该选项，则当接触和对齐都有可能时，显示接触约束（在大多数模型中，接触约束比对齐约束更常用）；当接触约束过度约束装配时，将显示对齐约束。

“接触”：若选择该选项，则约束对象的曲面法向在相反方向上。

“对齐/锁定”：若选择该选项，则约束对象的曲面法向在相同方向上。

“自动判断中心/轴”：该选项主要用于定义两圆柱面、两圆锥面或圆柱面与圆锥面同轴约束。

· “同心”：用于定义两个组件的圆形边界或者椭圆边界的中心重合，并使边界的面共面。

· “距离”：用于设定两个接触对象间的最小3D距离。选择该选项并选定接触对象后，“距离”区域的“距离”文本框被激活，可以直接输入数值。

· “固定”：用于将组件固定在其当前位置，一般用在第一个装配元件上。

· “平行”：用于使两个目标对象的矢量方向平行。

· “垂直”：用于使两个目标对象的矢量方向垂直。

· “胶合”：用于将组件“焊接”在一起。

· “中心”：用于使一对对象之间的一个或者两个对象居中，或使一对对象沿另一个对象居中。当选择该选项时，“要约束的几何体”区域的“子类型”下拉列表中出现三个选项：

“1对2”选项用于定义在后两个所选对象之间，使第一个所选对象居中。

“2对1”选项用于定义将两个所选对象沿第三个所选对象居中。

“2对2”选项用于将两个所选对象在其他两个所选对象之间居中。

· “角度”：用于约束两对象间的旋转角度。选取角度约束后，“要约束的几何体”区域的“子类型”下拉列表中出现两个选项：

“3D角”选项用于约束需要“源”几何体和“目标”几何体。不指定旋转轴；可以任意选择满足指定几何体之间角度的位置。

“方向角度”选项用于约束需要“源”几何体和“目标”几何体。还特别需要一个定义旋转轴的预先约束，否则创建定位角约束失败。因此，希望尽可能创建3D角度关系约束，而不创建方向角度约束。

1.“对齐”约束。是使两个装配部件中的两个对齐平面（如图7–4所示）重合，并且朝向相同方向，即“对齐”约束（如图7–5所示）。“对齐约束”也可以使其他的对象对齐。

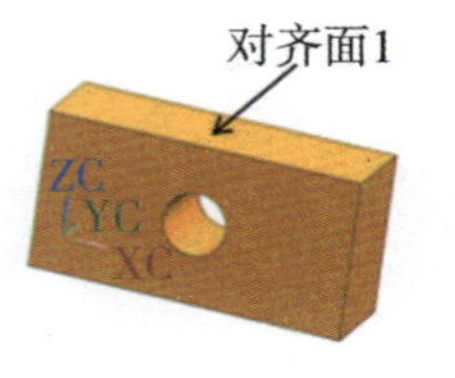

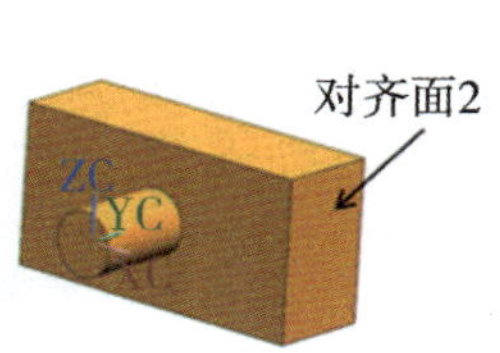

图7–4　选择两个平面

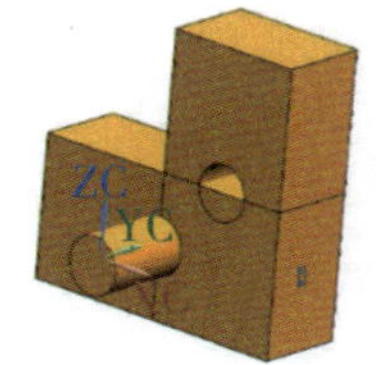

图7–5　“对齐”约束

2.“平行”约束。是使部件中两个装配部件中的两个平面（如图7–6所示）进行“平行”约束（如图7–7所示）。除平行约束外，增加了“距离”约束，是为了表示比较明显的“平行”约束，如图7–7所示。

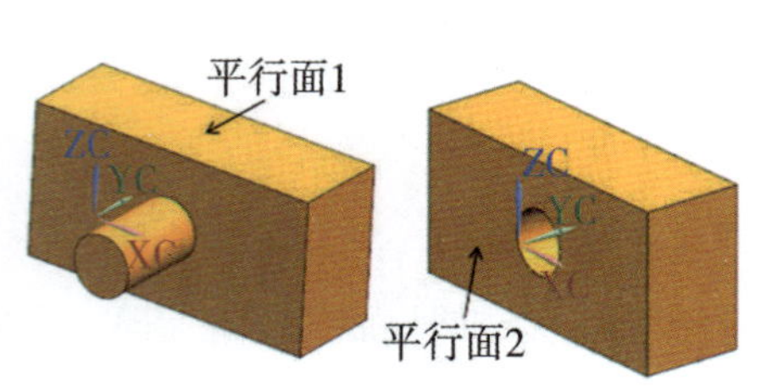

图7–6　选择两个平面

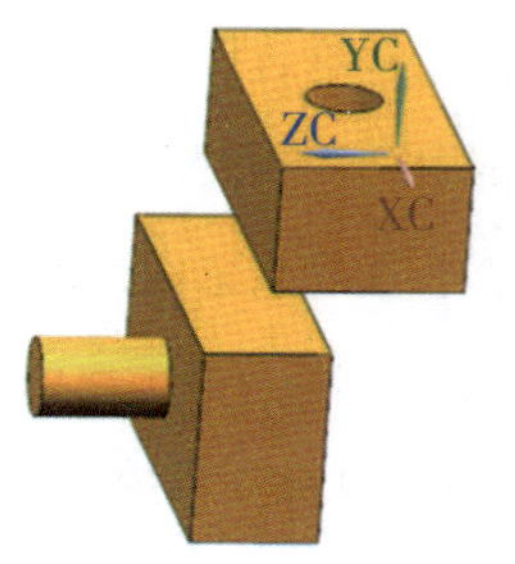

图7–7　“平行”约束

3.“角度”约束。可使两个装配部件中的两个平面（如图7–8所示）或者实体以固定“角度”约束（如图7–9所示）。

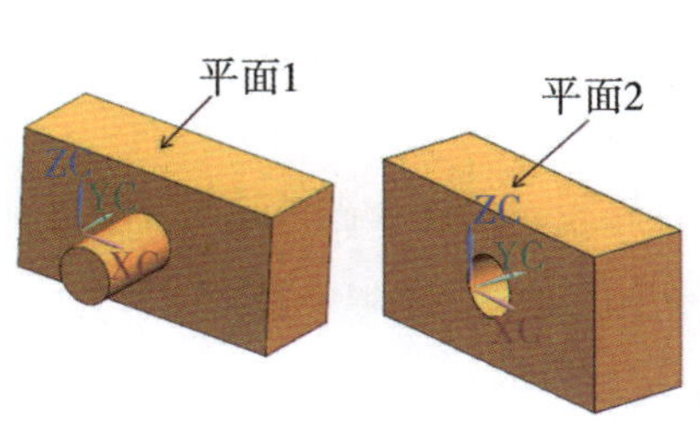

图7–8　选择两个平面

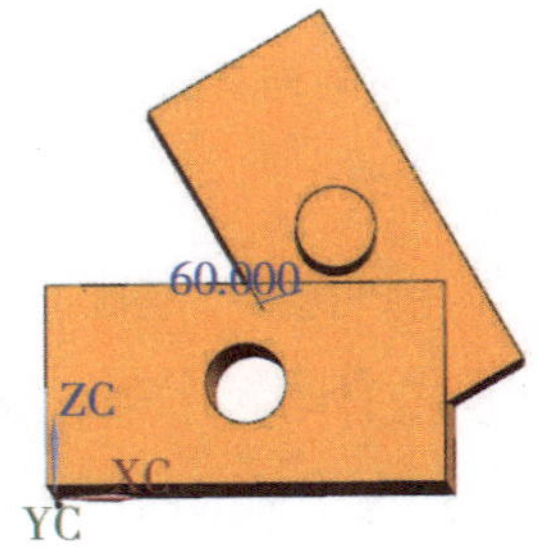

图7–9　“角度”约束

4.“垂直”约束。可使两个装配组件中的一个平面和一个中心轴线（如图7–10所示）或者实体表面和实体轴线进行“垂直”约束（如图7–11所示）。

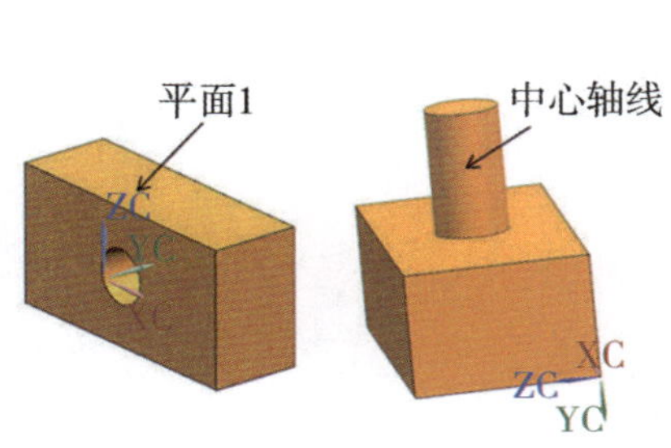

图7–10　选择平面和中心轴线

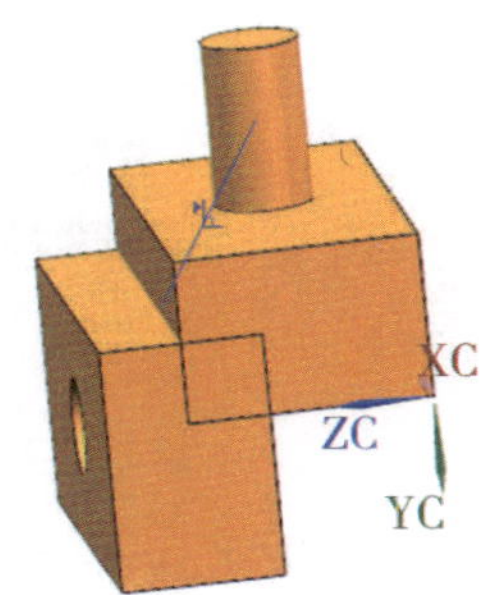

图7–11　“垂直”约束

5.“距离”约束。可使两个装配部件中的两个平面保持一定的距离（如图7–12所示），可以直接输入距离值，如图7–13所示为“距离”约束。

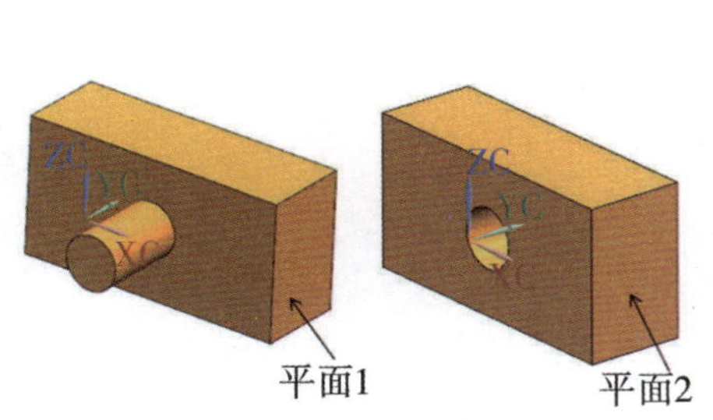

图7–12　选择平面

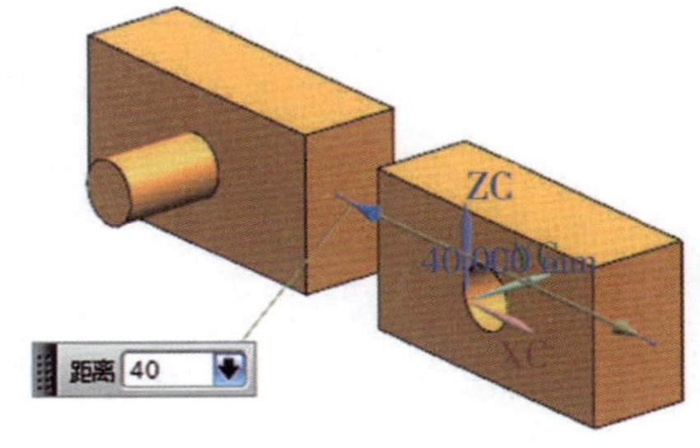

图7–13　“距离”约束

6.“中心”约束。可使两个装配部件中的两个旋转面的轴线重合（如图7–14所示），如图7–15所示为“中心”约束。

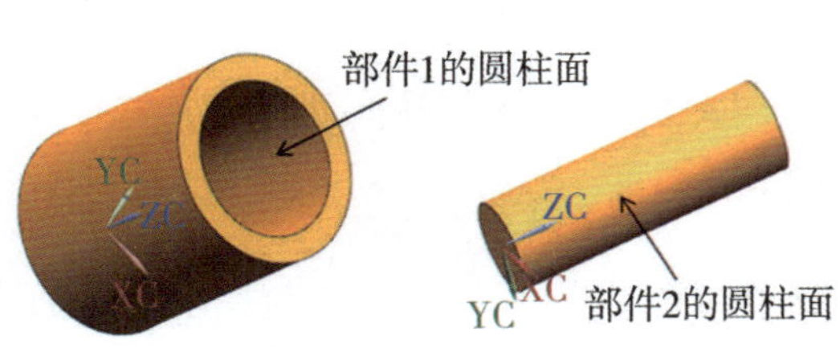

图7–14　选择圆柱面

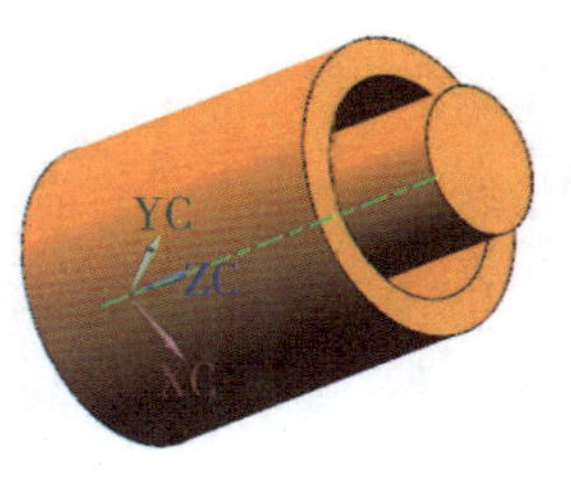
图7–15　“中心”约束

三、UG NX10.0软件的一般装配过程

在装配过程中一般要把握好两种基本方式：一种是由上往下或者由下往上装配方式，一种是自内向外方式。在装配过程中，这两种方式可以互相混合使用，以便操作。

1. 添加第一个部件

新建文件时，用户选择“装配”模板，设置好装配的文件路径，系统会进入装配环境，并且会弹出来如图7-16所示的“添加组件”对话框。添加第一个部件，在“添加组件”对话框中单击“打开”按钮，选择需要添加的第一个部件（本书中以“组装03”为例），选择“OK”按钮 OK ，则把第一个部件调出来了。在“添加组件”对话框中选择“放置”区域中的“定位”列表中的“绝对原点”，点击“应用”按钮，则“组装03”被添加成功。

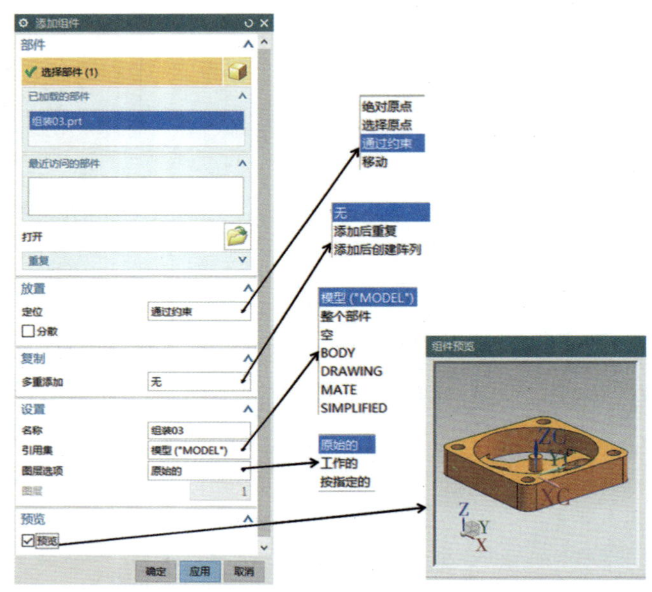

图7-16 添加组件对话框

特别提示

在“添加组件”对话框中，系统提供了两种添加方式：一种是从“打开”中调出文件路径下的部件，一种就是在对话框中从“已加载的部件”中直接选取。

关于“添加组件”对话框的选项说明如下：

- “部件”：是已经选取的部件、最近访问的部件和选择的部件。
- “已加载部件”：表示此文本框中的部件是已经加载到此软件中的部件。
- “最近访问的部件”：表示此文本框中部件是在装配模式下此软件最近访问过的部件。
- “打开”：可以从文件路径目录下打开需要装配的部件。
- “重复”：是指把同一零件（部件）多次装配到装配体中。
- “数量”：是指在此文本框中输入重复装配部件的个数。

· “放置”：指部件在装配体中的定位。

· “定位”：指部件放置在装配体中的具体位置。在下拉列表中包含了四个选项：“绝对原点”“选择原点”“通过约束”和“移动”。其中“绝对原点”是指在绝对坐标系下对载入部件进行定位，如果需要添加约束，可以在添加组件完成后设定；“选择原点”是指在坐标系中给出一个定点位置对部件进行定位；“通过约束”是指把添加组件和添加约束放在一个命令中进行，选择该选项后，新加的组件会直接根据设定的约束定位到装配体中；“移动”是指重新指定载入部件的位置。

· “复制”：可以将选中的部件在装配体中复制多个相同部件或创建此部件的阵列特征。

“多重添加”：下拉列表中包含了“添加后重复”和“添加后创建阵列”选项。其中“添加后重复”是指添加此部件后再重复添加此部件；“添加后创建阵列”是指添加此部件后再阵列此部件。

· “设置”：此区域是设置部件的“名称”“引用集”和“图层选项”。其中“名称”文本框中可以更改部件的名称；“引用集”下拉列表又包含了“空”“模型”和“整个部件”；“图层选项”下拉列表则包含了“原始的”“工作”和“按指定的”三个选项，其中的“原始的”是指将新部件放到设计时所在的层，“工作”是指将部件放到当前工作层，“按指定的”是指将载入部件放入指定层中，选择“按指定的”选项后，在其下方的“图层”文本框被激活，可以输入层名。

· “预览”：勾选此选项，则在绘图区域中会自动弹出“组件预览”窗口，以便查看。

2. 添加第二个部件

在“添加组件”对话框中选择“打开”按钮，选择文件路径下的“组装01”，然后单击“OK”按钮，则系统返回“添加组件”对话框。对第二个组件进行“放置”设定，选择“放置”区域的“定位”，在“定位”下拉列表中选取“通过约束”选项；勾选“预览”区域中的“预览”复选框，单击“应用”按钮，系统则会弹出如图7-17所示的“装配约束”对话框和如图7-18所示的“组件预览”窗口。

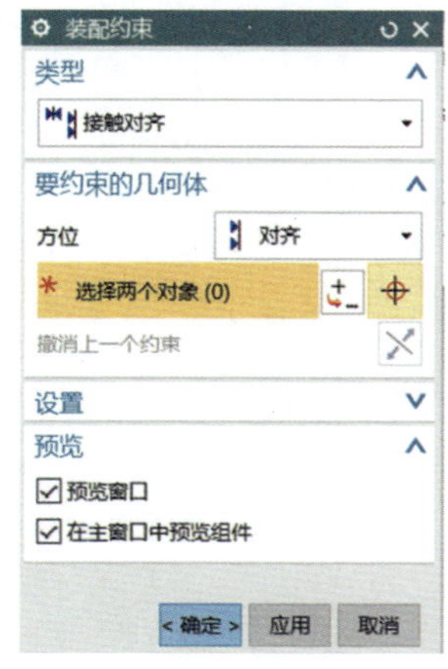

图7-17 装配约束对话框

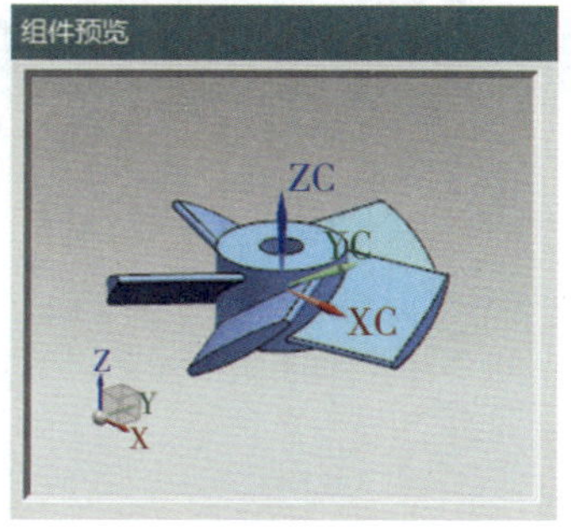

图7-18 组件预览窗口

特别提示

“组件预览”窗口中可以单独对要装入的部件进行缩放、旋转和平移，这样就可以将要装配的部件调整到方便选取装配约束参照的位置。

在“装配约束”对话框中选择“类型”，在“类型”下拉列表中选择“接触对齐”选项，在“要约束的几何体”区域的“方位”下拉列表中选择“接触”选项；在“组件预览”窗口中选择如图7–19所示的平面1，然后在主窗口中选择平面2，单击“应用”按钮则完成如图7–20所示的接触约束配对。继续在“装配约束”对话框中选择“类型”，在“类型”下拉列表中选择“接触对齐”选项，在“要约束的几何体”区域的“方位”下拉列表中选择“自动判断中心/轴”选项；选择主窗口中的如图7–21所示的部件外侧圆柱面1和内侧圆柱面2，单击“确定”按钮，完成如图7–22所示的同轴线约束配对。

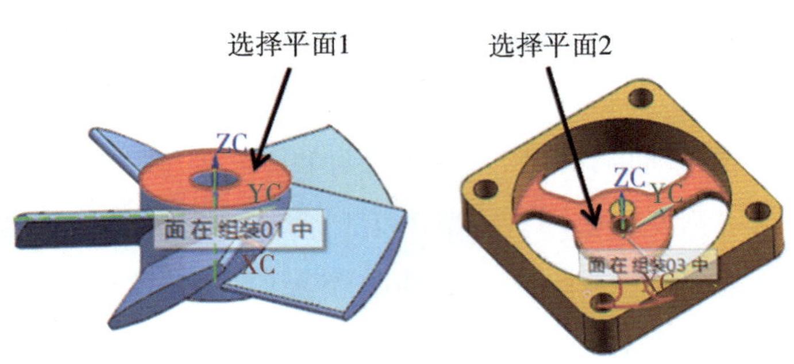

图7–19　选择平面1和平面2

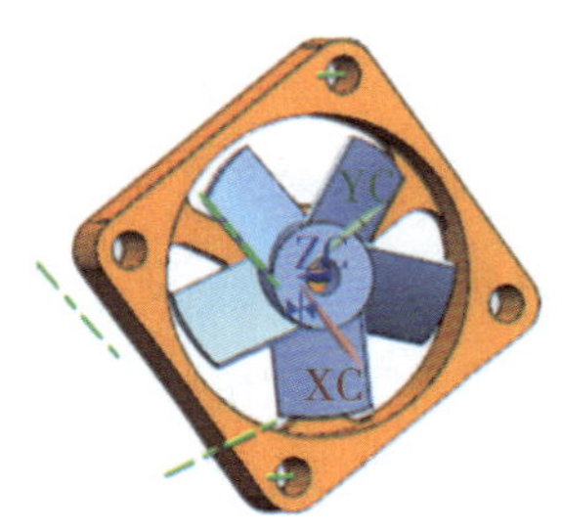

图7–20　接触约束配对

图7–21　选择圆柱面1和圆柱面2

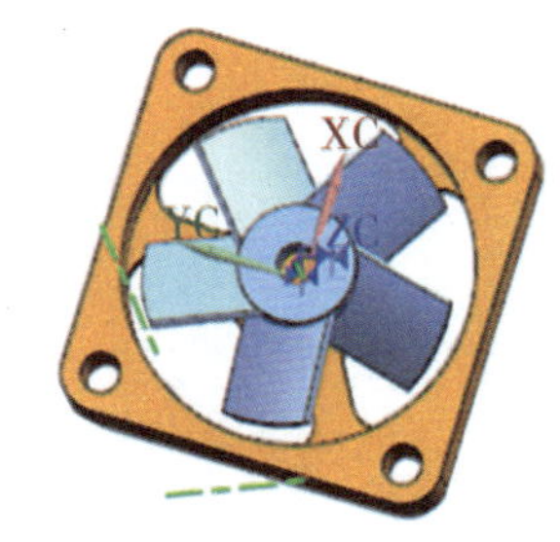

图7–22　同轴线约束配对

3. 引用集

在虚拟装配时，一般并不希望将每个组件的所有信息都引用到装配体中，通常只需要部件的实体图形，而很多部件还包含了基准平面、基准轴和草图等其他不需要的信息，这会占用很大的内存空间，也会给装配带来不必要的麻烦。所以用户根据需要选取一部分对象作为该组件的代表参加装配，就是引用集的作用。

创建引用集的每个组件都包含了默认的，默认的有三种："模型" "空" 和 "整个部件"，此外，用户还可以修改和创建引用集，选择 "格式" 下拉菜单的 "引用集" 命令，则可以在弹出的 "引用集" 对话框中进行创建、删除和编辑，如图7–23所示。

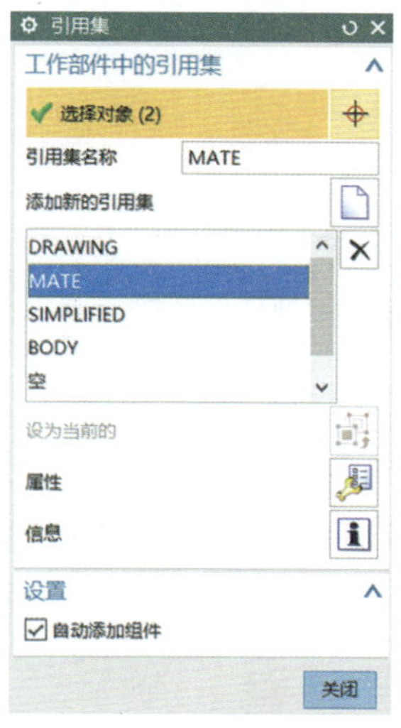

图7–23　引用集对话框

知识链接

虚拟装配时建立各组件的链接，装配体与组件是一种引用关系，相对于多组件装配，虚拟装配具有明显的优点：首先，虚拟装配中的装配体是引用各组件的信息，而不是拷贝复制其本身，因此改动组件时，相应的装配体也自动更新。因此当对组件变动时，就不需要对与之相关的装配体进行修改，同时也避免了修改过程中可能出现的错误，从而提高了效率。其次，在虚拟装配中，各组件通过链接应用到装配体中，比复制节省了存储空间。最后，虚拟装配控制部件可以通过引用集的引用，下层部件不需要在装配体中显示，简化了组件的引用，提高了显示速度。

知识延伸

UG NX 10.0软件在整个装配操作过程的特点：首先，利用装配导航器可以清晰地查询、修改、删除组件以及约束等。其次，提供了强大的爆炸图工具，比较方便生成装配体的爆炸效果图。最后，该软件提供了很强大的虚拟装配功能，有效地提高了工作效率，还提供了方便的组件定位方法，可以快捷地设置组件间的位置关系。系统提供了多种约束方式，通过对组件添加多个约束，可以准确地把组件装配到位。

任务二 装配中阵列部件和爆炸图的编辑

任务描述

在装配过程中，部件之间的装配关系也与零件模型中特征阵列一样，可以在装配中进行阵列，简化了装配的步骤，可以提高设计效率。一般装配过程中部件的阵列主要包括“从实例特征”参照阵列以及两种基本阵列形式（即“线性”阵列和“圆形”阵列）。

本任务中也会介绍到如何把组装好的零部件进行拆分显示，即通常所说的爆炸图的显示，爆炸图的创建与拆分也是设计者将产品内部结构展示给客户，使客户对产品的结构和工作原理一目了然。

任务目标

1. 熟悉UG NX10.0软件装配中的部件阵列
2. 掌握UG NX10.0软件的爆炸图的创建和删除
3. 掌握UG NX10.0软件的爆炸图的编辑

任务过程

一、UG NX10.0软件装配中的部件阵列

1. 部件的“从实例特征”参照阵列。指阵列以装配体中某一零件中的特征阵列为参照来进行部件阵列。如图7-26所示中的10个螺钉的阵列是参照装配体中部件1的10个阵列孔（如图7-25所示）进行创建的。所以在创建“从实例特征”之前，应提前在装配体的某个零件中创建某一特征的阵列，该特征阵列将作为部件阵列的参照。

2. 部件的“圆形”阵列。指使用装配中的中心对齐约束创建阵列，所以只有使用像“中心”这样的约束类型才能创建部件的“圆形”阵列。

用户选择下拉主菜单中的“装配”下拉菜单“组件”的子菜单“阵列组件”命令 阵列组件(P)...，则系统会

弹出如图7-24所示的“阵列组件”对话框，在“阵列定义”的区域选择“布局”，在“布局”下拉列表中选择“圆形”，在“旋转轴”选项中指定矢量，选择如图7-25所示的阵列中心轴线为旋转轴线，选择部件2为“要形成阵列的组件”，在“角度方向”选项区域选择“间距”“数量和节距”，在“数量”中设置参数为“10”，在“节距角”中设置参数为“36”，其他为系统默认的，点击“确定”，完成如图7-26所示的部件“圆形”阵列。

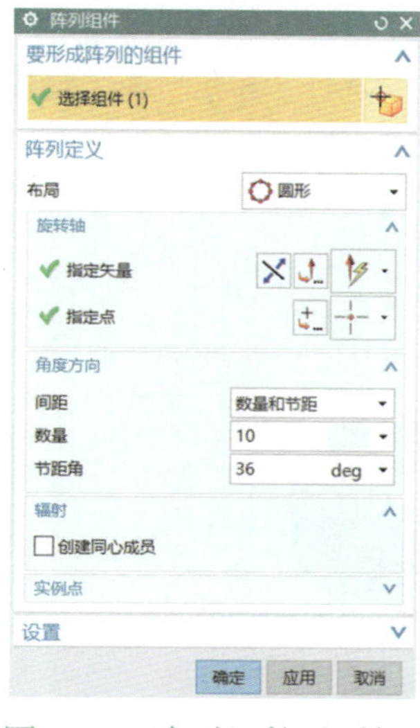

图7-24　阵列组件对话框

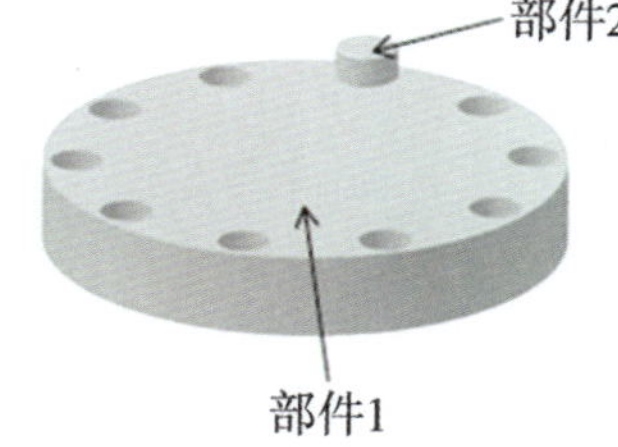

图7-25　选择阵列对象

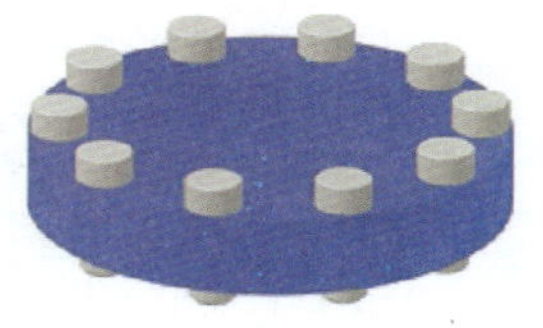
图7-26　部件圆形阵列

3. 部件的“线性”阵列。指使用装配中的约束尺寸创建阵列，所以只有使用“配对”“对齐”和“偏距”这样的约束类型才能创建部件的“线性”阵列。

用户选择下拉主菜单中“装配”下拉菜单“组件”的子菜单“阵列组件”命令 阵列组件(P)..，则系统会弹出如图7-27所示的“阵列组件”对话框，在“阵列定义”的区域选择“布局”，在“布局”下拉列表中选择“线性”，选择部件2的棱边为阵列的指定矢量（如图7-28所示），将部件1作为“要形成阵列的组件”，在“间距”下拉列表中选择“数量和节距”，在“数量”中设置参数为“5”，设置“节距”的参数为“20”，方向默认右向，其他的为系统默认的，点击“确定”，完成如图7-29所示的部件“线性”阵列。

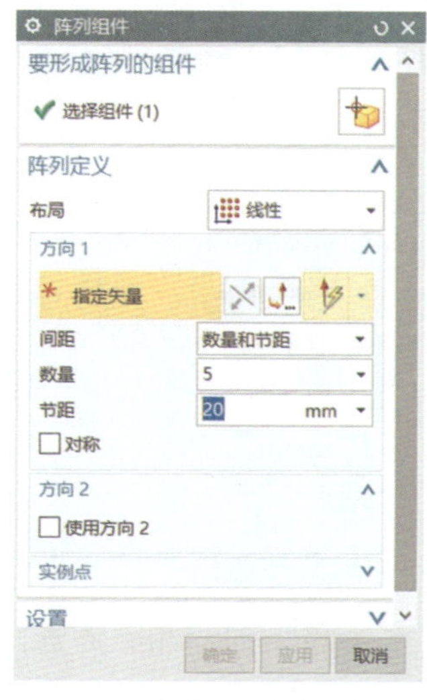

图7-27　阵列组件对话框

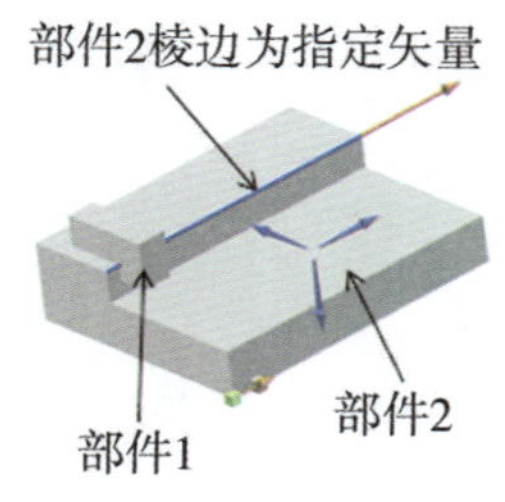

图7-28　选择阵列对象

图7-29　部件线性阵列

4. 编辑装配体中的部件。在装配体中，任何部件（包括零件和子装配件）都可进行特征建模、修改尺寸等编辑操作。即用户首先在“装配导航器”中选中需要编辑的“部件”，然后单击鼠标右键，在立即菜单中选择“设为工作部件”或者“设为显示部件”，接着选择“部件导航器”，则可进行部件的编辑操作（选择“设为显示部件”，则部件单独出现在一个窗口）。

选择下拉主菜单中“插入”下拉菜单的“设计特征”中子菜单下的“拉伸”命令，在弹出的对话框中，选择部件的上表面为草绘平面，进入草图绘环境后绘制如图7-30所示直径为“25”的圆，完成草图后退出草绘环境，系统会进入拉伸对话框，在对话框中输入该截面拉伸的参数为“20”，选择“布尔”为“求和”运算，则完成如图7-31所示的拉伸特征，即完成了添加部件的编辑。

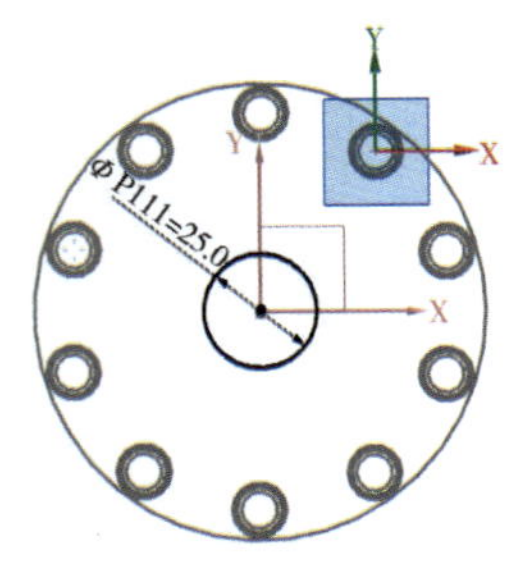

图7-30　圆截面图形

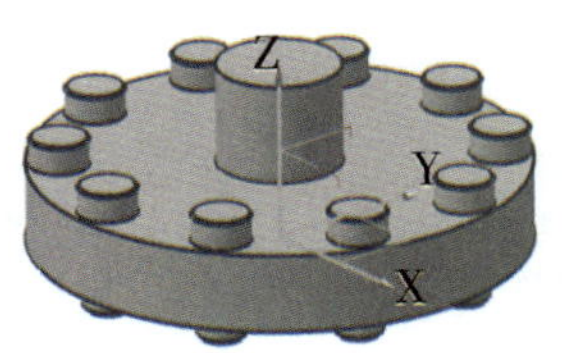

图7-31　拉伸特征

二、UG NX10.0软件爆炸图的创建和删除

爆炸图是指在同一幅图里把装配体的组件分开，使各组件之间分开一定的距离，以便观察装配体中的每个组件，清楚反映装配体的结构。

1. 创建爆炸图。选择下拉主菜单中“装配”下拉菜单中的“爆炸图”子菜单下“新建爆炸图”命令 新建爆炸图(N)...，则系统会弹出如图7-32所示的“新建爆炸图”对话框。用户可以给爆炸图输入一个名称，或者接受系统默认的名称，然后点击“确定”按钮，则完成爆炸图的创建。当创建好了爆炸图后则视图自动切换到刚刚建立的爆炸图，这时爆炸图子菜单中的“编辑爆炸图”“自动爆炸组件”“取消爆炸组件”和“隐藏爆炸图”都会被激活，用户可进行编辑操作，如图7-33所示。

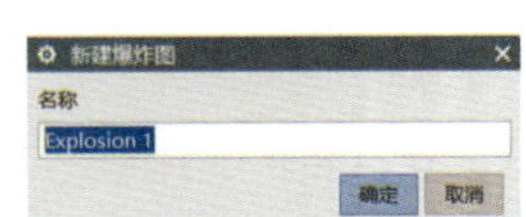

图7-32　新建爆炸图对话框

图7-33　部分工具条被激活

2. 删除爆炸图。选择下拉主菜单中“装配”下拉菜单的“爆炸图”子菜单下的“删除爆炸图”命令 删除爆炸图(D)...，系统会列出所有爆炸视图，选择要删除的视图，单击“确定”，则完成删除爆炸图。

三、UG NX10.0软件中爆炸图的编辑

用户创建爆炸图后会产生一个待编辑的爆炸图，在主窗口中的图形并没发生变化，爆炸图编辑工具被激活后用户就可实现爆炸图的编辑。

1. 自动爆炸。自动爆炸只需用户输入很少内容，就能快速生成爆炸图。

选择下拉主菜单中“装配”下拉菜单的“爆炸图”的子菜单下的“自动爆炸组件”命令 自动爆炸组件(A)，则系统会弹出如图7–34所示的“类选择”对话框。在“对象”中选择爆炸组件，即选择如图7–35所示的自动爆炸前的所有组件，单击“确定”按钮，系统会弹出“自动爆炸组件”对话框，在“距离”文本框中输入爆炸距离参数为“35”（如图7–36所示），点击“确定”安钮，则完成如图7–37所示自动爆炸组件图。

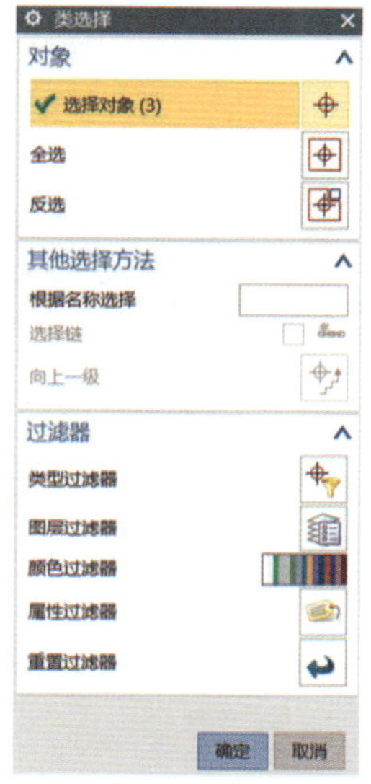

图7–34　类选择对话框

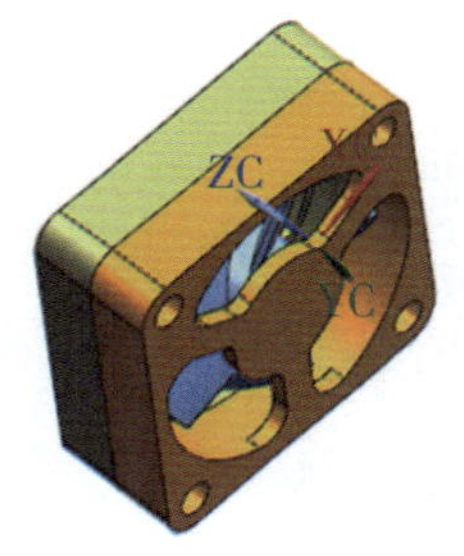

图7–35　选择所有组件

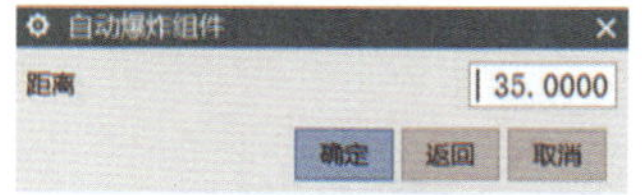

图7–36　距离参数

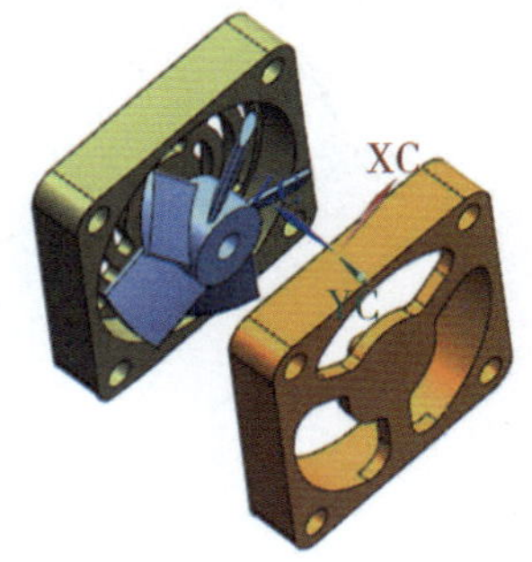

图7–37　自动爆炸组件

特别提示

“自动爆炸组件”可以同时选择多个对象，如果将整个装配体选中，可以直接获得整个装配体的爆炸图。“取消爆炸组件”正好与之相反，所以想恢复爆炸前的组件，可以在下拉主菜单中选择“装配”下拉菜单的“爆炸图”子菜单下的“取消爆炸组件”，然后选择爆炸的组件后单击“确定”按钮，选中的组件自动回到爆炸前的位置。

2. 编辑爆炸图。由于自动爆炸并不能得到满意的效果，软件系统提供了编辑爆炸图的功能，需要用户对生成的爆炸图进行编辑。

选择下拉主菜单中“装配”菜单的“爆炸图”子菜单下的“编辑爆炸图”命令 编辑爆炸图(E)...，则系统会弹出如图7-38所示的“编辑爆炸图”对话框。系统默认的是“选择对象”，这时用户选择如图7-39所示要编辑的组件，然后在“编辑爆炸图”对话框中选择“移动对象”，则在组件出现一个移动坐标系，选择如图7-40所示手柄上箭头方向，则“编辑爆炸图”对话框中的“距离”文本框被激活，在“距离”文本框中输入参数为“-30”，完成距离参数设置（如图7-41所示），然后点击“确定”按钮，则完成了如图7-42所示爆炸图的编辑。同样的操作，选择“组件01”为要编辑的组件，输入距离参数为“-20”，点击“确定”，则完成爆炸图的三个组件的编辑，如图7-43所示。

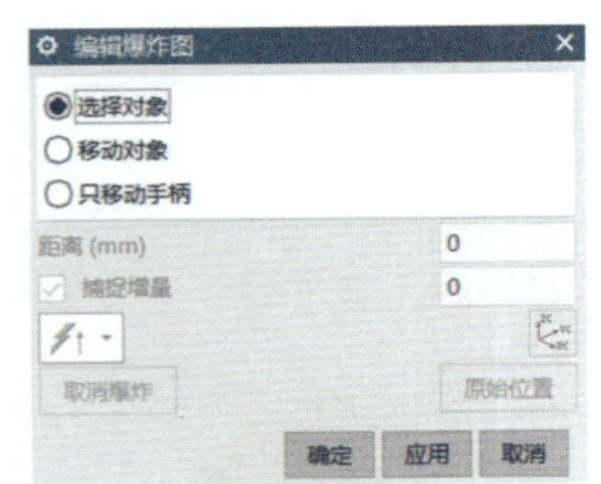

图7-38　编辑爆炸图对话框

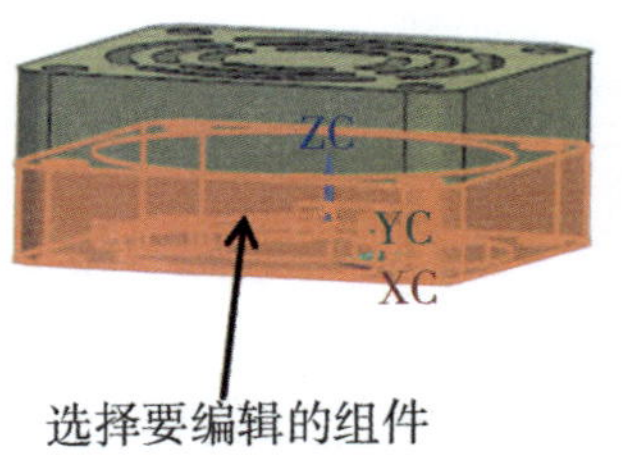

图7-39　选择要编辑的组件

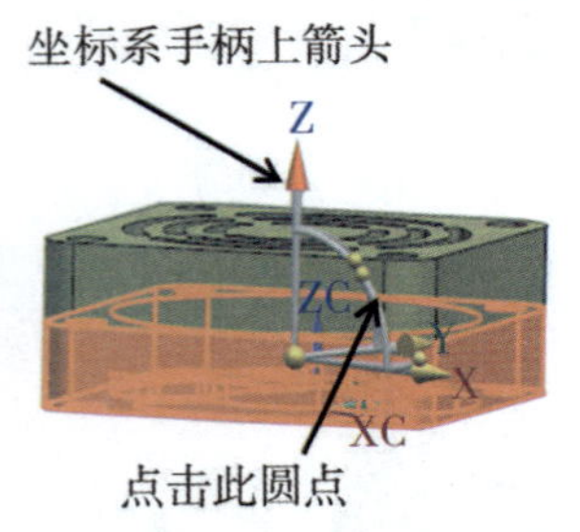

图7-40　手柄上箭头方向

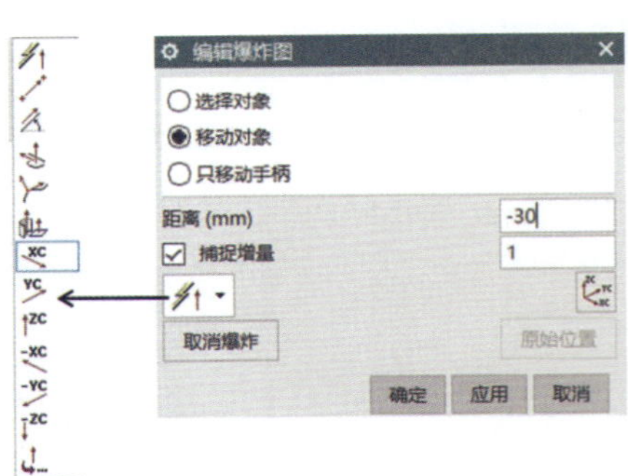

图7-41　输入距离参数

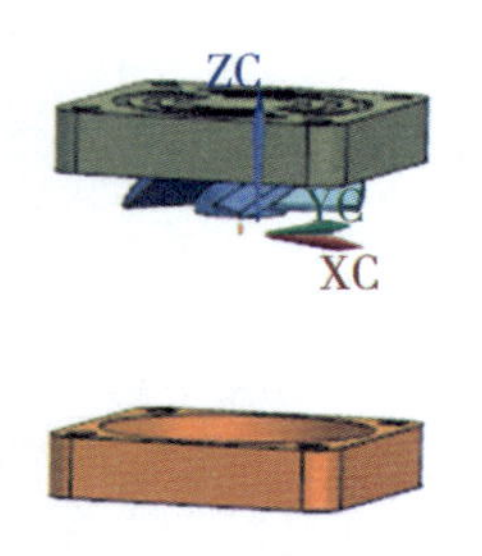

图7-42　爆炸图的编辑

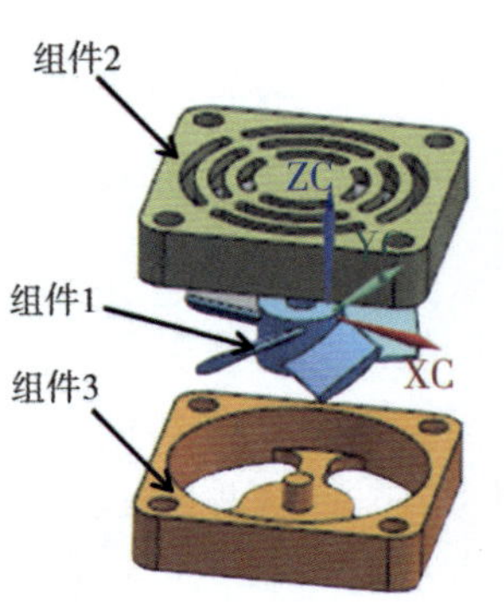

图7-43　三个组件的爆炸图

特别提示

单击如图7-40所示的移动坐标系X轴或者Y轴的箭头上面圆点时，则“编辑爆炸图”对话框中的“角度”文本框被激活，用户可以输入角度值，也可以直接用鼠标左键按住箭头或者圆点进行移动，实现手动操作。这些操作符合右手定则，即轴向围绕着第三个手柄（Z轴）旋转。

3. 关于“编辑爆炸图”对话框中相应应用的说明。

·选中“移动对象”选项后按钮被激活，单击此按钮，手柄被移动到WCS位置。

·单击手柄箭头或圆点后复选框 ☑ 捕捉增量 被激活，该选项用于设置手工拖动的最小距离，可以在文本框中输入数值。比如设置参数为5mm，则拖动时会跳跃式移动，每次跳跃的距离为5mm，单击“取消爆炸”按钮，则组件移动到没有爆炸的位置。

·单击手柄箭头后选项被激活，可以直接将选中的手柄方向指定为某矢量方向。

4. 隐藏和显示组件。

（1）选择下拉主菜单中“装配”菜单的“关联控制”子菜单中的“隐藏视图中的组件”命令 隐藏视图中的组件(H)，系统会弹出“隐藏视图中的组件”对话框，选择要隐藏的组件后单击“确定”按钮，则选中组件被隐藏。

（2）选择下拉主菜单的“装配”菜单的“关联控制”子菜单中的“显示视图中的组件”命令 显示视图中的组件(M)，系统会弹出“显示视图中的组件”对话框，用户根据实际情况选择要显示的组件后单击“确定”按钮，则选中组件被显示。

5. 隐藏和显示爆炸视图

（1）选择下拉主菜单中“装配”菜单的“爆炸图”子菜单中的“隐藏爆炸图”命令 隐藏爆炸图(H)，则视图切换到无爆炸视图。

（2）选择下拉主菜单中“装配”菜单的“爆炸图”子菜单中的“显示爆炸图”命令 显示爆炸图(S)，则视图切换到爆炸视图。

知识链接

预览面板：在“装配导航器”窗口中点击“预览”标题栏，可展开或折叠面板，选择装配导航器中的组件，可以在预览面板中查看该组件的“预览”情况，添加新组件时，如果该组件已加载到系统中，预览面板也会显示该组件的预览。

依附性面板：在“装配导航器”窗口中点击“相依性”标题栏，可展开或折叠面板，选择装配导航器中的组件，可以在依附性面板中查看该组件的相关性关系。在依附性面板中，每个装配组件下都有两个文件夹：父级和子级。以其他的组件为基础组件，定位选中的组件时，所建立的约束和配对对象属于父级；以选中组件为基础组件，定位其他组件时，所建立的约束和配对对象属于子级。

知识延伸

组件的配对条件：配对条件用于在装配中定位组件，可以指定一个部件相对于装配体中另一个部件（或特征）的放置方式和位置。比如，可以指定一根轴的圆柱面与一个孔的内圆柱面共轴。软件系统配对条件的类型包括接触、对齐、中心轴线等。每个组件都有唯一的配对条件，这个配对条件由一个或多个约束组成。每个约束都会限制组件在装配体中的一个或几个自由度，从而确定组件的位置。用户可以在添加组件的过程中添加配对条件，也可在添加完成后添加约束。如果组件的自由度被全部限制，可谓完全约束，反之则为欠约束。

任务三 千斤顶装配设计综合实例

任务描述

本任务将小型螺旋千斤顶作为一个实例，用来比较系统地介绍UG软件装配设计的应用。在装配过程中如何调出组件、如何放置组件、如何添加组件约束等都是装配设计中常用的设置。在组装过程中，组件的安装先后顺序也很关键，设计者可以根据设计意图在装配时调整顺序。

任务目标

1. 熟悉UG NX10.0软件装配组件的先后顺序
2. 掌握UG NX10.0软件装配约束等的设置
3. 掌握UG NX10.0软件装配设计的应用

任务过程

一、千斤顶的装配实例应用

千斤顶的工作原理：千斤顶是由人力通过螺旋副传动，以螺杆或者螺母套筒作为顶举件，通过螺纹自锁作

用支持重物。其构造简单，传动效率低，返程慢，螺旋千斤顶能长期支持重物，应用比较广。如图7–44所示为小型螺旋千斤顶装配图。

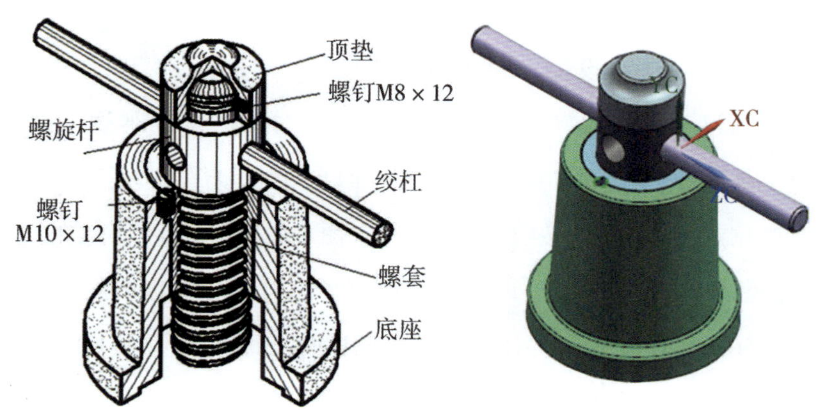

图7–44　千斤顶装配图

1. 新建装配文件路径。进入装配环境，单击“新建”命令按钮，在弹出的“新建”对话框中选择模板类型为“装配” 装配，默认的过滤器单位选项 单位 毫米 为“毫米”。命名文件名称为“千斤顶装配”，用户可以根据实际情况设置装配体的名称和所在的文件路径，点击“确定”按钮，则系统会弹出“添加组件”对话框，即可进入装配模式环境。

2. 添加底座。在系统弹出的“添加组件”对话框中单击“打开”按钮，在文件路径目录下选择“底座”，点击“OK”调出底座组件。

定义放置：在“添加组件”对话框的“放置”区域的定位下拉列表中选择“绝对原点”选项，点击“确定”按钮，则完成了底座组件的添加，如图7–45所示。

图7–45　底座组件的添加

3. 添加螺套。在系统弹出的“添加组件”对话框中单击“打开”按钮，在文件路径目录下选择“螺套”，点击“OK”则调出螺套组件。

（1）定义放置。在“添加组件”对话框“放置”区域的定位下拉列表中选择“通过约束”选项，选中“预览”区域复选框，其他的选项都为默认的，单击“应用”按钮，此时系统弹出“装配约束”和“组件预览”窗口（没有特别设置则为系统默认设置，后面装配不再说明）。

（2）添加约束。在如图7–46所示“装配约束”对话框中的“类型”下拉列表中选择“同心”选项，选择如图7–47所示的“预览”窗口的螺套外圆柱棱边线1和“主窗口中预览组件”的底座内圆柱面棱边线2，在主窗口中预览组件，约束成功则点击“应用”按钮，则完成了如图7–48所示螺套和底座的同心约束；继续在“类型”下拉列表中选择“接触对齐”，在“要约束的几何体”选项中（如图7–49所示）选择“方位”下拉列表中的“对齐”，选择如图7–50所示的“预览”窗口的螺套外圆柱面处螺钉中心轴线1和“主窗口中预览组件”的底座的内圆柱面处螺钉中心轴线2，点击“确定”，则完成如图7–51所示同轴对齐的接触操作，即基本上完成螺套的装配约束。

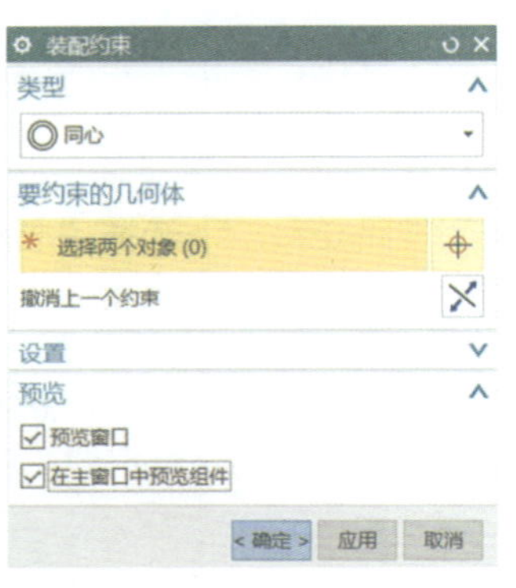

图7–46　约束同心设置

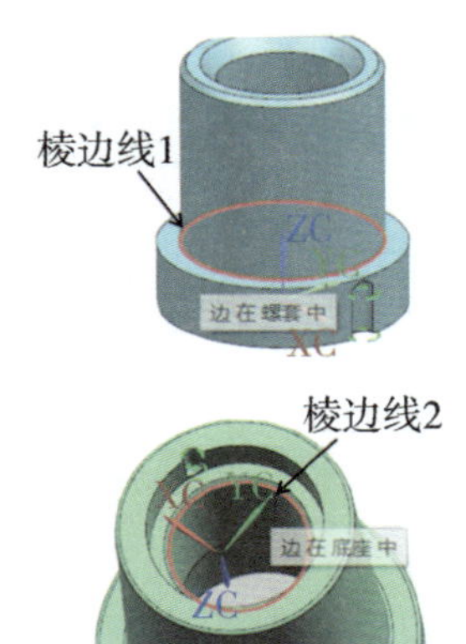

图7–47　选择棱边线1和2

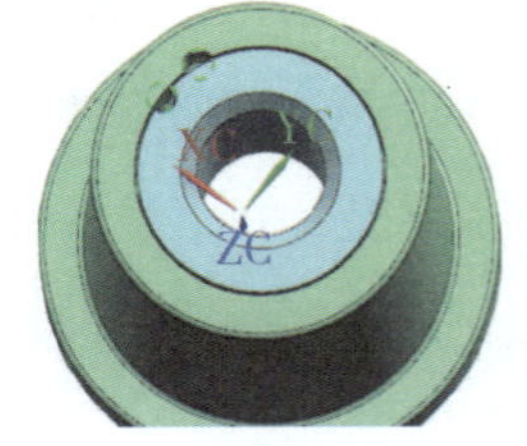

图7–48　螺套和底座同心约束

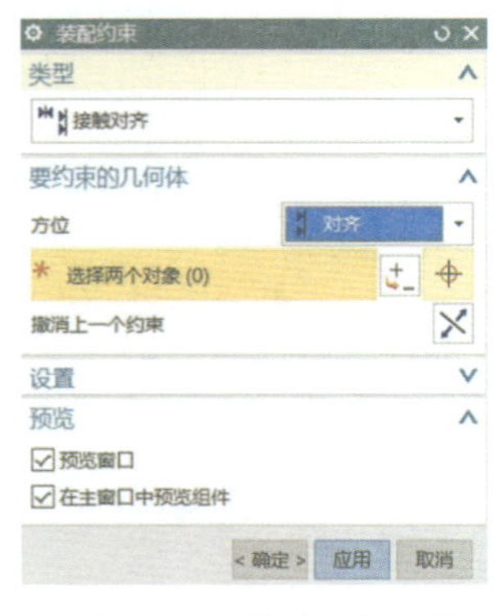

图7–49　约束对齐设置

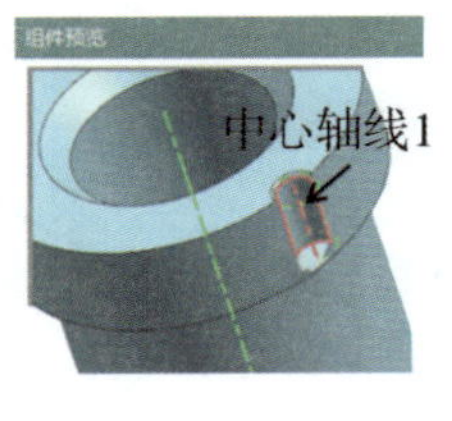

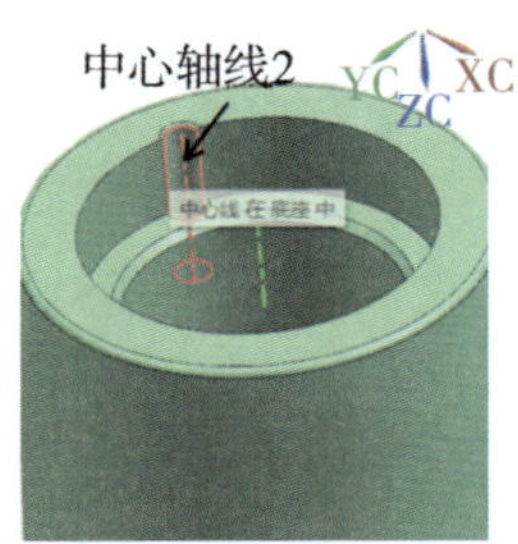

图7–50　选择中心轴线1和2

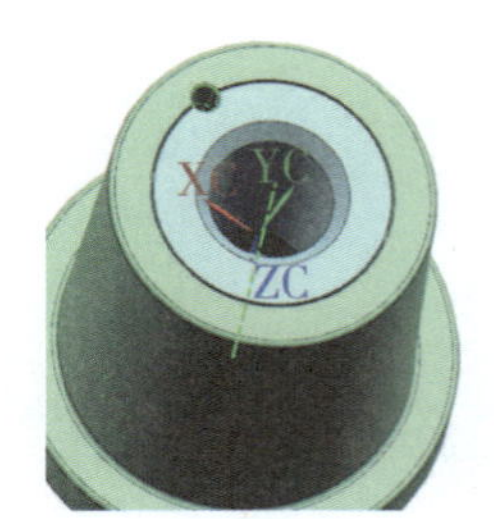

图7–51　螺套装配约束

4. 添加螺旋杆。在系统弹出的“添加组件”对话框中单击“打开”按钮，则在文件路径目录下选择“螺旋杆”，点击“OK”则调出螺旋杆组件。

（1）定义放置。在“添加组件”对话框中“放置”区域的定位下拉列表中选择“通过约束”选项，选中“预览”区域的复选框，其他的选项都为默认的，单击“应用”按钮，此时系统弹出“装配约束”和“组件预览”窗口。

（2）添加约束。在“装配约束”对话框中的“类型”下拉列表中选择“同心”选项，选择如图7-52所示的“预览”窗口的螺旋杆外圆柱棱边线1和“主窗口中预览组件”的螺套内圆柱面棱边线2，在主窗口中预览组件，约束成功则点击“应用”按钮，则完成了如图7-53所示螺旋杆和螺套的同心约束；继续在“类型”下拉列表中选择“接触对齐”，在“要约束的几何体”选项中选择“方位”，在“方位”下拉列表选择“接触”（如图7-54所示），选择如图7-55所示的“预览”窗口的螺旋杆端面1和“主窗口中预览组件”的螺套的端面2，点击“确定”则完成了如图7-56所示的端面接触操作，即基本上完成螺旋杆的装配约束。

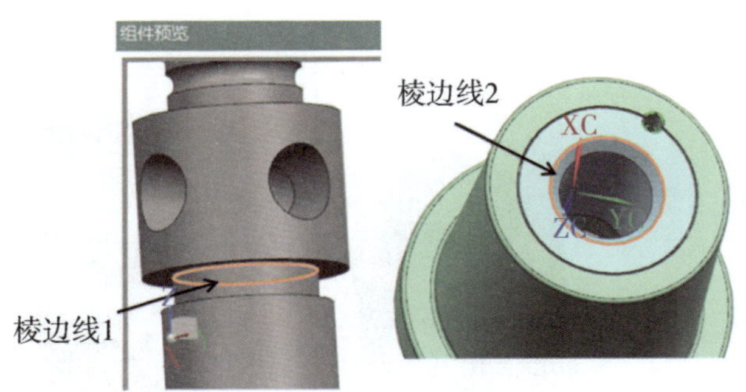

图7-52　选择棱边线1和2

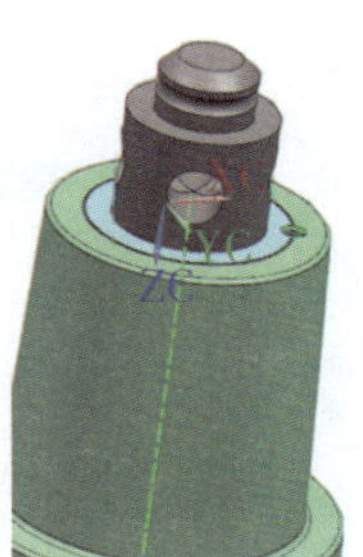

图7-53　螺旋杆和螺套同心约束

图7-54　接触约束设置

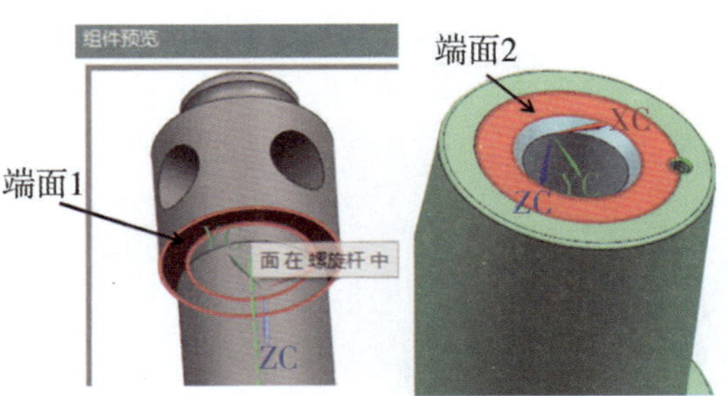

图7-55　选择端面1和2

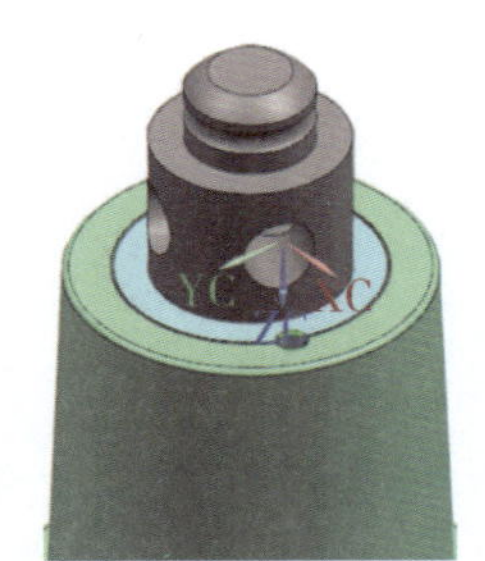

图7-56　螺旋杆装配约束

5. 添加顶垫。在系统弹出的“添加组件”对话框中单击“打开”按钮，则在文件路径目录下选择“顶垫”，点击“OK”则调出顶垫组件。

（1）定义放置。在“添加组件”对话框中“放置”区域的“定位”下拉列表中选择“通过约束”选项，选中“预览”区域的复选框，其他的选项都为默认的，单击“应用”按钮，此时系统弹出“装配约束”和“组件预览”窗口。

（2）添加约束。在“装配约束”对话框中“类型”的下拉列表中选择“接触对齐”选项，在“要约束的几何体”选项中选择“方位”下拉列表的“接触”（如图7–57所示），选择如图7–58所示“预览”窗口的顶垫端面1和“主窗口中预览组件”的螺旋杆凸台的端面2，在主窗口中预览组件，约束成功则点击“应用”按钮，则完成了如图7–59所示螺旋杆和顶垫的面接触约束；继续添加约束，选择“方位”下拉列表的“自动判断中心”，选择“预览”窗口的顶垫的中心轴线1和“主窗口中预览组件”的螺旋杆中心轴线2（如图7–60所示），点击“确定”则完成了如图7–61所示的中心轴线接触操作，即基本上完成顶垫装配约束。

图7–57　接触约束设置

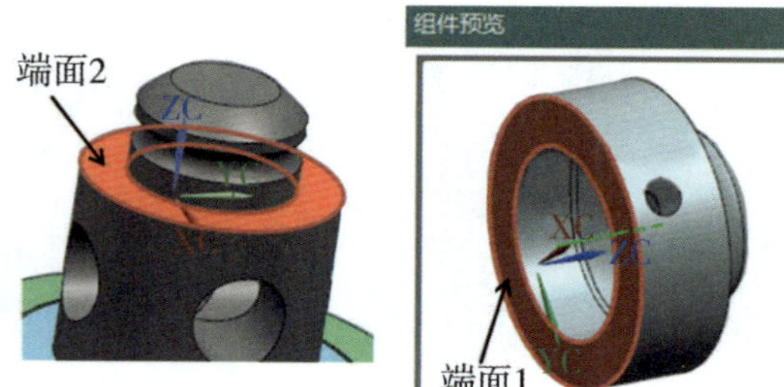

图7–58　选择端面1和2

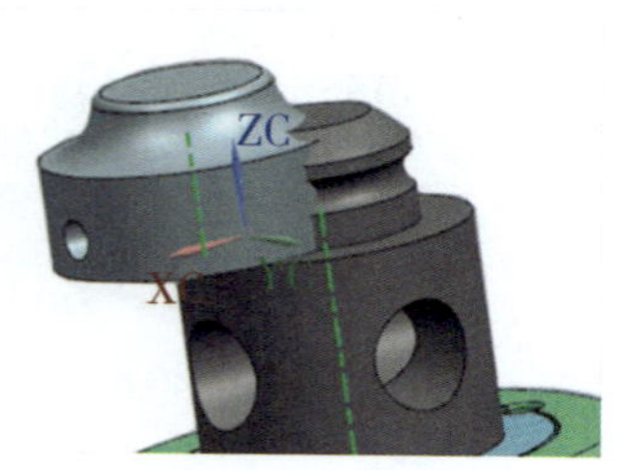

图7–59　螺旋杆和顶垫面接触约束

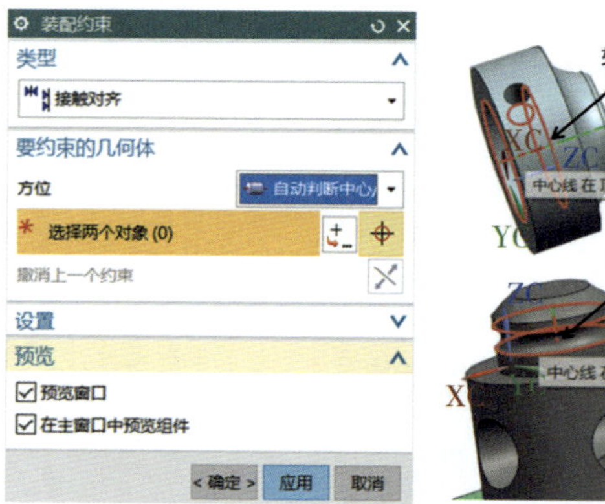

图7–60　约束中心轴线1和2接触

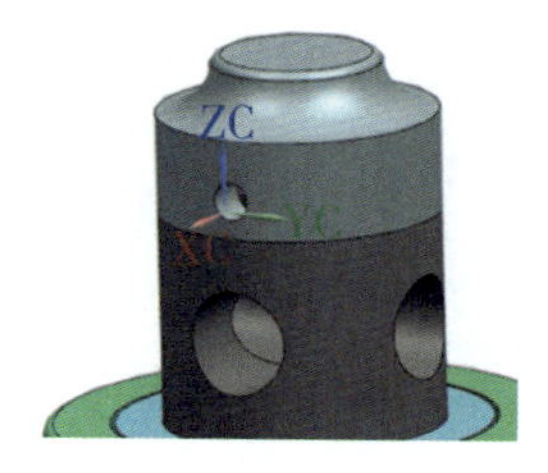

图7–61　顶垫装配约束

6. 添加绞杠。在系统弹出的“添加组件”对话框中单击“打开”按钮，则在文件路径目录下选择“绞杠”，点击“OK”则调出绞杠组件。

（1）定义放置。在“添加组件”对话框的“放置”区域的“定位”下拉列表中选择“通过约束”选项，选中“预览”区域的复选框，其他的选项都为默认的，单击“应用”按钮，此时系统弹出“装配约束”和“组件预览”窗口。

（2）添加约束。在“装配约束”对话框中的“类型”下拉列表中选择“接触对齐”选项，在“要约束的几何体”区域的“方位”下拉列表中选择“自动判断中心”，选择如图7-62所示“预览”窗口绞杠的中心轴线1和“主窗口中预览组件”的螺旋杆十字圆孔的中心轴线2，在主窗口中预览组件，约束成功则点击“应用”按钮，则完成了如图7-63所示绞杠和螺旋杆十字圆孔中心轴的接触约束；继续添加约束，在“装配约束”对话框中“类型”下拉列表中选择“距离”选项，选择“预览”窗口绞杠的端面和“主窗口中预览组件”的螺旋杆中心轴线（如图7-64所示），然后在装配约束对话框输入“距离”参数为“150”（如图7-65所示），点击“确定”，则完成了如图7-66所示绞杠端面和螺旋杆中心轴线距离约束的操作，即基本上完成绞杠装配约束。至此，整个千斤顶的组件基本上装配完成，如图7-67所示。

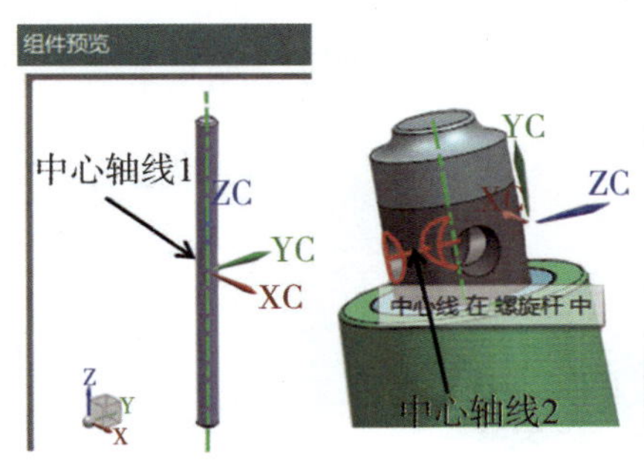

图7-62　选择中心轴线1和2

图7-63　轴线的接触约束

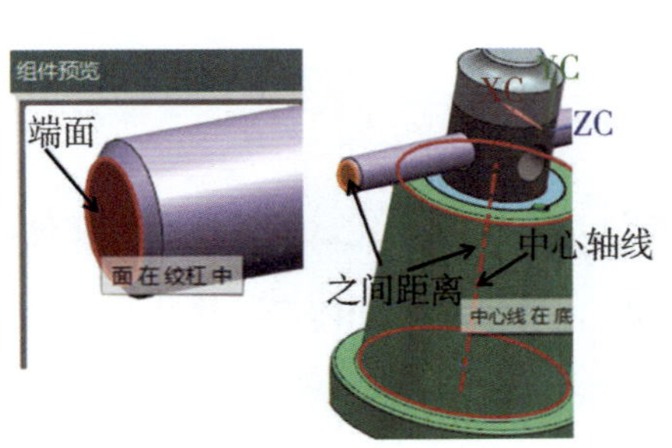

图7-64　选择端面和中心轴线

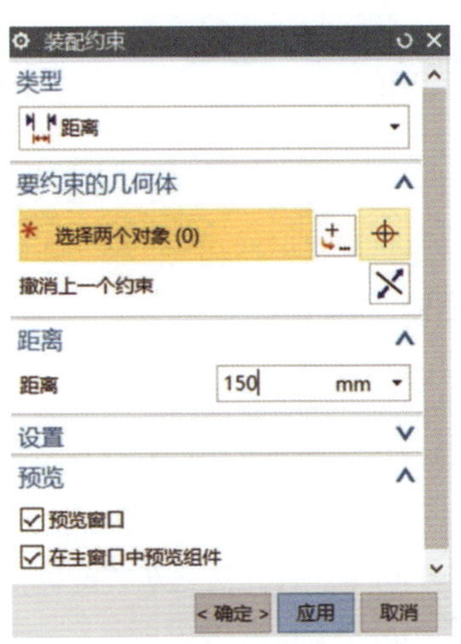

图7-65　输入距离参数

图7-66　绞杠装配约束

图7-67　千斤顶装配

知识链接

装配干涉检查：在实际产品设计中，当产品中的各个零部件组装完成后，设计者都比较关心各个零部件间的干涉情况。有没有干涉？哪些零件间有干涉？干涉量多大？UG NX10.0软件也提供了装配干涉检查的功能。

用户可以选择下拉主菜单中“分析”下拉菜单的“简单干涉”命令 简单干涉(I)... ，则系统会弹出如图7-68所示的“简单干涉（一）”对话框，选择如图7-69所示的对象1和对象2，并在“干涉检查结果”选项的“结果对象”下拉列表中选择“干涉体”，点击“确定”按钮，则会弹出如图7-70所示“简单干涉（二）”的检查结果对话框。

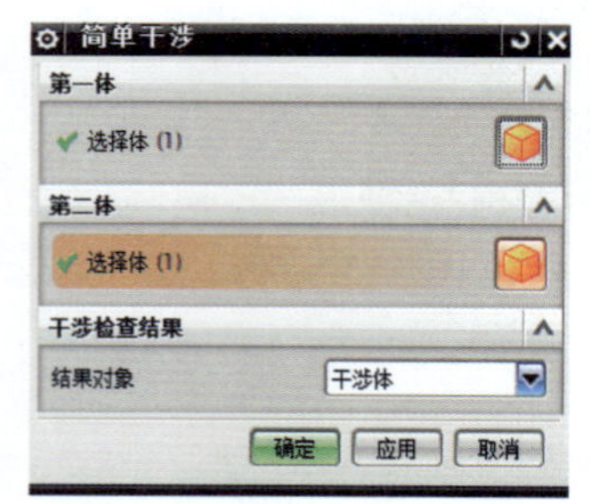

图7-68　简单干涉（一）

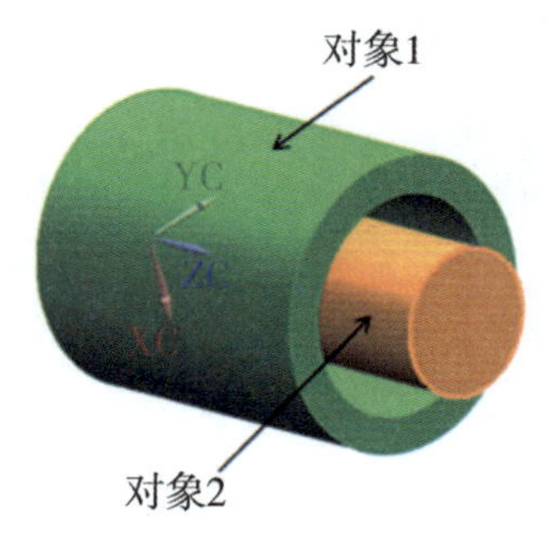

图7-69　选择干涉检查对象

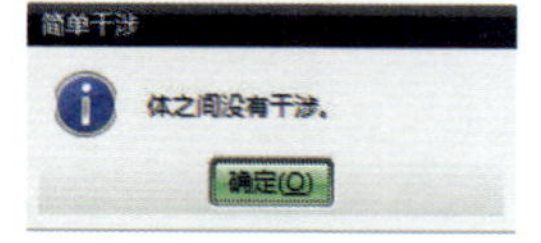

图7-70　简单干涉（二）

知识延伸

简化装配：对于比较复杂的装配体，可以使用“简化装配”功能将其简化。被简化后，实体的内部细节删除，但保留复杂的外部特征。当装配体只需要精确的外部表示时，可以将装配体进行简化，简化后可以减少所需要的数据，从而缩短加载和刷新装配体的时间。

内部细节是指对该装配体的内部组件有意义，而对装配体与其他实体关联时没有意义的对象，外部细节则相反。简化转配主要就是区分内部细节和外部细节，然后省略内部细节的过程。在这个过程中，装配被合并成一个实体。

单元八 工程图操作基础

8

单元提示

UG NX10.0 软件功能的强大远不止实现建模功能，还可以实现其功能之一：就是将三维模型在制图环境中转换成工程图。工程图包括视图、尺寸、公差、注释说明及表面粗糙度、技术要求、图框、标题栏等，可以通过实例让用户熟悉并掌握工程图的操作。在工作过程中更是切换自如，查询方便，实现一体化工作。企业在生产上要提高效益，在各项管理上要实现标准化、无纸化，因此对工程图设计者的要求非常高，要求图形设计得高标准、高质量。

任务一 UG工程图的视图创建与编辑

任务描述

工程图的表达主要是按照三维模型的投影关系生成的，是用来表达零部件模型的外部结构及形状。工程图分为基本视图、局部放大视图、剖视图、半剖视图、阶梯剖视图、其他剖视图和局部剖视图。

本任务重点介绍如何进入制图环境，制图环境界面的简单介绍，在制图环境中如何管理图样，用户了解工程图的创建和工程图的设置，并熟练掌握各命令菜单的使用。

任务目标

1. 熟悉UG NX10.0软件的制图环境
2. 掌握UG NX10.0软件视图的创建与编辑
3. 掌握UG NX10.0软件视图的设置

任务过程

一、UG NX10.0软件的制图环境

工程图环境中可以实现对图样的创建、打开、删除和编辑，下面简单介绍创建工程图和制图环境下的常用菜单。

1. 打开如图8-1所示零件模型“箱体”，选择标准工具条中“文件”下拉菜单的“启动”下拉子菜单的“制图”命令（如图8-2所示），则进入工程图模板。或者用户直接在快捷工具条点击“应用模块”，切换到“制图”（如图8-3所示），则进入工程图模板。

2. 在下拉主菜单选择“插入”菜单的“图纸页”命令 图纸页(H)...，或者直接点击快捷菜单“新建图纸页”命令按钮 ，则系统会弹出如图8-4所示的“图纸页”对话框。用户根据零件的大小在“大小”选项中选择“标准尺寸”，在“大小”下拉列表中选择“A3-297X420”，在“比例”下拉列表中选择“1：1”，取消“始终启动视图创建”前面的勾选，其他的设置为默认，点击“确定”按钮（用户可根据实际的情况设置），系统则进入如图8-5所示的工程图环境界面。

图8-1　“箱体”零件模型

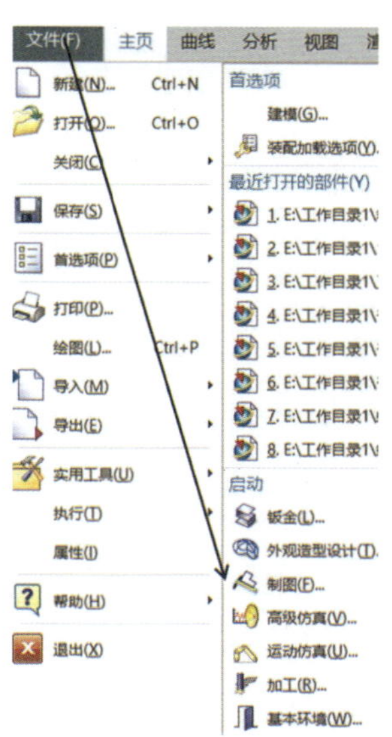

图8-2　选择“制图”应用模板

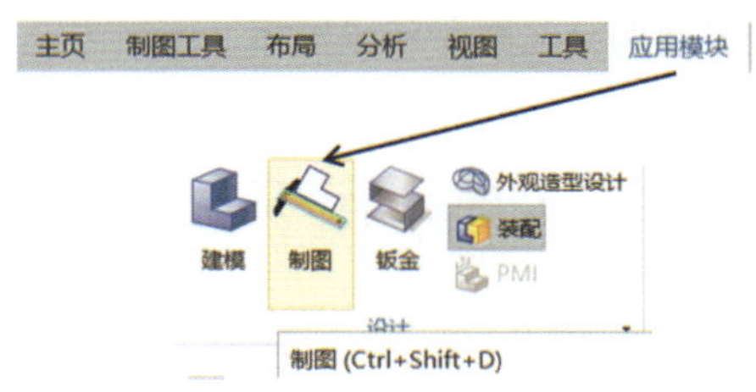

图8-3　切换到“制图”应用模板

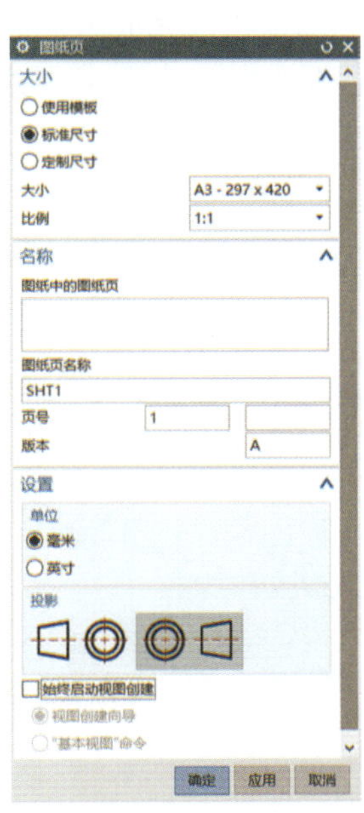

图8-4　图纸页对话框

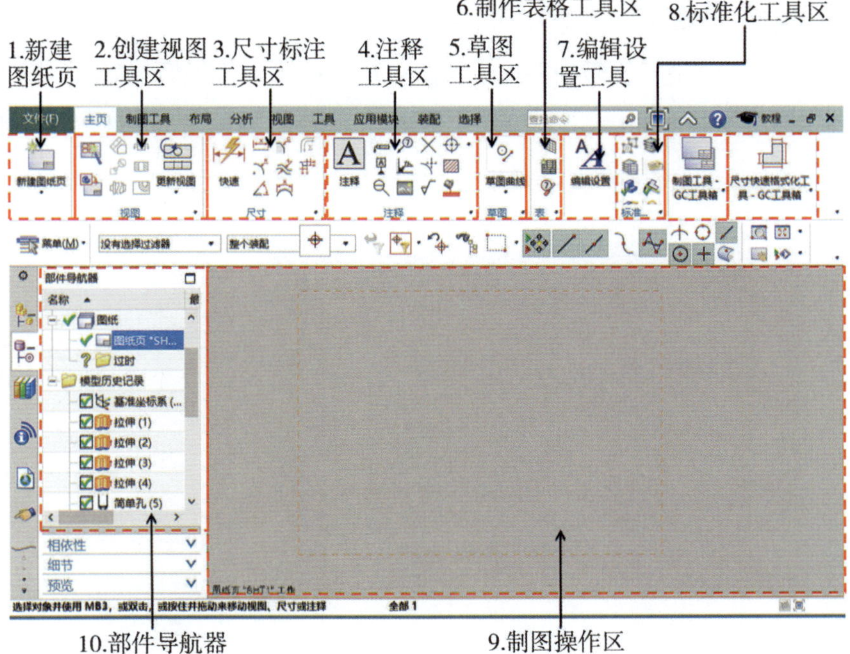

图8-5　工程图环境界面

3. 对新建的工程图样可以实现编辑，用户在部件导航器中选择图纸页或图样并右击，则会弹出如图8-6所示的快捷菜单，可选择“编辑图纸页”命令 编辑图纸页(H)...，弹出“图纸页”对话框，从而实现编辑已存在的图样参数。

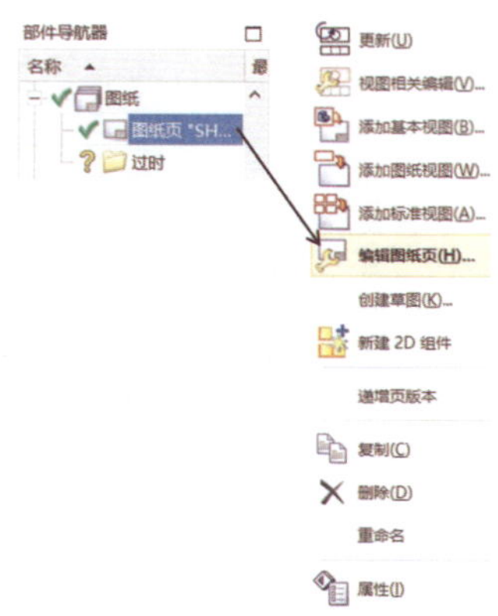

图8-6　编辑图纸页菜单

二、UG NX10.0软件视图的创建与编辑

1.根据视图向导创建视图，在系统进入的工程图环境界面，选择主菜单中“插入”菜单的“视图”子菜单下的“视图创建向导”命令（如图8-7所示），则会弹出“视图创建向导” 视图创建向导(Z)... 对话框。在“部件”选项中系统会默认当前“箱体”为选定的部件（如图8-8所示），用户可以“打开”其他部件为选定部件；选择“下一步”则进到“选项”区域，选择“视图边界”选项里面的“手工”（如图8-9所示），并且取消“自动缩放至适合窗口”勾选，设置“比例”选择为“1：1”，默认勾选“处理隐藏线”“显示中心线”和“显示轮廓线”等线条显示相关设置；选择“下一步”则进到“方向”选项，在“方向”选项区域中选择默认的“前视图”的方向（如图8-10所示），其他的为系统默认；选择“下一步”则进到“布局”选项，在放置选项中选择“自动”并且勾选“关联对齐”（如图8-11所示），用户可以根据留边参数设置，然后点击“完成”，根据“视图向导”创建如图8-12所示的“箱体”前视图（父视图）。用户在部件导航器的模型历史记录里面选择基准坐标系，然后右击在立即菜单中选择隐藏基准坐标系，视图上为隐藏基准坐标系（如图8-13所示）。

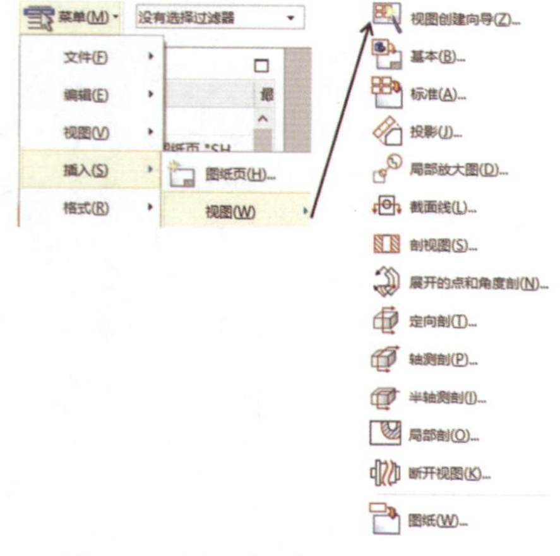

图8-7　插入创建视图向导

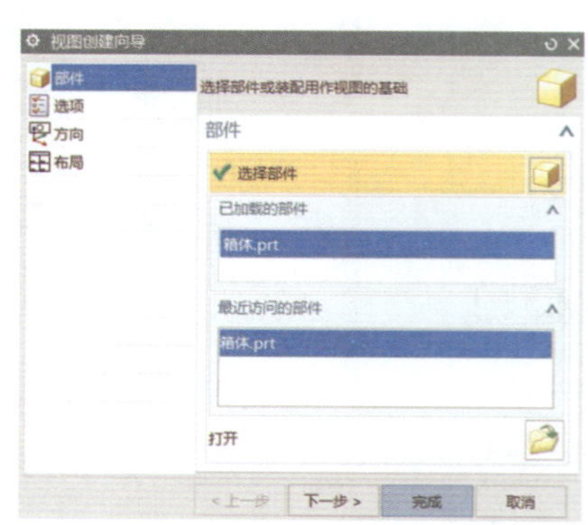

图8-8　选择部件

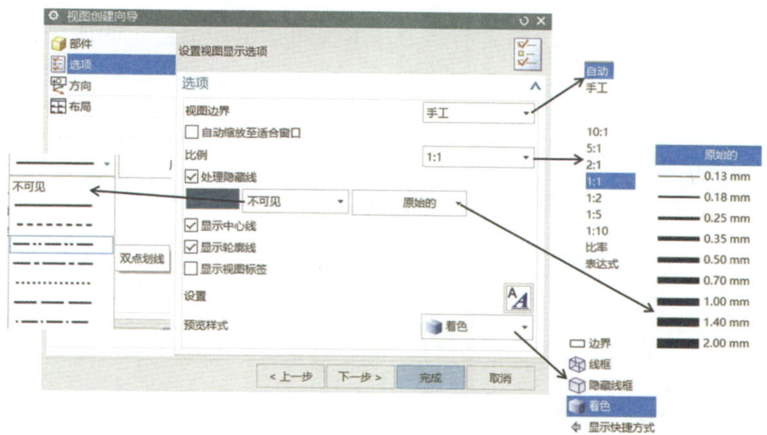

图8-9　选项参数设置

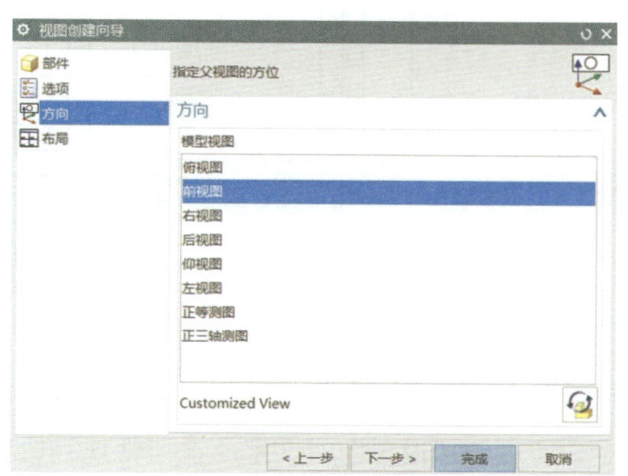

图8-10　选择前视图的方向

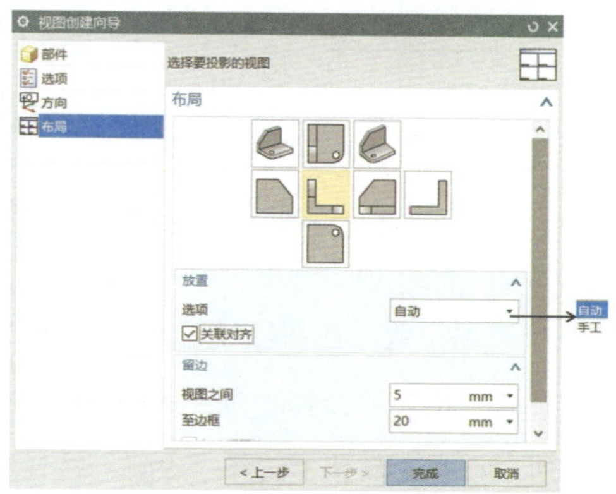

图8-11　视图放置布局设置

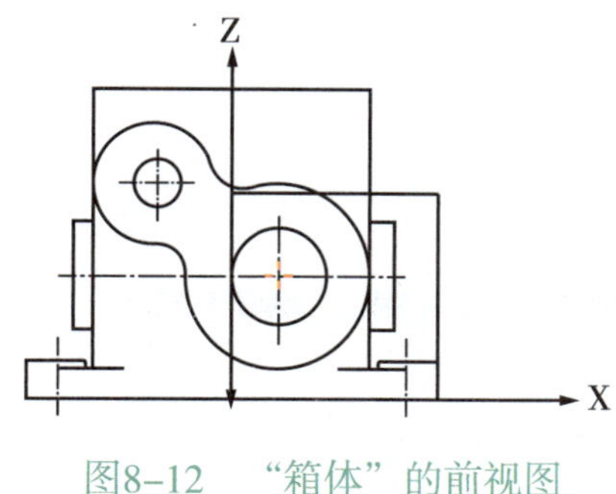

图8-12　“箱体”的前视图

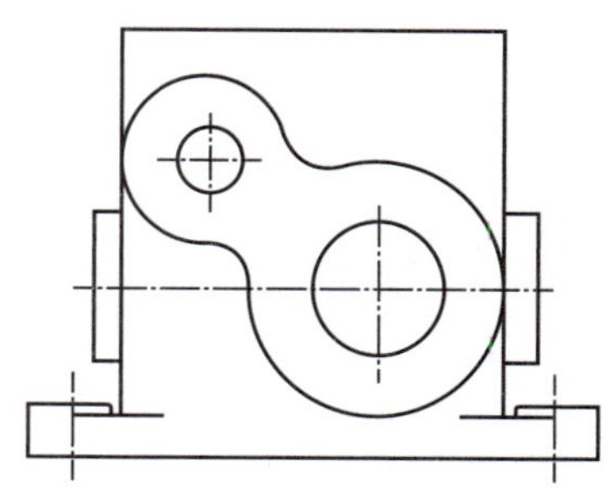

图8-13　隐藏基准坐标系

2. 创建基本视图。选择主菜单下“插入”菜单的“视图”子菜单下的“基本”命令 基本(B)... 或者用户在快捷工具条中点击“基本视图”命令按钮 ，系统会弹出如图8-14所示的“基本视图”对话框，则可调出基本视图，并且对基本视图进行相关设置，如图8-15所示为“箱体”的俯视图。“基本视图”的对话框中部分选项功能介绍如下：

· “视图原点”区域：该区域主要用于定义视图在图形区的摆放位置，点击“放置”选项中的“方法”下拉列表则有具体的放置位置，比如水平、垂直、鼠标在图形区的点击位置或系统的自动判断等。

· “模型视图”区域：该区域主要用于定义视图的方向，比如前视图、俯视图、左视图等，点击该区域的

“定向视图工具”按钮，系统弹出“定向视图工具”对话框，通过该对话框，可以创建自定义的视图方向。

· “比例”区域：该区域用于添加视图之前，为基本视图指定一个特定的比例，默认的比例值等于图样比例。

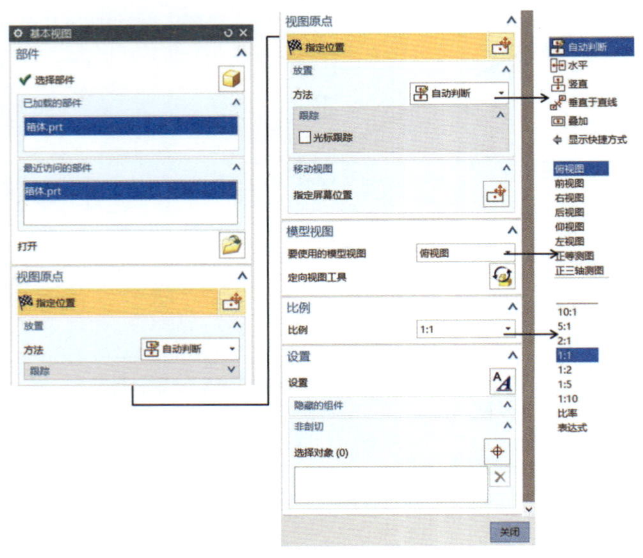

图8-14 基本视图对话框

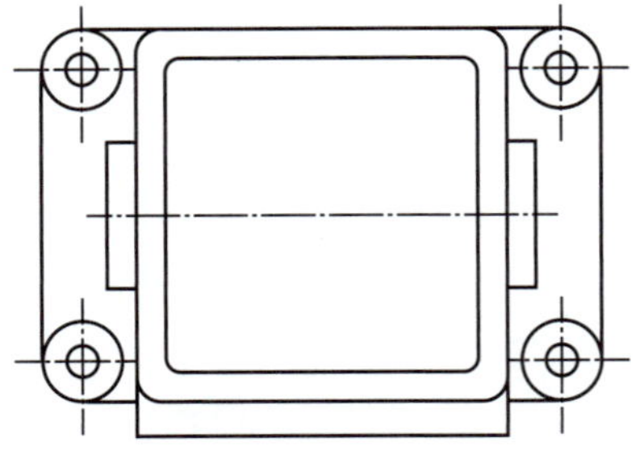

图8-15 “箱体”的俯视图

3. 基本视图设置。在部件导航器中选择“导入的Top@2”命令按钮 导入的"Top@2"，点击鼠标右键，则会弹出立即菜单，选择“设置”命令 设置(S)...。或者用户在“制图操作区”左键连续点击两次该视图，则会出现如图8-16所示动态工具条，选择“设置”按钮则会弹出如图8-17所示的“设置”对话框，在“常规”选项区域中选择设置视图的“比例”下拉列表为“1∶1”。

图8-16 动态工具条

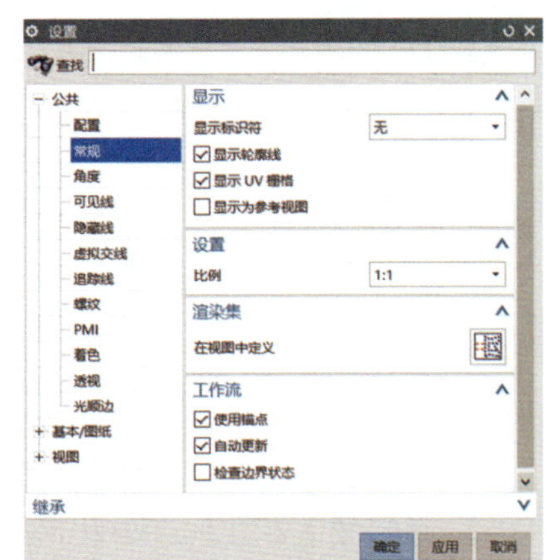

图8-17 设置对话框

4. 基本视图的投影视图。选择基本视图“导入的Top@2”命令按钮 ，单击鼠标右键，则会弹出立即菜单，选择“添加投影视图”命令 ，则会弹出如图8-18所示“投影视图”对话框，在父视图中选择“基本视图”，即为“导入的Top@2”要投影视图，其他的为系统默认，根据操作提示的箭头指向，对基本视图（当前是俯视图）分别添加两个投影视图，即如图8-19所示的三个视图。

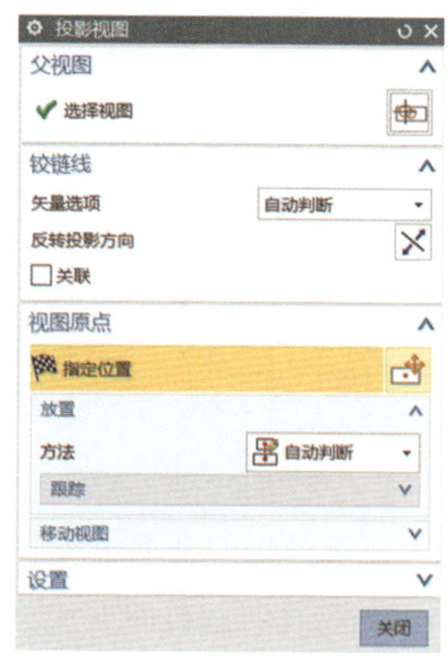

图8-18　投影视图对话框

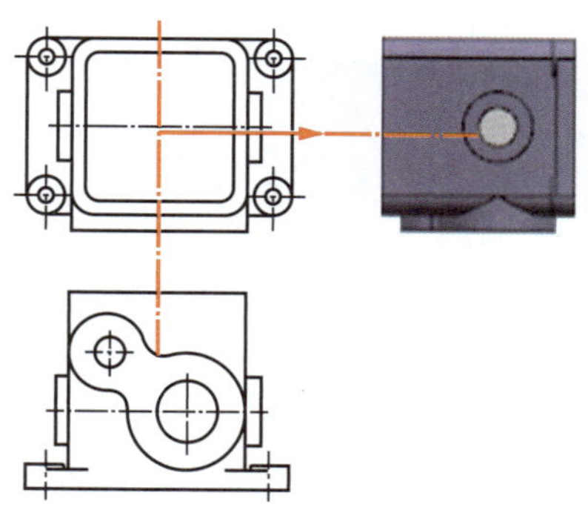

图8-19　“箱体”三个视图

特别提示

UG软件添加投影视图的配置关系，用户可以根据情况调整，参照机械制图中的三视图投影关系配置。

5. 局部放大视图。在下拉主菜单中选择“插入”菜单中“视图”的子下拉菜单的“局部放大图”命令 ，或者点击快捷工具条中的“局部放大图”命令按钮 ，则会弹出如图8-20所示“局部放大图”对话框，在“类型”选项区的下拉列表中选择“圆形”，“父视图”要选择局部放大的“投影视图”，在“比例”选项区选择“比例”的下拉列表中“比率”并设置比率参数为“2：1”，在“父项上的标签”选项区中“标签”的下拉列表中选择“圆”，其他的设为默认，点击操作区域放置局部放大视图，然后点击“关闭”，则完成如图8-21所示局部放大视图的操作。“局部放大图”对话框中部分选项功能介绍如下：

· “类型”区域：该区域用于定义绘制局部放大图边界的类型，包括“圆形”“按拐角绘制矩形”和“按中心和拐角绘制矩形”。

· “边界”区域：该区域用于定义创建局部放大图的边界位置。

· “父项上的标签”区域：该区域用于定义父视图边界上的标签类型，包括“无”“圆”“注释”“标签”“内嵌”和“边界”。

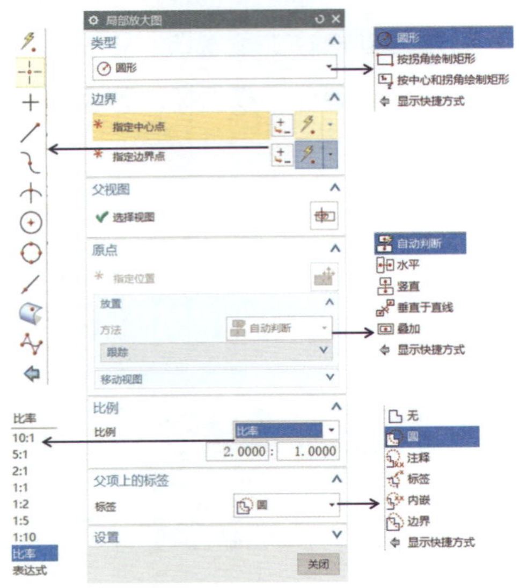

图8-20　局部放大图对话框设置

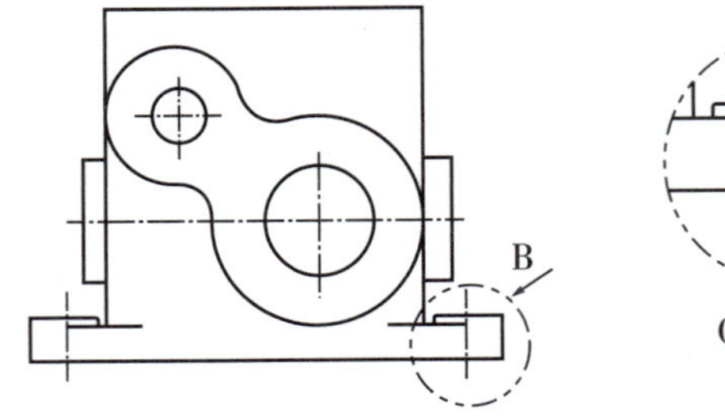

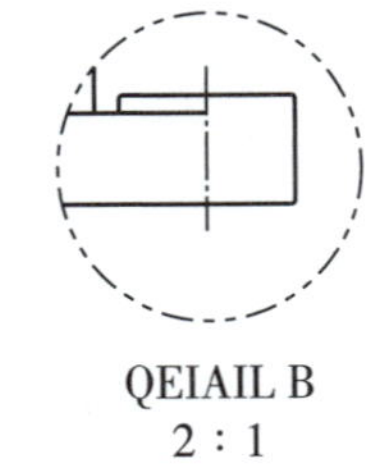

图8-21　局部放大视图的操作

6. 创建正等测视图。在快捷工具条中点击“基本视图”命令按钮，系统弹出“基本视图”对话框，选择“模型视图”选项，在“要使用的模型视图”的下拉列表选择“正等测图”选项，则可调出基本视图的正等测视图，并设置正等测视图的比例为“1：2”放置在图框内的右下角，如图8-22所示为放置的正等测视图。

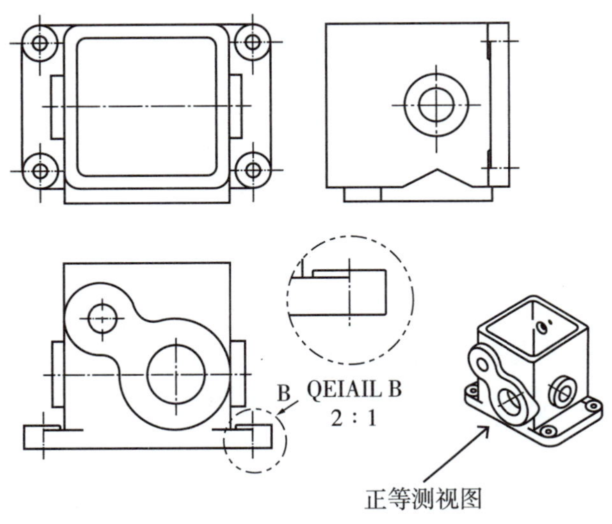

图8-22　正等测视图

7. 全剖视图。在下拉主菜单中选择“插入”菜单中“视图”的子下拉菜单的“剖视图” 剖视图(S)... 命令，在弹出来的剖视图对话框中选择“方法”下拉列表的“简单剖/阶梯剖”（如图8-23所示），则根据系统提示选择“父视图”，指定如图8-24所示的俯视图为父视图。选完视图后紧接着选择捕捉工具条中的“中点” 命令按钮，捕捉如图8-24所示的中心进行转动，在系统状态栏提示“指示图纸页上剖视图的中心”注意剖切箭头方向，点击操作区域，找到父视图下方合适位置，放置如图8-25所示的C-C剖视图，则完成了全剖视图的创建。

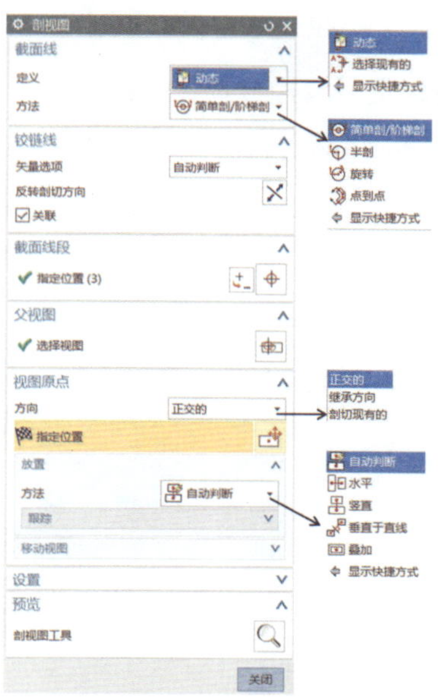

图8–23　剖视图对话框设置

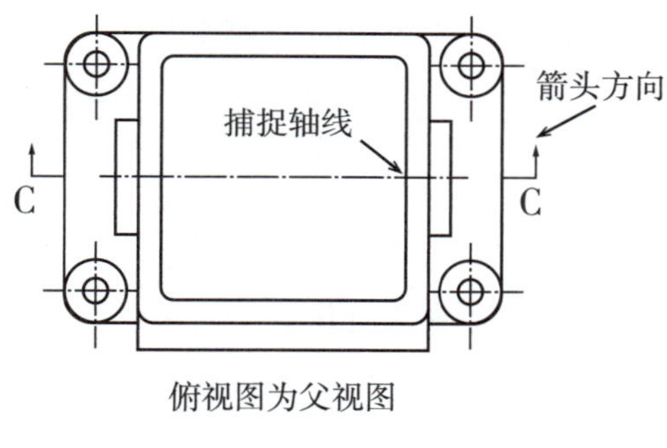

图8–24　指定父视图

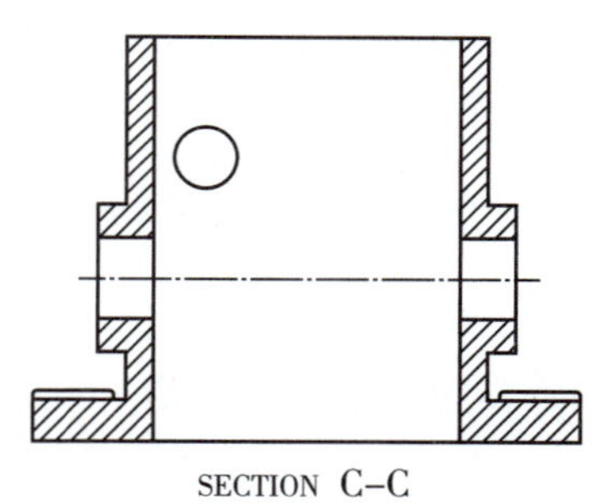

图8–25　全剖视图的创建

8. 半剖视图。在下拉主菜单中选择“插入”菜单中“视图”的子下拉菜单的“剖视图” 剖视图(S)... 命令，在弹出的剖视图对话框中选择“方法”下拉列表的“半剖”，则根据系统提示选择“父视图”，继续指定如图8–26所示的俯视图为父视图，选完视图后紧接着选择捕捉工具条中的“中点” 命令按钮，捕捉如图8–26所示的中点进行转动，在系统状态栏提示“指示图纸页上剖视图的中心”注意箭头方向。点击操作区域，找到父视图下方合适位置，放置如图8–27所示的D–D剖视图，则完成了半剖视图的创建。

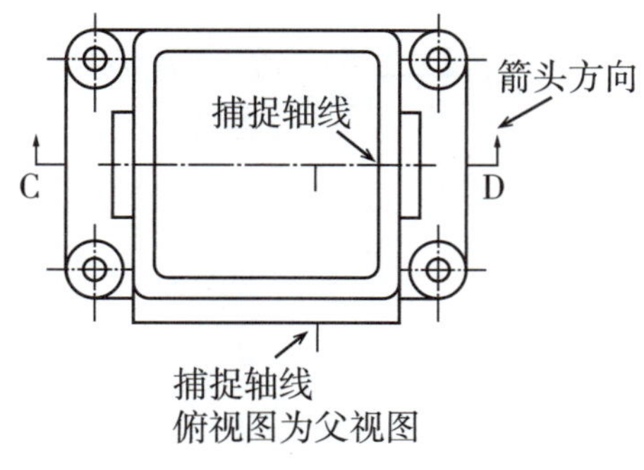

图8–26　指定父视图

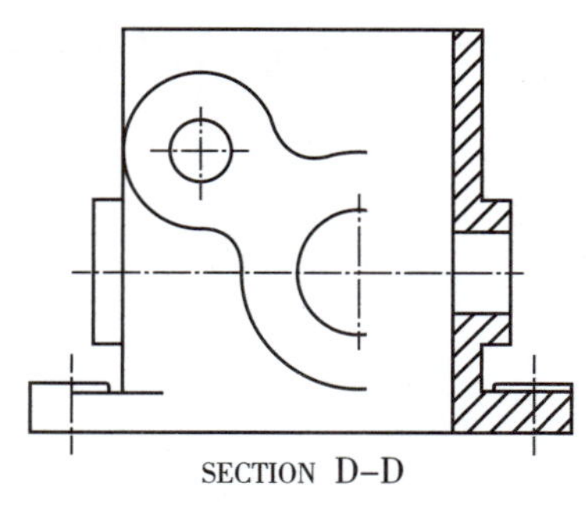

图8–27　半剖视图的创建

9. 旋转剖视图。在下拉主菜单中选择“插入”菜单中“视图”的子下拉菜单的“剖视图” 剖视图(S). 命令，在弹出的剖视图对话框中选择“方法”下拉列表中的“旋转”，则根据系统提示选择“父视图”，选择如图8-28所示的俯视图为父视图，选完视图后紧接着选择捕捉工具条中的“圆心点” 命令按钮，捕捉如图8-28所示的圆心点1（即旋转点）、圆心点2和圆心点3（先选择旋转的拐角点，再选择角度方向的另外两个点），在系统状态栏提示“指示图纸页上剖视图的中心”，点击操作区域找到父视图上方合适位置，放置如图8-29所示的视图，则完成了旋转剖视图的创建。

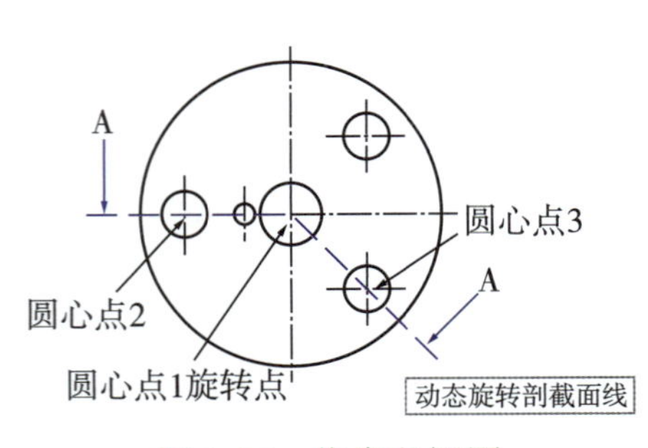

图8-28 指定父视图

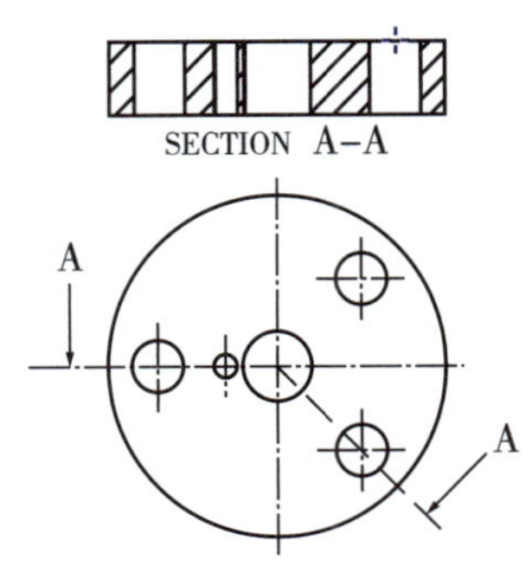

图8-29 旋转剖视图

10. 阶梯剖视图。在下拉主菜单中选择“插入”菜单中“视图”子下拉菜单的“轴测剖” 轴测剖(P) 命令，或者点击快捷工具条中的“轴测剖” 命令按钮，系统弹出“轴测图中的全剖/阶梯剖”对话框，根据系统状态栏提示选择“父视图”，选择如图8-30所示的俯视图为父视图，选择“剖视图方向”下拉列表中的“YC”方向作为剖视图的箭头的方向矢量（如图8-31所示），点击“应用”；继续选择“剖视图方向”下拉列表中的“ZC”方向作为剖视图的剖切的方向矢量，点击“应用”，系统则会弹出如图8-32所示“截面线创建”对话框，选择“选择点”下拉列表中的“圆心”，选择如图8-30所示的圆心1、圆心2和圆心3形成截面线，点击“确定”。在系统状态栏提示“指示图纸页上剖视图的中心”，点击操作区域找到父视图上方合适位置，放置如图8-33所示的视图，则完成了阶梯剖视图的创建。

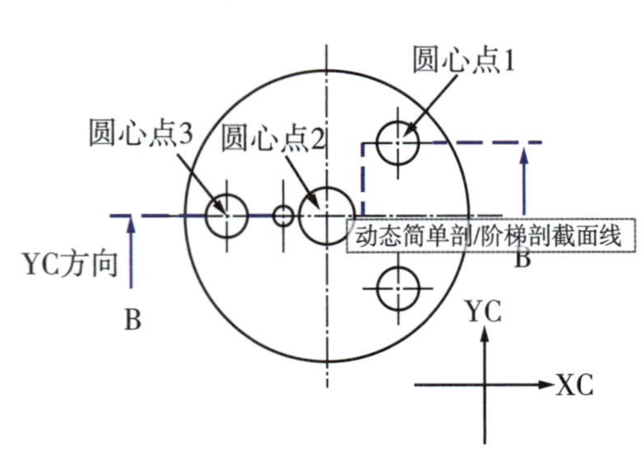

图8-30 指定父视图

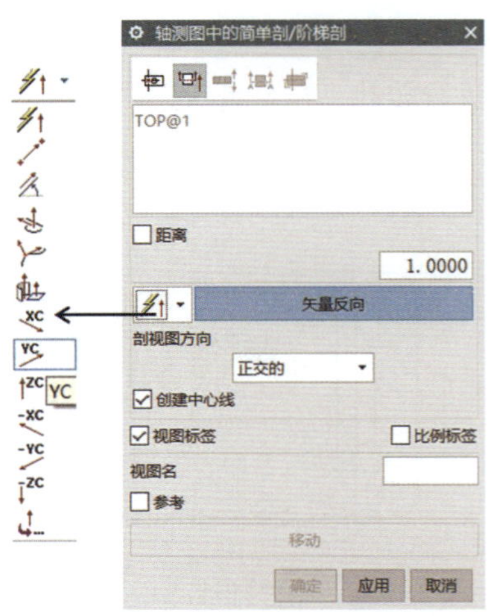

图8-31 定义箭头方向和剖切方向

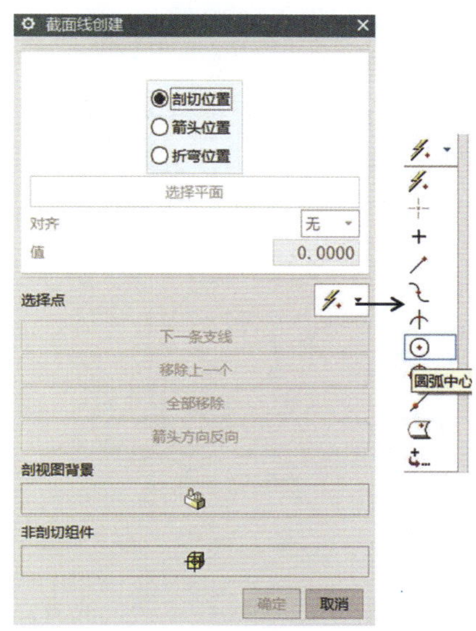

图8-32　定义截面线

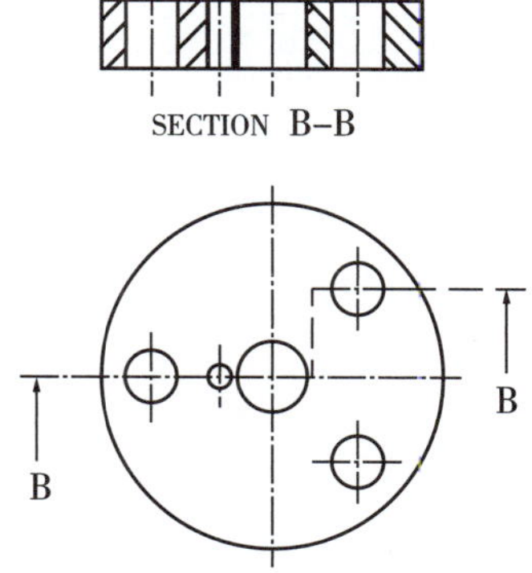

图8-33　阶梯剖视图

11. 局部剖视图。创建局部剖视图之前，用户先把剖切区域绘制出来，再编辑视图关联性创建局部剖切视图。选择前视图单击右键，在快捷菜单中选择“激活草图” 激活草图 命令或者选择立即工具菜单的“激活草图” 命令按钮（如图8–34所示），即在视图上可进行草图编辑。在主页中的带状工具条区选择草图工具里面的“艺术样条” 命令按钮（如图8–35所示），在弹出的如图8–36所示的“艺术样条”对话框中选择“类型”下拉列表中的“通过点”，将“参数化”选项的“次数”设置为“7”，其他的选择系统默认，在前视图的右下角绘制如图8–37所示的样条曲线，然后点击“确定”按钮，则完成样条曲线的绘制，并且要返回带状工具条区找到“完成草图” 命令按钮。

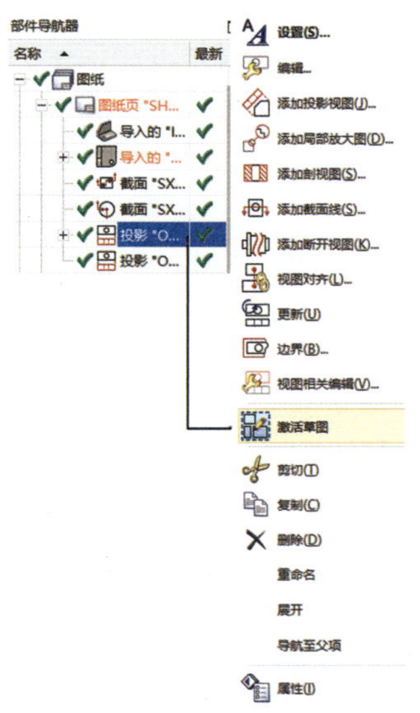

图8–34　激活草图

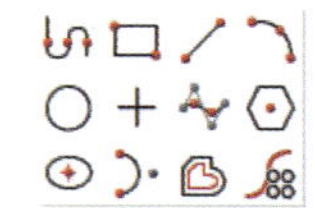

图8–35　草图工具

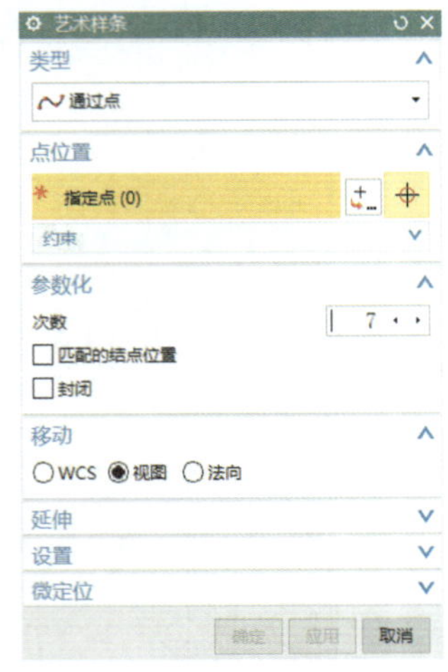

图8-36　艺术样条对话框设置

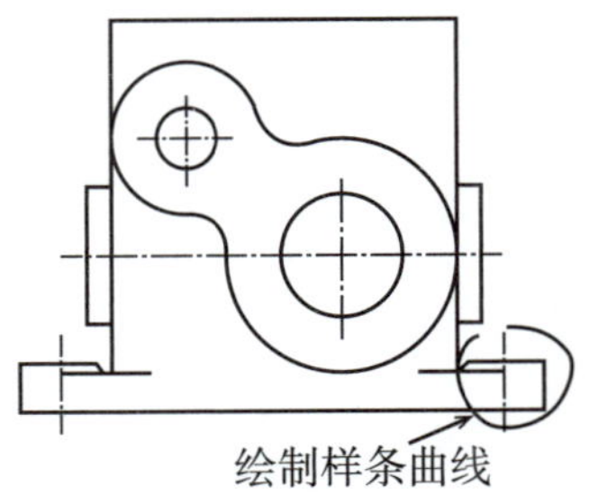

图8-37　绘制样条曲线

在下拉主菜单中选择“插入”菜单的“视图”子菜单的“局部剖” 局部剖(O) 命令，或者点击快捷工具条中的“局部剖” 命令按钮，系统弹出如图8-38所示“局部剖”对话框，选择前视图为“选择视图”，系统则会在“局部剖”对话框中切换到“指出基点”选项，选择如图8-39所示的圆心点为基点，这时在前视图和俯视图上出现加亮的基点，系统会自动切换到“指出拉伸矢量”（如图8-39所示）箭头所指方向，用户只需按下鼠标中键确认，则继续在“局部剖”对话框中切换到“选择曲线”，然后选择如图8-37所示的样条曲线，在“局部剖”对话框中点击“应用”，然后点击“取消”按钮，则完成了如图8-40所示的局部剖视图的创建。

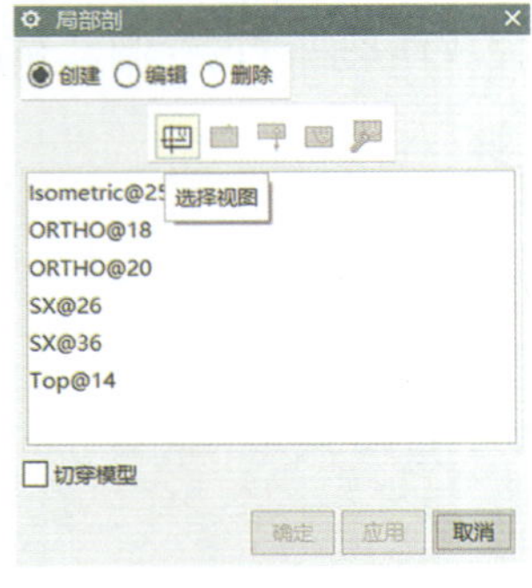

图8-38　局部剖对话框

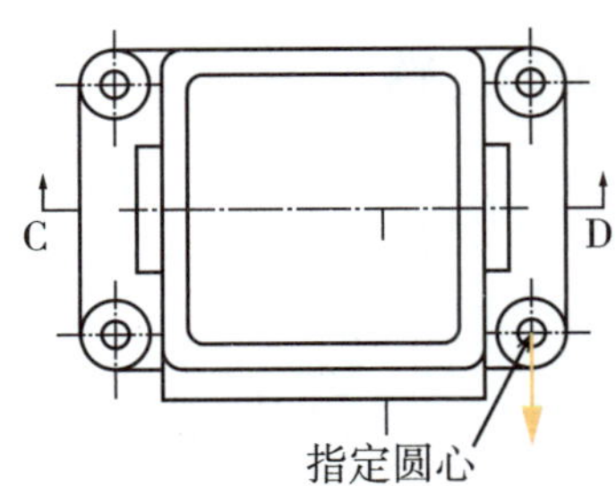

图8-39　选择基点

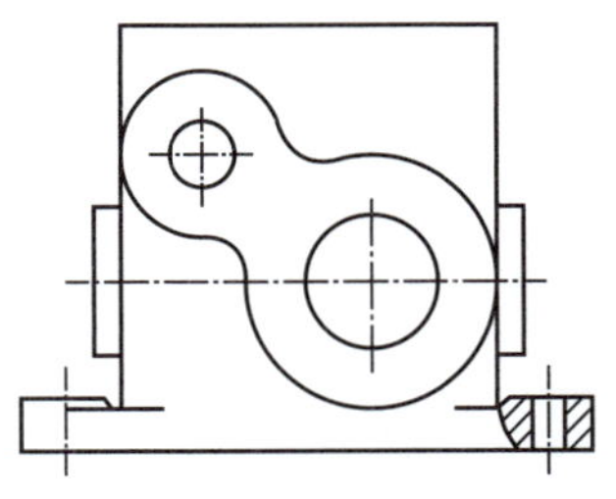

图8-40　局部剖视图

特别提示

运用快捷键即可实现模型的三维图形和二维工程图之间的切换，即视图的显示，按键盘上的“M”键系统进入三维模型模板，按键盘上的“Shift+Ctrl+D”则切换到制图模板。

12. 视图的更新。选定视图，点击右键，则会在快捷菜单中选择“更新” 更新(U) 命令。或者用户在快捷菜单中直接选择“更新” 命令按钮，便可更新图形区中的视图。如图8-41所示为“更新视图”对话框。“更新视图”对话框中部分选项功能介绍如下：

· “显示图纸中的所有视图”：是指列出当前存在于部件文件中所有图样页面上的所有视图，当该复选框被选中时，部件文件中的所有视图都在该对话框中可见并可供选择。如果取消选中该复选框，则只能选择当前显示的图样上的视图。

· “选择所有过时视图”：是指用于选择工程图中的多期视图，单击“应用”按钮之后，这些视图将进行更新。

· “选择所有过时自动更新视图”：是指选择工程图中的所有过期视图并自动更新。

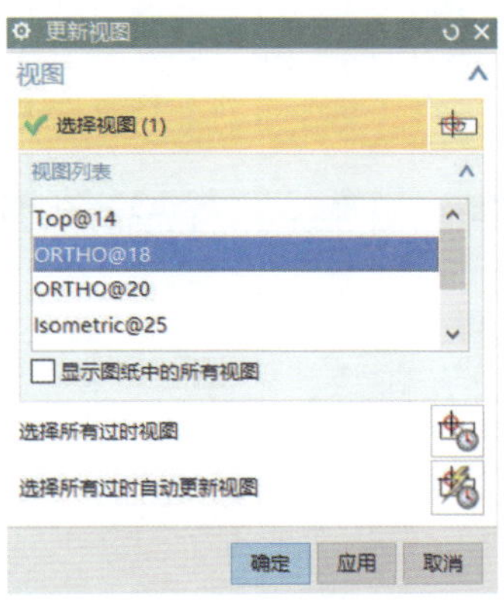

图8-41　更新视图对话框

13. 对齐视图。选择下拉主菜单“编辑”菜单的“视图”子菜单的“对齐” 对齐(I) 命令，或者在快捷菜单中直接选择“视图对齐” 命令按钮，则弹出如图8-42所示的“视图对齐”对话框。在“放置”选项区域选择“方法”下拉列表中的“竖直”，在“对齐”下拉列表中选择“对齐至视图”，其他的为默认的设置，选择需要对齐的视图，点击“确定”按钮，则完成视图的对齐（如图8-43所示）。“视图对齐”对话框中部分选项功能介绍如下：

· “自动判断”：系统自动判断两个视图可能对齐方式。

· “水平”：将所选视图水平对齐。

· “竖直”：将所选视图竖直对齐。

· “垂直于直线”：将所选视图与指定的参考线垂直对齐。

· “叠加”：同时水平对齐和垂直对齐视图，以便使它们重叠在一起。

· “铰链”：将所选定视图对齐到任意选定的位置。

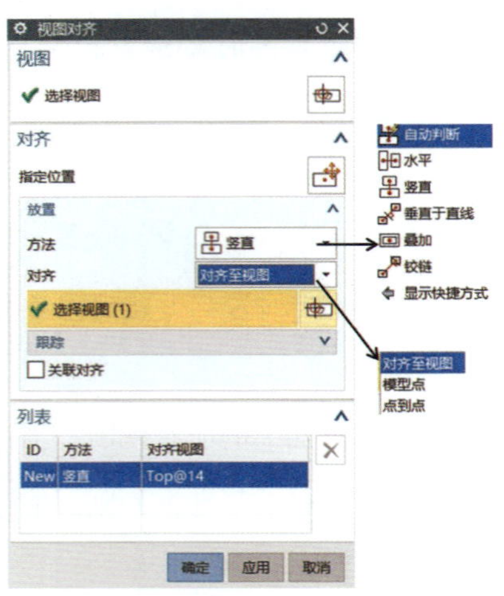

图8-42　视图对齐对话框

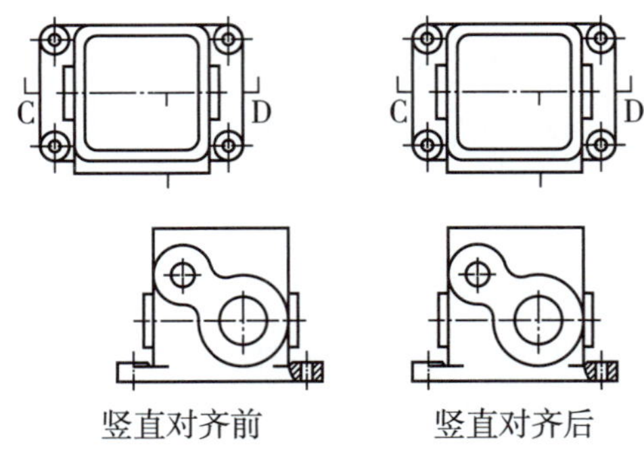

图8-43　视图的对齐

三、UG NX10.0软件视图的设置

1. 整个视图的设置。选择视图后用户可以点击右键，在弹出的快捷菜单中选择“设置” 设置(S)... 命令，或者点击带状工具条区的快捷工具“编辑设置” 命令按钮，即可弹出如图8-44所示的“设置”对话框，用户可以在此对视图进行相关设置。

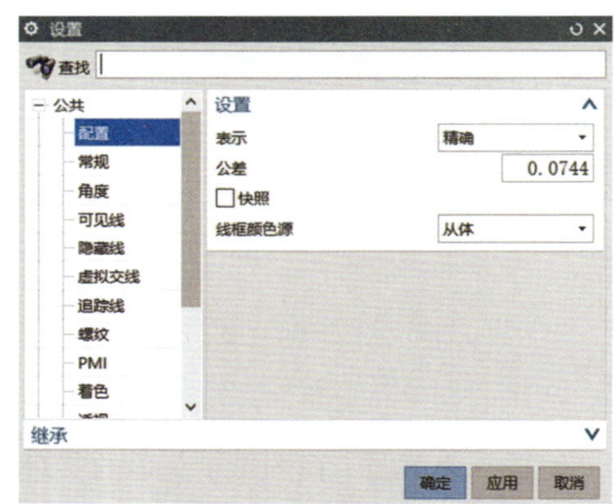

图8-44　“设置”对话框

2. 剖面线的编辑。选择下拉主菜单中“插入”菜单的“注释”子菜单的“剖面线” 剖面线(O). 命令，或者选择快捷工具菜单的“剖面线” 命令按钮，则系统会弹出如图8-45所示的“剖面线”对话框。在“边界”选项区“选择模式”的下拉列表中选择“区域中的点”，并且选择“设置”选项中“图样”下拉列表的“Electrical Winding”，其他的为系统默认的设置。然后选择要修改的剖面线，点击“确定”按钮，完成剖面线的编辑，如图8-46所示为剖面线的编辑前后视图。“剖面线”对话框中部分选项功能介绍如下：

· “边界曲线”选项：选择该选项，则在创建剖面线时是通过在图形上选取一个封闭的边界曲线来得到。

· “区域中的点”选项：选择该选项，则在创建剖面线时，只需要在一个封闭的边界曲线内部单击，系统自动选取此封闭边界作为创建剖面线边界。

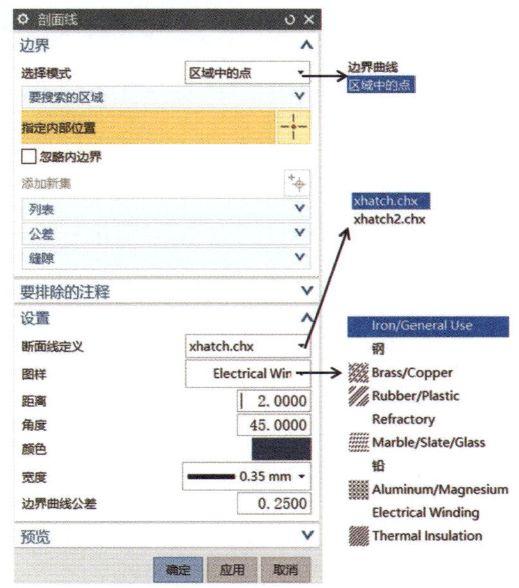

图8-45　剖面线对话框设置

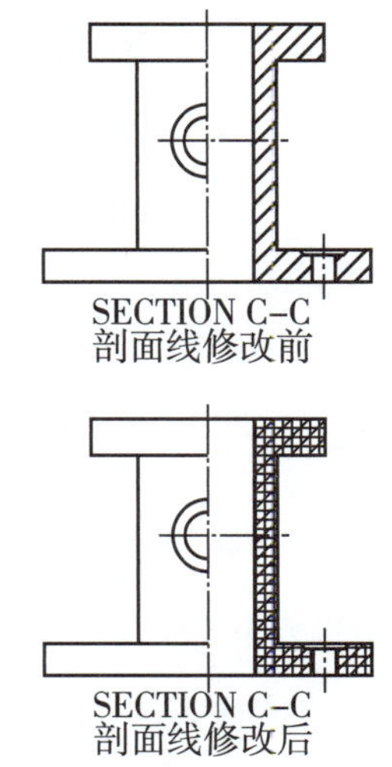

图8-46　剖面线的编辑

知识链接

UG NX10.0软件在默认状态下系统会提供多个国际通用的制图标准，其中系统默认的制图标准很多选项不能满足企业的具体制图需要，所以在创建工程图之前，一般先要对工程图参数进行预设置。设置工程图的参数则可以控制箭头的大小、线条的粗细、隐藏线的显示与否、标注的字体和大小等，还可以通过预设置工程图的参数技术来改变制图环境，使之符合国家标准。

选择下拉主菜单中“首选项”下拉菜单的“制图”，则会弹出“制图首选项”对话框，用户可以根据设计需要进行相关的设置，本书中采用软件装好后的系统默认设置。

知识延伸

1. 原点参数设置。选择下拉主菜单下“编辑”下拉菜单中“注释”的子下拉菜单“原点” 原点(G)... 命令，则在系统弹出的“原点工具”对话框可以对原点参数进行设置。

2. 坐标设置。选择下拉主菜单下的“编辑”下拉菜单中“尺寸”的子下拉菜单“坐标” 坐标(R)... 命令，则在系统弹出的“坐标尺寸”对话框中，可以合并坐标集或者将尺寸移至另一个坐标集。

3. 制图对象设置。选择下拉主菜单下的“编辑”下拉菜单的“设置” 设置(S)... 命令，在系统弹出的“类选择”对话框中，可实现制图中选定的对象设置。

任务二 工程图的标注与符号

任务描述

本任务对机械类零部件常用的工程图标注的操作做个简单的介绍，使用户掌握简单的标注方法和标注注意事项以及标注的基础设置。在本任务中还要掌握尺寸设置和符号设置等，例如形状尺寸、位置尺寸、公差符号、注释说明、表面粗糙度符号、技术要求等。掌握工程图的标注和符号注释是设计者表达设计意图和设计参数信息的重要环节，因此要循序渐进，打好基础。

任务目标

1. 掌握UG NX10.0软件的尺寸标注的应用
2. 掌握UG NX10.0软件的注释和表面粗糙度符号
3. 掌握UG NX10.0软件的其他符号和形位公差符号

任务过程

一、UG NX10.0尺寸标注的应用

1. 快速标注尺寸。选择下拉主菜单“插入”菜单的“尺寸”子下拉菜单的“快速尺寸” 快速(P)... 命令，或者在带状工具条的快捷工具中选择“快速” 命令按钮，则会弹出如图8–47所示的“快速尺寸”对话框。

2. 快速标注尺寸。可以对图形标注水平方向、竖直方向、角度方向、径向标注、直径标注等尺寸。一般比较常用的就是快速标注，而且快速标注默认“测量”的“方法”为“自动判断”，所以用户在没有指定的测量方法下就可以先标注基本图形常用的水平、竖直、角度等尺寸。在标注时打开对象捕捉的相关常用捕捉按钮，选择如图8–48所示边线1和边线2，则得到竖直方向尺寸，选择边线3和边线4，得到水平方向尺寸，选择边线1和边线5得到角度方向尺寸，系统会自动显示活动尺寸，单击合适的位置放置尺寸；或者选择单独的一条边线，系统则会自动判断然后显示活动尺寸，单击合适的位置放置尺寸，则完成如图8–49所示的竖直、水平、角度等部分尺寸的创建。

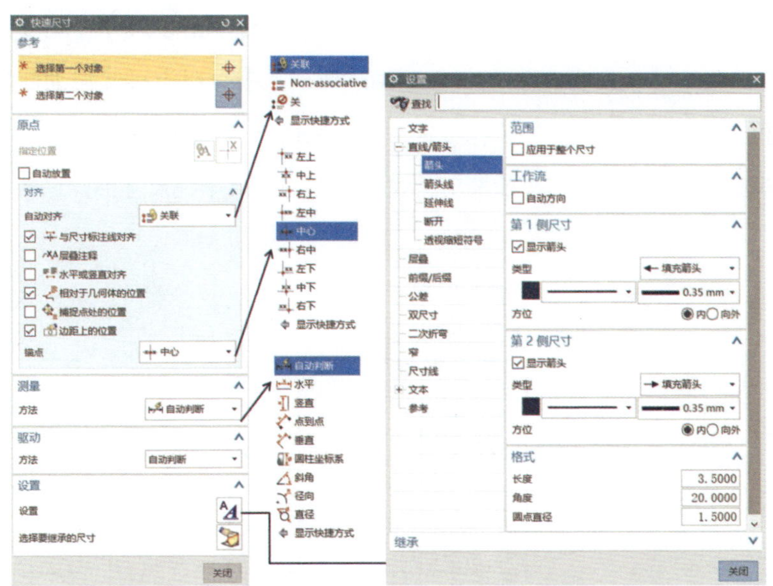

图8-47　“快速尺寸”对话框

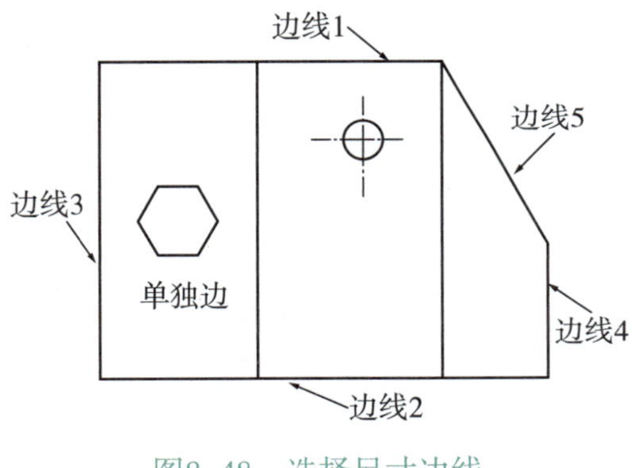

图8-48　选择尺寸边线

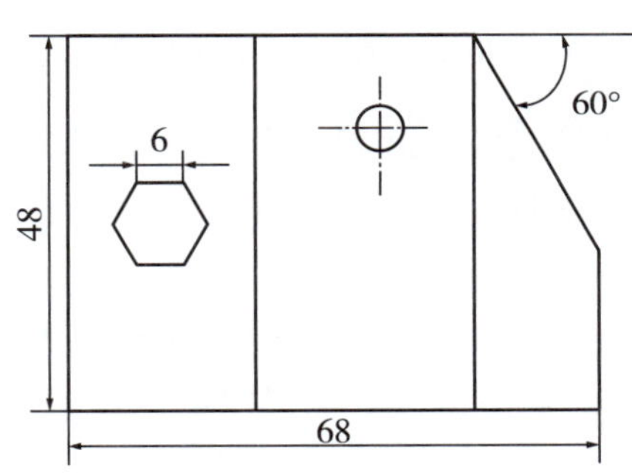

图8-49　创建尺寸

3. 创建半径尺寸和直径尺寸时，用户在“快速尺寸”对话框中“测量”选项区的“方法”下拉列表中选择“径向”，则表示创建半径尺寸，选择“直径”则表示创建直径尺寸。选择如图8-50所示圆弧边1和圆弧边2，系统会自动显示活动尺寸，单击合适的位置放置尺寸；切换“直径”选择整圆，系统会自动显示活动尺寸，单击合适的位置放置尺寸，则完成如图8-51所示的创建半径尺寸和直径尺寸。

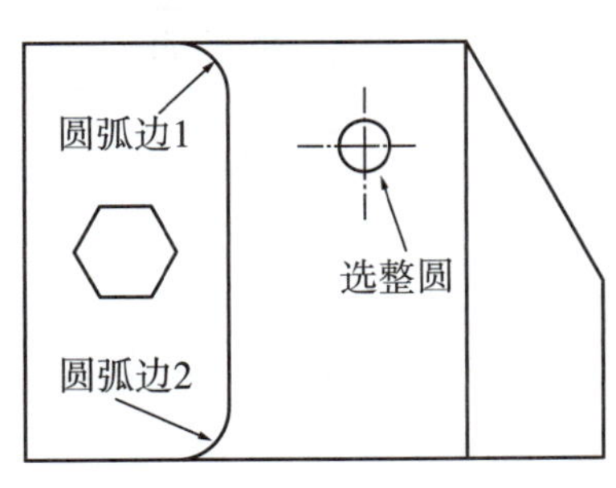

图8-50　选择圆弧或整圆

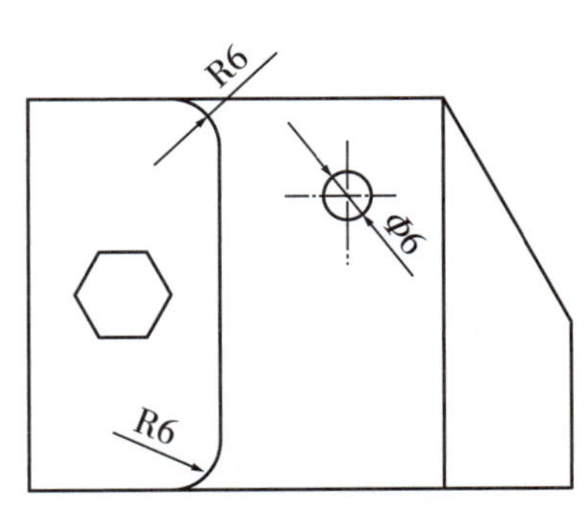

图8-51　创建半径尺寸和直径尺寸

4. 快速标注尺寸的设置。点击“快速尺寸”对话框中“设置”选项中的“设置”命令按钮（如图8-47所示），则会弹出尺寸“设置”对话框，或者用户直接用鼠标左键双击该尺寸，则会弹出动态尺寸设置对话框，即可实现尺寸的修改设置（如图8-52所示）。在动态对话框中可以给尺寸添加前缀文字和上文字以及下文字，还可以修改尺寸的公差等，只需要将鼠标放置在按钮旁边，就会弹出一个提示小气泡，根据提示选择修改。如图8-53所示为圆弧半径尺寸标注修改前情况，如图8-54为圆弧半径尺寸标注修改后情况。

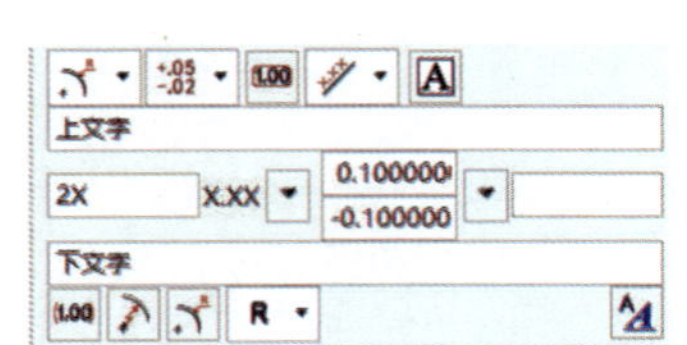

图8-52　动态尺寸设置对话框

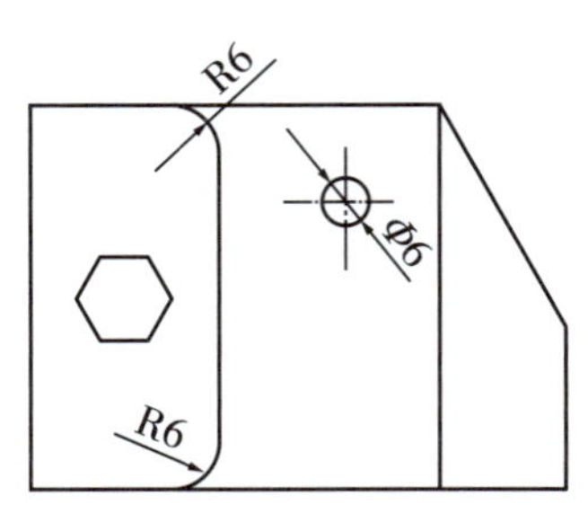

图8-53　半径尺寸标注修改前

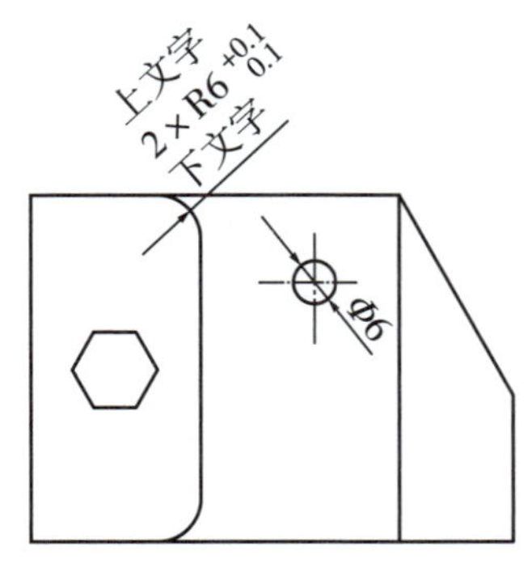

图8-54　半径尺寸标注修改后

二、UG NX10.0的注释和表面粗糙度符号

1. 注释编辑器。制图环境中的形位公差和文本注释都是通过注释编辑来标注的。选择下拉主菜单的“插入”菜单的“注释” 命令，或者点击带状工具条区的快捷工具“注释” 命令按钮，则会弹出如图8-55所示的“注释”对话框。

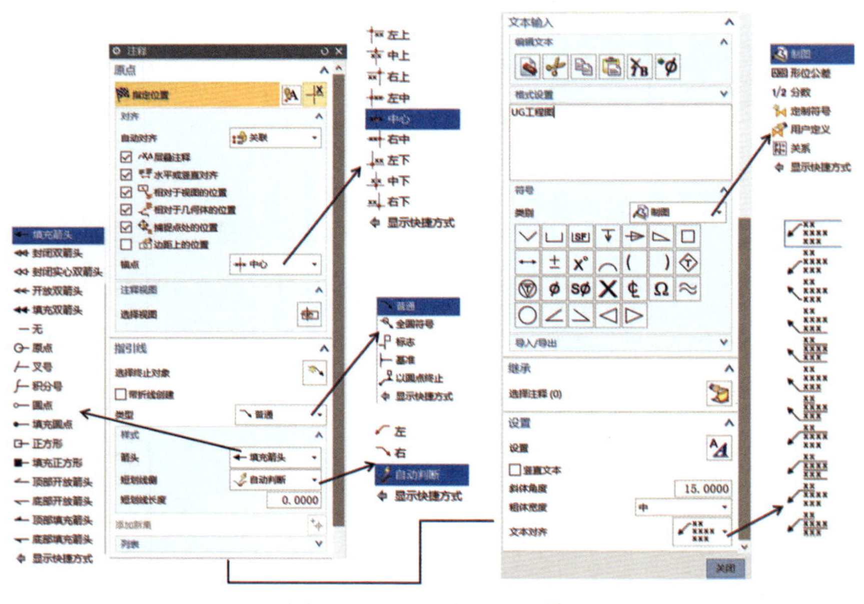

图8-55　“注释”对话框

“注释”对话框中的部分按钮说明如下：

· “指引线”区域：该区域中的“类型”下拉列表系统提供了5种类型指引线，分别是“普通”类型、“全圆符号”类型、“标志”类型、“基准”类型和“以圆点终止”类型。

· “样式”区域：该区域中的“箭头”下拉列表系统提供了17种箭头类型，在此就不列举。

· “编辑文本”区域：该区域的“编辑文本”工具条用于编辑注释，其主要功能和Word等软件的功能相似。

· “格式化”区域：该区域包括“文本字体设置”下拉列表 chinesef_fs 、“文字大小设置”下拉列表 1 、“编辑文本按钮”和“多行文本输入区”。

· “符号”区域：该区域的“类别”下拉列表中主要包括“制图”“形位公差”“分数”“定制符号”“用户定义”和“关系”6种选项。

选择“制图”选项，则可以把系统提供的制图符号的控制字符输入到编辑窗口中，如图8-55所示。

选择“形位公差”选项，则如图8-56所示的系统提供的“形位公差”符号的控制字符输入到编辑窗口中和检查形位公差符号的语法。在形位公差的窗口中最上面的第一排有四个按钮，这些按钮用于输入下列形位公差符号的控制字符：“插入单特征控制框”“插入复合特征控制框”“开始下一个框”和“插入框分隔线”，这些按钮的下面是各种公差特征符号按钮、材料条件按钮和其他形位公差符号按钮。

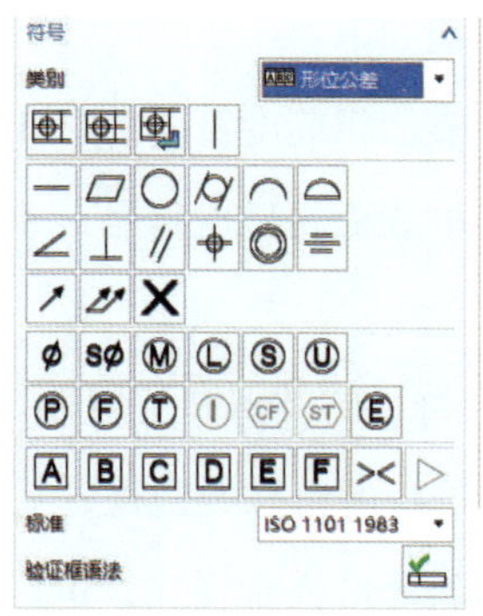

图8-56 “形位公差”符号

选择“分数”选项，可以分为上部文本和下部文本，通过更改分数类型，可以分别在上部文本和下部文本中插入不同的分数类型，如图8-57所示。

选择“定制符号”选项，则可以在符号库中选取用户自定义的符号。

选择“用户定义”选项，在该选项的“符号库”下拉列表中提供了“显示部件”“当前目录”和“实用工具目录”选项。单击“插入符号” 按钮后，在文本窗口中显示相应的符号代码，符号文本将显示在预览区域中，如图8-58所示。

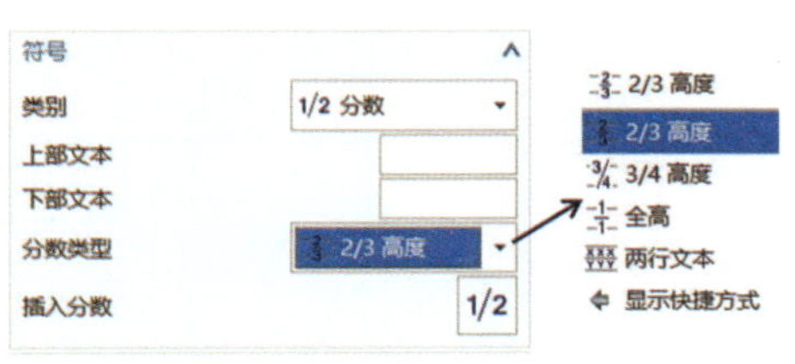

图8-57 “分数”选项

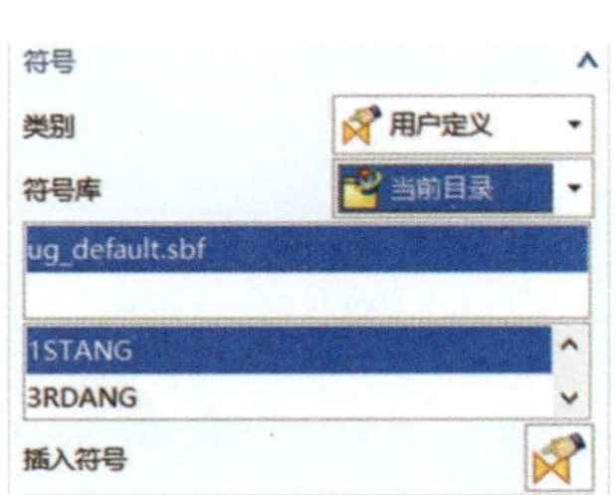

图8-58 “用户定义”选项

选择“关系”选项（如图8-59所示），该选项包括四种：“插入表达式”用于插入控制字符，以在文本中显示表达式的值；“插入对象属性”用于插入控制字符，以显示对象的字符串属性值；“插入部件属性”用于插入控制字符，以在文本中显示部件属性值；“插入图纸页区域”用于插入控制字符，以显示图纸页的属性值。

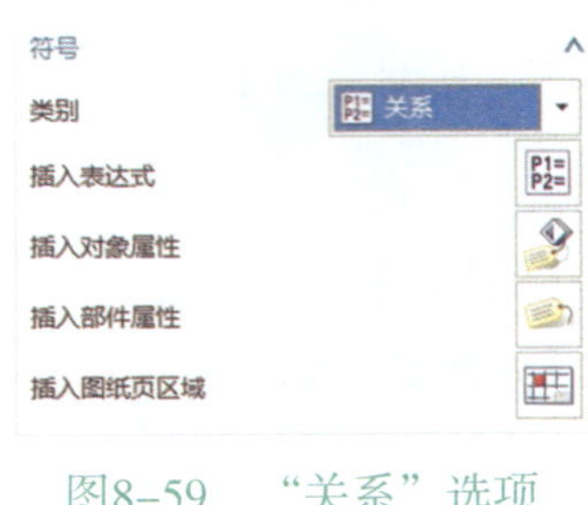

图8-59 “关系”选项

2. 表面粗糙度符号。选择下拉主菜单中“插入”菜单的“注释”下拉菜单的“表面粗糙度符号”命令，或者选择带状工具条区快捷工具“表面粗糙度符号” 命令按钮，系统则会弹出来如图8-60所示的“表面粗糙度”对话框。

“表面粗糙度”对话框中的部分选项说明如下：

· “原点”区域：用于设置原点位置和表面粗糙度符号的对齐方式。

· “指引线”区域：用于创建带指引线的表面粗糙度符号，单击该区域中的“选择终止对象”按钮，可以选择指示位置。

· “属性”区域：用于设置表面粗糙度符号的类型和值属性。系统提供了9种类型的表面粗糙度符号，要创建表面粗糙度，首先要选择相应的类型，选择的符号类型将显示在“图例”区域中。

· “设置”区域：用于设置表面粗糙度符号的文本样式，包括旋转角度、圆括号及文本旋转。如图8-61所示为在视图上创建表面粗糙度符号。

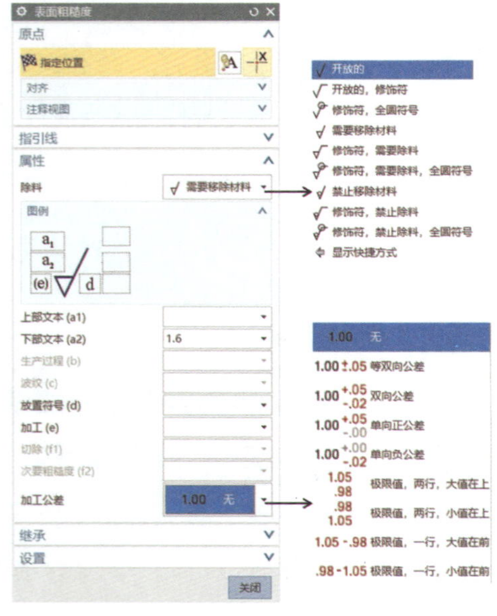

图8-60 “表面粗糙度”对话框

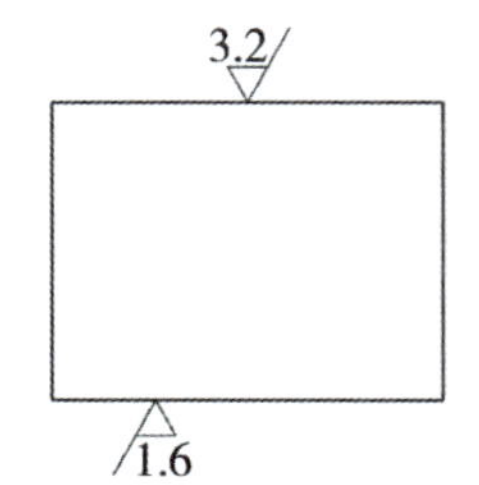

图8-61 创建表面粗糙度符号

三、UG NX10.0的其他符号和形位公差符号

1. 符号标注。这是一种由规则图形和文本组成的符号，在创建工程图中也是必要的。选择下拉主菜单种“插入”菜单的“注释”子下拉菜单的“符号标注” 符号标注(B)... 命令，或者选择带状工具条区快捷工具“符号标注” 命令按钮，系统则会弹出如图8-62所示的“符号标注”对话框。用户可以根据设计图样的实际情况设置“符号标注”参数，并制定指引线选择放置的位置，如图8-63所示为在图样上创建符号标注，点击“关闭”按钮，则退出“符号标注”对话框。

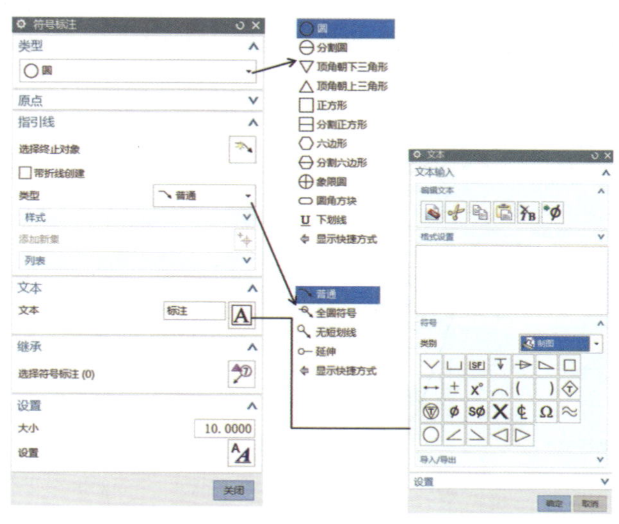

图8-62　“符号标注”对话框

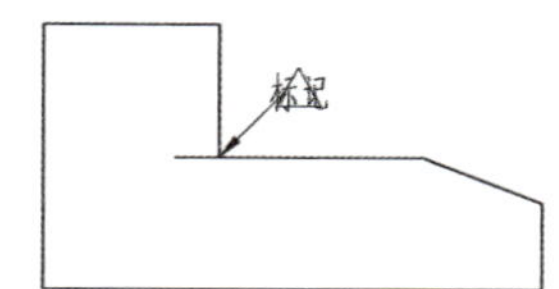

图8-63　创建符号标注

2. 基准特征符号。在工程制图中利用基准符号命令可以组建用户所需的各种基准符号。选择下拉主菜单中“插入”菜单的“注释”子下拉菜单的“基准特征符号” 基准特征符号(B)... 命令，或者选择带状工具条区快捷工具“基准特征符号” 命令按钮，系统则会弹出如图8-64所示的“基准特征符号”对话框。在“基准特征符号”对话框中“基准标识符”下的“字母”文本框中输入字母A，在“指引线”选项中选择指引线，选择如图8-65所示的底边位置为放置基准特征符号的位置，完成如图8-66所示基准特征符号的创建，点击“关闭”按钮，退出“基准特征符号”对话框。

图8-64　“基准特征符号”对话框

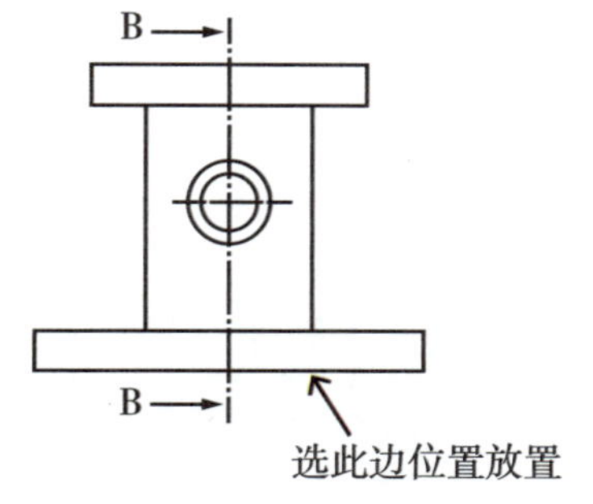

图8-65　选择基准特征符号位置

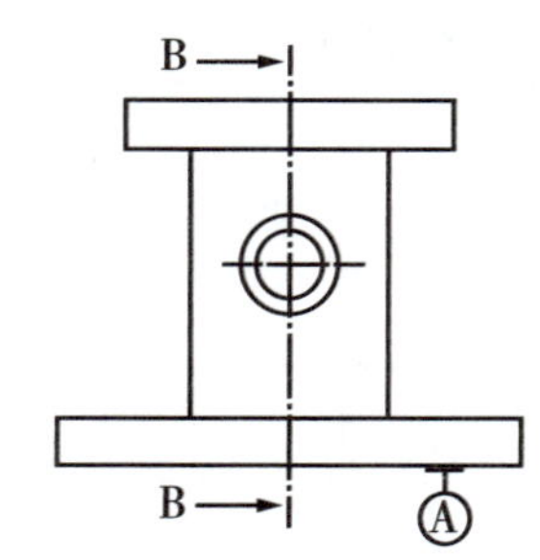

图8-66　基准特征符号的创建

3. 形位公差符号。在工程制图中利用特征控制框命令可以创建用户所需的各种形位公差符号。选择下拉主菜单中“插入”下拉菜单的“注释”子下拉菜单的“特征控制框” 特征控制框(E)... 命令，或者选择带状工具条区快捷工具“特征控制框” 命令按钮，系统则会弹出来如图8-67所示的“特征控制框”对话框。在“特征控制框”对话框的“特性”区域的下拉列表中选择“平行度”，在“公差”区域的文本框中输入数值为“0.02”，在“第一基准参考”区域的第一个下拉列表选择参考字母为“A”，在“指引线”选项中选择指引线，选择如图8-68所示的位置为放置形位公差符号的位置，完成如图8-69所示形位公差特征符号的创建，点击“关闭”按钮，退出“特征控制框”对话框。

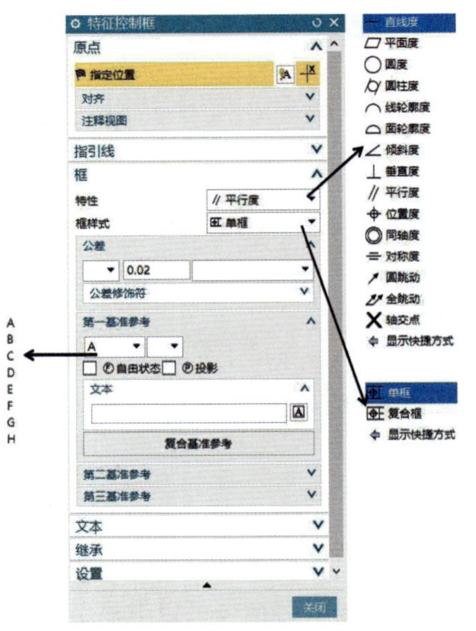

图8-67 “特征控制框”对话框

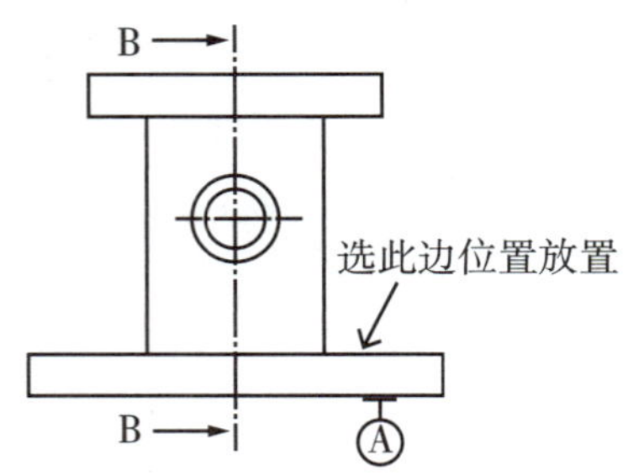

图8-68 选择形位公差符号位置

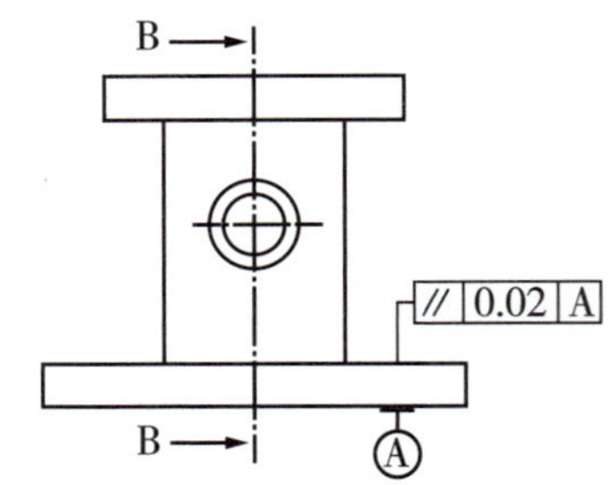

图8-69 形位公差符号的创建

知识链接

尺寸标注常用的符号和缩写词如表8-1所示。

表8-1 尺寸标注常用的符号和缩写词

名称	符号或缩写词	名称	符号或缩写词
直径	*Φ*	45° 倒角	C
半径	*R*	深度	x

续表

名称	符号或缩写词	名称	符号或缩写词
球直径	$S\Phi$	沉孔或锪平	v
球半径	SR	埋头孔	w
厚度	t	均布	EQS
正方形	□		

UG工程图导出为AutoCAD二维图形

选择下拉主菜单中“文件”下拉菜单“导出”子下拉菜单的“AutoCAD DXF/DWG…”命令 AutoCAD DXF/DWG... ，则系统会弹出如图8-70所示的“AutoCAD DXF/DWG导出向导”对话框，用户根据向导提示完成每步骤的设置，点击“完成”按钮后则会弹出如图8-71所示的“管理员：Exporting to DXF/DWG File”信息转换窗口，则可实现UG工程图导出为AutoCAD二维图形。

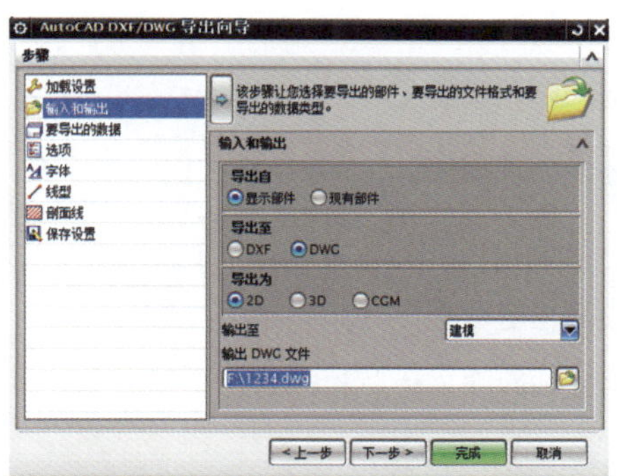

图8-70　“AutoCAD DXF/DWG导出向导”对话框

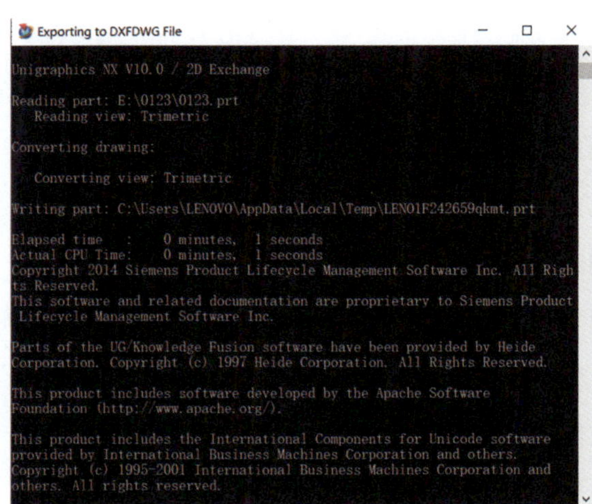

图8-71　“管理员：Exporting to DXF DWG File”信息转换窗口

UG工程图设计综合实例应用

任务描述

本任务是把机械设计中的一个零部件支撑板作为一个实例，通过创建工程图的一般过程，使用户对UG软件的工程图制作的操作有一个比较全面清楚的认知。整个工程图制作的过程涉及视图表达、相关功能设置、菜单调用、参数设置、对象选择以及尺寸标注、符号应用等。

任务目标

1. 熟悉UG NX10.0建模模板进入制图模板
2. 掌握UG NX10.0软件制图环境创建视图
3. 掌握UG NX10.0工程图的尺寸标注
4. 掌握UG NX10.0工程图的表面粗糙度标注
5. 掌握UG NX10.0工程图的注释标注和形位公差

任务过程

一、UG NX10.0建模模板进入制图模板

在实际操作中，用户可以在建模模板和制图模板之间进行切换，前面也给大家介绍了快捷键的切换使用，本实例应用的是系统自带的制图图纸页模板，用户也可以自制绘图图纸模板保存起来重复使用。

1.用户选择新建按钮 ，系统弹出如图8-72所示的“新建”对话框，选择“过滤器”选项的“关系”下拉列表中的“引用现有部件”，选择系统提供的“A2 无视图 毫米”，用户根据实际情况设置文件目录和文

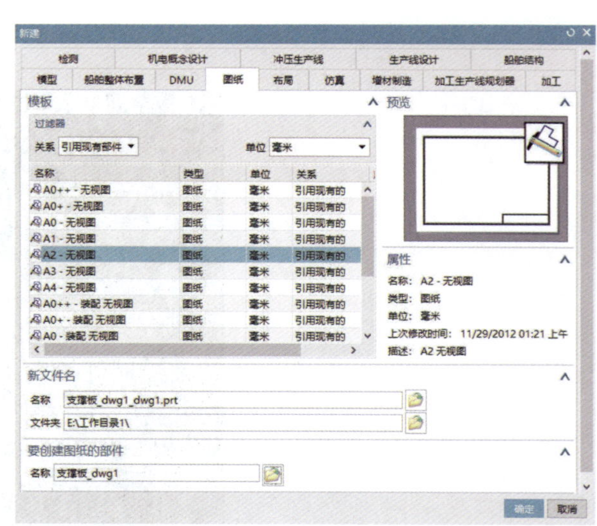

图8-72　新建对话框

件名称，也可参考图中的设置，在“要创建图纸的部件”名称 文件中找出 “支撑板”后点击“确定”。

2. 在系统弹出的“视图向导”对话框中点击“取消”按钮，则在操作区出现系统提供的图纸页模板。选择下拉主菜单下的“首选项”下拉菜单下的“可视化”命令 可视化(V)... Ctrl+Shift+V ，系统则会弹出来如图8-73所示的“可视化首选项”对话框，选择“颜色/字体”选项卡，然后选择“图纸部分设置”选项中“单色显示”，将“背景”颜色修改为“白色”，单击“确定”按钮，则完成图纸页背景的设置。

图8-73　“可视化首选项”对话框设置

3. 图层管理。为了标题栏、尺寸线等不被修改，一般把固定的已经修改好的标题栏文字等可以统一放置在一个图层。用户选择下拉主菜单的“格式”下拉菜单的“图层设置”（如图8-74所示），将名称列所在的图层（170层）勾选上后，关闭“图层设置”对话框。用户可以用鼠标左键双击标题栏的文字则可以修改标题栏的内容，比如单位名称等，完成之后打开“图层设置”对话框，将（170层）后面“仅可见”列勾选上（如图8-75所示），则完成标题栏修改后不再被改动，关闭“图层设置”对话框，完成这些设置后得到如图8-76所示新的图纸页（在企业会将制图页统一设置形成标准，然后作为二次开发直接加载应用即可）。

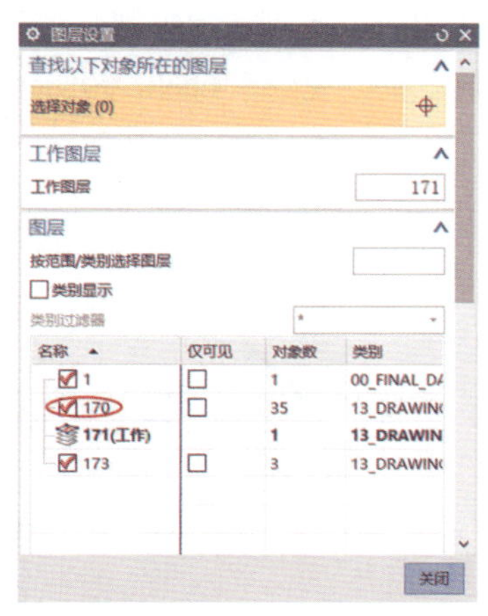

图8-74　选择名称列勾选

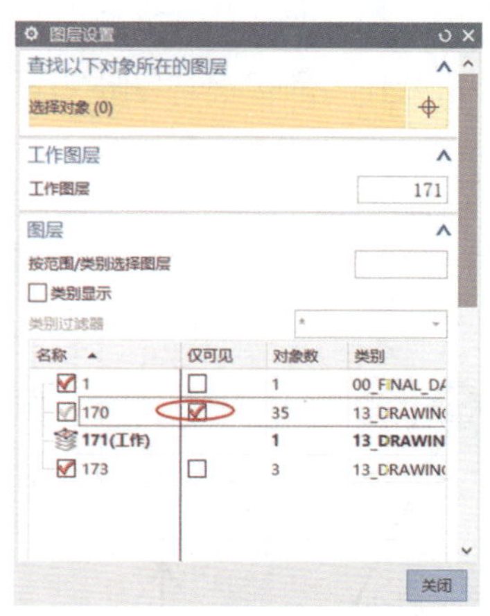

图8-75　选择仅可见列勾选

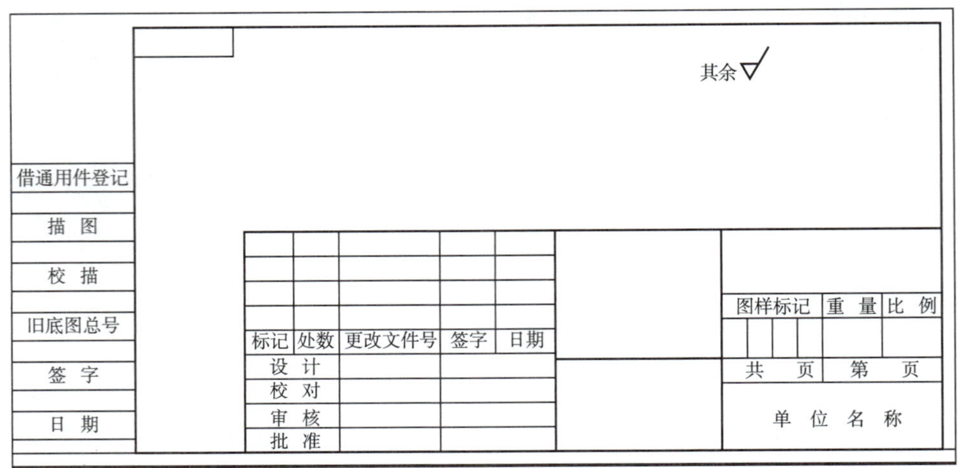

图8-76 修改后的图纸页

二、UG NX10.0软件制图环境创建视图

1. 创建基本视图。用户在下拉主菜单中选择“插入”下拉菜单的“视图”子菜单下的“基本”命令 基本(B)，系统则会弹出“基本视图”对话框，在“模型视图”的“要使用的模型视图”下拉列表中选择“俯视图”，选择“比例”为“1：2”，在图纸页的合适位置单击放置俯视图，如图8-77所示为添加的俯视图（关于视图比例用户可以自己定义，此处考虑整体显示设置为1：2）。

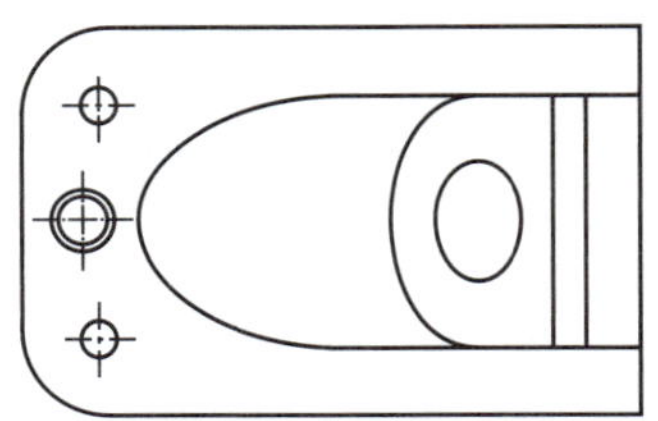

图8-77 添加俯视图

2. 创建全剖视图。在下拉主菜单中选择“插入”下拉菜单的“视图”子菜单下的“剖视图”命令 剖视图(S)，系统会弹出“剖视图”对话框，选择截面线选项中下拉列表的“简单剖/阶梯剖” 简单剖/阶梯剖，选择俯视图为父视图，然后激活截面线段指定剖切位置，在“捕捉方式”下选择捕捉圆心 工具按钮，选择如图8-78所示的圆心处作为剖切线，与俯视图对齐找到合适位置放置全剖视图，如图8-79所示为完成全剖视图的创建，然后关闭“剖视图”对话框。

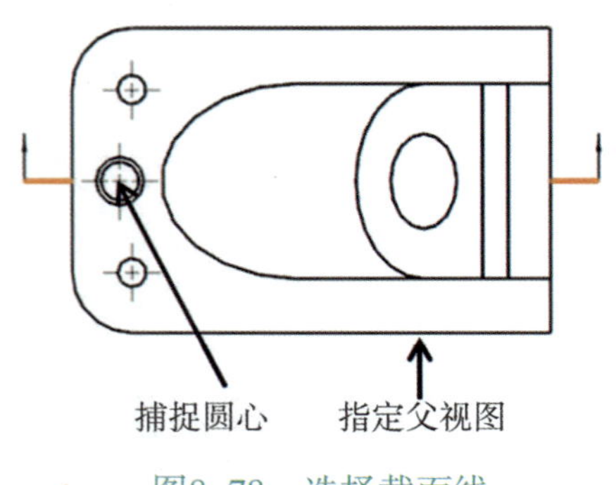

图8-78 选择截面线

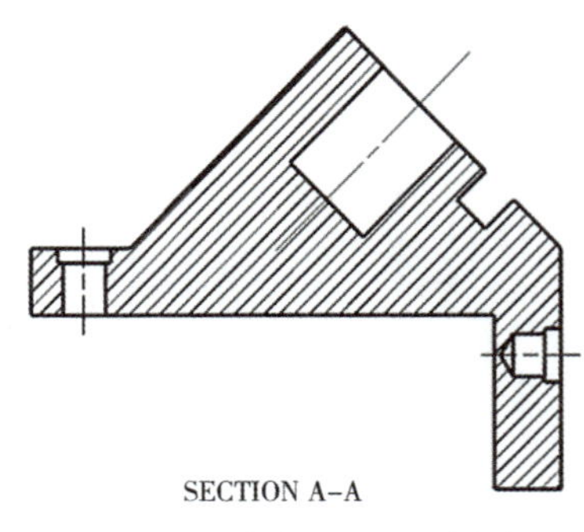

图8-79 全剖视图的创建

3. 俯视图的投影视图。在下拉主菜单中选择“插入”下拉菜单的“视图”子菜单下的“投影”命令投影(J)，在弹出的对话框中选择“俯视图”为父视图（如图8-80所示），按照箭头对齐方向选择放置投影视图位置，完成如图8-81所示俯视图的投影视图。

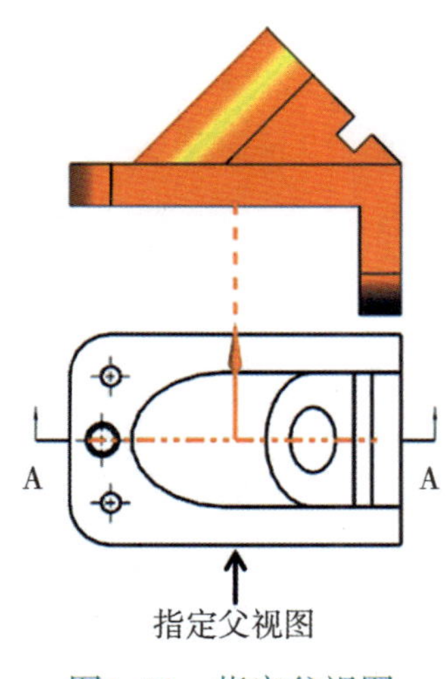

图8-80　指定父视图

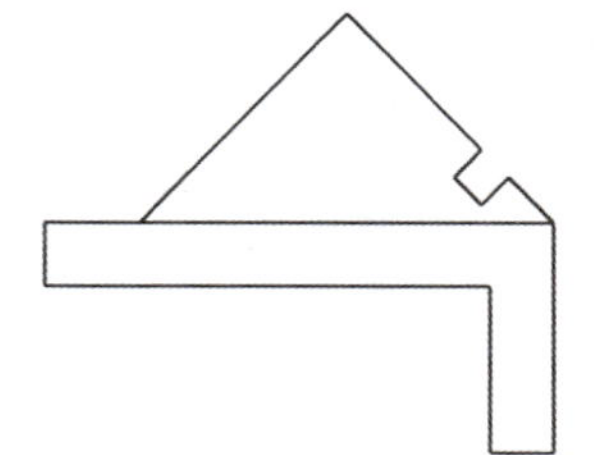
图8-81　俯视图的投影视图

4. 前视图的投影视图。在下拉主菜单中选择“插入”下拉菜单的“视图”子菜单下的“投影”命令投影(J)，在弹出的对话框中选择“前视图”为父视图（如图8-82所示），按照箭头对齐方向选择放置投影视图位置，完成如图8-83所示前视图的投影视图。

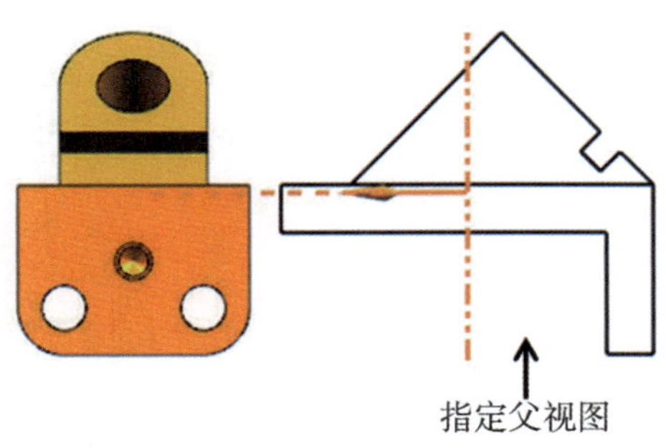

图8-82　指定父视图

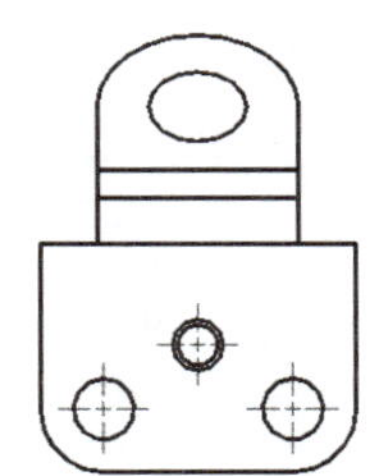
图8-83　前视图的投影视图

5. 前视图的向视图。在下拉主菜单中选择“插入”下拉菜单的“视图”子菜单下的“投影”投影(J)命令，在弹出的对话框中选择“前视图”为父视图（如图8-84所示），按照箭头垂直投影面方向选择放置投影视图位置，得到如图8-85所示前视图的投影视图，选择投影视图，点击鼠标右键编辑，在弹出的立即菜单中选择“视图相关编辑”命令视图相关编辑(V)...，则会弹出“视图相关编辑”对话框，在“添加编辑”选项中选择“擦除对象”，接着弹出来“类选择”对话框，用户选择要擦除的线条，擦除不了的线可以选择删除，保留视图中的线条（如图8-86所示）。继续选择该视图，点击右键激活草图，补充被擦除的多余线条，即将方槽投影线补上，然后将视图中圆的中心线删除。选择主菜单“插入”下拉菜单的“中心线”子菜单的“中心标记”中心标记(M)命令，选择视图中的大圆，重新添加圆的中心线，结束该视图的编辑，完成如图8-87所示前视图的向视图。

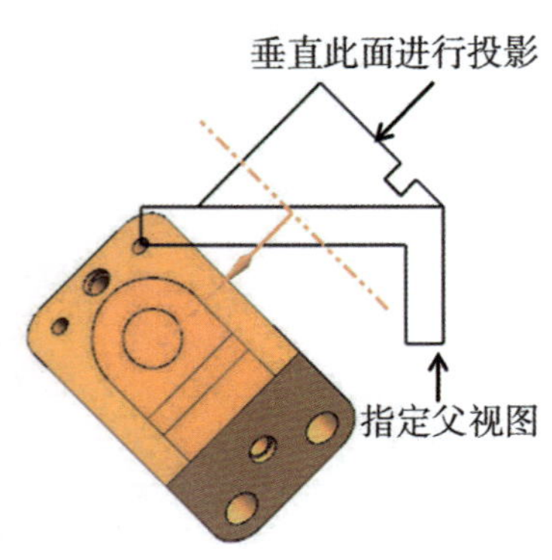

图8-84　指定父视图

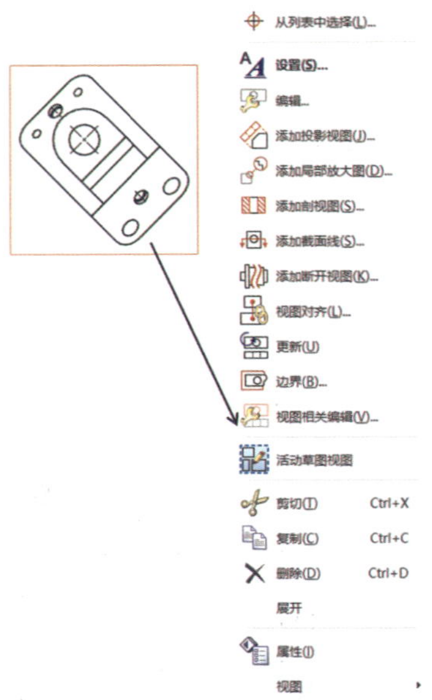

图8-85　选择视图并编辑

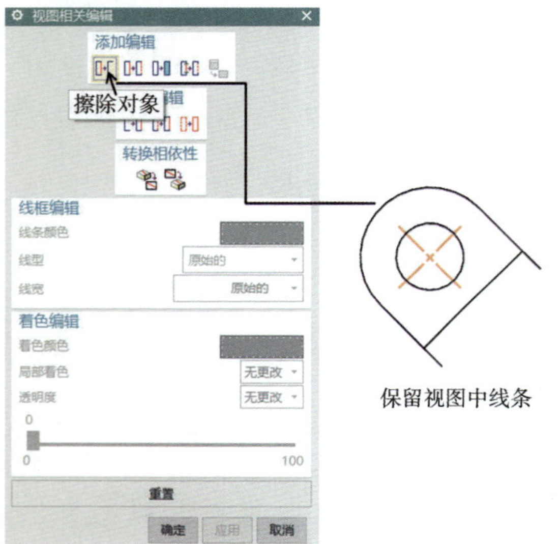

图8-86　擦除多余线条

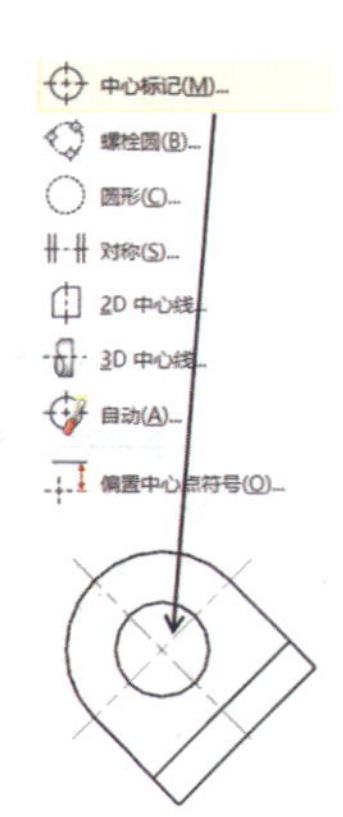

图8-87　向视图

6. 插入正等测视图。用户在下拉主菜单中选择“插入”下拉菜单的“视图”子菜单下的“基本”命令 基本(B)...，系统则会弹出“基本视图”对话框，在“模型视图”的“要使用的模型视图”下拉列表中选择“正等测图”，选择“比率”为“1∶3”，在图纸页的右下角位置单击放置正等测视图，如图8-88所示为添加的正等测视图。

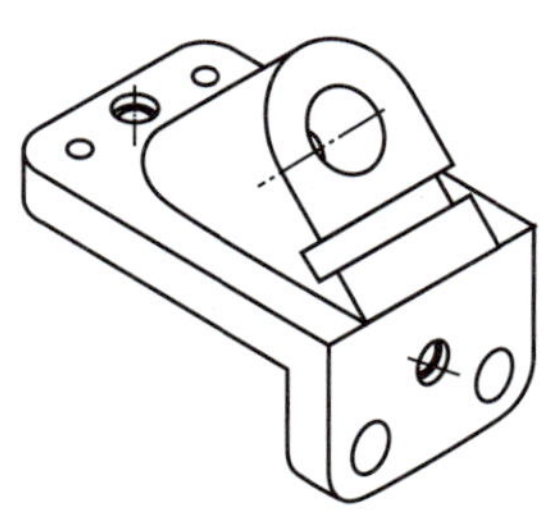

图8-88　正等测视图

三、UG NX10.0工程图的尺寸标注

1. 俯视图的水平尺寸、对齐尺寸以及半径尺寸的标注。用户选择下拉主菜单的“插入”下拉菜单的“尺寸”子下拉菜单的“快速尺寸”命令 快速(P)...，或者在带状工具条区选择快捷工具“快速”命令按钮 ，则会弹出来“快速尺寸”对话框，下拉列表默认测量选项的方法为“自动判断”，在俯视图上标注如图8-89所示的水平尺寸和对齐尺寸，完成后关闭对话框。

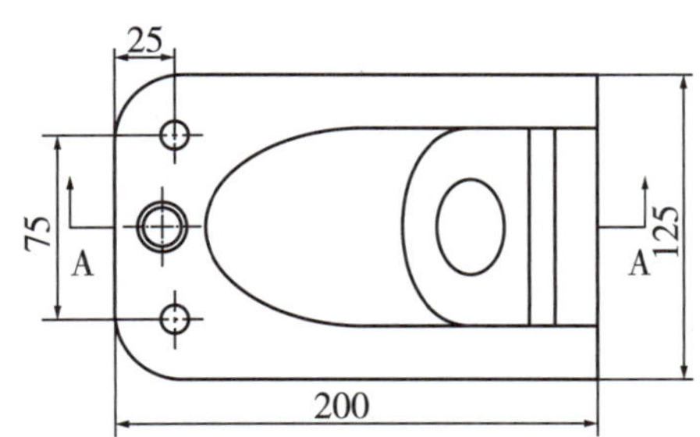

图8-89　水平尺寸、对齐尺寸和半径尺寸的标注

2. 全剖视图的水平尺寸、对齐尺寸和直径尺寸的标注。用户选择下拉主菜单的“插入”下拉菜单的“尺寸”子下拉菜单的“快速尺寸”命令 快速(P)...，或者在带状工具条区选择快捷工具“快速”命令按钮 ，则会弹出“快速尺寸”对话框，下拉列表默认测量选项的方法为“自动判断”，在全剖视图上标注如图8-90所示的水平尺寸和对齐尺寸，然后选择测量选项的“方法”下的“圆柱坐标系”标注直径尺寸，完成后关闭对话框。

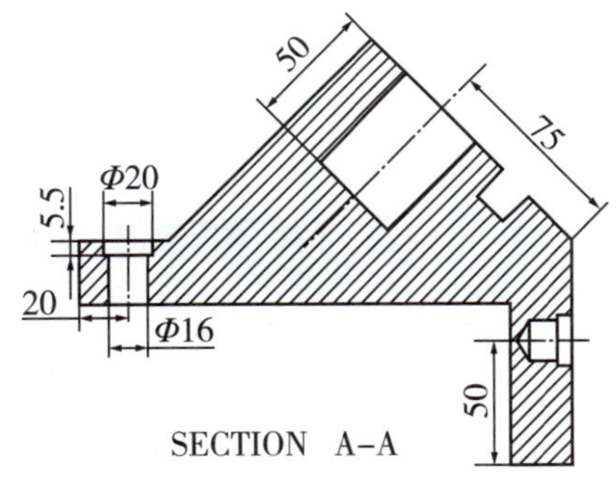

图8-90　水平尺寸、对齐尺寸和直径尺寸的标注

3. 左视图和前视图的水平尺寸以及对齐尺寸的标注。在带状工具条区选择快捷工具“快速”命令按钮 ，则会弹出“快速尺寸”对话框，下拉列表默认测量选项的方法为“自动判断”，在左视图和前视图上标注如图8-91所示的水平尺寸和对齐尺寸，完成后关闭对话框。

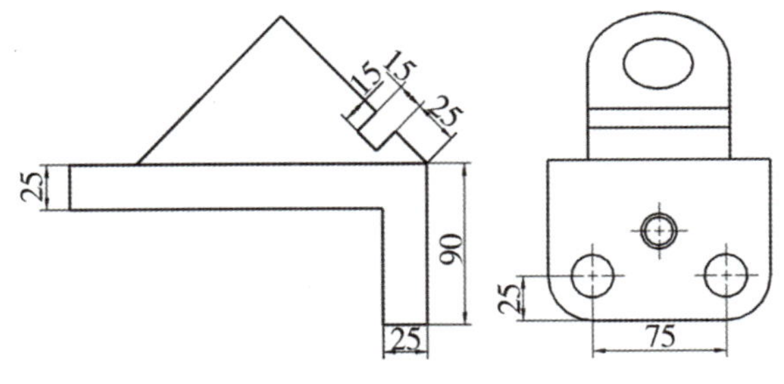

图8-91　水平尺寸和对齐尺寸的标注

4. 向视图的半径、直径尺寸的标注以及前视图角度尺寸的标注。在带状工具条区选择快捷工具“快速”命令按钮 ，则会弹出“快速尺寸”对话框，在测量选项的方法下拉列表中选择“径向”，标注半径尺寸；选择“直径”标注直径尺寸；选择“角度”标注角度尺寸，分别标注如图8-92所示的半径、直径尺寸和角度尺寸，完成后关闭对话框。

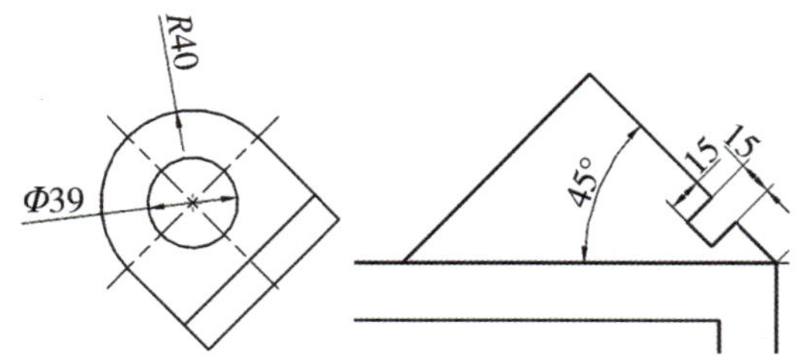

图8-92　半径、直径尺寸和角度尺寸的标注

5. 尺寸数字水平放置和尺寸数字前面加文本的标注。在带状工具条区选择快捷工具“快速”命令按钮，则会弹出“快速尺寸” 对话框，在测量选项的方法下拉列表中选择“径向”，标注半径尺寸（例如R25），然后选择该尺寸，点击右键，在立即菜单选择“编辑”命令 编辑，在弹出的对话框中尺寸数字前面添加“2X”文本，然后关闭对话框（如图8-93所示）；继续选择该尺寸，然后点击右键在立即菜单选择“设置” 设置 命令，在设置对话框中点击“文本”的“方向和位置”，在“方向”下拉列表中选择“水平文本”，在“位置”下拉列表中选择“文本在短划线之上”（如图8-94所示），然后完成尺寸数字水平放置和尺寸数字前面加文本的标注。

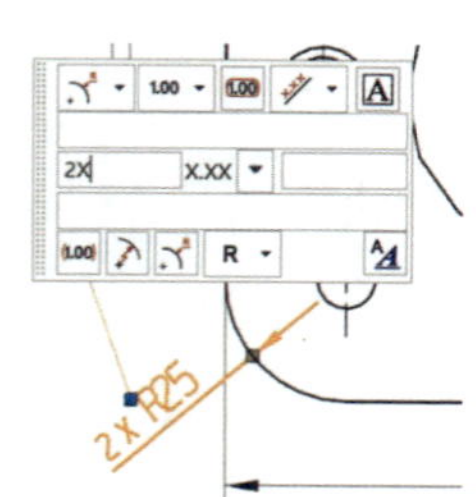

图8-93　尺寸数字前面添加文本

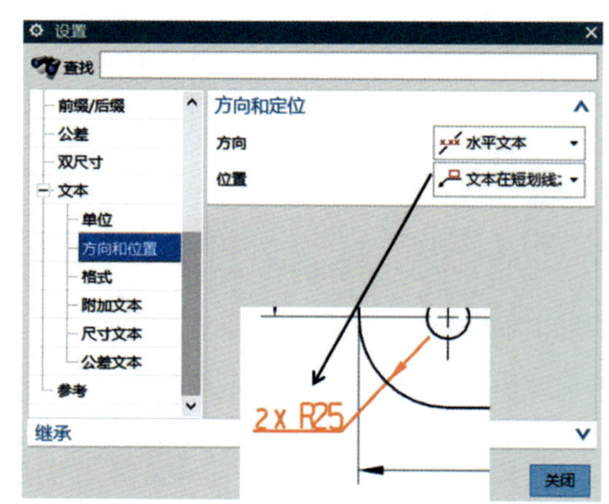

图8-94　尺寸数字与放置设置

6. 尺寸线从圆心引出的半径尺寸的标注。未从圆心引出的半径的尺寸为R40（如图8-95所示），然后选择该尺寸，点击右键在立即菜单选择“编辑”命令 编辑，在弹出的对话框中点击“径向”按钮 ，则转换成尺寸线从圆心引出的半径尺寸标注（如图8-96所示）。

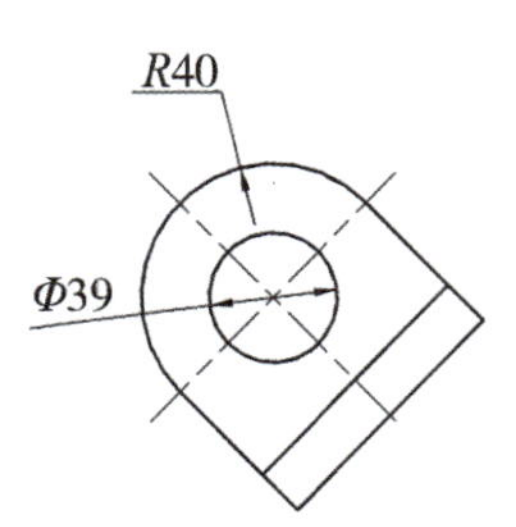

图8-95　未从圆心引出

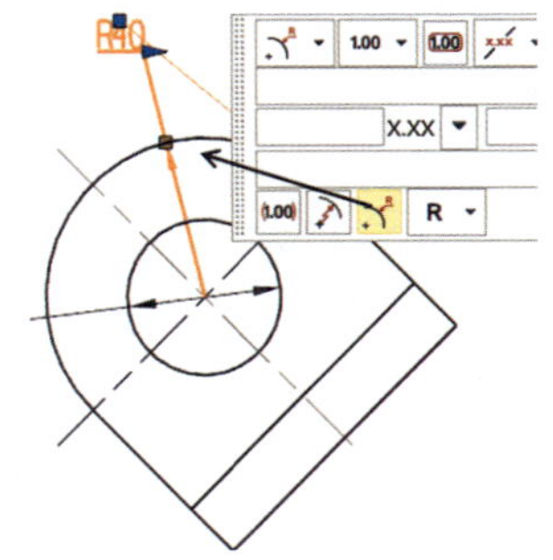

图8-96　从圆心引出

四、UG NX10.0工程图的表面粗糙度标注

选择下拉主菜单中“插入”菜单的“注释”子菜单的“表面粗糙度符号”命令 √ 表面粗糙度符号(S)...，或者选择带状工具条区的快捷工具“表面粗糙度符号”命令按钮 √，在弹出的“表面粗糙度”对话框（如图8-97所示）中进行参数设置，选择“除料”下拉列表中的“需要移除材料”（也可根据实际情况设置反转文字，将符号旋转180度），选择表面粗糙度放置的位置，完成表面粗糙度的标注（如图8-98所示），运用此方法完成其他表面粗糙度的标注，然后关闭对话框。

图8-97　表面粗糙度参数设置

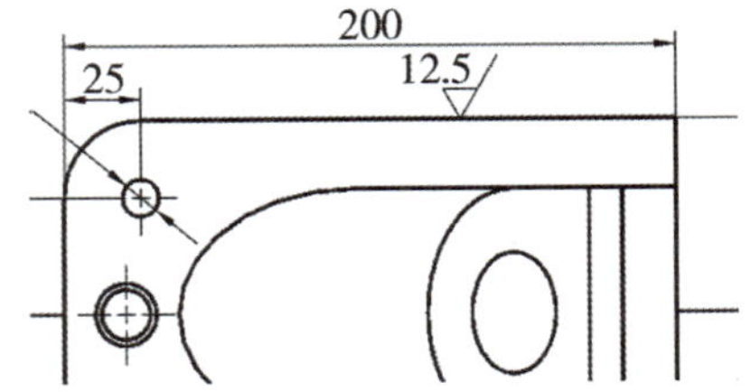

图8-98　表面粗糙度的标注

五、UG NX10.0工程图的注释标注和形位公差

1 .引线注释的标注。选择下拉主菜单中“插入”菜单的“注释”下拉菜单的“注释”命令 A 注释(N)...，则会弹出“注释”对话框，按照如图8-99所示进行设置，选择“指引线”选项的“类型”列表里面的“普通”箭头，在“文本输入”的“格式设置”里面选择相应的类别符号并输入数字，在“设置”选项里面的“文本对齐”列表中选择“在底部下面延伸至长”，其他的为默认的设置，在合适位置放置引线注释（如图8-100所示），即完成引线注释的标注。

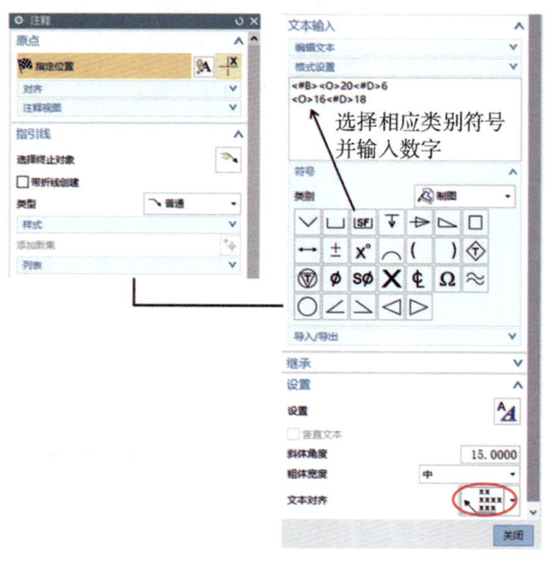

图8-99　标注设置

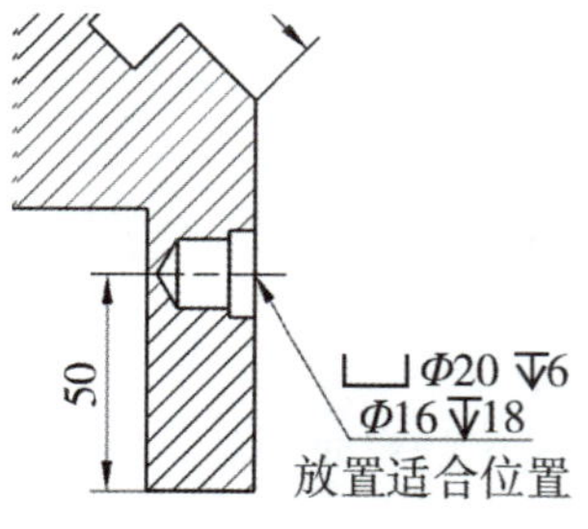

图8-100　引线注释标注

2. 基准特征符号的标注。选择下拉主菜单的“插入”菜单的“注释”下拉菜单的“基准特征符号” 基准特征符号(R)... 命令，则会弹出“基准特征符号”对话框（如图8-101所示），进行设置，在指引线选项中选择“选择终止对象”，在“类型”列表选择“基准” ⊢ 基准 ，在“基准标识符”的字母列表选择“A”，其他的为默认的设置，在合适位置拖动引线放置基准特征符号，即完成基准特征符号的标注，如图8-102所示。

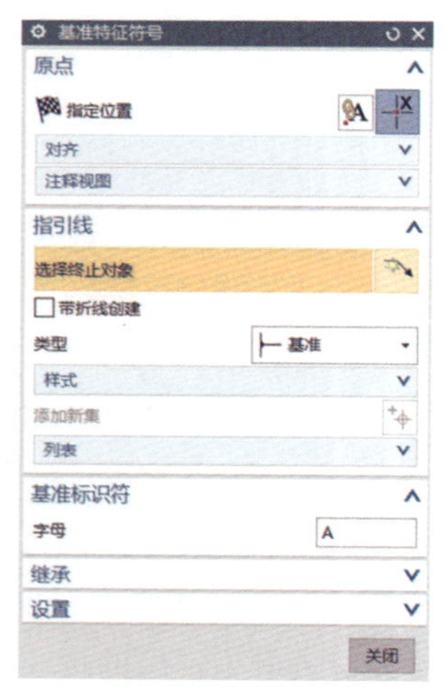

图8-101　基准特征符号设置

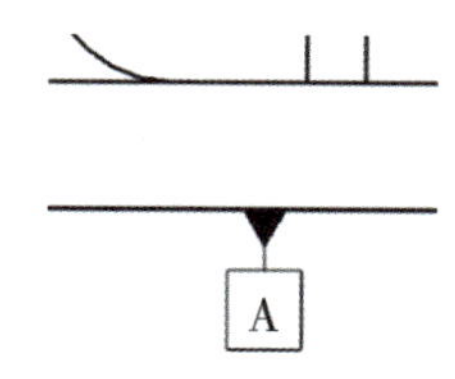

图8-102　基准特征符号的标注

3. 形位公差符号的标注。选择下拉主菜单中“插入”菜单的“注释”下拉菜单的“特征控制框”命令 特征控制框(E)...，则会弹出“特征控制框”对话框（如图8-103所示），进行设置，在指引线选项中选择“选择终止对象”，在类型列表选择“普通”，在“框”选项的“特性”下拉列表选择“平行度”，框样式为“单框”，在“第一基准参考”下拉列表中选择“A”，其他的为默认设置，在合适位置拖动引线放置特征控制框符号，即完成形位公差符号的标注，如图8-104所示。

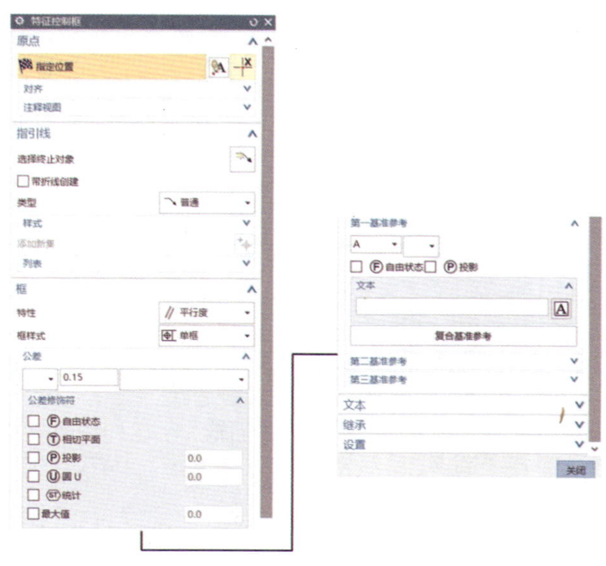

图8-103　特征控制框符号设置

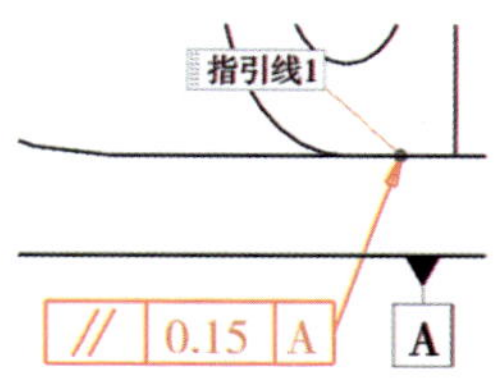

图8-104　形位公差符号的标注

4. 注释技术要求和注释边倒斜角。选择下拉主菜单的“插入”菜单的“注释”下拉菜单的“注释”命令 A 注释(N)...，则会弹出“注释”对话框，在“文本输入”（如图8-105所示）选项中进行相关设置，输入如图8-106所示的“技术要求”文本内容，选择合适位置放置技术要求；在“文本输入”选项，修改文本内容为“C2”，选择“指引线”指定边倒角的位置（如图8-107所示），放置边倒角注释，然后关闭“注释”对话框，则完成注释的标注。

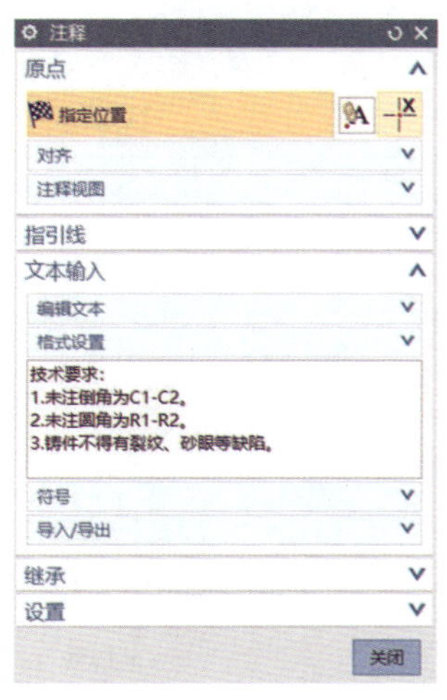

图8-105　“文本输入”

技术要求：
1.未注倒角为C1-C2。
2.未注圆角为R1-R2。
3.铸件不得有裂纹、砂眼等缺陷。

图8-106　技术要求

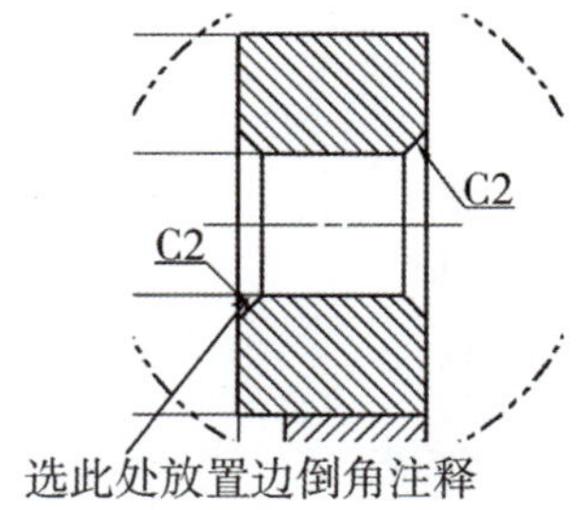

图8-107　注释边倒角

知识链接

形位公差特征项目的分类及符号如表8-2所示。

表8-2　形位公差特征项目的分类及符号

<table>
<tr><th>分类</th><th>项目</th><th>符号</th><th colspan="2">分类</th><th>项目</th><th>符号</th></tr>
<tr><td rowspan="6">形状公差</td><td>直线度</td><td>u</td><td rowspan="8">位置公差</td><td rowspan="3">定向</td><td>平行度</td><td>f</td></tr>
<tr><td rowspan="2">平面度</td><td>c</td><td>垂直度</td><td>b</td></tr>
<tr><td></td><td>倾斜度</td><td>'</td></tr>
<tr><td>圆度</td><td>e</td><td rowspan="3">定位</td><td>同轴（同心）度</td><td>r</td></tr>
<tr><td rowspan="2">圆柱度</td><td>g</td><td>对称度</td><td>i</td></tr>
<tr><td></td><td>位置度</td><td>j</td></tr>
<tr><td rowspan="2">形状或位置公差</td><td>线轮廓度</td><td>k</td><td rowspan="2">跳动</td><td>圆跳动</td><td>h</td></tr>
<tr><td>面轮廓度</td><td>d</td><td>全跳动</td><td>t</td></tr>
</table>

知识延伸

UG软件中常用的快捷键如表8-3所示。

表8-3　UG软件中常用的快捷键

名称	快捷键	名称	快捷键
新建文件	Ctrl+N	删除	Delete
保存文件	Ctrl+S	捕捉视图	F8
另存文件	Ctrl+Shift+A	旋转	F7
编辑撤销	Ctrl+Z	缩放	F6
编辑复制	Ctrl+C	刷新	F5
编辑粘贴	Ctrl+V	帮助	F1
建模模板	M	适合窗口	Ctrl+F
制图模板	Ctrl+Shift+D	基本环境	Ctrl+W
图层设置	Ctrl+L	首选项对象	Ctrl+Shift+J

参考文献

［1］展迪优. UG NX8.0基础教程［M］. 北京：机械工业出版社，2012年.

［2］王元平. UG NX9.0项目教程［M］. 北京：北京出版社，2016年.